新时代高职数学系列教材

U0797350

新時代

高等数学

（职业本科版）（上册）

中国职业技术教育学会 组编

□ 主 编 金跃强 冯桂珍
□ 副主编 刘 冰 王夕予 林小围 钱浩韵
沈佳煜 孙 璐 王 薇 陈越奋

中国教育出版传媒集团
高等教育出版社·北京

内容提要

职业本科教育培养的是面向高端产业和产业高端的高层次技术技能人才。职业本科院校高等数学课程的主要任务是使学生能够形成在继续学习和未来工作、生活中应用数学知识和经验探究问题的意识、运用数学的思想和方法解决问题的能力，培育科学态度和工匠精神。通过广泛的调研以及反复论证，本教材大胆重构了高等数学内容体系，更加注重数学基本概念的形成、性质与定理的解释说明以及应用数学解决实际问题的意识与能力。本教材是新时代高职数学系列教材之一，内容“螺旋式”上升，即按照由简到繁、由易到难、不断扩展和深化来设计重点和难点内容。在很多案例中，本教材融入了数学软件 MATLAB 的应用。此外，本教材设置了符合学生发展和认知水平的开放性问题以供学生学习和讨论，促使学生真正参与课程学习活动，也为教师开展“反转课堂”教学提供了可能。为适应人工智能时代，本教材贯彻“人本位”的教育教学理念，努力融合数学知识、技能、情感态度与价值观，淡化运算技巧训练，突出理性思维和数学本质，注重弘扬精益求精的工匠精神，激励广大青年学子走技能成才、技能报国之路。

本教材分上、下两册，共 14 章，主要内容有预备知识，极限与连续，导数与微分，导数的应用，定积分，定积分的应用，超越函数与微分方程，积分法、未定式极限与反常积分，空间几何与向量代数，多元函数及其微分，重积分，向量场中的积分，无穷级数。多数章节中都包含开放性、实践性较强的案例或习题。

本教材的教学时数为 120~160 学时，内容全面而新颖，既可作为职业本科各专业公共基础课程教材，也可供从事相关教学的教师作为参考。

图书在版编目 (C I P) 数据

高等数学：职业本科版. 上册 / 中国职业技术教育学会组编；金跃强，冯桂珍主编. -- 北京 ：高等教育出版社，2024.5

ISBN 978-7-04-061483-1

Ⅰ. ① 高… Ⅱ. ① 中… ② 金… ③ 冯… Ⅲ. ① 高等数学-高等职业教育-教材 Ⅳ. ① O13

中国国家版本馆 CIP 数据核字 (2023) 第 241248 号

GAODENG SHUXUE: ZHIYE BENKE BAN

项目总策划 贾瑞武

策划编辑 马玉珍　　责任编辑 马玉珍　　封面设计 王 洋　　责任绘图 裴一丹

版式设计 王 洋　　责任校对 窦丽娜　　责任印制 高 峰

出版发行 高等教育出版社

社　　址 北京市西城区德外大街 4 号

邮政编码 100120

印　　刷 廊坊十环印刷有限公司

开　　本 850mm×1168mm 1/16

印　　张 18.5

字　　数 520 千字

购书热线 010-58581118

咨询电话 400-810-0598

网　　址 http://www.hep.edu.cn

http://www.hep.com.cn

网上订购 http://www.hepmall.com.cn

http://www.hepmall.com

http://www.hepmall.cn

版　　次 2024 年 5 月第 1 版

印　　次 2024 年 5 月第 1 次印刷

定　　价 49.80 元

物 料 号 61483-00

“想象力比知识更重要.”

—— 爱因斯坦 (1879—1955)

总　序

党的二十大报告指出："教育、科技、人才是全面建设社会主义现代化国家的基础性、战略性支撑。"学习贯彻党的二十大精神，要求职业教育必须坚持以习近平新时代中国特色社会主义思想为指导，全面贯彻党的教育方针，着眼推进中国式现代化，扎根中国大地办教育，培养一代又一代拥护中国共产党领导和我国社会主义制度、立志为中国特色社会主义事业奋斗终身的有用人才。进入新时代以来，党和国家进一步加强了职业教育工作，先后出台了一系列推动现代职业教育体系建设改革的政策举措，印发了《关于加快发展现代职业教育的决定》《国家职业教育改革实施方案》《关于推动现代职业教育高质量发展的意见》《关于深化现代职业教育体系建设改革的意见》等重要文件，为新征程上我国现代职业教育的改革发展指明了方向。

2023 年 5 月 29 日，在二十届中央政治局第五次集体学习会上，习近平总书记强调指出，要把服务高质量发展作为建设教育强国的重要任务。统筹职业教育、高等教育、继续教育，推进职普融通、产教融合、科教融汇，源源不断培养高素质技术技能人才、大国工匠、能工巧匠。这是新征程上党和国家事业对职业教育提出的新要求，落实这一要求，职业教育必须进行深刻的变革。加强基础理论学习，补齐知识化短板是这一变革的应有之义。数学课程作为高职院校学生的公共基础课程，具有基础性、应用性、职业性和发展性的特点，是补齐知识化短板的重要内容。教材是实施课程教学的主要工具，高职数学教材应反映类型特色和人才培养目标，反映新时代对高素质技术技能人才的要求，成为学生获得数学基础知识和基本技能、掌握基本数学思想、积累基本数学活动经验、形成理性思维和科学精神的重要载体。

为贯彻落实 2022 年全国教育工作会议精神，大力发展适应新技术和产业变革需要的职业教育，2022 年 1 月，中国职业技术教育学会专门组织了加强职业教育文化基础课程体系建设的说课研讨会，提出要聚焦新技术和产业变革，补齐职业教育文化知识短板，着力提高职业教育内涵质量，以更好落实职业教育立德树人根本任务，为此建议组织编写"新时代高职数学系列教材"。

本系列教材全面贯彻党的教育方针，牢牢把握正确政治方向和价值导向，以打造培根铸魂、启智增慧的精品教材为目标。系列教材注重中高本衔接和一体化设计，包括高等数学、线性代数、概率论与数理统计等多本教材，涵盖高职专科和职业本科领域的数学知识。同时，教材的编写也充分考虑了学生的实际需求和学习特点，注重理论与实践相结合，注重教材的可读性和实用性。系列教材充分体现了深化职业教育“三教”改革的精神，编写理念独具匠心，内容、体例焕然一新。具体特色如下：

1. 落实立德树人根本任务，贯彻党的二十大精神

系列教材紧紧围绕为党育人、为国育才根本目标，全面落实立德树人根本任务，着力深化课程思政建设。教材融入了我国数学家的伟大贡献，介绍了中国传统的数学文化，宣传了我国新时代取得的科学技术的卓越成就，精选党的二十大报告中提出的关键核心技术，战略性新兴产业，载人航天、探月探火、深海深地探测、超级计算机、卫星导航、量子信息、核电技术、新能源技术、大飞机制造、生物医药等重大成果，以小切口展现大时代，以小故事反映大主题，增强学生民族自豪感，厚植学生爱国主义情怀，培养学生的责任担当和使命感。

2. 坚持课程标准指导，重构知识体系，加强文化素质教育

系列教材编写遵照最新课程标准要求，深刻体现数学学科核心素养的内涵、育人价值、表现形式和层次水平，将教材知识内容、逻辑结构、数字资源等聚焦于培养和发展学生的数学核心素养。教材强化知识与技能、过程与方法、情感态度与价值观的整合；强化数学与其他学科以及现实社会的联系；强化学生发现与提出问题并加以分析、解决实际问题的综合素质。

3. 体现职业教育类型定位，凸显与产业、专业的紧密联系

系列教材内容加强了与产业活动、专业课程和职业应用相关的教学情境，注重选择和设计与行业企业相关联的教学案例，注重跨学科交叉与融合，增强学生应用数学的意识。通过选择或建立合适的数学模型解决生产生活中的问题，培养学生运用数学工具解决实际问题的能力，以帮助学生养成用数学的眼光观察世界、用数学的思维分析世界、用数学的语言表达世界的能力。

4. 加大数字技术赋能，融合丰富的课程资源

系列教材充分体现数字技术的应用，介绍数学软件，利用数学软件或计算工具进行数据的计算、统计和分析，绘制函数曲线和统计图表等，帮助学生理解数学知识，使学生感悟利用信息技术学习数学的优势，丰富研究问题的方法。以新形态教材为核心，提供数字学习资源、在线自测和题库等，高效、直观、生动地呈现教学内容。充分利用“智慧职教”“爱课程（中国大学 MOOC）”平台获取教学资源，提高课堂教学的信息化程度，改变传统的教学方式和学习方式，让学生在开放、个性化、有趣味性、交互性的学习氛围中快乐学习。

系列教材由中国职业技术教育学会担纲策划，高等教育出版社牵头组织，邀请普通本科、职业本科、高职“双高”院校的 30 余位数学学科专家、教研专家和骨干教师承担编审工作，在认真学习我国职业教育相关政策文件，总结近年来高职数学教育改革成果以及吸收多种较为成熟的数学教学改革成功经验的基础上，按照相关专业人才培养方案和课程标准的要求编写。可以相信，凝聚了各方智慧和经验的“新时代高职数学系列教材”必将担当起培养高素质技术技能人才的重任，必将肩负起落实党的教育方针、传承民族文化、服务国家发展战略、办好人民满意教育的使命。

我们相信，随着系列教材的不断推广和普及，更多的高职学生的文化素质必将会有一个大的提升，尤其在数学方面取得新进展，由此带动职业教育质量的进一步提高。同时，我们也期望系列教材能够成为学校和企业推进产教深度融合的重要抓手，为我国职业教育高质量发展做出积极的贡献。

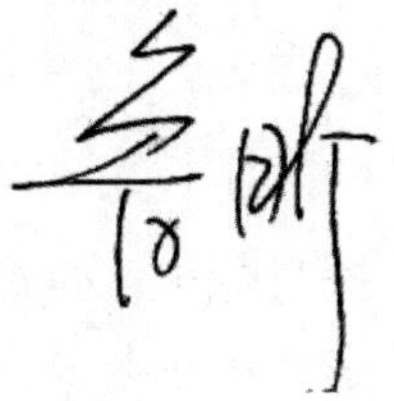

2023 年 6 月

前　言

党的二十大报告提出要“实施科教兴国战略，强化现代化建设人才支撑”；中共中央办公厅、国务院办公厅印发的《关于加强新时代高技能人才队伍建设的意见》强调“技能人才是支撑中国制造、中国创造的重要力量”。在大数据和人工智能时代，数学在科学研究、生产实践、社会服务等领域中发挥着越来越大的作用，数学素养是高层次技术技能人才的必备素养。微积分诞生于 17 世纪，以微积分为主要内容的高等数学课程，已成为世界各地高等院校几乎所有专业大学生的必修或选修课程。教材是课程的载体，在一定程度上通过“写什么”决定了教师“教什么”和学生“学什么”。本教材编写团队在广泛调研、深入分析和反复论证的基础上，特别是结合职业本科的教学实践，历时四年完成了本教材的编写。本教材的编写理念、改革思路和主要特色如下：

1. 贯彻“人本位”的教育教学理念，注重发展学生数学核心素养

新时代职业教育的功能定位正由“谋业”转向“人本”，更加注重服务人的全面发展。相应地，数学课程的教育教学理念也应由“知识本位”“能力本位”逐步过渡到“人本位”。现有不少教材的内容体系仍由数学的定义、公式、定理、证明和解题技巧组成，单纯强调数学知识的灌输，极少涉及学生数学思想、情感态度和价值观的培养。本教材努力融合数学知识、技能、情感态度与价值观，融入课程思政，倡导用数学眼光观察世界、用数学思维分析世界、用数学语言表达世界，养成理性思维、严谨求实、敢于批判的科学精神和精益求精的工匠精神。基于这样的理念，本教材努力改变传统数学教材编写从定义到性质、定理再到解题的内容体系，努力创设情境，让学生在丰富的现实背景和需求中学习数学、体验数学。此外，本教材适度淡化单纯的数学解题技巧训练，强调数学的精神实质和思想方法，努力将数学精神品质内化为人的觉悟，继而形成数学素养。

2. 遵循学生的认知规律，采用更加新颖和适用的结构体系

传统的高等数学教材内容往往呈现知识点“直线式”上升，采用所有重点、难点内容“一步到位”的编写方式，学生学习难度大。本教材采用了“螺旋式”编写方式，重点、难点内容按照由简到繁、由易到难重复出现、不断扩展和深化。微积分既包含大量抽象的理论知识，也包含众多繁杂的运算方法和技巧。如果仅将上述理论知识、运算方法和技巧等堆砌在一起平铺直叙，那么对于学生学习来说难度较大。对于新的数学概念及有关理论，学生还未完全领悟，接着集中介绍全部的运算方法和技巧，将使得学习难度陡增。为了遵循学生的认知规律，本教材试图通过数学的内在逻辑或者精心的人为设计，努力让学生循序渐进地开展学习。具体来说，本教材对于较为复杂的重难点内容，在引入基本的概念以后，介绍一些基本的或者简单的运算方法和技巧，然后通过应用案例强化学生对基本数学概念的理解和简单运算方法的掌握；更为复杂的理论或运算技巧，如有必要则被安排在后续的某章（节）。

3. 突出理性思维和数学本质，重视数学概念和数学思想方法的形成过程

充满人类智慧的微积分思想本质上非常的生动和直观，但在教材中往往变成了一种形式化的技巧，结果使得“火热的思考”变成“冰冷的美丽”。我们认为，教材不能只罗列一些求极限、求导数、求积分等符号运算，仅仅让学生面对“冰冷”的微积分形式，无法体会微积分思想的实质。实际上，许多概念的形成过程就包含着重要的数学思想方法。比如，微积分中隐含了化变量为常量、化曲线为直线、化全局为局部的思想方法，这也正是微积分的精髓所在。忽视数学知识形成的过程，就无法让学生感悟到数学的本质，最终可能使得数学教学异化为记忆和解题技巧，甚至将数学等同于“死记硬背”和“机械刷题”。本教材力求突出数学概念和数学思想方法的形成过程，以促进学生数学智慧的生长，让学生获得更久远的发展潜力。

4. 彰显先进性和创新性，融入计算机软件的应用

本教材的内容与时俱进，努力体现学科新理论、新动态，展现经济社会发展新成就、科技发展新成果。如：利用极限求解爱因斯坦提出的狭义相对论质量、利用零点存在定理解释不动点定理、利用无穷级数研究分形图形的几何特征，此外，世界人口的变化、共享单车、“祝融号”火星车、中国高铁“复兴号”等都作为素材背景被吸纳进教材。为适应新技术发展，本教材还将 MATLAB 软件融入各个章节中，介绍借助 MATLAB 软件来求解数学问题的方法。但即使没有计算机软件的环境，也不会影响对本教材的阅读。随着近年来学生信息技术素养的提升，相信会有越来越多的读者有兴趣尝试借助计算机软件来学习和应用高等数学。

本教材上册由金跃强、冯桂珍任主编，并统稿及审定；刘冰、王夕予、林小围、钱浩韵、沈佳煜、孙璐、王薇、陈越奋任副主编。第 0 章由金跃强、孙璐编写，第 1 章由金跃强编写，第 2 章由王夕予、陈越奋编写，第 3 章由钱浩韵、王薇编写，第 4 章由林小围编写，第 5 章由沈佳煜编写，第 6 章由刘冰编写，第 7 章由冯桂珍、孙璐编写。下册由金跃强、王玲任主编，并统稿及审定；谭湘花、高峻嶒、陈越奋、蔡剑、吕其宝、张森、方炜、郁凯荣任副主编。第 8 章由蔡剑编写，第 9 章由谭湘花编写，第 10 章由王玲、方炜编写，第 11 章由吕其宝、张森编写，第 12 章由陈越奋编写，第 13 章由高峻嶒、郁凯荣编写，金跃强参与了多个章节中案例及有关习题的设计与编写。此外，张兰、雷田礼、金晶晶、凌巍炜等同志还对本教材的编写提出了宝贵的意见和建议，在此表示感谢。本教材在编写过程中，还得到高等教育出版社、南京工业职业技术大学的大力支持与帮助，在此一并表示感谢。

由于编者水平有限，书中疏漏和不妥之处在所难免，敬请广大读者、同行专家批评指正，若有意见或建议，敬请发送至邮箱：mathsongshanhu@163.com.

编　　者

2024 年 1 月于南京松山湖

目 录

第 5 章 定积分的应用 187

第 6 章 超越函数与微分方程 211

第 0 章 预备知识

【本章导读】

函数 (function) 是利用数学描述现实世界的主要工具, 是微积分研究的主要对象. 进一步, 我们将介绍函数的复合运算和求反函数的方法, 并介绍三角函数、三角函数的反函数——反三角函数. 现实中, 有些平面曲线不能用函数来表示, 我们将借助参数方程来刻画这些曲线.

0.1 函数

0.1.1 函数的概念

在现实中, 常常存在这种现象: 对于两个变量, 一个变量的值常常取决于另外一个变量的值. 例如:

圆的面积取决于这个圆的半径;

水的沸点取决于海拔高度;

租用共享单车的费用取决于骑行的时间.

在这几个例子中, 圆的面积 A、水的沸点 T、租用共享单车的费用 M 分别依赖于圆的半径 r、海拔高度 h、骑行时间 t. 我们称 A、T 和 M 为因变量, 称 r、h 和 t 为自变量. 因变量和自变量之间的对应法则就是函数, 有下列定义.

定义 0.1.1 (**函数的定义**) 设 D 为一个非空集合, x 为集合 D 中的任一元素, 按照确定的对应法则 f, 都有唯一确定的 y 与之对应, 则称 f 是定义在集合 D 上的**函数**, 记作 $y=f(x)$. 其中 x 为**自变量**, 集合 D 为**定义域**, y 为**因变量**, 相应的 y 值的集合为**值域** (图 0.1).

中国近代数学家李善兰 (1811—1882) 在翻译西方著作《代数学》时, 首次给出"函数"的中文译名: "凡此变量中函彼变量者, 则此为彼之函数." 这实际上也点明了"函数"的本质是两个变量之间的对应关系.

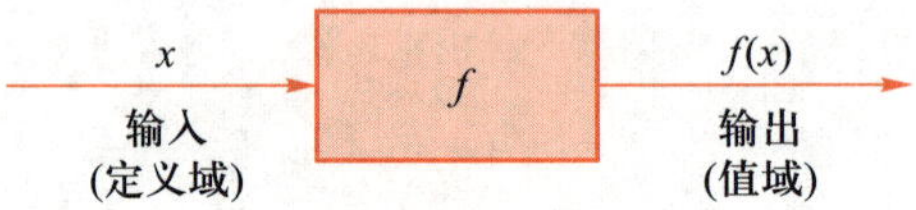

图 0.1 函数定义示意图

若两个函数的定义域相同、对应法则相同 (值域也因此相同), 则称这两个函数相同. 否则, 称两个函数不相同. 如, 函数 $f(x)=x+1$ 和 $g(x)=\dfrac{x^2-1}{x-1}$ 不相同, 因为函数 $g(x)=\dfrac{x^2-1}{x-1}$ 的定义域不包含点 $x=1$. 尽管当 $x\neq 1$ 时, $g(x)=\dfrac{x^2-1}{x-1}=\dfrac{(x+1)(x-1)}{x-1}=x+1=f(x)$.

在研究函数时, 必须要考虑它的定义域. 当函数仅用数学解析式表示时, 求函数定义域的原则是使函数的解析表达式有意义. 在实际问题中, 函数的定义域还要进一步考虑问题的背景, 如圆的面积函数 $A(r)=\pi r^2$, 从函数解析式来看, 对半径 r 的取值没有要求; 但从实际背景来看, 圆的半径必须是正数.

例 1 求下列函数的定义域和值域.

(1) $y=\sqrt{4-x}$;

(2) $y=\sqrt{1-x^2}$;

(3) $y=\dfrac{1}{\ln(x-1)}$.

解 本题所给的函数解析式, 不包含任何实际背景, 因此只要使函数解析式有意义即可.

(1) $y=\sqrt{4-x}$, $4-x\geqslant 0$, 即 $x\leqslant 4$, 定义域为 $(-\infty,4]$, 值域为 $[0,+\infty)$;

(2) $y=\sqrt{1-x^2}$, $1-x^2\geqslant 0$, 即 $-1\leqslant x\leqslant 1$, 定义域为 $[-1,1]$, 值域为 $[0,1]$;

(3) $y=\dfrac{1}{\ln(x-1)}$, $x-1>0$ 且 $\ln(x-1)\neq 0$, 定义域为 $(1,2)\cup(2,+\infty)$, 值域为 $(-\infty,0)\cup(0,+\infty)$.

在 MATLAB 软件中, 可以将变量视作一个未赋具体值的“符号”进行运算和处理. 具体的语法为

```
syms x y;
y = 含有x和常数的函数解析表达式;
```

例如, 在 MATLAB 软件中定义函数 $y=\sqrt{1-x^2}$ 的命令为

```
>> syms x y;
>> y=(1-x^2)^(1/2);
```

例 2 指出下列图像 (图 0.2) 是否能对应于一个函数.

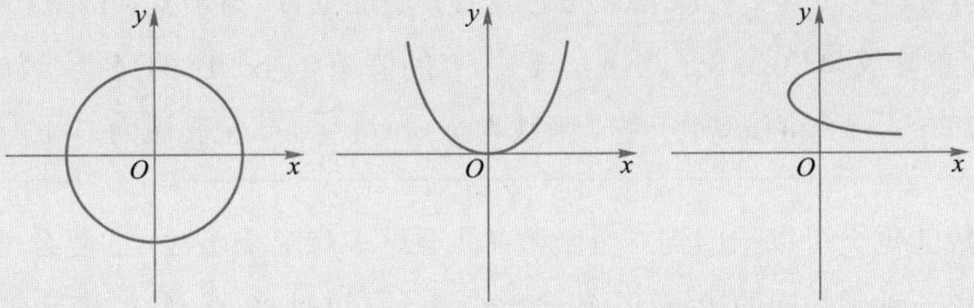

图 0.2

解 可以采用垂线判别法, 如果该图像表示一个函数, 则每条垂直于 x 轴的直线最多与图像相交一次, 否则该图像不能对应于一个函数. 根据图 0.2 所示, 易知仅第二幅图能对应于一个函数.

例 3 在 $t=0$ 时, 从地面上以 20 m/s 的速度竖直向上抛出一个石子. 忽略空气阻力, 石子距离地面的高度 $h(t)=20t-5t^2$. 求高度函数的定义域和值域.

解 表达式 $h(t)=20t-5t^2$ 本身对所有的 t 都有定义, 但本题只考虑石子从抛出时刻 $(t=0)$ 到落地时刻这段时间. 令 $20t-5t^2=0$, 得 $t=0$ 或 $t=4$. 因此, 石子在 $t=0$ 时抛出, 在 $t=4$ 时落地, 高度函数 $h(t)=20t-5t^2$ 的定义域为 $[0,4]$. 由于 $h(t)=20t-5t^2=-5(t-2)^2+20$,

得 $t=2$ 时 $h(t)$ 的最大值为 20, 从而高度函数的值域为 $[0,20]$.

0.1.2 函数的复合运算

如图 0.1 所示, 函数可以视作一个"机器", 输入"原料" x, 输出"产品" $f(x)$. 我们也可以将两个"机器"串联起来: 将第一个"机器"的输出"产品" $f(x)$ 当作"原料"输入第二个机器. 例如, 两个函数 $y=\mathrm{e}^u$ 和 $u=\sin x$, 先计算 $\sin x$ 的值, 再将 $u=\sin x$ 作为自变量输入 $y=\mathrm{e}^u$, 最终输出的值是 $y=\mathrm{e}^{\sin x}$, 如图 0.3 所示.

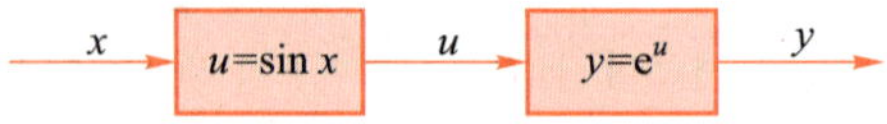

图 0.3　函数复合示意图

定义 0.1.2　设函数 $y=f(u)$ 是关于 u 的函数, $u=\varphi(x)$ 是关于 x 的函数, 且 $y=f(u)$ 的定义域和 $u=\varphi(x)$ 的值域的交集非空, 那么通过变量 u,y 构成了关于 x 的函数, 即 $y=f(\varphi(x))$, 称为**复合函数**. 其中 u 称为**中间变量**.

能构成复合函数的前提是函数 $y=f(u)$ 的定义域和 $u=\varphi(x)$ 的值域交集不能为空. 例如, 函数 $y=\sqrt{u}$ 和 $u=-\left(x^2+8\right)$ 就无法复合成函数 $y=\sqrt{-\left(x^2+8\right)}$.

函数的复合和函数相乘不同. 例如, 函数 $y=x^2\sin x$ 只是两个函数相乘而不是函数的复合. 在计算函数 $y=x^2\sin x$ 的值时, 先算 x^2, $\sin x$ 哪个都没关系; 而函数 $y=\mathrm{e}^{\sin x}$ 并非由 e^x 和 $\sin x$ 相乘得到, 而是复合函数: 在计算函数值时, 必须先计算 $\sin x$ 的值, 再进一步计算 $\mathrm{e}^{\sin x}$ 的函数值.

例 4　函数 $y=\sqrt{u}$ 与 $u=1-x^2$ 能否进行复合? 若能复合, 写出复合函数和它的定义域.

解　$y=\sqrt{u}$ 的定义域 $[0,+\infty)$ 与 $u=1-x^2$ 的值域 $(-\infty,1]$ 的交集不为空集, 因此函数 $y=\sqrt{u}$ 与 $u=1-x^2$ 可以复合, 复合函数为 $y=\sqrt{1-x^2}$, 定义域为 $[-1,1]$.

上述复合函数的定义可以推广到三个函数 (甚至更多有限个函数) 的复合函数. 进一步地, 我们可以将复合看作一种函数间的运算, 用符号"$\circ$"表示, 可以将 $f(\varphi(x))$ 表示成 $(f\circ\varphi)(x)$. 例如, $f(x)=\mathrm{e}^x$, $\varphi(x)=\sin x$, 那么

$$(f\circ\varphi)(x)=f(\varphi(x))=\mathrm{e}^{\sin x}.$$

例 5　已知函数 $y=\ln u, u=\sin v, v=x^2+1$, 求 y 关于 x 的复合函数.

解　由于是三个函数复合, 有 u 和 v 两个中间变量; 将中间变量依次代入, 所得复合函数为 $y=\ln\sin\left(x^2+1\right)$.

对于复合函数, 还须清楚"分解"的概念: 就是把一个复合函数分解成几个简单函数.

例 6 指出下列函数的分解过程:

(1) $y = \mathrm{e}^{\cos 3x}$; (2) $y = 1 + \sin(\ln x)$.

解 (1) $y = \mathrm{e}^{\cos 3x}$ 由三个简单函数 $y = \mathrm{e}^{u}$、$u = \cos v$ 和 $v = 3x$ 复合而成;

(2) $y = 1 + \sin(\ln x)$ 由三个简单函数 $y = 1 + u$、$u = \sin v$ 和 $v = \ln x$ 复合而成.

在 MATLAB 软件中求复合函数的命令为 compose(f, g), 最后得到的复合函数为 $f(g(x))$. 例 4 中函数 $y = \sqrt{u}$ 与 $u = 1 - x^2$ 的复合可以用以下命令来实现:

```
>> syms x u y;
>> y=u^(1/2);
>> u=1-x^2;
>> compose(y,u)
```

运行结果为

```
ans=(1-x^2)^(1/2)
```

同步训练 0.1

1. 函数的魔术: 任取一个数, 加上 5, 乘以 2, 减去 6, 除以 2, 减去 2, 得到的结果是多少? 为什么?

2. 求下列函数的定义域:

(1) $h(t) = \sqrt{t^2 - 1} + \dfrac{1}{t - 1}$;

(2) $f(x) = \sqrt{x^2 - 2x - 3}$;

(3) $g(z) = \dfrac{2}{\ln(2 - z)}$.

3. 判断下列函数是否相同:

(1) $y = x + 2$ 与 $y = \dfrac{x^2 - 4}{x - 2}$; (2) $y = \ln x^3$ 与 $y = 3\ln x$.

4. 若函数 $f(x) = \begin{cases} x - 3, & x \leqslant 1, \\ -2x, & x > 1, \end{cases}$ 那么 $f(-1) =$ ____________;

$f(1) =$ ____________; $f(3) =$ ____________.

5. 上题中函数 $f(x) = \begin{cases} x - 3, & x \leqslant 1, \\ -2x, & x > 1 \end{cases}$ 表示一个函数还是两个函数?

6. 请查询某种共享单车 (或共享汽车) 的计费方式 (图 0.4), 并用函数表示.

扫一扫, 看答案

图 0.4 第 6 题图

7. 补全表格 (表 0.1):

表 0.1

$f(u)$	$g(x)$	$f(g(x))$
$\sqrt{u-5}$		$\sqrt{x^2-5}$
$1+\dfrac{1}{u}$		x
	$\dfrac{1}{x}$	x
	$\sqrt{x}$	$\|x\|$

8. 指出下列函数的分解过程:

(1) $(x+2)^5$; (2) $\sqrt{t^3-2}$; (3) $\dfrac{8}{(w^4-1)^2}$; (4) $y=\ln\cos(2x+3)$.

0.2 反函数

在本节中我们将定义函数的反函数, 并研究函数的反函数的求法和图像.

0.2.1 一一对应函数

函数是对定义域中的每个数, 指定值域中唯一确定的值与之对应的一种法则. 有的函数对不同自变量有相同的函数值与其对应, 例如, 函数 $y=x^2$ 在 $x=1$ 和 $x=-1$ 处的值均为 1; 而有的函数, 不同的自变量有不同的函数值与其对应, 例如, 函数 $y=x$ 对不同的自变量, 函数值总是不同的. 下面我们就来讨论一一对应函数.

定义 0.2.1 (**一一对应函数**) 设函数 $f(x)$ 的定义域为 D, 如果当 $a,b\in D$ 且 $a\neq b$ 时, $f(a)\neq f(b)$, 则称函数 $f(x)$ 在定义域 D 上是**一一对应函数**.

一一对应函数的图像与任意一条水平直线至多相交一次. 如果它与水平直线相交多于两次, 那么该函数就不是一一对应的 (图 0.5). 我们称这种判别方法为**水平线法则**.

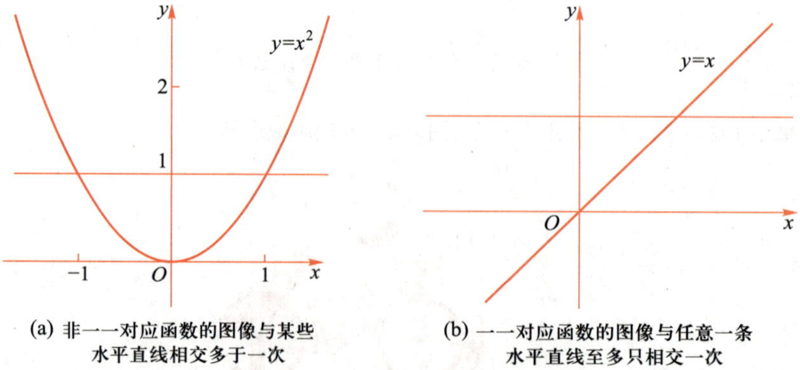

(a) 非一一对应函数的图像与某些水平直线相交多于一次

(b) 一一对应函数的图像与任意一条水平直线至多只相交一次

图 0.5

例 1　判断下列函数是否为一一对应函数:

(1) $y=|x|$;　(2) $y=kx\ (k>0)$.

解　如图 0.6(a) 所示, 对于任给的水平直线 $y=c$, $c>0$, 与 $y=|x|$ 相交两次, 所以它不是一一对应函数.

如图 0.6(b) 所示, 函数 $y=kx\ (k>0)$ 与每条水平直线 $y=c$ 仅交于一点, 所以, 函数 $y=kx\ (k>0)$ 是一一对应函数.

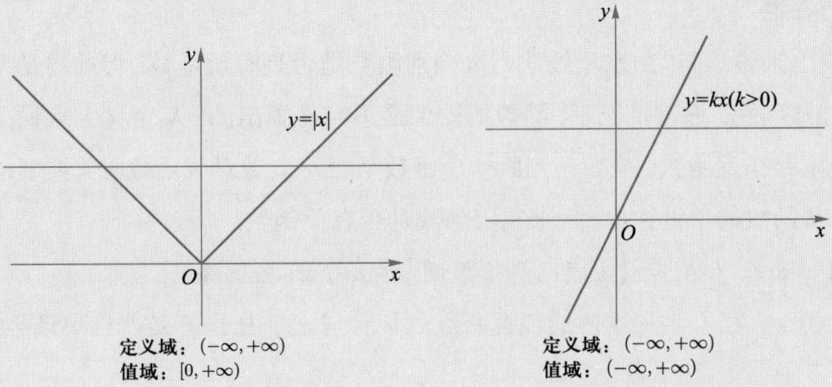

(a)　$y=|x|$ 的图像　　(b)　$y=kx\ (k>0)$ 的图像

图 0.6

0.2.2　反函数

由于一一对应函数 f 的每一个函数值对应的自变量的值是唯一的, 所以我们可以将定义域和值域逆转过来, 得到一个新函数, 称为 f 的反函数.

定义 0.2.2　(**反函数**)　设 f 是一个一一对应函数, 定义域为 D, 值域为 R, 对任意的 $x\in R$, 有唯一的 $y\in D$ 通过 f 与之对应, 从而得到一个新的函数, 称为 f 的反函数, 记作 $f^{-1}(x)$, 读作 “f 逆”.

注　这里 $f^{-1}(x)$ 只是一个记号, 不是 $\dfrac{1}{f(x)}$.

反函数的验证方法

函数 f 和 g 互为反函数 $\Leftrightarrow f(g(x))=x$ 且 $g(f(x))=x$.

例 2　(**验证反函数**)

(1) 证明: 函数 $f(x)=\mathrm{e}^x$ 和 $g(x)=\ln x$ 互为反函数.

(2) 证明: 函数 $f(x)=x^3$ 和 $g(x)=\dfrac{1}{x^3}$ 不互为反函数.

证　(1) 因为对于定义域中任意的 x,

$$f(g(x))=f(\ln x)=\mathrm{e}^{\ln x}=x,\quad 且\quad g(f(x))=g\left(\mathrm{e}^x\right)=\ln\mathrm{e}^x=x,$$

所以函数 $f(x)=\mathrm{e}^x$ 和 $g(x)=\ln x$ 互为反函数.

(2) 因为

$$f(g(x))=f\left(\frac{1}{x^3}\right)=\left(\frac{1}{x^3}\right)^3=\frac{1}{x^9}\neq x,$$

所以, 函数 $f(x)=x^3$ 和 $g(x)=\dfrac{1}{x^3}$ 不互为反函数.

反函数的存在性

从几何意义上来说, 可以由水平线法则来判别函数是否具有反函数. 但前提是, 我们要知道这个函数的图像才能够判别. 通常情况下, 函数的图像是不容易画出的. 从定义上来说, 只要函数是一一对应函数, 就一定存在反函数. 但如何判断一个函数是否是一一对应函数呢? 要解决这个问题, 我们可以换个角度, 从函数的单调性出发, 来判定函数是否有反函数.

定理 0.2.1 *如果 f 在其定义域上严格单调, 那么 f 存在反函数.*

证 设 x_1 和 x_2 为 f 定义域内的任意两点, 且 $x_1\neq x_2$, 由于 f 是严格单调函数, 则有

$$f(x_1)<f(x_2) \quad 或 \quad f(x_1)>f(x_2),$$

即 $f(x_1)\neq f(x_2)$.

因此, f 为一一对应函数, 所以它的反函数存在.

例 3 证明函数 $f(x)=x^3+1$ 的反函数存在.

证 函数 $f(x)=x^3+1$ 的定义域为 $\mathbf{R}$, 设 $x_1, x_2\in\mathbf{R}$, $x_1<x_2$,

$$\begin{aligned}f(x_1)-f(x_2)&=x_1^3+1-x_2^3-1=x_1^3-x_2^3=(x_1-x_2)\left(x_1^2+x_1x_2+x_2^2\right)\\&=(x_1-x_2)\left[\left(x_1+\frac{1}{2}x_2\right)^2+\frac{3}{4}x_2^2\right]<0.\end{aligned}$$

即 $f(x_1)<f(x_2)$.

因此, $f(x)=x^3+1$ 在其定义域 $\mathbf{R}$ 上严格单调增加, 根据定理 0.2.1 可知 $f(x)$ 在 $\mathbf{R}$ 上存在反函数.

反函数的图像

如果函数 $f(x)$ 的反函数 $f^{-1}(x)$ 存在, 根据反函数的定义, 若点 (x,y) 在 $y=f(x)$ 的图像上, 那么点 (y,x) 一定在其反函数 $y=f^{-1}(x)$ 的图像上, 即 $y=f(x)$ 与 $y=f^{-1}(x)$ 关于直线 $y=x$ 对称, 如图 0.7 所示.

反函数的求法

求反函数, 我们可以按以下三步进行:

第 1 步: 从函数 $y=f(x)$ 中解出 x, 得到 $x=f^{-1}(y)$;

第 2 步: x 和 y 互换得到函数 $y=f^{-1}(x)$;

第 3 步: 写出反函数的定义域, 即 $f(x)$ 的值域.

在求函数 f 的反函数之前, 我们是否应该先检验 f 是否有反函数呢? 实际上, 第 1 步计算后, 当每个 y 都对应一个 x 时, $f^{-1}(x)$ 就存在了. 当我们对 $y=x^2$ 进行第 1 步操作时, 得到 $x=\pm\sqrt{y}$, 每个 x $(x=0$ 除外) 都对应多个 y, 这说明了 $f^{-1}(x)$ 不存在.

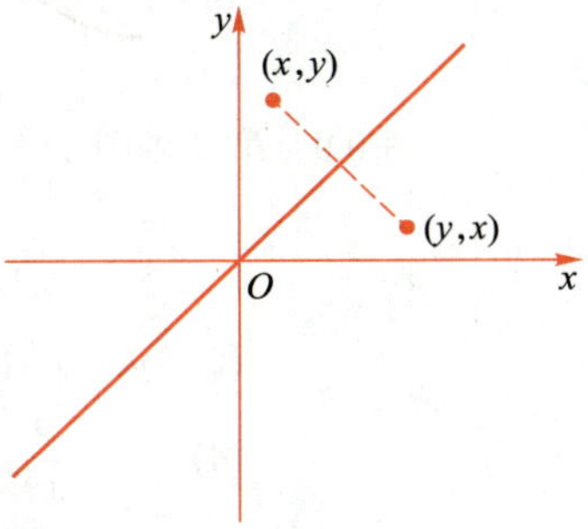

图 0.7

例 4 已知 $y=f(x)=\sqrt[3]{1+x}$, 求 $f^{-1}(x)$.

解 第 1 步: 对于 $y=\sqrt[3]{1+x}$ 解出 x, 得 $x=y^3-1$;

第 2 步: 交换 x,y, 得到 $y=f^{-1}(x)=x^3-1$;

第 3 步: 反函数的定义域为 $\{x \mid x\in \mathbf{R}\}$.

同步训练 0.2

1. 用水平线法则判断下列函数是否是一一对应函数 (图 0.8).

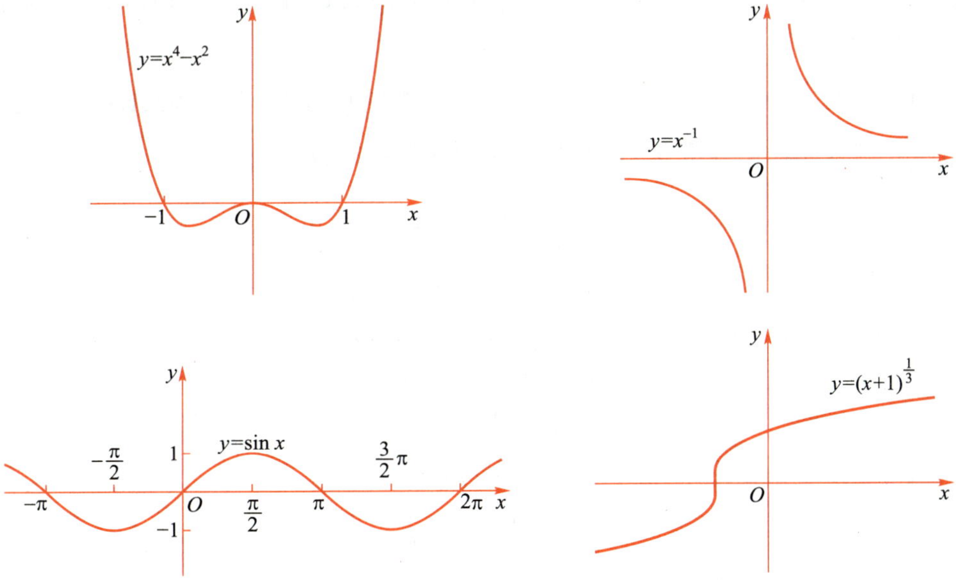

图 0.8 第 1 题图

2. 画出下列函数的反函数的图像 (图 0.9). (利用反函数图像与原函数的图像关于直线 $y=x$ 对称.)

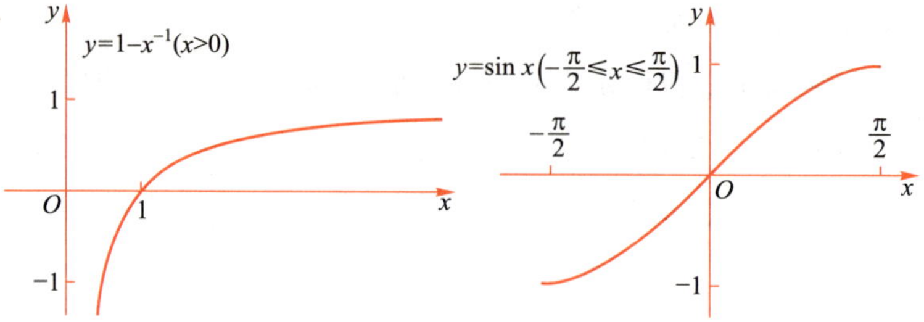

图 0.9　第 2 题图

3. 求下列函数的反函数:

(1) $y=3-4x$;　　(2) $y=x^2\ (x\leqslant 0)$;

(3) $y=x^3-1\ (x\leqslant 0)$;　　(4) $y=\dfrac{2}{x^3}$;

(5) $y=\dfrac{2x+1}{x+3}$;　　(6) $y=\dfrac{ax+b}{cx+d}(ad-bc\neq 0)$;

(7) $y=\ln(x+1)$;　　(8) $y=\dfrac{3^x}{3^x+1}$.

扫一扫, 看答案

0.3 三角函数与反三角函数

0.3.1 三角函数

本节介绍三角函数及反三角函数. 由于三角函数具有周期性, 可以体现出函数的重复性的特点, 因此可以利用三角函数对一些实际问题进行研究. 如: 大气温度的变化, 声音的波动性态, 血压的波动规律, 防洪大坝水位等自然发生的周期问题等. 反之, 当已知三角形的边长反求其角度时, 需要利用反三角函数求解, 现实生活中有很多关于反三角函数的应用.

定义 0.3.1 **(弧度)** 长度等于半径长的圆弧所对的圆心角叫作 1 弧度的角. 弧度单位用符号 rad 表示, 读作弧度.

如图 0.10, $\angle AOB$ 的弧度 θ 在数值上等于以 O 为圆心的单位圆上弧 AB 的长度. θ 值也可以从其他半径为 r 的圆算出, 其值 θ 为 $\dfrac{s}{r}$, 其中 s 为 θ 所对的弧长.

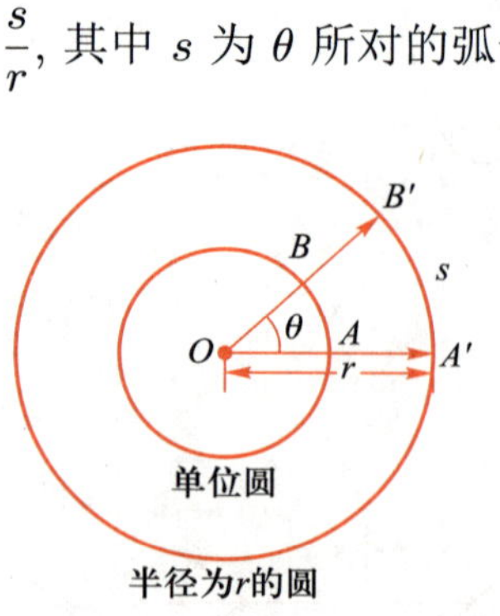

图 0.10　弧度示意图

角度与弧度的转换公式:

$$1^\circ = \frac{\pi}{180}\ \text{rad}, \quad 1\ \text{rad} = \frac{180^\circ}{\pi}.$$

定义 0.3.2 (三角函数) 将任意角 θ 的始边与 x 轴非负半轴重合, 终边与以原点为圆心, 半径为 r 的圆交于点 $P(x,y)$, 那么角 θ 的基本三角函数为

$$\text{正弦函数: } y=\sin\theta=\frac{y}{r}, \quad \text{余弦函数: } y=\cos\theta=\frac{x}{r},$$

$$\text{正切函数: } y=\tan\theta=\frac{y}{x}, \quad \text{余切函数: } y=\cot\theta=\frac{x}{y},$$

$$\text{正割函数: } y=\sec\theta=\frac{r}{x}, \quad \text{余割函数: } y=\csc\theta=\frac{r}{y}.$$

其中 $\sec\theta=\dfrac{1}{\cos\theta}$, $\csc\theta=\dfrac{1}{\sin\theta}$, $\cot\theta=\dfrac{1}{\tan\theta}$, 如图 0.11 所示.

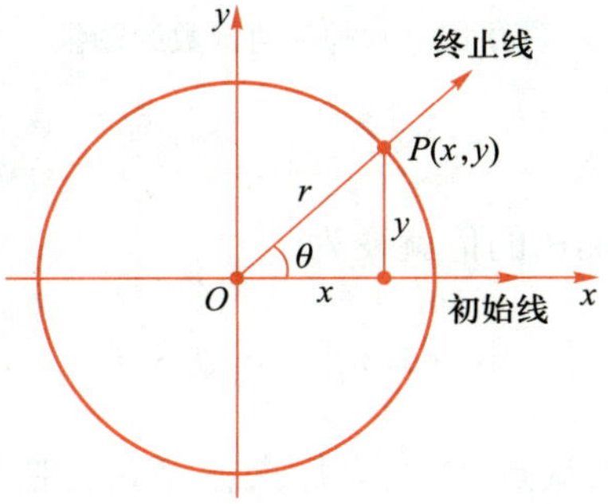

图 0.11 半径为 r 的圆, 圆心角为 θ

三角函数图像

六种三角函数的图像及其定义域、值域如图 0.12 所示.

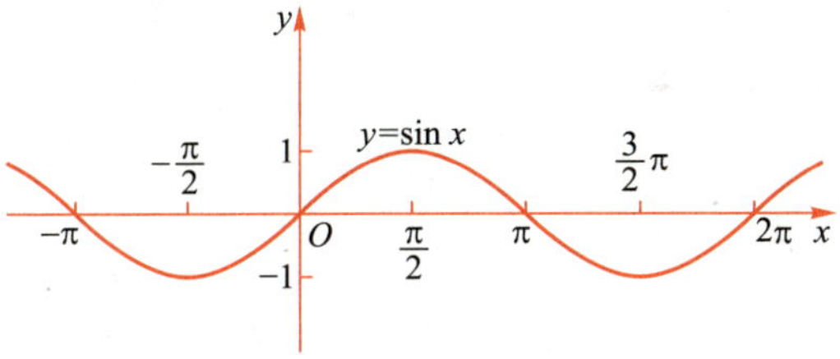

正弦函数 $y=\sin x$
定义域 $\{x \mid -\infty < x < +\infty\}$
值域 $\{y \mid -1 \leqslant y \leqslant 1\}$
周期 2π

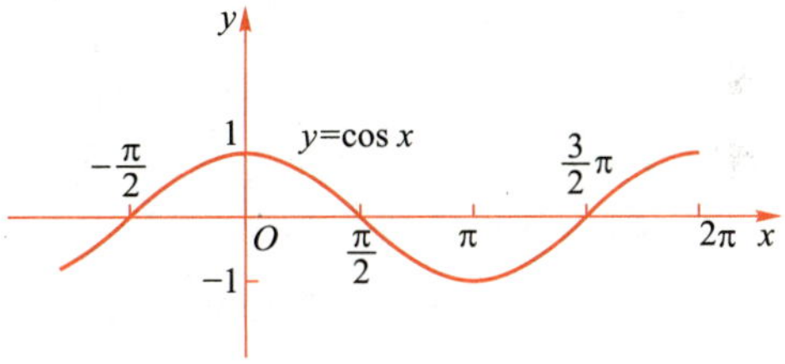

余弦函数 $y=\cos x$
定义域 $\{x \mid -\infty < x < +\infty\}$
值域 $\{y \mid -1 \leqslant y \leqslant 1\}$
周期 2π

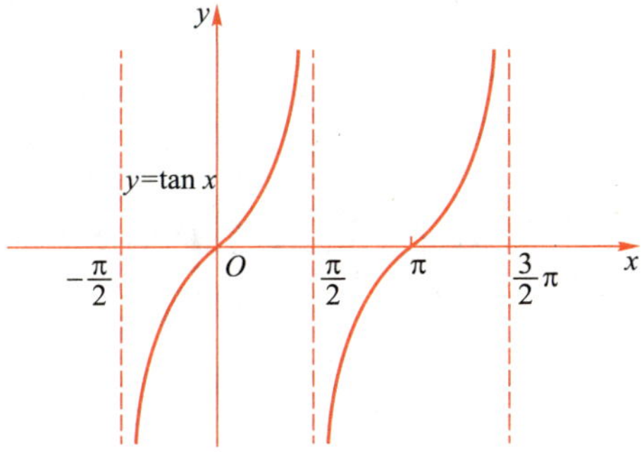

正切函数 $y=\tan x$
定义域 $\left\{x \mid x \neq k\pi \pm \frac{\pi}{2},\ k \in \mathbf{Z}\right\}$
值域 $\{y \mid -\infty < y < +\infty\}$
周期 π

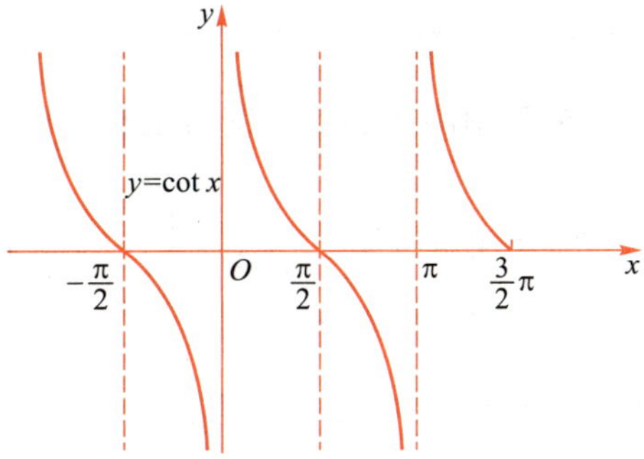

余切函数 $y=\cot x$
定义域 $\{x \mid x \neq k\pi,\ k \in \mathbf{Z}\}$
值域 $\{y \mid -\infty < y < +\infty\}$
周期 π

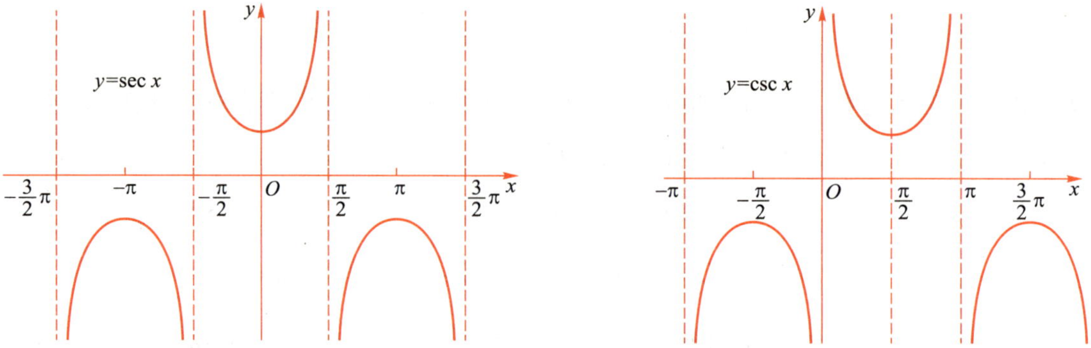

正割函数 $y=\sec x$
定义域 $\left\{x \mid x \neq k\pi \pm \frac{\pi}{2},\ k \in \mathbf{Z}\right\}$
值域 $\{y \mid y \leqslant -1 \text{ 和 } y \geqslant 1\}$
周期 2π

余割函数 $y=\csc x$
定义域 $\{x \mid x \neq k\pi,\ k \in \mathbf{Z}\}$
值域 $\{y \mid y \leqslant -1 \text{ 和 } y \geqslant 1\}$
周期 2π

图 0.12　六种三角函数的图像

三角函数的值

当圆半径 $r=1$ 时, $\sin\theta$ 和 $\cos\theta$ 的值就变为

$$\sin\theta = y, \quad \cos\theta = x.$$

如果已知点 P 的坐标, 就可以从点 P 的坐标来计算其正弦和余弦的值, x 和 y 的正负号由角的终边所在的象限确定, 如图 0.13 所示.

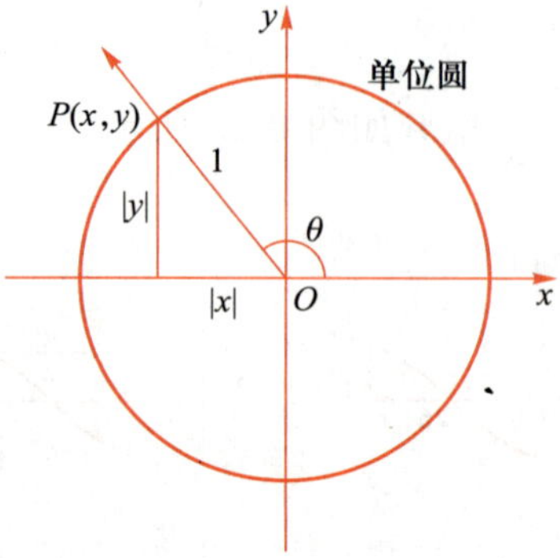

$P(x,y)=(\cos\theta,\sin\theta)$

图 0.13　角 θ 的三角函数值

例 1　(**求三角函数的值**)　求 $\sin\left(-\frac{\pi}{4}\right)$ 和 $\cos\left(-\frac{\pi}{4}\right)$.

解　如图 0.14 所示, $\sin\left(-\frac{\pi}{4}\right)=$ 点 P 的纵坐标 $=-\frac{\sqrt{2}}{2}$, $\cos\left(-\frac{\pi}{4}\right)=$ 点 P 的横坐标 $=\frac{\sqrt{2}}{2}$.

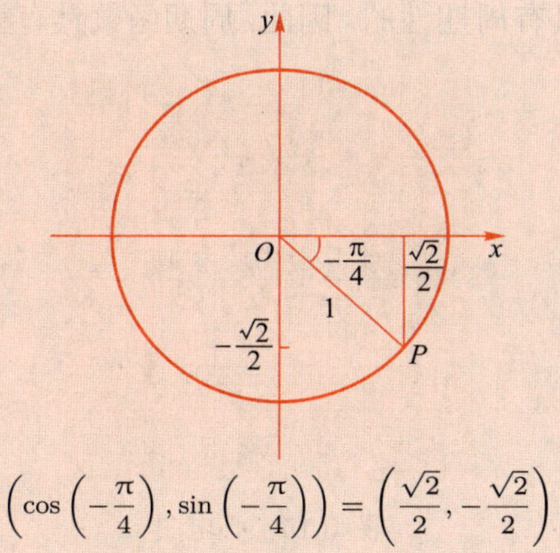

图 0.14 $-\frac{\pi}{4}$ 的三角函数值

由例 1 中的计算方法, 可以求一些特殊角的三角函数值, 见表 0.2.

表 0.2 对不同 θ 值的 $\sin\theta$, $\cos\theta$, $\tan\theta$ 的值

θ	$-\pi$	$-\frac{3\pi}{4}$	$-\frac{\pi}{2}$	$-\frac{\pi}{4}$	0	$\frac{\pi}{6}$	$\frac{\pi}{4}$	$\frac{\pi}{3}$	$\frac{\pi}{2}$	$\frac{3\pi}{4}$	π
$\sin\theta$	0	$-\frac{\sqrt{2}}{2}$	-1	$-\frac{\sqrt{2}}{2}$	0	$\frac{1}{2}$	$\frac{\sqrt{2}}{2}$	$\frac{\sqrt{3}}{2}$	1	$\frac{\sqrt{2}}{2}$	0
$\cos\theta$	-1	$-\frac{\sqrt{2}}{2}$	0	$\frac{\sqrt{2}}{2}$	1	$\frac{\sqrt{3}}{2}$	$\frac{\sqrt{2}}{2}$	$\frac{1}{2}$	0	$-\frac{\sqrt{2}}{2}$	-1
$\tan\theta$	0	1	无	-1	0	$\frac{\sqrt{3}}{3}$	1	$\sqrt{3}$	无	-1	0

三角函数的周期性

当角度 θ 转过 2π 时, 角的终边不变, 所以有相同的三角函数值,

$$\cos(\theta + 2\pi) = \cos\theta, \quad \sin(\theta + 2\pi) = \sin\theta, \quad \tan(\theta + 2\pi) = \tan\theta,$$
$$\sec(\theta + 2\pi) = \sec\theta, \quad \csc(\theta + 2\pi) = \csc\theta, \quad \cot(\theta + 2\pi) = \cot\theta.$$

类似地, $\cos(\theta - 2\pi) = \cos\theta$, $\sin(\theta - 2\pi) = \sin\theta$, 等等.

定义 0.3.3 (**周期函数**) 如果存在正数 T, 对每一个 x 有

$$f(x + T) = f(x),$$

则称函数 $f(x)$ 是周期函数, 称满足上式的最小的 T 值为 f 的最小正周期.

在三角函数的定义区间上, 三角函数的值重复取值, 因此六个三角函数均是周期函数.

由于周期函数的周期有无穷多个, 所以一般我们所指的周期都是最小正周期. 从图 0.12 中可以看出三角函数 $\sin x$, $\cos x$, $\csc x$ 都是以 2π 为周期的, $\tan x$ 和 $\cot x$ 都是以 π 为周期的.

现实生活中许多现象的性态、特征都具有周期性 (图 0.15), 如脑电波和心跳、电压和电流、电

磁场、经济学问题中季节性商业销售的现金流动等; 季节、气候、月相和行星的运动也具有周期性; 地球的冰河期长时间看来也是具有周期性的. 因此, 周期函数具有重要的研究价值.

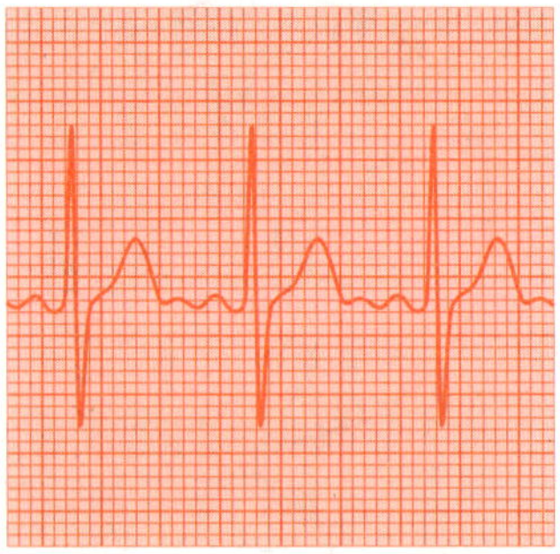

图 0.15　心电图

三角函数在研究周期性现象中尤为重要, 在后面的学习中, 我们会看到每个周期函数都可以表示为正弦函数和余弦函数的代数组合. 利用正弦函数和余弦函数, 我们可以描述大多数周期现象.

三角函数的奇偶性

在图 0.12 中, 可以看出 $\cos x$ 和 $\sec x$ 是偶函数, 关于 y 轴对称; $\sin x$, $\tan x$, $\cot x$, $\csc x$ 是奇函数, 关于原点对称.

例 2　**(奇偶性的验证)**　证明: $\cos x$ 是偶函数, $\sin x$ 是奇函数.

解　从图 0.16 得知, $\cos(-\theta)=\dfrac{x}{r}=\cos\theta$, $\sin(-\theta)=\dfrac{-y}{r}=-\dfrac{y}{r}=-\sin\theta$, 所以 $\cos x$ 是偶函数, 而 $\sin x$ 是奇函数.

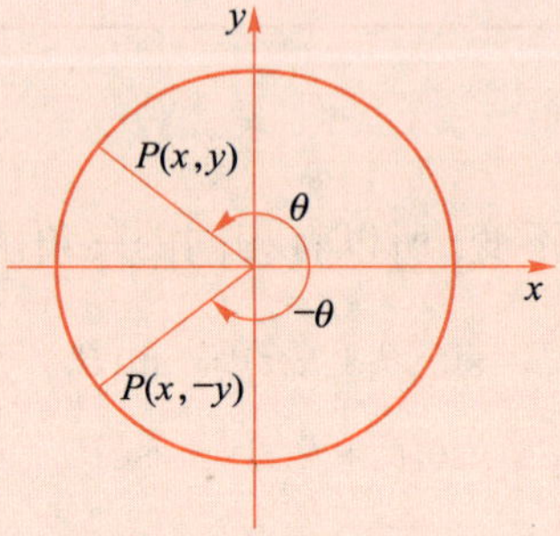

图 0.16　正负号相反的角

利用例 2 的方法可以得到其他三角函数的奇偶性. 所以, 常见三角函数的奇偶性为

$\sin x$ 是奇函数, $\cos x$ 是偶函数,

$\tan x$ 是奇函数, $\cot x$ 是奇函数,

$\sec x$ 是偶函数, $\csc x$ 是奇函数.

三角函数图像的变换

图 0.17 展示了通过参数的变化可以把函数平移、伸缩.

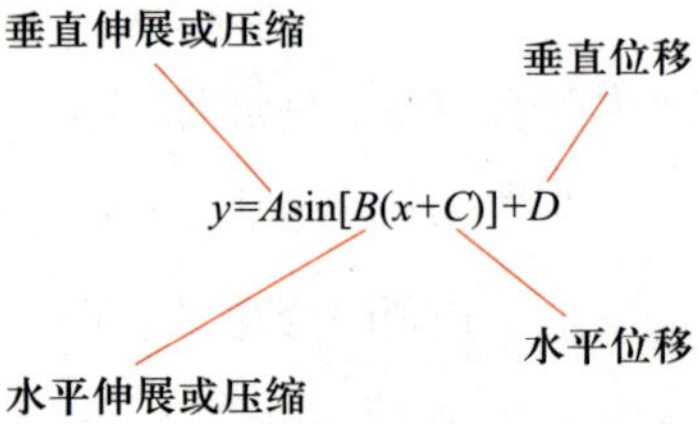

图 0.17

例 3 (**温度变化的建模**) 供热管道在输送的过程中需要使用包裹管道的材料来减少热量的损失, 因为管道释放的热量会使得地下的永久冻土层软化, 破坏生态环境. 包裹时需要考虑所在地区全年的空气温度变化情况. 在通常情况下, 空气温度变化由如下的函数表示, 如图 0.18 所示:

$$f(x) = A\sin\left[\frac{2\pi}{B}(x-C)\right] + D.$$

其中 $|A|$ 是幅度, $|B|$ 是周期, C 是水平位移, 而 D 是垂直位移.

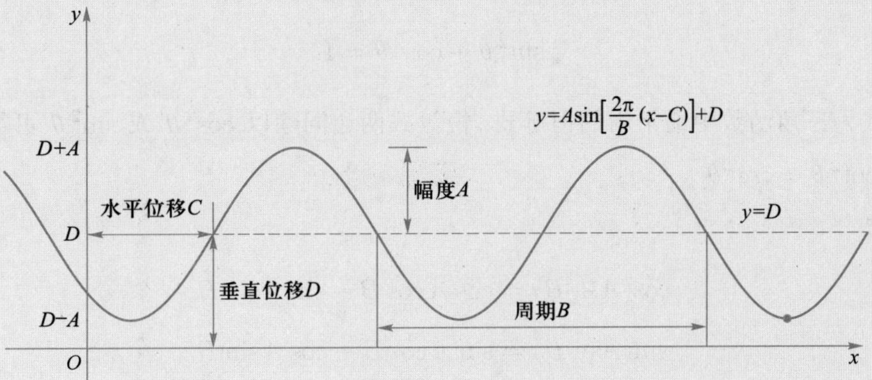

图 0.18 曲线 $y = A\sin\left[\frac{2\pi}{B}(x-C)\right] + D$, 其中 $A, B, C, D > 0$

例 4 (**我国东北某地区大气平均温度**) 通过对图 0.19 数据点的拟合, 可以得到下面的近似函数

$$f(x) = 37\sin\left[\frac{2\pi}{365}(x-101)\right] - 7.$$

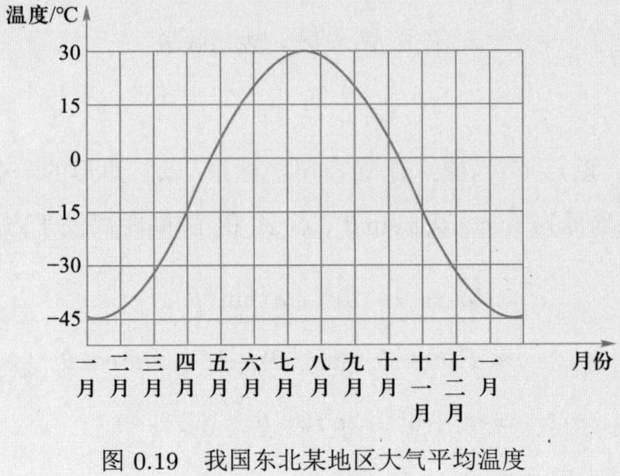

图 0.19 我国东北某地区大气平均温度

三角恒等式

如图 0.20 所示, 从点 $P(\cos\theta, \sin\theta)$ 向下作垂线得到一直角三角形.

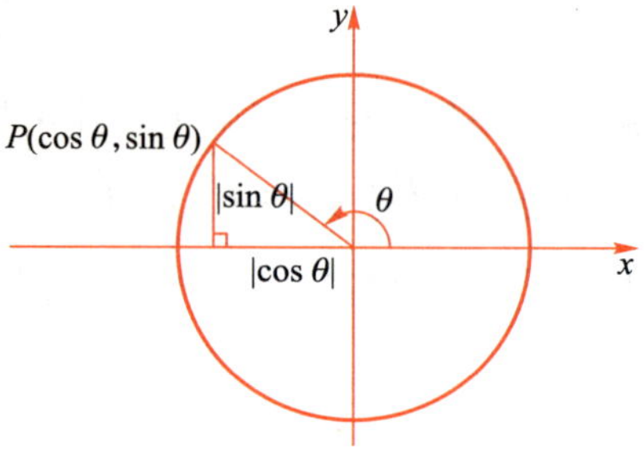

图 0.20　角度为 θ 的三角形

由勾股定理可得

$$\sin^2\theta + \cos^2\theta = 1. \tag{0.3.1}$$

(0.3.1) 式为三角函数中最常用的恒等式, 恒等式两边同除以 $\cos^2\theta$ 或 $\sin^2\theta$ 可得 $1+\tan^2\theta = \sec^2\theta,\quad 1+\cot^2\theta = \csc^2\theta$.

和角公式

$$\begin{aligned} \cos(A+B) &= \cos A\cos B - \sin A\sin B, \\ \sin(A+B) &= \sin A\cos B + \cos A\sin B. \end{aligned} \tag{0.3.2}$$

在上式中, 用 θ 代换 A 和 B, 可得倍角公式.

倍角公式

$$\cos 2\theta = \cos^2\theta - \sin^2\theta, \quad \sin 2\theta = 2\sin\theta\cos\theta. \tag{0.3.3}$$

余弦定理

如果 a, b 和 c 是 $\triangle ABC$ 的三条边, θ 为 c 的对角, 那么

$$c^2 = a^2 + b^2 - 2ab\cos\theta \tag{0.3.4}$$

被称为**余弦定理**.

证　如图 0.21 所示, 以点 C 为原点建立直角坐标系, 以三角形的一条边为 x 轴正向. 则点 A 的坐标为 $(b, 0)$, 点 B 的坐标为 $(a\cos\theta, a\sin\theta)$, 点 A 和 B 间距离的平方则为

$$\begin{aligned} c^2 &= (a\cos\theta - b)^2 + a^2\sin^2\theta \\ &= a^2(\cos^2\theta + \sin^2\theta) + b^2 - 2ab\cos\theta \\ &= a^2 + b^2 - 2ab\cos\theta. \end{aligned}$$

勾股定理是余弦定理的特例, 当 $\theta = \dfrac{\pi}{2}$ 时, $\cos\theta = 0$, 就有 $c^2 = a^2 + b^2$.

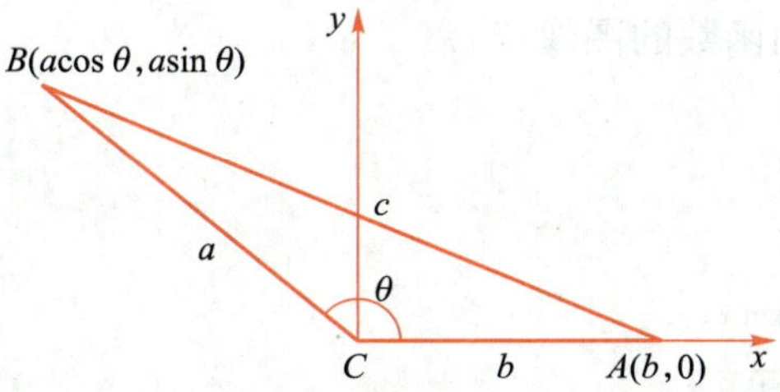

图 0.21　通过点 A 和点 B 间距离的平方给出的余弦定理

0.3.2　反三角函数

在图 0.12 中的六个三角函数均不是一一对应的, 因此它们是没有反函数的. 但是只要对定义域加以限定, 就可以将它们转化为一一对应函数, 就能使三角函数具有反函数.

例 5　(**限定函数的定义域**)　证明: 函数 $y = \sin x\ \left(-\dfrac{\pi}{2} \leqslant x \leqslant \dfrac{\pi}{2}\right)$ 是一一对应函数, 并画出它的反函数的图像.

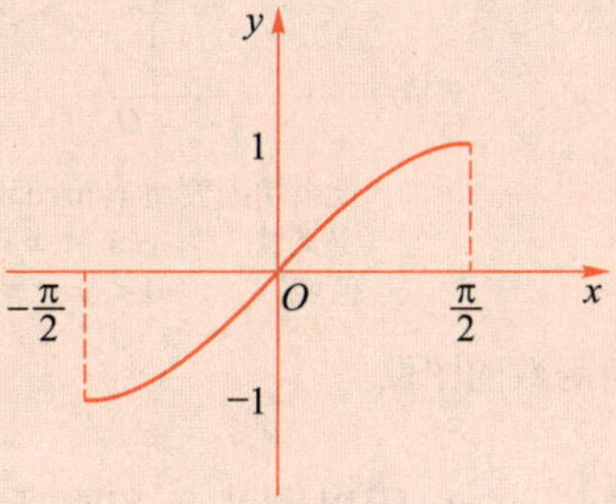

(a) 限定了定义域的正弦函数

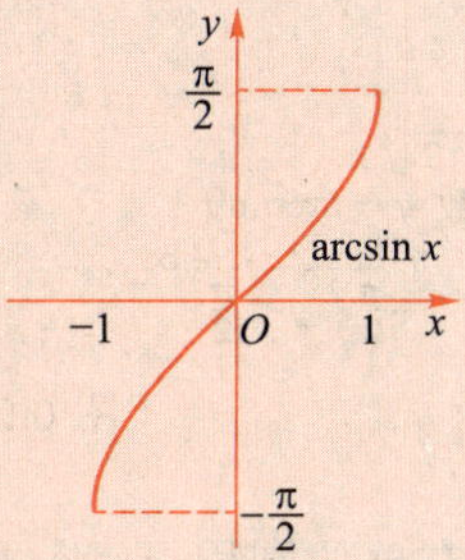

(b) 限定了定义域的正弦函数的反函数

图 0.22

解　图 0.22(a) 是限定了定义域的正弦函数, 利用水平线法则, 它是一一对应的, 所以有反函数. 在图 0.22(b) 中画出了其反函数的图像.

我们把正弦函数在 $\left[-\dfrac{\pi}{2}, \dfrac{\pi}{2}\right]$ 的反函数称为**反正弦函数**, 记作 $\arcsin x$. 同样地, 通过限定其他几个三角函数的定义域, 可以得到它们的反函数.

定义 0.3.4　(**反三角函数**)　表 0.3 给出了四种反三角函数.

表 0.3　反三角函数

函数	定义域	值域
$\arcsin x$	$-1 \leqslant x \leqslant 1$	$-\dfrac{\pi}{2} \leqslant y \leqslant \dfrac{\pi}{2}$
$\arccos x$	$-1 \leqslant x \leqslant 1$	$0 \leqslant y \leqslant \pi$
$\arctan x$	$-\infty < x < +\infty$	$-\dfrac{\pi}{2} < y < \dfrac{\pi}{2}$
$\operatorname{arccot} x$	$-\infty < x < +\infty$	$0 < y < \pi$

图 0.23 给出了四个反三角函数的图像.

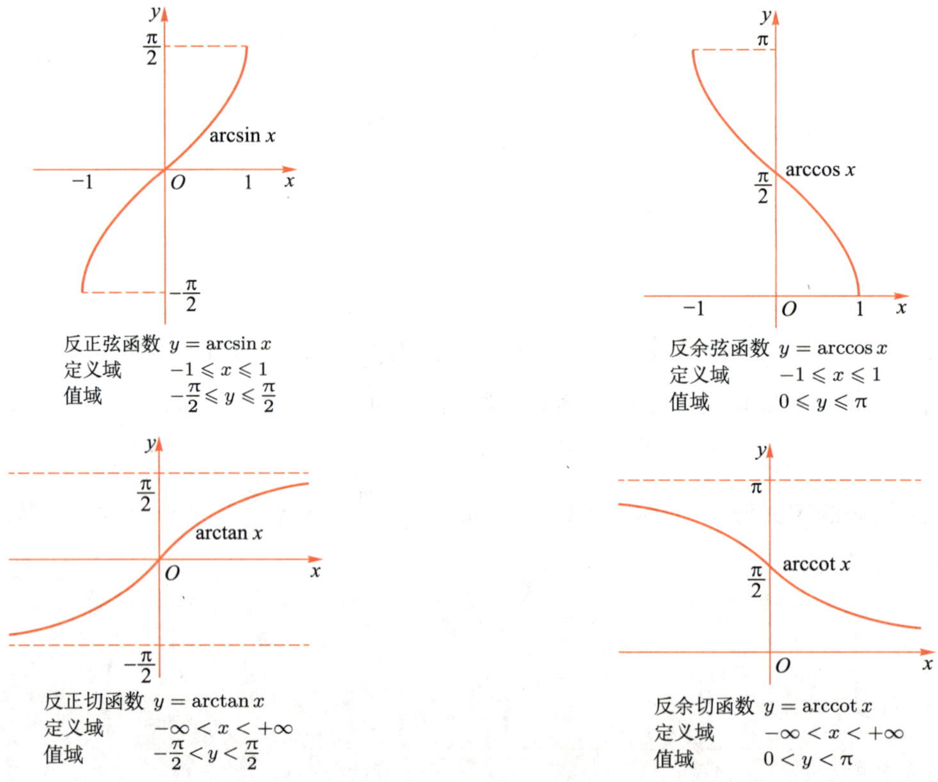

图 0.23 四种反三角函数的图像

如图 0.24 所示, 在单位圆周上, 公式 $s=r\theta$ 即为 $s=\theta$, 所以圆心角和它所对的弧长有同样的度量. 因此, 如果 $x=\sin y$, 那么 y 不仅是正弦值为 x 的角度, 也是单位圆上正弦值为 x 的角所对的弧长. 我们称 y 为"正弦值是 x 的弧". 类似地, 也可以得到余弦的有关结论.

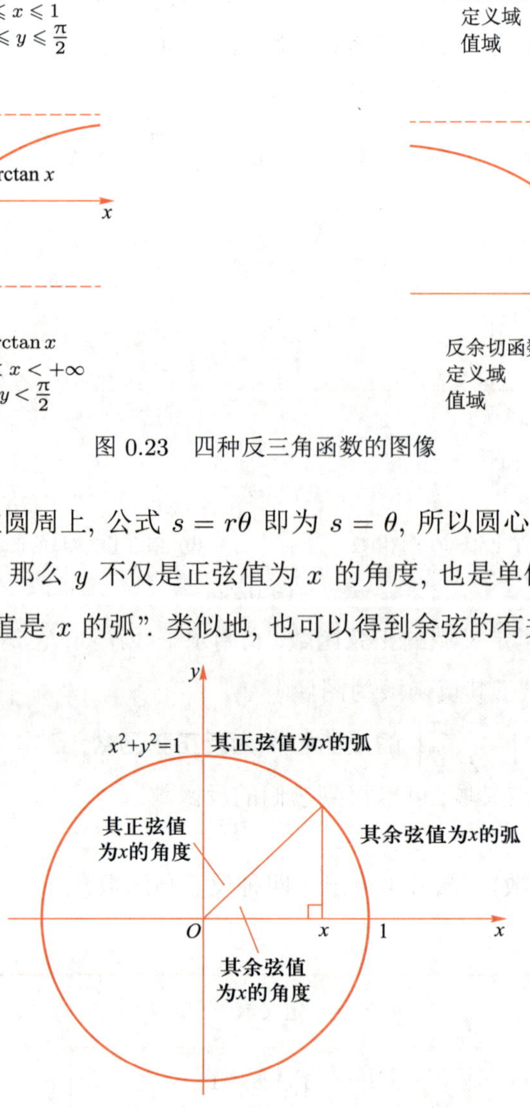

图 0.24 第一象限弧度 $y=\arcsin x$ 和 $y=\arccos x$ 的几何解释

例 6 给出 $\arcsin x$, $\arccos x$, $\arctan x$ 的常用值 (表 0.4).

解 $\arcsin\dfrac{\sqrt{3}}{2}=\dfrac{\pi}{3}$, $\arcsin\dfrac{1}{2}=\dfrac{\pi}{6}$, $\arcsin\dfrac{\sqrt{2}}{2}=\dfrac{\pi}{4}$, $\arcsin\left(-\dfrac{\sqrt{2}}{2}\right)=-\dfrac{\pi}{4}$. 由于 $\arcsin x$

的值域是 $\left[-\frac{\pi}{2},\frac{\pi}{2}\right]$, 因此它是第一和第四象限的角度, 见图 0.25.

表 0.4　常用的反三角函数值表

x	$\arcsin x$	x	$\arccos x$	x	$\arctan x$
$\frac{\sqrt{3}}{2}$	$\frac{\pi}{3}$	$\frac{\sqrt{3}}{2}$	$\frac{\pi}{6}$	$\sqrt{3}$	$\frac{\pi}{3}$
$\frac{\sqrt{2}}{2}$	$\frac{\pi}{4}$	$\frac{\sqrt{2}}{2}$	$\frac{\pi}{4}$	1	$\frac{\pi}{4}$
$\frac{1}{2}$	$\frac{\pi}{6}$	$\frac{1}{2}$	$\frac{\pi}{3}$	$\frac{\sqrt{3}}{3}$	$\frac{\pi}{6}$
$-\frac{1}{2}$	$-\frac{\pi}{6}$	$-\frac{1}{2}$	$\frac{2\pi}{3}$	$-\frac{\sqrt{3}}{3}$	$-\frac{\pi}{6}$
$-\frac{\sqrt{2}}{2}$	$-\frac{\pi}{4}$	$-\frac{\sqrt{2}}{2}$	$\frac{3\pi}{4}$	-1	$-\frac{\pi}{4}$
$-\frac{\sqrt{3}}{2}$	$-\frac{\pi}{3}$	$-\frac{\sqrt{3}}{2}$	$\frac{5\pi}{6}$	$-\sqrt{3}$	$-\frac{\pi}{3}$

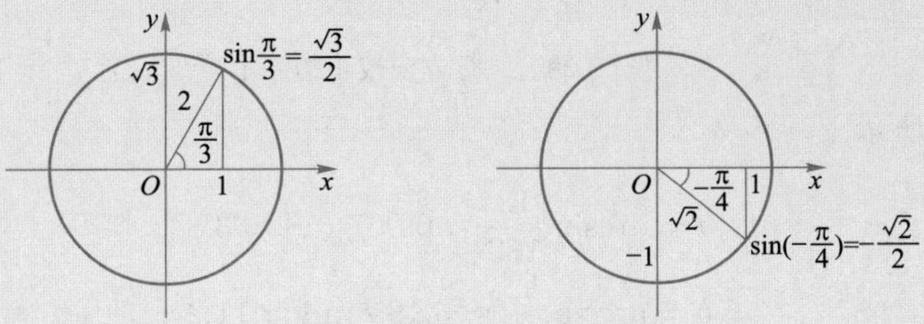

图 0.25

$\arccos\frac{\sqrt{2}}{2}=\frac{\pi}{4}$, $\arccos\frac{1}{2}=\frac{\pi}{3}$, $\arccos\left(-\frac{\sqrt{2}}{2}\right)=\frac{3}{4}\pi$, $\arccos\left(-\frac{1}{2}\right)=\frac{2}{3}\pi$, 由于 $\arccos x$ 的值域是 $[0,\pi]$, 它是第一和第二象限的角度, 见图 0.26.

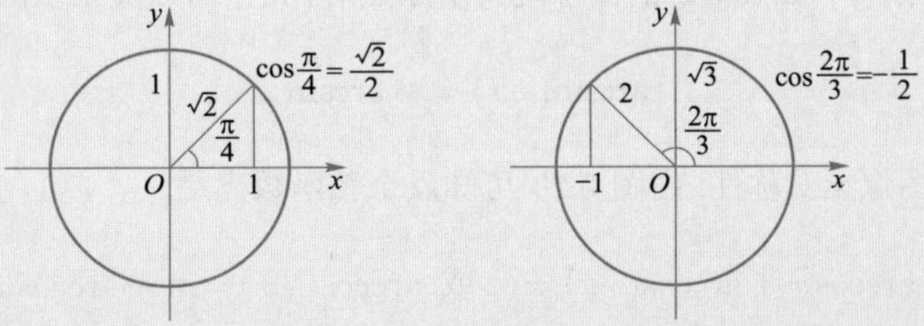

图 0.26

$\arctan\frac{1}{\sqrt{3}}=\frac{\pi}{6}$, $\arctan\left(-\frac{1}{\sqrt{3}}\right)=-\frac{\pi}{6}$, $\arctan\sqrt{3}=\frac{\pi}{3}$, $\arctan(-\sqrt{3})=-\frac{\pi}{3}$, 见图 0.27.

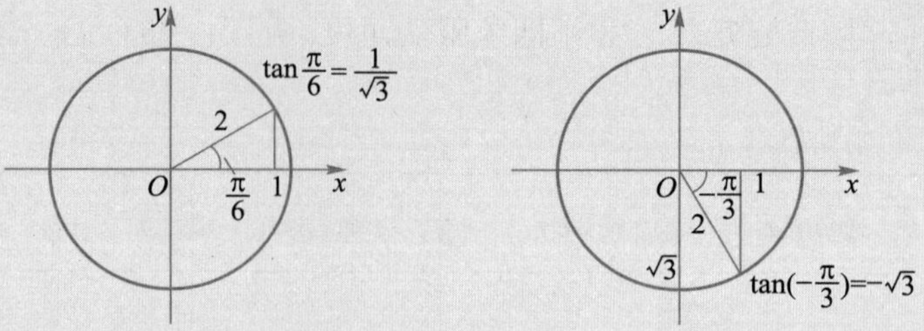

图 0.27

例 7 **(飞行方向的校正)** 从 A 地到 B 地的飞机在飞行期间, 飞行员确定飞机偏离航线 12 km, 如图 0.28 所示, 求该航线与正确航线之间的夹角 a, b 以及校正角 $c = a + b$.

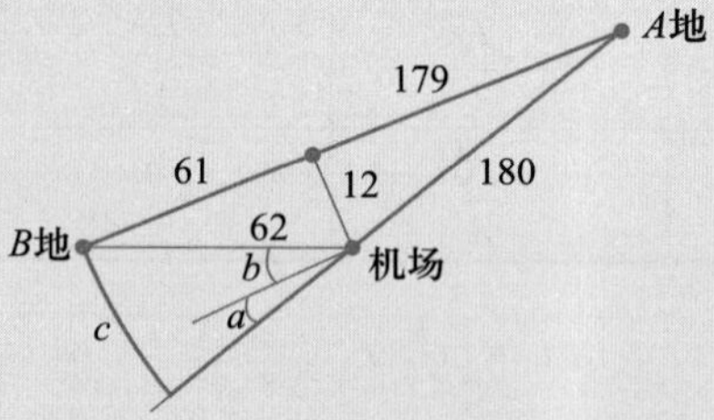

图 0.28 飞行方向校正的图示

解 如图 0.28 所示,

$$a = \arcsin \frac{12}{180} \approx 0.067 \text{ rad} \approx 3.8^\circ,$$

$$b = \arcsin \frac{12}{62} \approx 0.195 \text{ rad} \approx 11.2^\circ,$$

因此, $c = a + b \approx 15^\circ$.

反三角函数的有关恒等式

如图 0.23(a) 所示, $y = \arcsin x$ 的图像是关于原点对称的, 所以反正弦函数是奇函数:

$$\arcsin(-x) = -\arcsin x.$$

$y = \arccos x$ 的图像无对称性, 由图 0.29 可知反余弦函数满足:

$$\arccos x + \arccos(-x) = \pi \text{ 或 } \arccos(-x) = \pi - \arccos x.$$

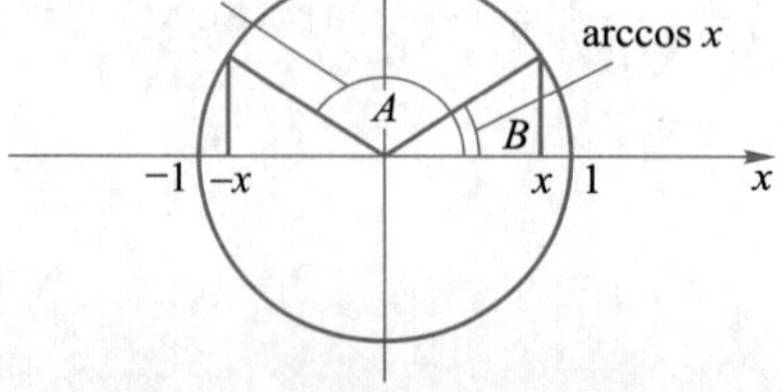

图 0.29 $\arccos x + \arccos(-x) = \pi$

由图 0.30 可知, 对于 $x > 0$, $\arcsin x + \arccos x = \dfrac{\pi}{2}$ 恒成立.

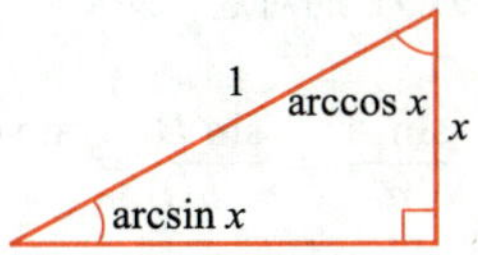

图 0.30　$\arcsin x + \arccos x = \dfrac{\pi}{2}$

同步训练 0.3

扫一扫, 看答案

1. 画出下列函数的图像:

(1) $y = \sin 2x$;　　(2) $y = \cos \pi x$;

(3) $y = -\sin \dfrac{\pi x}{4}$;　　(4) $y = \cos\left(x - \dfrac{\pi}{3}\right)$;

(5) $y = \sin 2\left(x + \dfrac{\pi}{2}\right) - 1$;　　(6) $y = \cos\left(x - \dfrac{\pi}{3}\right) + 1$.

2. 利用三角函数公式计算或验证下列各式:

(1) 计算 $y = \sin(\pi + x)$;　　(2) 计算 $y = \cos(\pi - x)$;

(3) 验证 $\sin\left(\dfrac{\pi}{2} + x\right) = \cos x$;　　(4) 验证 $\cos\left(x - \dfrac{\pi}{2}\right) = \sin x$;

(5) 验证 $\sin(A - B) = \sin A \cos B - \cos A \sin B$;　　(6) 验证 $\cos(A - B) = \cos A \cos B + \sin A \sin B$.

3. 画出下列函数的图像:

(1) $y = 2\sin(\pi + x) + 1$;　　(2) $y = \dfrac{1}{2}\sin(\pi x - \pi) + \dfrac{1}{2}$;

(3) $y = -\dfrac{2}{\pi}\sin\left(-\dfrac{\pi}{2}t\right) + \dfrac{1}{\pi}$;　　(4) $y = \dfrac{L}{2\pi}\sin\left(\dfrac{2\pi t}{L}\right)$, $L > 0$.

4. 写出下列三角函数及反三角函数的常用值:

(1) $\cos\left(\dfrac{2\pi}{3}\right)$;　　(2) $\tan\left(-\dfrac{3\pi}{4}\right)$;　　(3) $\cot\left(-\dfrac{\pi}{3}\right)$;　　(4) $\arctan 1$;

(5) $\arctan(-\sqrt{3})$;　　(6) $\arcsin\left(-\dfrac{1}{2}\right)$;　　(7) $\arccos\left(-\dfrac{\sqrt{2}}{2}\right)$;　　(8) $\arccos\left(-\dfrac{\sqrt{3}}{2}\right)$.

5. (1) 一位同学坐在教室靠墙的位置看黑板 (如图 0.31(a) 所示), 黑板长 3.6 m, 距离你的位置 0.9 m. 如果你与墙的距离是 x m, 请证明你的视角为 $\alpha = \operatorname{arccot} \dfrac{x}{15} - \arcsin \dfrac{x}{3}$.

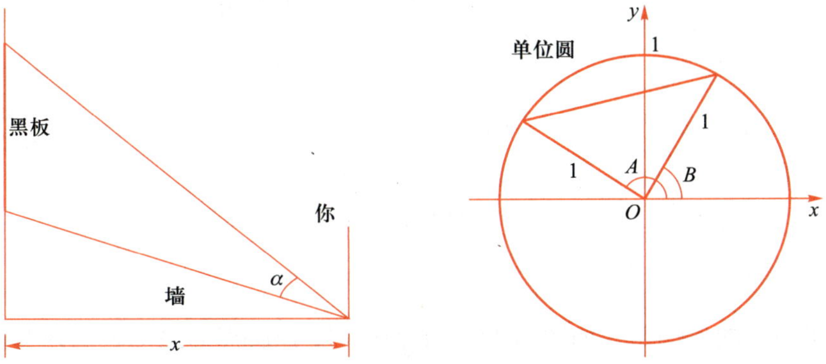

(a)　　(b)

图 0.31　第 5 题图

(2) 利用余弦定理在图 0.31(b) 的三角形中导出 $\cos(A-B)$ 的公式.

6. (正弦定理) 如果 a,b,c 是 $\triangle ABC$ 的角 A,B,C 的对边, 那么

$$\frac{\sin A}{a}=\frac{\sin B}{b}=\frac{\sin C}{c}.$$

请根据图 0.32 导出正弦定理. (提示: 可利用恒等式 $\sin(\pi-\theta)=\sin\theta$.)

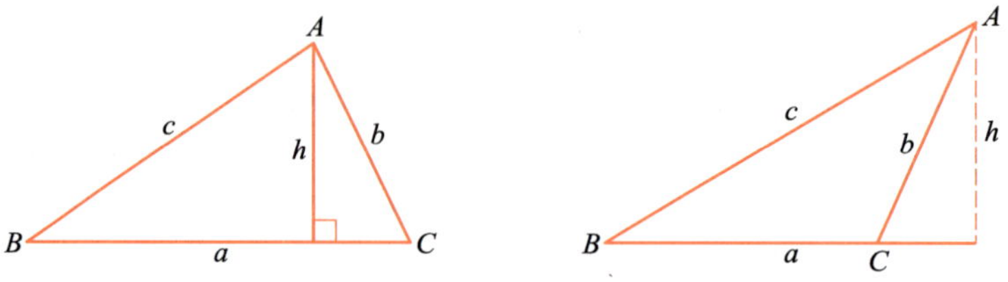

图 0.32 第 6 题图

7. 地球绕太阳公转一周所需的时间约为 365 天, 而地球同一纬度上的地方每天日照时长相同. 北京所处的纬度为北纬 40°, 根据记录显示:

(1) 每天日照时长变化的周期为 365 天;

(2) 以每年的 1 月 1 日为第一天, 每年的最长日照时间出现在第 172 天（夏至）, 日照时长为 14.8 h; 每年的最短时长出现在第 355 天, 日照时长为 9.2 h;

(3) 在第 81 天（春分）和第 264 天（秋分）, 日照时长为 12 h.

设北京的日照时长满足函数 $h(t)=A\sin[B(t+C)]+D$, 其中 t 的单位为天, 试求 A、B、C、D 的值; 根据函数计算 2 月 10 日北京日照时长并查找资料进行比较验证.

0.4 参数方程

当质点在平面上的运动路径如图 0.33 中的曲线时, 因为存在与曲线相交多于一次的垂线, 所以不能用 $y=f(x)$ 描述曲线. 同样地, 也不能用 $x=g(y)$ 描述该曲线. 本节中, 我们要介绍利用参数方程描述曲线的方法.

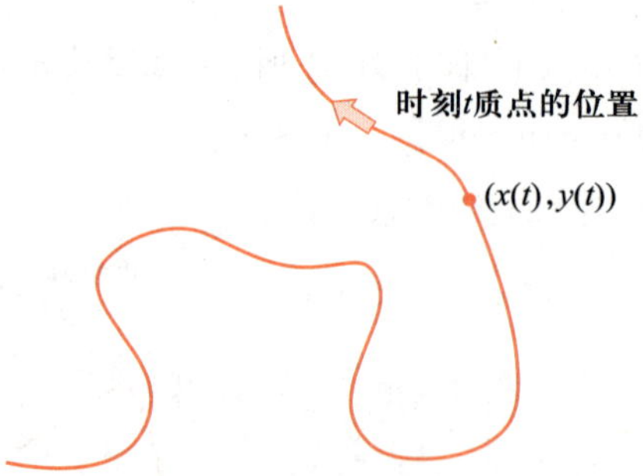

图 0.33 平面运动质点走过的路径

平面曲线的参数化

当质点在平面上的运动路径如图 0.33 中的曲线时, 把质点的坐标表示为变量 t 的函数, 即用 $\begin{cases}x=x(t),\\ y=y(t)\end{cases}$ 来描述. 在研究质点运动问题时, 常用 t 表示时间, 有时也用 t 表示参数. 参数方程比

直角坐标方程更直观, 它可以表示任何时刻 t 质点所在的位置.

例 1 **(抛物线的参数方程)** 质点在 xOy 平面上的位置 $P(x,y)$ 由方程 $\begin{cases} x=\sqrt{t}, \\ y=t \end{cases}$ $t \geqslant 0$ 给出, 试验证质点所走的路径为抛物线.

解 消去方程中的 t, 可得质点的坐标满足 $y=x^2$, 因此, 质点沿抛物线运动. 由于横坐标总是非负的, 所以质点沿抛物线右半部分运动.

当 $t=0$ 时, 质点从 $(0,0)$ 出发, 而且当 t 增加时, 质点在第一象限上升 (图 0.34).

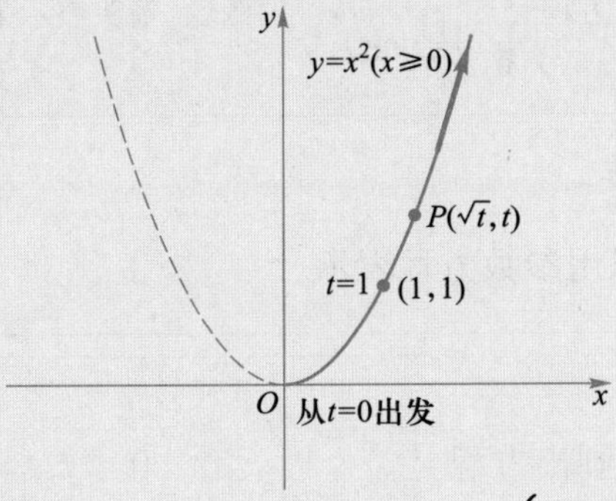

图 0.34 抛物线 $y=x^2$, $x \geqslant 0$ 的参数方程 $\begin{cases} x=\sqrt{t}, \\ y=t \end{cases}$ $t \geqslant 0$

定义 0.4.1 **(参数曲线和参数方程)** 如果 x 和 y 由 $\begin{cases} x=x(t), \\ y=y(t) \end{cases}$ $t \in I$ 给出, 那么点集 $\{(x(t),y(t)) \mid t \in I\}$ 称为**参数曲线**, 称方程 $\begin{cases} x=x(t), \\ y=y(t) \end{cases}$ 为曲线的**参数方程**, 变量 t 为曲线的**参数**, 其定义域 I 为**参数区间**.

如果 I 是闭区间 $[a,b]$, 则称点 $(x(a),y(a))$ 是曲线的起点, 称点 $(x(b),y(b))$ 是曲线的终点.

例 2 **(圆的参数方程)** 描述参数方程 (a) $\begin{cases} x=\cos t, \\ y=\sin t, \end{cases}$ $0 \leqslant t \leqslant 2\pi$; (b) $\begin{cases} x=a\cos t, \\ y=a\sin t, \end{cases}$ $0 \leqslant t \leqslant 2\pi$ 表示的曲线, 并画出 (a) 的图像.

解 (a) 由 $x^2+y^2=\cos^2 t+\sin^2 t=1$, 可知曲线在单位圆 $x^2+y^2=1$ 上, 当 t 从 0 增加到 2π 时, 点 $(x,y)=(\cos t,\sin t)$ 从 $(1,0)$ 出发, 沿逆时针方向走过单位圆周一圈 (图 0.35).

(b) 由于 $x^2+y^2=a^2\cos^2 t+a^2\sin^2 t=a^2$, 同样地, 参数方程 (b) 描述了点 $(x,y)=(a\cos t,a\sin t)$ 从点 $(a,0)$ 出发沿逆时针方向走过圆周 $x^2+y^2=a^2$ 的一圈.

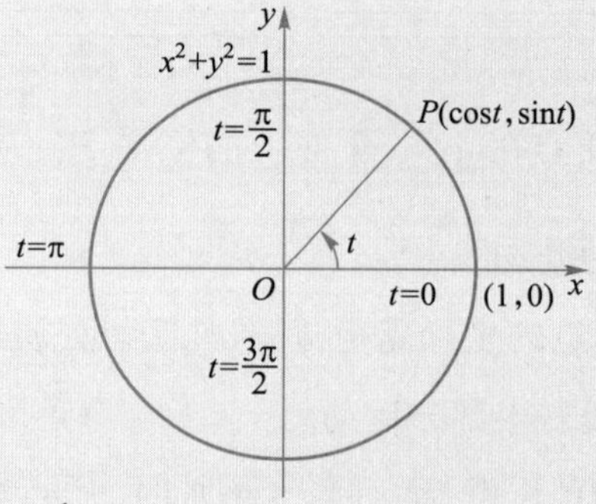

图 0.35　方程 $\begin{cases} x=\cos t, \\ y=\sin t \end{cases}$ 的图像, 箭头表示 t 增加的方向

直线和其他曲线的参数方程

直线段和其他的曲线也可以用参数方程表示.

例 3　(**直线的参数方程**)　试画出方程 $\begin{cases} x=3t, \\ y=2-2t, \end{cases}$ $0 \leqslant t \leqslant 1$ 的图像.

解　当 $t=0$ 时, $x=0$, $y=2$; 当 $t=1$ 时, $x=3$, $y=0$.

把 $t=\frac{x}{3}$ 代入 y 的方程, 可得

$$y=2-2\left(\frac{x}{3}\right)=-\frac{2}{3}x+2.$$

此参数方程描绘了直线 $y=-\frac{2}{3}x+2$ 从 $(0,2)$ 到 $(3,0)$ 的一段 (图 0.36).

如果把参数区间从 $[0,1]$ 改为 $(-\infty,+\infty)$, 那么参数曲线就描绘了整条直线 $y=-\frac{2}{3}x+2$.

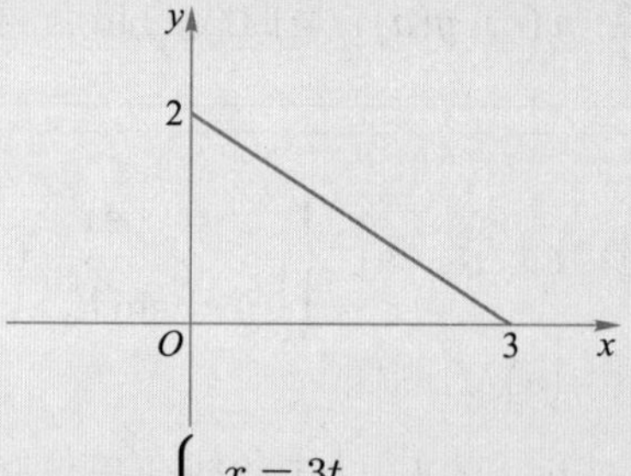

图 0.36　直线段 $\begin{cases} x=3t, \\ y=2-2t, \end{cases}$ $0 \leqslant t \leqslant 1$ 的图像

例 4　(**椭圆的参数方程**)　描述参数方程 $\begin{cases} x=a\cos t, \\ y=b\sin t, \end{cases}$ $0 \leqslant t \leqslant 2\pi$ 表示的曲线.

解　消去方程中的 t, 得到其直角坐标方程:

$$\frac{x^2}{a^2}+\frac{y^2}{b^2}=1.$$

因此，此方程表示的曲线为椭圆，表示质点沿椭圆 $\dfrac{x^2}{a^2}+\dfrac{y^2}{b^2}=1$ 运动. 在 $t=0$ 时，质点的坐标为

$$x=a\cos(0)=a,\ y=b\sin(0)=0,$$

所以质点从点 $(a,0)$ 开始，随着 t 增加，沿逆时针方向绕椭圆一周，在 $t=2\pi$ 时回到起点 $(a,0)$ (图 0.37).

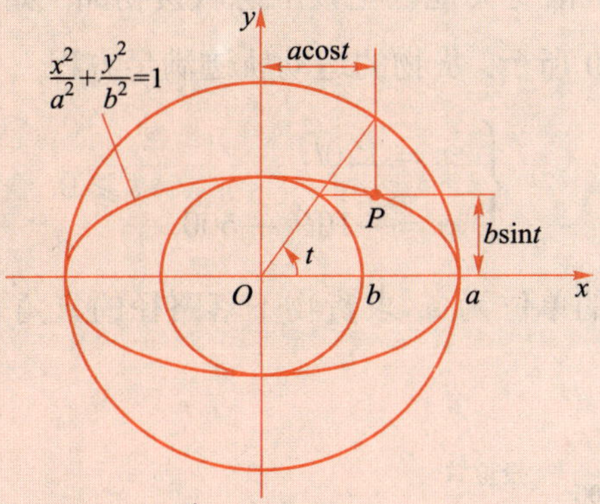

图 0.37　由参数方程 $\begin{cases} x=a\cos t, \\ y=b\sin t, \end{cases}$ $0\leqslant t\leqslant 2\pi$ 表示的椭圆

反函数的参数方程

如果令 $\begin{cases} x=t, \\ y=f(t), \end{cases}$ 我们就可以用参数方程表示任何函数 $y=f(x)$, 反过来令 $\begin{cases} x=f(t), \\ y=t \end{cases}$ 就可以得到函数 $y=f(x)$ 的反函数的参数方程.

例如，把一一对应函数 $y=f(x)=x^2\ (x\geqslant 0)$ 的图像与其反函数及直线 $y=x\ (x\geqslant 0)$ 的图像画在一起，如图 0.38 所示. 这里 $f(x)$ 的参数方程为

$$\begin{cases} x=t, \\ y=t^2, \end{cases} \quad t\geqslant 0\,;$$

$f^{-1}(x)$ 的参数方程为

$$\begin{cases} x=t^2, \\ y=t, \end{cases} \quad t\geqslant 0\,;$$

$y=x$ 的参数方程为

$$\begin{cases} x=t, \\ y=t. \end{cases}$$

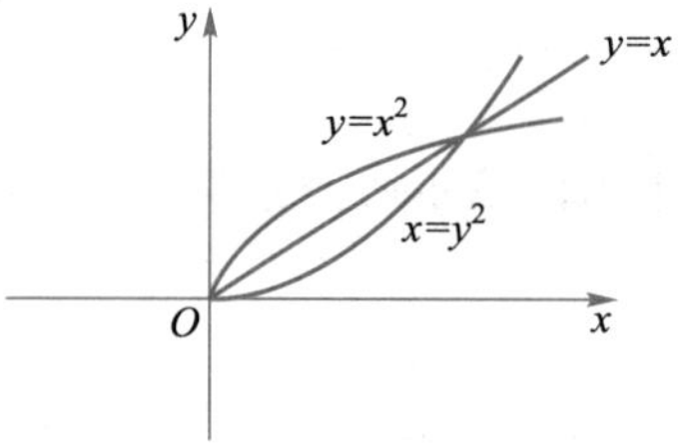

图 0.38　函数 $y=x^2\ (x\geqslant 0)$ 及其反函数的图像

例 5　**(空投物资)**　一架飞机向受灾地区空投应急救援物品. 如果飞机在一长为 700 m 的区域边缘投下货物, 如图 0.39 所示. 货物的运动轨迹满足方程

$$\begin{cases} x=120t, \\ y=-16t^2+500, \end{cases} \quad t\geqslant 0.$$

其中 x,y 的单位为 m, t 的单位为 s, 求货物下落路径的直角坐标方程, 货物能在该区域着陆吗?

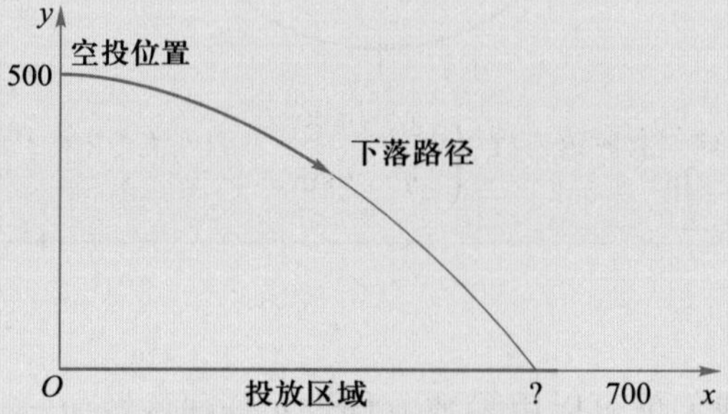

图 0.39　货物的下落路径

解　在参数方程 $\begin{cases} x=120t, \\ y=-16t^2+500, \end{cases}$ $t\geqslant 0$ 中消去 t, 可得

$$y=-16t^2+500=-16\left(\frac{x}{120}\right)^2+500=-\frac{16x^2}{14\,400}+500=-\frac{x^2}{900}+500,$$

所以, 货物沿抛物线 $y=-\dfrac{x^2}{900}+500$ 运动.

当 $y=0$ 时, 由 $-\dfrac{x^2}{900}+500=0$, 解得

$$x=300\sqrt{5}\ \text{m}.$$

而 $300\sqrt{5}\approx 670.8<700$, 所以货物可以落在该区域内.

同步训练 0.4

1. 将下列参数方程化为直角坐标方程:

   (1) $x=\cos 3t,\quad y=\sin 3t,\quad 0\leqslant t\leqslant\dfrac{\pi}{3}$;

   (2) $x=4\cos t,\quad y=\sin t,\quad 0\leqslant t\leqslant 2\pi$;

   (3) $x=\cos(\pi-t),\quad y=\sin(\pi-t),\quad 0\leqslant t\leqslant\pi$;

   (4) $x=3t,\quad y=9t^2,\quad -\infty<t<+\infty$;

   (5) $x=t,\quad y=\sqrt{1-t^2},\quad -1\leqslant t\leqslant 0$;

   (6) $x=\cos\left(\mathrm{e}^t\right),\quad y=\sin\left(\mathrm{e}^t\right),\quad -\infty<t<+\infty$.

扫一扫, 看答案

2. 写出下列曲线的参数方程:

   (1) 从 $(a,0)$ 出发顺时针走过椭圆 $\dfrac{x^2}{a^2}+\dfrac{y^2}{b^2}=1$ 的质点运动的参数方程.

   (2) 端点为 $(-1,3)$ 和 $(4,1)$ 的线段.

   (3) 抛物线 $y=x^2+2x$ 的左半部分.

   (4) 抛物线 $x-4=y^2$ 的上半部分.

3. 请用参数方程表示函数 $y=2x+1$; 并求出 $y=2x+1$ 的反函数的参数方程. 这与直接对 $y=2x+1$ 求反函数所得结果一致吗? 为什么?

第 1 章 极限与连续

【本章导读】

极限 (limit) 是微积分区别于其他数学分支的重要概念之一, 是微积分的重要思想. 在本章中, 我们试图用数学语言精确描述极限和无穷, 用动态发展的观点去理解无穷小量的内涵. 进一步, 我们将通过案例和习题, 介绍一些求极限的方法和技巧. 连续 (continuity) 是自然界中很多现象的本质属性, 有些函数当自变量的变化较小时, 函数值的变化也较小, 但也存在一些函数, 自变量变化较小时, 函数值却发生跳跃或者突变. 我们将在本章中通过极限来精确刻画这些性质. 这些都将是今后进一步学习微积分的基础.

1.1 极限

1.1.1 极限的直观定义

在实际中, 人们有时会碰到与极限有关的问题. 一般地, 我们可以将关于极限的问题抽象地描述为: 当 x 无限接近某个常数 c 时, 函数 $f(x)$ 的取值会发生怎样的变化?

某一时段内运动中物体的**平均速度**是由物体在该时段通过的距离除以时间所得.

峭壁上的一块岩石出现松动, 突然从静止垂直下落; 岩石 t s 后下落的距离为 $s(t)=4.9t^2$.

问题 1 在 $[0,3]$ s 内, 岩石的平均速度是多少?

解 根据平均速度的定义, 可以得出

$$\overline{v}=\frac{\Delta s}{\Delta t}=\frac{s(3)-s(0)}{3-0}=\frac{4.9\times 9}{3}=14.7\ (\mathrm{m/s}).$$

问题 2 在 $t=3$ s 时, 岩石的瞬时速度是多少?

解 瞬时速度不能利用问题 1 中平均速度的公式来直接计算. 但是, 我们可以先用平均速度近似地去估算岩石在 $t=3$ s 的瞬时速度.

假设 h 为大于 0 的某个值, 考虑岩石在时间段 $[3,3+h]$ s 内的平均速度

$$\overline{v}=\frac{\Delta s}{\Delta t}=\frac{s(3+h)-s(3)}{h}=\frac{4.9\times(3+h)^2-4.9\times 3^2}{h}.$$

如果要精确地求解岩石在 $t=3$ s 的瞬时速度, 只有取 $h=0$, 这就出现了 "$\frac{0}{0}$" 这样不确定的结果. 我们首先分析 h 接近 0 时平均速度的变化 (如表 1.1 所示).

表 1.1 岩石在 $[3,3+h]$ s 内的平均速度

时段长度 h 的值 /s	$[3,3+h]$ s 内的平均速度 $/(\mathrm{m\cdot s^{-1}})$
1	34.3
0.1	29.89
0.01	29.449
0.001	29.404 9
0.000 1	29.400 49
0.000 01	29.400 049
⋮	⋮

观察表 1.1, 可以发现当时段长度 h 趋向于 0 时, 岩石在 $[3,3+h]$ s 内的平均速度越来越接

近值 29.4 m/s. 我们还可以对表 1.1 的结果进行进一步的分析计算. 由于

$$\overline{v}=\frac{\Delta s}{\Delta t}=\frac{s(3+h)-s(3)}{h}=\frac{4.9\times(3+h)^2-4.9\times 3^2}{h}=29.4+4.9h\ (\text{m/s}).$$

因此, 当 $h\neq 0$ 而趋于 0 时, 平均速度的值 $29.4+4.9h$ 越来越接近 29.4 (极限值).

魏晋时期, 数学家刘徽 (约 225 — 约 295) 在《九章算术注》中提出了利用极限的思想求圆面积的方法——割圆术. 刘徽在求圆的面积时, 创新地采用圆的内接正多边形的面积来近似圆的面积. 他用圆的内接正六边形来近似圆的面积, 但发现把边数加倍用圆的内接正十二边形来近似圆的面积时更加精确. 他意识到圆的内接正多边形的边数越多其面积越接近于圆的面积, 如图 1.1 所示. 更难能可贵的是, 刘徽不仅找到了这种近似办法, 他还看到了取极限的情况下, 圆的内接正多边形面积与圆的面积完全相等: “割之弥细, 所失弥少, 割之又割, 以至于不可割, 则与圆周合体而无所失矣.” 正是通过割圆术, 中国的刘徽已有了极限思想.

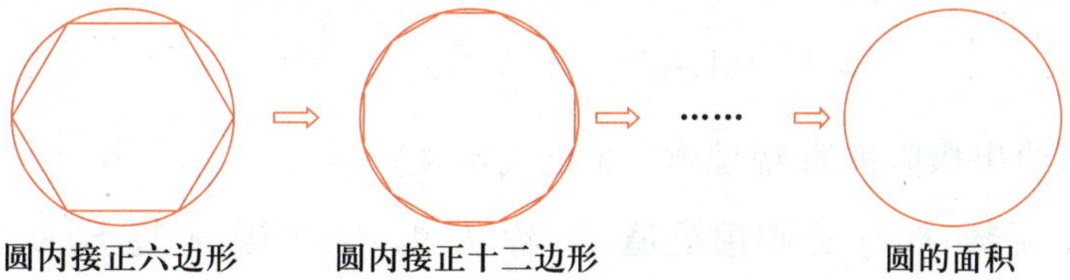

图 1.1　刘徽割圆术示意图

中国古代从先秦时期开始, 就一直以 “周三径一” (圆的周长与直径比为 3 : 1) 来进行有关圆的计算. 刘徽发现如果用 “周三径一” 来计算圆周长, 那么得到的周长是圆的内接正六边形的周长而非圆的周长. 于是, 刘徽从圆的内接正六边形出发来进行圆面积的近似计算. 如果假设圆的半径为单位 1, 那么圆的面积就等于圆周率 π 的值. 通过这样的方法, 刘徽计算得到 $\pi\approx 3.14$. 到了南北朝时期, 数学家祖冲之 (429 — 500) 计算得到了圆周率 π 的值在 3.141 592 6 到 3.141 592 7 之间, 这个结果领先了世界长达一千年之久!

直观的理解极限　考虑函数 $f(x)=\dfrac{x^3-1}{x-1}$ 在 x 趋于 1 时, 函数值会如何变化?

首先, 函数在 $x=1$ 处没有定义. 但当 x 趋于 1 (但不等于 1) 时, 通过函数图像 (图 1.2) 和函数值列表 (表 1.2) 可以直观地看出:

当 x 趋于 1 (但不等于 1) 时, 函数 $f(x)=\dfrac{x^3-1}{x-1}$ 趋于 3.

进一步, 可以用数学符号表示:

$$\lim_{x\to 1}\frac{x^3-1}{x-1}=3,$$

上式可以读作: “当 x 趋于 1 时, 函数 $f(x)=\dfrac{x^3-1}{x-1}$ 的极限值为 3”.

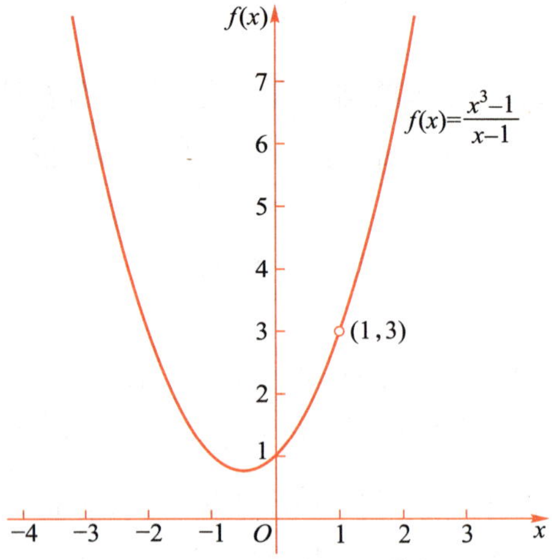

图 1.2　函数 $f(x)=\dfrac{x^3-1}{x-1}$

事实上, 由立方差的因式分解公式 $a^3-b^3=(a-b)\left(a^2+ab+b^2\right)$, 可以得出当 $x\neq 1$ 时

$$\begin{aligned}\lim_{x\to 1}\frac{x^3-1}{x-1}&=\lim_{x\to 1}\frac{(x-1)\left(x^2+x+1\right)}{x-1}=\lim_{x\to 1}\left(x^2+x+1\right)\\&=1^2+1+1=3.\end{aligned}$$

基于此, 我们尝试给出极限的直观理解 (非正式定义):

当 x 趋于 x_0 时, 函数 $f(x)$ 无限接近值 L, 称 L 为 $f(x)$ 当 x 趋于 x_0 时的极限, 记作:

$$\lim_{x\to x_0} f(x)=L.$$

需要注意的是, 这里并不要求函数 $f(x)$ 在 $x=x_0$ 处有定义, 如上面的例子 $f(x)=\dfrac{x^3-1}{x-1}$ 在 $x=1$ 处没有定义; 极限 L 也并不是表示 $f(x)$ 在点 $x=x_0$ 的函数值, 而仅是反映函数值在 $x=x_0$ 附近的变化趋势.

以上给出的并非是极限的定义, 因为 "当 x 趋于 x_0" 和 "函数 $f(x)$ 无限接近值 L" 都是模糊的说法——在不同的场合中, 人们对 "接近" 的理解并不相同.

例 1　求 $\lim\limits_{x\to 4}(2x-1)$.

解　当 x 趋于 4 时, $2x-1$ 接近 $2\times 4-1=7$, 因此有:

$$\lim_{x\to 4}(2x-1)=7.$$

对于例 1, 我们还可以通过 MATLAB 软件来求极限. MATLAB 中命令

```
limit(f,x,a)
```

表示求函数 f 在 x 趋于 a 的极限. 通常, 需要事先将 x 定义为符号. 例 1 的具体求解命令如下:

```
>> sym x;          % 将x定义为一个符号
>> f = 2*x-1;
>> limit(f,x,4) % 求x趋于a的极限值
```

运行结果显示:

```
ans = 7          % 默认的输出结果变量名
```

例 2 求 $\lim\limits_{x\to 1}\dfrac{x^2-1}{x-1}$.

解 虽然函数 $\dfrac{x^2-1}{x-1}$ 在 $x=1$ 处没有定义, 但我们可以计算当 $x\to 1$ 时函数的极限. 我们可以通过求函数在 1.1, 1.01, 1.001, 1.000 1, $\cdots$ 以及在 0.9, 0.99, 0.999, 0.999 9, $\cdots$ 处的函数值来直观判断函数的极限值. 表 1.2 表明, 当 x 趋于 1 时, 函数 $\dfrac{x^2-1}{x-1}$ 趋于 2.

表 1.2 函数 $\dfrac{x^2-1}{x-1}$ 在 $x=1$ 附近的函数值

x	$\dfrac{x^2-1}{x-1}$
1.1	2.1
1.01	2.01
1.001	2.001
1.000 1	2.000 1
$\vdots$	$\vdots$
0.999 9	1.999 9
0.999	1.999
0.99	1.99
0.9	1.9

我们可以用因式分解法求解极限.

$$\begin{aligned}\lim_{x\to 1}\frac{x^2-1}{x-1}&=\lim_{x\to 1}\frac{(x-1)(x+1)}{x-1}\\&=\lim_{x\to 1}(x+1)=2.\end{aligned}$$

例 3 求 $\lim\limits_{x\to 0}\dfrac{\sin x}{x}$.

解 函数 $\dfrac{\sin x}{x}$ 在 $x=0$ 处没有定义, 也无法进行因式分解后约分. 因此, 我们只能通过函数图像 (图 1.3) 和函数值表直观地得出结论, 严格的证明将在 1.2 节中给出. 表 1.3 表明, 当 x 趋于 0 时, 函数 $\dfrac{\sin x}{x}$ 趋于 1.

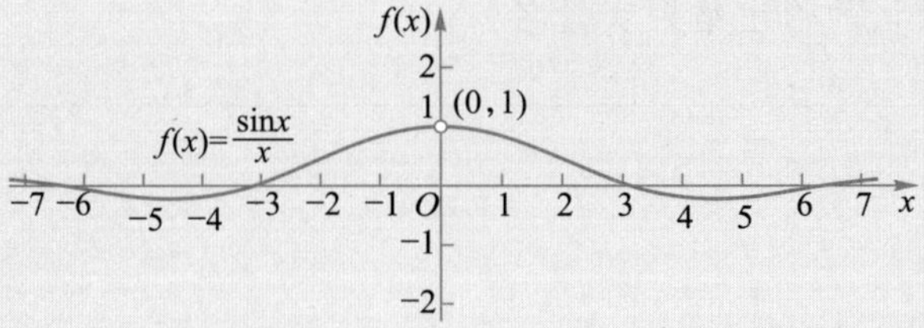

图 1.3　$f(x)=\dfrac{\sin x}{x}$ 在 $x=0$ 附近的图像

表 1.3　$f(x)=\dfrac{\sin x}{x}$ 在 $x=0$ 附近的函数值

x	$f(x)=\dfrac{\sin x}{x}$
1	0.8
0.1	0.99
0.01	0.999
0.001	0.999 9
0.000 1	0.999 99
0.000 01	0.999 999
$\vdots$	$\vdots$

用 MATLAB 软件来验证上述结果, 在 MATLAB 命令行窗口中输入:

```
>> sym x;
>> f = sin(x)/x;
>> limit(f,x,0).
```

运行结果显示: ans=1. 通过 MATLAB 软件求解的结果与通过图、表直观判断所得的结果相符.

例 4　(**函数值跳跃**)　设 $U(x)=\begin{cases}1, & x\geqslant 0,\\ -1, & x<0,\end{cases}$ 求当 $x\to 0$ 时 $U(x)$ 的极限.

解　虽然函数 $U(x)$ 在 $x=0$ 处有定义, 且 $U(0)=1$, 但观察图 1.4 可知, 函数值在 $x=0$ 出现了 “跳跃”: x 从正值方向任意地接近 0 时 $U(x)=1$; x 从负值方向任意地接近 0 时 $U(x)=-1$. 并不存在某个固定的 L, 使得当 $x\to 0$ 时 $U(x)$ 趋于 L. 因此, $U(x)$ 在 $x\to 0$ 时的极限不存在.

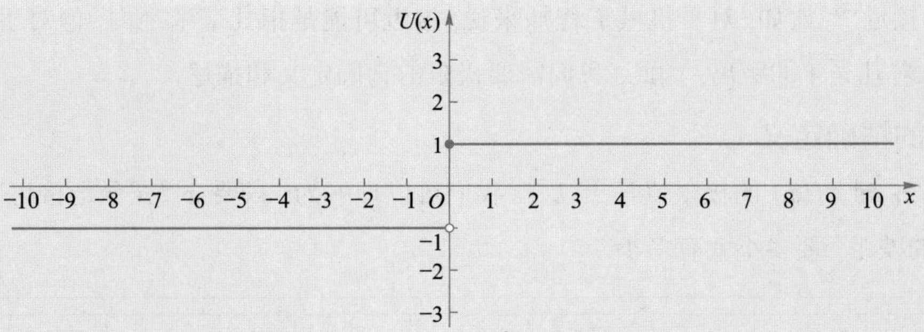

图 1.4　函数 $U(x)=\begin{cases}1, & x\geqslant 0,\\ -1, & x<0\end{cases}$

例 5　(**无限振荡**)　求 $\lim\limits_{x\to 0}\sin\dfrac{1}{x}$.

解　通过图 1.5 可以看出, 当 $x\to 0$ 时函数值在 -1 和 1 之间无限次振荡. 显然, 当 $x\to 0$ 时并不存在某个固定的 L, 使得当 $x\to 0$ 时 $\sin\dfrac{1}{x}$ 趋于 L. 因此, $\lim\limits_{x\to 0}\sin\dfrac{1}{x}$ 不存在.

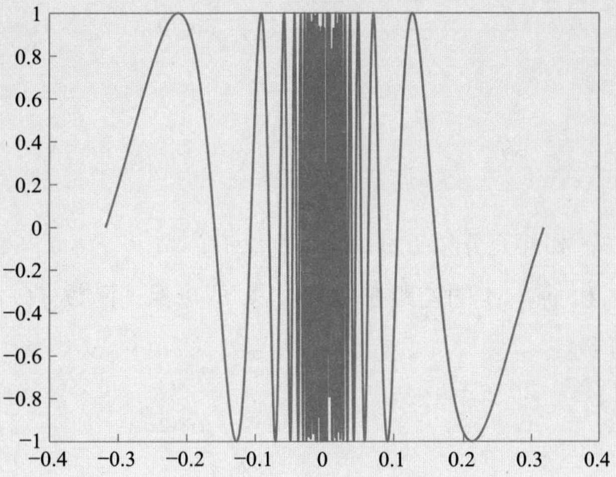

图 1.5　函数 $\sin\dfrac{1}{x}$

例 6　(**无限增大**)　求 $\lim\limits_{x\to 0}\dfrac{1}{x}$.

解　很显然, 当 $x\to 0$ 时, 函数 $\dfrac{1}{x}$ 的绝对值无限增大, 不可能趋于某一固定值 L. 因此, $\lim\limits_{x\to 0}\dfrac{1}{x}$ 不存在.

利用 MATLAB 软件来验证以上判断. 在 MATLAB 命令行窗口中输入:

```
>> sym x;
>> f = sin(1/x);
>> limit(f,x,0)
```

运行结果显示: `ans=NaN`. “NaN” 是 MATLAB 软件中 “Not a Number” 的简写, 表示极限不存在.

极限的直观理解能够帮助我们初步认识函数的极限. 但是一旦我们仔细地推敲起来, 就会产生一些疑问: x 趋于 x_0 是比较模糊的表达, 到底怎样才是 "趋于"? 函数 $f(x)$ 接近固定值 L, 到底怎样才能算是 "接近"? 比如, 对于机械工程师来说, 接近可能是指几毫米之内; 但对于天文学家来说, 接近可能意味着几光年的距离. 因此, 我们需要极限的精确定义和描述.

1.1.2 极限的精确定义

"当 $x \to x_0$ 时, $f(x)$ 的极限值等于 L ", 我们可以理解为: 只要 x "充分地接近" x_0, 那么 $f(x)$ 和固定值 L 的差距 "要多小就有多小".

例 7 若函数 $f(x) = 2x - 1$, 试确定 x 如何充分接近 $x_0 = 4$, 才能使得函数 $f(x)$ 的值与固定值 7 的差距在 ± 2 以内?

解 为使函数 $f(x)$ 的值与固定值 7 的差距在 ± 2 以内, 即要求

$$|f(x) - 7| \leqslant 2,$$

即有

$$-2 \leqslant (2x - 1) - 7 \leqslant 2,$$

解得

$$3 \leqslant x \leqslant 5.$$

按照题意, 需要确定 x 如何充分接近 $x_0 = 4$, 那么有: $-1 \leqslant x - 4 \leqslant 1$.

因此, 只要使 x 和 $x_0 = 4$ 的差距在 ± 1 以内, 即可保证函数 $f(x)$ 与固定值 7 的差距在 ± 2 以内, 如图 1.6 所示.

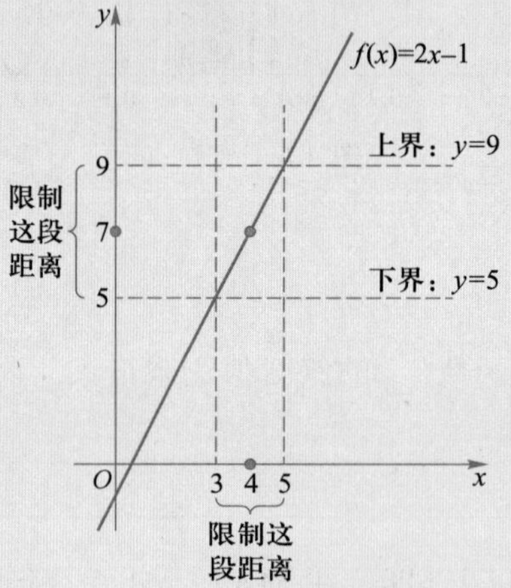

图 1.6 控制取值图

进一步, 在例 7 中, 不管我们怎样缩小 $f(x)$ 与固定值 L 的差距, 只要使 x 足够地接近 x_0 即可. 设希腊字母 ε 和 δ 表示任意的、很小的正数. 那么, 不等式 $|f(x) - L| < \varepsilon$ 可以表示 $f(x)$ 与固定值 L 的距离小于 ε; 不等式 $0 < |x - x_0| < \delta$ 可以表示 x 与 x_0 的距离小于 δ, 且 $x \neq x_0$. 因为在求极限时, $x \to x_0$ 表示 x 趋于 x_0, 但 $x \neq x_0$.

因此, 只要 x "充分地接近" x_0, 那么 $f(x)$ 和固定值 L 的差距 "要多小就有多小", 这句话可以用数学式子精确描述:

对于任意给定的 ε (很小的正数), 存在 $\delta > 0$, 只要 $0 < |x - x_0| < \delta$, 都有 $|f(x) - L| < \varepsilon$ 成立.

也就是说, 只要 $x \in (x_0 - \delta, x_0 + \delta)$, 不等式 $|f(x) - L| < \varepsilon$ 都成立.

下面给出函数极限的精确定义.

定义 1.1.1　函数极限的定义 (ε–δ 定义)

设 L 为某固定值. 对于任给的正数 ε (不论多么小), 如果总存在正数 δ, 使得当 x 满足不等式 $0 < |x - x_0| < \delta$ 时, 对应的函数值 $f(x)$ 都满足不等式

$$|f(x) - L| < \varepsilon,$$

那么就把固定值 L 称为函数 $f(x)$ 当 $x \to x_0$ 时的极限, 记作

$$\lim_{x \to x_0} f(x) = L.$$

如果用 "$\forall$" 表示 "任意的", "$\exists$" 表示 "存在", "$\in$" 表示 "属于", 那么上述定义可以简洁地表述为

$$\lim_{x \to x_0} f(x) = L \Leftrightarrow \forall \varepsilon > 0, \exists \delta > 0, \text{当 } 0 < |x - x_0| < \delta \text{ 时, 有 } |f(x) - L| < \varepsilon.$$

例 8　用极限的精确定义验证: $\lim\limits_{x \to 1}(2x + 3) = 5$.

证　取 $x_0 = 1, f(x) = 2x + 3$, 极限值 $L = 5$. 那么, 对于任意给定的正数 ε, 需要找到一个正数 δ, 使所有满足 $0 < |x - x_0| < \delta$ 的 x 都满足

$$|f(x) - L| < \varepsilon.$$

从关于 ε 的不等式, 回求出 δ 的值, 正如例 7 所示. 要使

$$|f(x) - 5| < \varepsilon,$$

即要

$$-\varepsilon < 2x + 3 - 5 < \varepsilon,$$

化简得

$$-\frac{\varepsilon}{2} < x - 1 < \frac{\varepsilon}{2} \quad \text{即} \quad |x - 1| < \frac{\varepsilon}{2},$$

因此, 只要取 $\delta = \dfrac{\varepsilon}{2}$, 如果 $0 < |x - x_0| < \delta = \dfrac{\varepsilon}{2}$, 那么有

$$|f(x) - 5| = |2x + 3 - 5| = 2|x - 1| < 2 \cdot \frac{\varepsilon}{2} = \varepsilon.$$

这就证明了 $\lim_{x\to1}(2x+3)=5$.

例 9 证明 $\lim_{x\to3}\left(x^2+x-4\right)=8$.

证 取 $x_0=3$, $f(x)=x^2+x-4$, $L=8$. 对于 $\forall\varepsilon>0$, 需要找到一个正数 δ, 使所有满足 $0<|x-x_0|<\delta$ 的 x 都满足 $|f(x)-L|<\varepsilon$. 由于

$$\left|\left(x^2+x-4\right)-8\right|=|x+4||x-3|,$$

不妨假设 $\delta\leqslant1$, 那么由 $|x-3|<\delta$ 可得

$$|x+4|\leqslant|x-3+7|\leqslant|x-3|+7<\delta+7\leqslant8.$$

因此

$$\left|\left(x^2+x-4\right)-8\right|=|x+4||x-3|<8|x-3|,$$

只需取 $\delta=\min\left\{1,\dfrac{\varepsilon}{8}\right\}$, 当 $0<|x-x_0|<\delta$ 时, 总有

$$\left|\left(x^2+x-4\right)-8\right|=|x+4||x-3|<8\times\frac{\varepsilon}{8}=\varepsilon.$$

这就证明了 $\lim_{x\to3}\left(x^2+x-4\right)=8$.

本节中极限的“$\varepsilon-\delta$”定义较难理解, 需要时间慢慢消化. 极限是微积分的基础, “$\varepsilon-\delta$”定义能够帮助我们精准把握微积分的本质. 上面几个例子, 实质上都是研究怎么从“ε”(看作是给定的) 去求“δ”(一般而言是关于 ε 的代数表达式).

微积分是 17 世纪末由牛顿 (1643—1727) 和莱布尼茨 (1646—1716) 两人分别独立地创立的, 并且被广泛地应用于物理和工程领域. 但是, 极限这个概念却一直无法准确描述. 直到 19 世纪, 柯西 (1789—1857) 才给出了一个定义: “如果一个变量连续地、无限地接近于一个固定数值, 以至于该变量的取值最终与这个固定值只相差一个任意小的数, 这个固定值就是该变量的极限值.” 这个定义虽然也不够精确, 但却孕育了本节的“$\varepsilon-\delta$”定义. 在柯西的基础上, 魏尔斯特拉斯 (1815—1897) 才最终正式给出了上面的“$\varepsilon-\delta$”定义. 所以, 即使以严谨著称的数学知识, 可能也经历了由不严谨到严谨、由不完善到完善的过程, 但这正体现了科学精神.

极限理论解决了许多初等数学中无法解决的问题. 下面将介绍用极限的方法解决实际问题的案例.

例 10 2021 年 5 月 15 日, 中国“祝融号”火星车成功降落在火星北半球的乌托邦平原南部, 开启了在这颗红色星球上的探秘之旅 (图 1.7). 假设在空气稀薄的火星上, 一块岩石突然下落, t s 后的下落距离为 $s(t)=kt^2$, k 是某常数. 该石块从 45 m 高的地方下落到地面用时 5 s.

(1) 求 k 的值； (2) 求石块落地时刻的速度.

图 1.7

解 (1) 由 $s(t)=kt^2$ 知, $45=25k$, 因此 $k=1.8$.

(2) 落地时刻的速度是瞬时速度, 即平均速度的极限. 我们研究落地之前的 $t=5-\Delta t$ 到 $t=5$ 时段内的平均速度

$$\overline{v}=\frac{s(5)-s(5-\Delta t)}{\Delta t}=\frac{45-1.8(5-\Delta t)^2}{\Delta t}=18+1.8\Delta t\ (\mathrm{m/s}),$$

我们把瞬时速度看作平均速度的极限. 石块落地时刻的速度

$$\overline{v}(5)=\lim_{\Delta t\to 0}\overline{v}=\lim_{\Delta t\to 0}(18+1.8\Delta t)=18\ (\mathrm{m/s}).$$

1.1.3 单侧极限

从极限的定义看出: 为使当 $x\to x_0$ 时 $f(x)$ 的极限等于 L, 函数 $f(x)$ 必须要在点 x_0 的两侧都有定义, 且 x 从 x_0 的两侧趋于 x_0 时, 函数 $f(x)$ 都要趋于 L. 否则, 当 $x\to x_0$ 时 $f(x)$ 的极限就不存在. 但即使当 $x\to x_0$ 时 $f(x)$ 的极限 (双侧) 不存在, 也可能单侧极限存在. 下面给出单侧极限的定义.

定义 1.1.2 左、右极限的定义

设函数 $y=f(x)$ 在点 x_0 的左侧附近有定义 (在点 x_0 可无定义), 当 x 从 x_0 左侧 (小于 x_0 的方向) 趋于 x_0 时, $f(x)$ 趋于一个常数 L, 则称常数 L 为函数 $f(x)$ 当 $x\to x_0$ 时的**左极限**, 记作

$$\lim_{x\to x_0^-}f(x)=L \text{ 或} f(x_0-0)=L.$$

设函数 $y=f(x)$ 在点 x_0 的右侧附近有定义 (在点 x_0 可无定义), 当 x 从 x_0 右侧 (大于 x_0 的方向) 趋于 x_0 时, $f(x)$ 趋于一个常数 L, 则称常数 L 为函数 $f(x)$ 当 $x\to x_0$ 时的**右极限**, 记作

$$\lim_{x\to x_0^+}f(x)=L \text{ 或 } f(x_0+0)=L.$$

上述定义中, $x\to x_0^-$ 表示从 x_0 的左侧趋于 x_0; $x\to x_0^+$ 表示从 x_0 的右侧趋于 x_0. 只有在 x_0 的左、右极限都存在且相等时, 函数 $f(x)$ 在 x_0 的极限才存在.

定理 1.1.1 **(单侧极限与极限的关系)** 函数 $f(x)$ 在 x_0 的极限存在的充要条件是函数 $f(x)$ 当 $x\to x_0$ 时的左右极限都存在且相等. 即

$$\lim_{x\to x_0}f(x)=L\Leftrightarrow\lim_{x\to x_0^-}f(x)=L \text{ 且 } \lim_{x\to x_0^+}f(x)=L.$$

例 11 分别求图 1.8 所示的函数当 $x\to x_0$ 时的极限.

(1) $x_0=0$; (2) $x_0=1$; (3) $x_0=2$; (4) $x_0=3$; (5) $x_0=4$.

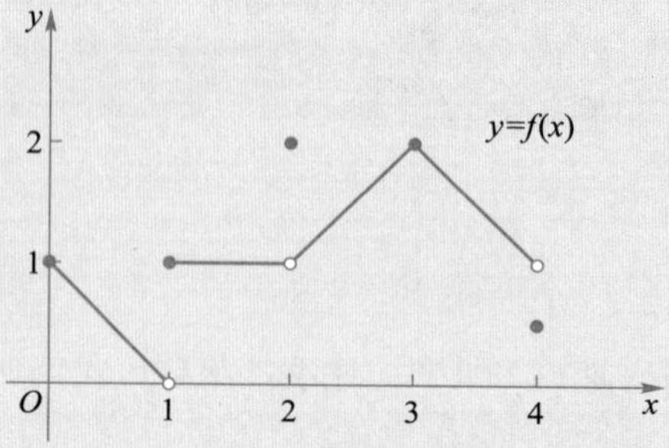

图 1.8

解 (1) 当 $x\to 0$ 时, 观察图像可知, 因为函数在 $x_0=0$ 的左侧没有定义, 所以 $\lim\limits_{x\to 0^-}f(x)$ 不存在, $\lim\limits_{x\to 0^+}f(x)=1$. 因此, 由定理 1.1.1 知 $\lim\limits_{x\to 0}f(x)$ 也不存在.

(2) 当 $x\to 1$ 时, $\lim\limits_{x\to 1^-}f(x)=0$, $\lim\limits_{x\to 1^+}f(x)=1$. 由于左、右极限不相等, 因此 $\lim\limits_{x\to 0}f(x)$ 不存在.

(3) 当 $x\to 2$ 时, $\lim\limits_{x\to 2^-}f(x)=1$, $\lim\limits_{x\to 2^+}f(x)=1$. 因此, 由定理 1.1.1 知 $\lim\limits_{x\to 2}f(x)=1$.

(4) 当 $x\to 3$ 时, $\lim\limits_{x\to 3^-}f(x)=2$, $\lim\limits_{x\to 3^+}f(x)=2$. 因此, 由定理 1.1.1 知 $\lim\limits_{x\to 3}f(x)=2$.

(5) 当 $x\to 4$ 时, 因为函数在 $x_0=4$ 右侧没有定义, 所以 $\lim\limits_{x\to 4^+}f(x)$ 不存在, 而 $\lim\limits_{x\to 4^+}f(x)=1$. 因此, $\lim\limits_{x\to 4}f(x)$ 不存在.

定理 1.1.1 揭示了函数双侧极限和单侧极限的联系. 一般来说, 在求函数当 $x\to x_0$ 时的极限时, 如果函数在该点的左右两侧函数表达式不一致 (如分段函数在分段点处), 那么需要先求当 $x\to x_0$ 时的两个单侧极限, 再来判断函数当 $x\to x_0$ 时的双侧极限.

例 12 求函数 $f(x)=\begin{cases}x+1, & x<0,\\ x^2, & 0\leqslant x\leqslant 1,\\ 1, & x>1\end{cases}$ 当 $x\to 0$ 和 $x\to 1$ 时的极限.

解 (1) 函数当 $x\to 0$ 时的左、右极限:

$$\lim_{x\to 0^-}f(x)=\lim_{x\to 0^-}(x+1)=1,\quad \lim_{x\to 0^+}f(x)=\lim_{x\to 0^+}x^2=0.$$

(请思考, 函数在 $x=0$ 的右侧表达式有两种可能, 为什么我们取 x^2 ?).

因此有 $\lim\limits_{x\to 0} f(x)$ 不存在.

(2) 函数当 $x\to 1$ 时的左、右极限:

$$\lim_{x\to 1^-} f(x)=\lim_{x\to 1^-} x^2=1,\quad \lim_{x\to 1^+} f(x)=\lim_{x\to 1^+} 1=1.$$

因此有 $\lim\limits_{x\to 0} f(x)=1$.

例 13 求函数 $f(x)=\begin{cases}1+x^2, & x\neq 1,\\ 0, & x=1\end{cases}$ 当 $x\to 1$ 时的极限.

解 分段函数 $f(x)$ 在 $x=1$ 的左右两侧的函数表达式均为 $1+x^2$, 在求 $x=1$ 的双侧极限时无需考虑其左、右极限.

$$\lim_{x\to 1} f(x)=\lim_{x\to 1}\left(1+x^2\right)=2.$$

当然, 如果分别求其左、右极限, 也可得到 $\lim\limits_{x\to 1^+} f(x)=\lim\limits_{x\to 1^-} f(x)=2$, 从而有 $\lim\limits_{x\to 1} f(x)=2$.

左、右极限的精确定义很容易由极限的精确定义给出.

左极限的定义 $\lim\limits_{x\to x_0^-} f(x)=L \Leftrightarrow \forall\varepsilon>0, \exists\delta>0$, 当 $-\delta<x-x_0<0$ 时, 有 $|f(x)-L|<\varepsilon$.

右极限的定义 $\lim\limits_{x\to x_0^+} f(x)=L \Leftrightarrow \forall\varepsilon>0, \exists\delta>0$, 当 $0<x-x_0<\delta$ 时, 有 $|f(x)-L|<\varepsilon$.

掌握极限的定义非常必要. 但是如果完全依靠极限的定义来求极限将比较烦琐, 而仅凭直觉判断极限又很可能出错. 1.2 节, 我们将研究有关极限的性质和计算, 以便今后能够更好地解决与极限有关的问题.

同步训练 1.1

1. 中国战国时期的著名思想家庄子 (约前 369 — 前 286) 在《庄子 • 天下篇》里记载了名家辩者二十一事 (即 21 个命题). 其中, 最后一辩是: “一尺之棰, 日取其半, 万世不竭.” 试讨论其中蕴含的极限思想 (表 1.4).

扫一扫, 看答案

表 1.4

时间 / 天	第 1 天	第 2 天	$\cdots$	第 x 天	$\cdots$
剩余长度 $f(x)$ / 尺[①]	$\frac{1}{2}$	$\left(\frac{1}{2}\right)^2$	$\cdots$	$\left(\frac{1}{2}\right)^x$	$\cdots$

2. 通过绘制图像, 计算下列极限, 并用 MATLAB 软件验证结果:

① 中国古代长度单位.

(1) $\lim\limits_{x\to 3}(4x-5)$;　　(2) $\lim\limits_{x\to 1}\ln x$;

(3) $\lim\limits_{t\to -2}\left(t^2-1\right)$;　　(4) $\lim\limits_{t\to 1}\left(x^2-t^2\right)$.

3. 求下列极限:

(1) $\lim\limits_{x\to 1}\dfrac{x^2-1}{x-1}$;　　(2) $\lim\limits_{x\to 1}\dfrac{x^2-1}{x^2+2x-3}$;

(3) $\lim\limits_{x\to 3}\dfrac{x^2-9}{\sqrt{x^2+7}-4}$;　　(4) $\lim\limits_{x\to 2}\dfrac{x^3-8}{x-2}$.

4. 一个小球从一座很高的大楼自由下落, 已知 t s 后下落的距离为 $y(t)=4.9t^2$. 求下落 2 s 时的速度 (假设小球尚未落地).

5. 利用极限定义证明: $\lim\limits_{x\to 2}x^2=4$.

6. 试用 "$\varepsilon-\delta$" 语言, 给出 $\lim\limits_{x\to x_0}f(x)\neq L$ 的精确定义.

7. **赫维赛德** (Heaviside) **函数**在电路研究中, 常常被用来描述电路中的开关状态. 该函数的定义为

$$H(x)=\begin{cases}0, & x<0,\\ 1, & x\geqslant 0.\end{cases}$$

求 $\lim\limits_{x\to 0^-}H(x)$, $\lim\limits_{x\to 0^+}H(x)$ 和 $\lim\limits_{x\to 0}H(x)$.

8. 设函数 $f(x)=\begin{cases}2x^2+1, & x>0,\\ x+b, & x\leqslant 0,\end{cases}$ 问当 b 取什么值时, $\lim\limits_{x\to 0}f(x)$ 存在?

9. 求函数 $f(x)=\begin{cases}x^2-1, & x<1,\\ 0, & x=1,\\ 1, & x>1\end{cases}$ 当 $x\to 1$ 时的极限.

10. 求下列极限:

(1) $\lim\limits_{x\to -2^-}(x+1)\dfrac{|x+2|}{x+2}$;　(2) $\lim\limits_{x\to 3^+}\dfrac{x-7}{\sqrt{x-3}-2}$.

11. **向上取整函数** $\lceil x\rceil$ 定义为大于或等于 x 的最小整数 (如图 1.9 所示). 求下列极限:

(1) $\lim\limits_{x\to 1^+}\lceil x\rceil$;　(2) $\lim\limits_{x\to 2^-}\lceil x\rceil$;　(3) $\lim\limits_{x\to 2.5}\lceil x\rceil$.

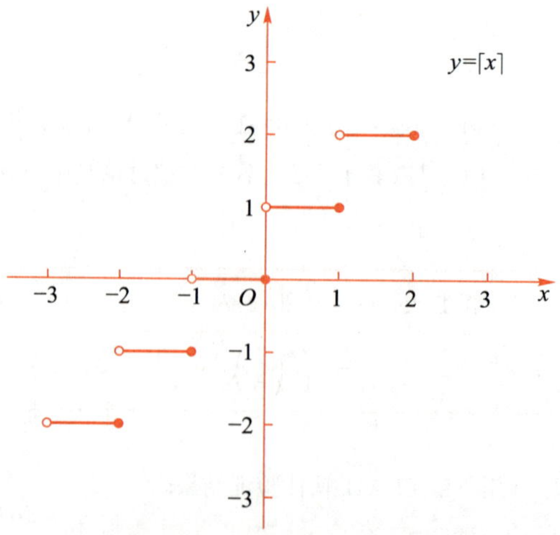

图 1.9　上取整函数 $\lceil x\rceil$

12. 2021 年，中国快递业务量达 1 083 亿件. 某快递公司的收费标准是首重 (1 kg 以内) 8 元，超过首重的部分按照续重 4 元/kg 加收费用 (不足 1 kg 的按照 1 kg 计).

(1) 写出快递费用 f 关于物品重量 w 的函数关系式;

(2) 求 $\lim\limits_{w\to 2.3} f(w)$;

(3) 求 $\lim\limits_{w\to 4} f(w)$.

13. 在相对论中，洛伦兹 (1853—1928) 提出了长度收缩公式. 设宇宙飞船的固有长度为 L_0，相对于观察者以速度 v 作高速飞行. 那么，观察者看到的飞船长度 L 变小了，并且长度变化满足洛伦兹长度收缩公式: $L(v)=L_0\sqrt{1-\dfrac{v^2}{c^2}}$，其中 c 为光速. 求 $\lim\limits_{v\to c^-} L(v)$ 并解释其意义.

1.2 极限的性质与运算

在上节中，我们通过 $\varepsilon-\delta$ 定义来求函数的极限，但有时这样做是费时且困难的. 本节中，我们将通过极限的运算法则和有关定理来计算函数的极限.

定理 1.2.1 (**常数函数的极限**) 对于常数函数 $f(x)=c$，有 $\lim\limits_{x\to x_0} c=c$.

定理 1.2.2 (**恒等函数的极限**) 对于恒等函数 $f(x)=x$，有 $\lim\limits_{x\to x_0} x=x_0$.

(上述两个定理可以用极限的 $\varepsilon-\delta$ 定义来证明，本书从略.)

定理 1.2.3 (**极限的运算法则**) 设 $\lim\limits_{x\to x_0} f(x)=A$, $\lim\limits_{x\to x_0} g(x)=B$，那么

1. $\lim\limits_{x\to x_0}[f(x)+g(x)]=\lim\limits_{x\to x_0} f(x)+\lim\limits_{x\to x_0} g(x)=A+B$;
2. $\lim\limits_{x\to x_0}[f(x)-g(x)]=\lim\limits_{x\to x_0} f(x)-\lim\limits_{x\to x_0} g(x)=A-B$;
3. $\lim\limits_{x\to x_0}[f(x)\cdot g(x)]=\lim\limits_{x\to x_0} f(x)\cdot\lim\limits_{x\to x_0} g(x)=AB$;
4. 若 $B\neq 0$，则 $\lim\limits_{x\to x_0}\dfrac{f(x)}{g(x)}=\dfrac{\lim\limits_{x\to x_0} f(x)}{\lim\limits_{x\to x_0} g(x)}=\dfrac{A}{B}$;
5. $\lim\limits_{x\to x_0} kf(x)=k\lim\limits_{x\to x_0} f(x)=kA$，其中 k 为常数;
6. $\lim\limits_{x\to x_0}[f(x)]^n=\left[\lim\limits_{x\to x_0} f(x)\right]^n=A^n$;
7. $\lim\limits_{x\to x_0}\sqrt[m]{f(x)}=\sqrt[m]{\lim\limits_{x\to x_0} f(x)}=\sqrt[m]{A}$，当 m 为偶数时，要求在 x_0 附近 $f(x)\geqslant 0$.

下面我们应用定理 1.2.1、定理 1.2.2 和定理 1.2.3 来求多项式函数和有理函数的极限.

例 1 利用极限的有关定理求下列极限.

(1) $\lim\limits_{x\to 1}(x^3+5x^2-2)$; (2) $\lim\limits_{x\to 2}\dfrac{x^3-2x^2+5}{x^2+2x-6}$; (3) $\lim\limits_{x\to -2}\sqrt{4x^2-3}$.

解 根据 $\lim\limits_{x\to x_0} c=c$ 和 $\lim\limits_{x\to x_0} x=x_0$ 以及极限的运算法则,

(1)
$$\lim_{x\to1}(x^3+5x^2-2)=\lim_{x\to1}x^3+\lim_{x\to1}5x^2-\lim_{x\to1}2$$
$$=\left(\lim_{x\to1}x\right)^3+5\left(\lim_{x\to1}x\right)^2-2$$
$$=1+5-2=4;$$

(2)
$$\lim_{x\to2}\frac{x^3-2x^2+5}{x^2+2x-6}=\frac{\lim\limits_{x\to2}(x^3-2x^2+5)}{\lim\limits_{x\to2}(x^2+2x-6)}=\frac{\lim\limits_{x\to2}x^3-2\lim\limits_{x\to2}x^2+\lim\limits_{x\to2}5}{\lim\limits_{x\to2}x^2+2\lim\limits_{x\to2}x+\lim\limits_{x\to2}6}$$
$$=\frac{8-8+5}{4+4+6}=\frac{5}{14};$$

(3)
$$\lim_{x\to-2}\sqrt{4x^2-3}=\sqrt{\lim_{x\to-2}(4x^2-3)}=\sqrt{4\lim_{x\to-2}x^2-\lim_{x\to-2}3}=\sqrt{13}.$$

正如例 1 所表明的, 求多项式函数 $P(x)=a_nx^n+a_{n-1}x^{n-1}+\cdots+a_1x+a_0$ 当 $x\to x_0$ 时的极限, 直接代入 $x=x_0$ 求函数值即可. 设 $P(x)$ 和 $Q(x)$ 都是多项式函数, 如果 $Q(x)$ 在求极限点处的函数值不等于 0, 那么有理式函数 $\dfrac{P(x)}{Q(x)}$ 的极限也可以直接代入.

如果在求有理式函数的极限时, 分母在极限点处的值为 0 , 我们一般用分解因式、分母 (分子) 有理化的方法消去值为 0 的公因子. 这种方法被称为消去零因子法.

例 2 求 $\lim\limits_{x\to2}\dfrac{x^2+3x-10}{x^2+x-6}$.

解 直接代入 $x=2$, 会发现分子分母的值均为 0 , 出现无意义的 $\dfrac{0}{0}$. 对分子分解因式得 $x^2+3x-10=(x-2)(x+5)$, 对分母分解因式得 $x^2+x-6=(x-2)(x+3)$; 如果 $x\neq2$, 消去公因子 $(x-2)$ 得
$$\frac{x^2+3x-10}{x^2+x-6}=\frac{(x-2)(x+5)}{(x-2)(x+3)}=\frac{x+5}{x+3},$$
这时, 就可以用直接代入法求 $x\to2$ 的极限值:
$$\lim_{x\to2}\frac{x^2+3x-10}{x^2+x-6}=\lim_{x\to2}\frac{x+5}{x+3}=\frac{7}{5}.$$

需要指出的是, 例 2 中 $\dfrac{x^2+3x-10}{x^2+x-6}$ 和 $\dfrac{x+5}{x+3}$ 除了在 $x=2$ 处, 在其他的所有点处函数值是相同的.

例 3 求 $\lim\limits_{x\to1}\dfrac{x-1}{\sqrt{x}-1}$.

解 直接代入 $x=1$, 分子分母的值均为 0 , 并且没有公因子可以直接消去. 这时可以采用分母有理化的方法, 构造出公因子. 当 $x\neq1$ 时,
$$\frac{x-1}{\sqrt{x}-1}=\frac{(x-1)(\sqrt{x}+1)}{(\sqrt{x}-1)(\sqrt{x}+1)}=\sqrt{x}+1.$$

因此有 $\lim\limits_{x\to 1}\dfrac{x-1}{\sqrt{x}-1}=\lim\limits_{x\to 1}(\sqrt{x}+1)=2.$

定理 1.2.4 (夹逼定理) 如果在 x_0 的附近 ($x=x_0$ 除外) 有 $g(x)\leqslant f(x)\leqslant h(x)$, 且 $\lim\limits_{x\to x_0}g(x)=\lim\limits_{x\to x_0}h(x)=L$. 那么, 必然有

$$\lim_{x\to x_0}f(x)=L.$$

例 4 已知当 $-\dfrac{\pi}{2}<\theta<\dfrac{\pi}{2}$ 时, $-|\theta|\leqslant\sin\theta\leqslant|\theta|$. 求 $\lim\limits_{\theta\to 0}\sin\theta$.

解 如图 1.10 所示, 令 $f(\theta)=\sin\theta$, $g(\theta)=-|\theta|$, $h(\theta)=|\theta|$, 那么有 $g(\theta)\leqslant f(\theta)\leqslant h(\theta)$, 且 $\lim\limits_{\theta\to 0}g(\theta)=\lim\limits_{\theta\to 0}h(\theta)=0$. 由夹逼定理得

$$\lim_{\theta\to 0}\sin\theta=0.$$

进一步, 当 $\theta\to 0$ 时, 我们只考虑 θ 在 0 的附近, 所以 $\cos\theta=\sqrt{1-\sin^2\theta}$. 根据极限运算法则有

$$\lim_{\theta\to 0}\cos\theta=\lim_{\theta\to 0}\sqrt{1-\sin^2\theta}=\sqrt{1-\left(\lim_{\theta\to 0}\sin\theta\right)^2}=1,$$

因此 $\lim\limits_{\theta\to 0}\cos\theta=1$.

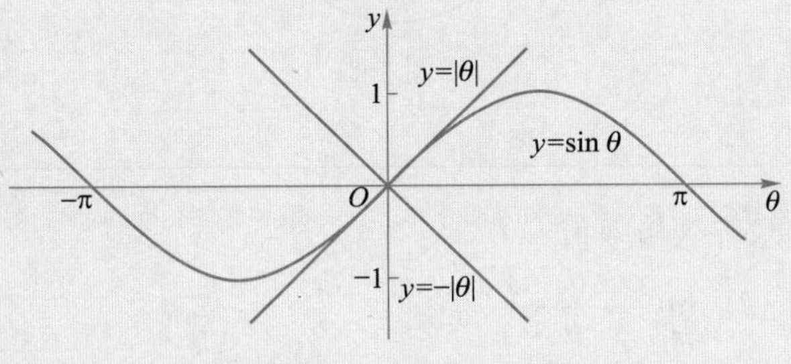

图 1.10 $\sin\theta$ 与 $\pm|\theta|$ 关系图

例 5 证明 $\lim\limits_{x\to 0}x^2\sin\dfrac{1}{x}=0$.

证 对任意的 x 都有 $-1\leqslant\sin\dfrac{1}{x}\leqslant 1$, 同乘 x^2 得

$$-x^2\leqslant x^2\sin\frac{1}{x}\leqslant x^2,$$

由于 $\lim\limits_{x\to 0}x^2=\lim\limits_{x\to 0}\left(-x^2\right)=0$, 由夹逼定理得 $\lim\limits_{x\to 0}x^2\sin\dfrac{1}{x}=0$.

定理 1.2.5 (第一个重要极限) $\lim\limits_{x\to 0}\dfrac{\sin x}{x}=1$.

证 考虑到 $x\to 0$, 不妨先限定 $0<x<\dfrac{\pi}{2}$. 在图 1.11 的单位圆中, 设圆心角 $\angle AOB=x$, A

是切点, 那么显然有

$$\triangle AOB \text{ 的面积} < \text{扇形 } AOB \text{ 的面积} < \triangle AOD \text{ 的面积},$$

即

$$\frac{1}{2}\sin x < \frac{1}{2}x < \frac{1}{2}\tan x \quad \left(0 < x < \frac{\pi}{2}\right),$$

同除以 $\frac{1}{2}\sin x$, 得

$$1 < \frac{x}{\sin x} < \frac{1}{\cos x} \quad \left(0 < x < \frac{\pi}{2}\right),$$

取倒数, 得

$$\cos x < \frac{\sin x}{x} < 1 \quad \left(0 < x < \frac{\pi}{2}\right),$$

由于 $\cos x$ 和 $\frac{\sin x}{x}$ 均为偶函数, 上式对 $-\frac{\pi}{2} < x < 0$ 同样成立.

因为 $\lim\limits_{x\to 0}\cos x = \lim\limits_{x\to 0} 1 = 1$, 所以

$$\lim_{x\to 0}\frac{\sin x}{x} = 1.$$

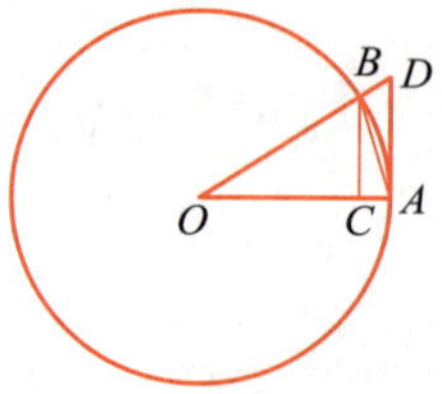

图 1.11

例 6 利用定理 1.2.5, 求下列极限值.

(1) $\lim\limits_{x\to 0}\frac{\sin 2x}{5x}$; (2) $\lim\limits_{\theta\to 0}\frac{\cos\theta - 1}{\theta}$.

解 (1) $\lim\limits_{x\to 0}\frac{\sin 2x}{5x} = \lim\limits_{x\to 0}\frac{\sin 2x}{2x}\cdot\frac{2}{5} = \frac{2}{5}\lim\limits_{t\to 0}\frac{\sin t}{t} = \frac{2}{5}$ (令 $t = 2x$).

(2) 由于 $\cos\theta = 1 - 2\sin^2\frac{\theta}{2}$, 所以

$$\lim_{\theta\to 0}\frac{\cos\theta - 1}{\theta} = \lim_{\theta\to 0} -\frac{2\sin^2\left(\frac{\theta}{2}\right)}{\theta} = -\lim_{t\to 0}\left(\frac{\sin t}{t}\cdot\sin t\right) \quad \left(令\ t = \frac{\theta}{2}\right)$$

$$= -\lim_{t\to 0}\frac{\sin t}{t}\cdot\lim_{t\to 0}\sin t = -1\times 0 = 0.$$

定理 1.2.6 (三角函数的极限) 对于函数定义域内的每个实数 x_0, 有

1. $\lim\limits_{x\to x_0}\sin x = \sin x_0$;
2. $\lim\limits_{x\to x_0}\cos x = \cos x_0$;
3. $\lim\limits_{x\to x_0}\tan x = \tan x_0$;
4. $\lim\limits_{x\to x_0}\cot x = \cot x_0$;

5. $\lim\limits_{x \to x_0} \sec x = \sec x_0$;　　　　6. $\lim\limits_{x \to x_0} \csc x = \csc x_0$.

证　1. 由例 4 知 $\lim\limits_{x \to 0} \sin x = 0$ 且 $\lim\limits_{x \to 0} \cos x = 1$, 为了证明 $\lim\limits_{x \to x_0} \sin x = \sin x_0$, 令 $t = x - x_0$, 那么当 $t \to 0$ 时, $x \to x_0$. 因此

$$\begin{aligned}\lim_{x \to x_0} \sin x &= \lim_{t \to 0} \sin(t + x_0) = \lim_{t \to 0} (\sin t \cos x_0 + \cos t \sin x_0) \\ &= 0 \cdot \cos x_0 + 1 \cdot \sin x_0 = \sin x_0.\end{aligned}$$

2. 分 $\cos x_0 \geqslant 0$ 和 $\cos x_0 < 0$ 两种情况来证明结论.

当 $\cos x_0 \geqslant 0$ 时, $\lim\limits_{x \to x_0} \cos x = \lim\limits_{x \to x_0} \sqrt{1 - \sin^2 x} = \sqrt{1 - \lim\limits_{x \to x_0} \sin^2 x} = \sqrt{1 - \sin^2 x_0} = \cos x_0$.

当 $\cos x_0 < 0$ 时, $\lim\limits_{x \to x_0} \cos x = \lim\limits_{x \to x_0} \left(-\sqrt{1 - \sin^2 x}\right) = -\sqrt{1 - \lim\limits_{x \to x_0} \sin^2 x} = -\sqrt{\cos^2 x_0} = \cos x_0$.

综上 $\lim\limits_{x \to x_0} \cos x = \cos x_0$ 成立.

本定理的其余结论均可由 $\lim\limits_{x \to x_0} \sin x = \sin x_0$ 和 $\lim\limits_{x \to x_0} \cos x = \cos x_0$ 以及极限的运算法则得到, 这里不再具体给出.

同步训练 1.2

扫一扫, 看答案

1. 计算下列极限:

(1) $\lim\limits_{x \to 1} \left(x^2 - 3x + 8\right)$;　(2) $\lim\limits_{x \to 2} \dfrac{x - 2}{x^2 + 2}$;　(3) $\lim\limits_{w \to -2} \sqrt{-2w^3 + 5w^2}$;

(4) $\lim\limits_{x \to 3} \dfrac{\sqrt{3x + 16} - 5}{x - 3}$;　(5) $\lim\limits_{h \to 1} \dfrac{\sqrt{5h + 4} - 3}{\sqrt{3h + 1} - 2}$;　(6) $\lim\limits_{p \to 1} \dfrac{p^5 - 1}{p - 1}$.

2. 已知在 $x = 0$ 的附近 $(x \neq 0)$, 不等式 $-|x| \leqslant x \cos \dfrac{1}{x} \leqslant |x|$ 成立. 求 $\lim\limits_{x \to 0} x \cos \dfrac{1}{x}$.

3. 已知当 $x \in [-1, 1]$ 时, $x^4 \leqslant f(x) \leqslant x^2$; 当 $x < -1$ 以及 $x > -1$ 时, $x^2 \leqslant f(x) \leqslant x^4$. 那么, 我们可以从上述不等式得出 $f(x)$ 在哪几个点的极限?

4. 计算下列极限:

(1) $\lim\limits_{t \to 0} \dfrac{t^2 \cos t}{1 + t}$;　(2) $\lim\limits_{\theta \to 0} \dfrac{\tan \theta}{\theta}$;　(3) $\lim\limits_{\theta \to 0} \dfrac{\tan 5\theta}{\sin 3\theta}$;

(4) $\lim\limits_{x \to 0} \dfrac{\sin^2 3x}{2x}$;　(5) $\lim\limits_{x \to 2} \dfrac{\sin(x - 2)}{x^2 - 4}$;　(6) $\lim\limits_{x \to 0} \dfrac{1 - \cos 2x}{x \sin x}$.

5. **托里拆利** (1608—1647) 通过实验发现了通过小孔的水的流速和小孔与水面的高度差的平方成正比. 一个圆柱形的水箱里 (图 1.12) 装有 9 m 高 (距离水箱底部) 的水. 在 $t = 0$ 时打开水箱底部的小孔, 让水从小孔流出. t s 时水箱内水的高度为 $h(t) = (3 - 0.015t)^2$, 其中 $0 \leqslant t \leqslant 200$. 求 $\lim\limits_{h \to 200^-} h(t)$ 并说明其意义.

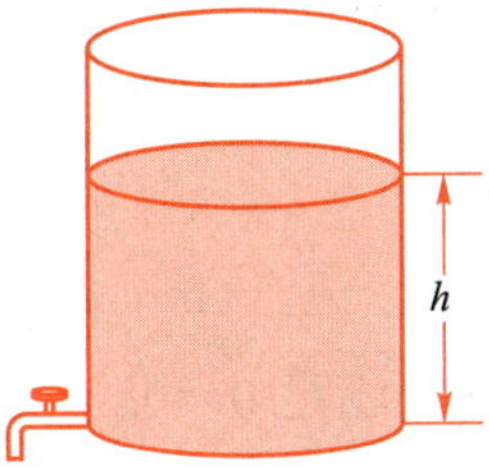

图 1.12　第 5 题图

1.3 与无穷有关的极限

认识“无穷”, 是学习和运用函数极限的关键. 德国著名数学家希尔伯特 (1862—1943) 曾经说过: “没有任何问题可以像无穷那样深深地触动人的情感, 很少有别的观念能像无穷那样激励理智产生富有成果的思想, 然而也没有任何其他的概念能像无穷那样需要加以阐明.”

在本节中, 我们将讨论两种与无穷有关的极限. 当 $x \to x_0$ 时, 函数 $f(x)$ 的值无限上升或无限下降 (可以理解为函数值的绝对值无限增大), 我们称之为**无穷大**. 当自变量 x 无限增大或减小时, 函数 $f(x)$ 的极限称为**无穷远处的极限**. 这两种极限过程本质完全不同, 我们将分开讨论.

无穷的记号 ∞ 已经在区间的表示中被使用过. 需要指出的是: ∞ 并不是表示一个具体的数, 也不能参与数值运算. 我们用 $+\infty$ 和 $-\infty$ 分别表示正无穷大和负无穷大.

1.3.1 无穷大

观察函数 $f(x)=\dfrac{1}{x-2}$ 的图形, 如图 1.13 所示. 当自变量 x 从左边趋向于 2 时, 函数值无限下降; 当自变量 x 从右边趋向于 2 时, 函数值无限上升. 即下面两个式子成立:

$$\lim_{x\to 2^-}\frac{1}{x-2}=-\infty,\quad \lim_{x\to 2^+}\frac{1}{x-2}=+\infty.$$

本例中 $\lim\limits_{x\to 2^+}\dfrac{1}{x-2}=+\infty$ 是指: 当 x 从右边趋向于 2 的过程中, 函数 $\dfrac{1}{x-2}$ 可以比任意大的数值都大, 从而实现“至大无外”. 比如, 我们取定一个非常大的数 $B=10^{20}$, 只需取 $\delta=\dfrac{1}{B}$, 当 $0<x-2<\delta$ 时, 总有 $\dfrac{1}{x-2}>B$. 下面给出无穷大的精确定义.

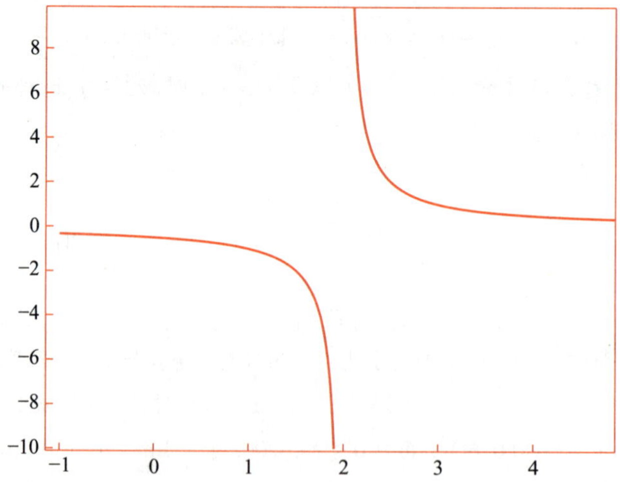

图 1.13 $f(x)=\dfrac{1}{x-2}$ 函数图

定义 1.3.1 (无穷大的精确定义)

1. 当 $x \to x_0$ 时, $f(x)$ 是正无穷大量, 记作 $\lim\limits_{x\to x_0} f(x)=+\infty$. 它的精确定义是指: 对于任意大的正实数 B, 都存在相应的 δ, 使得对一切满足 $0<|x-x_0|<\delta$ 的 x 都满足 $f(x)>B$.

2. 当 $x \to x_0$ 时, $f(x)$ 是负无穷大量, 记作 $\lim\limits_{x\to x_0} f(x)=-\infty$. 它的精确定义是指: 对于任意大

的正实数 B, 都存在相应的 δ, 使得对一切满足 $0<|x-x_0|<\delta$ 的 x 都满足 $f(x)<-B$.

3. 当 $x \to x_0$ 时, $f(x)$ 是无穷大量, 记作 $\lim\limits_{x \to x_0} f(x)=\infty$. 它的精确定义是指: 对于任意大的正实数 B, 都存在相应的 δ, 使得对一切满足 $0<|x-x_0|<\delta$ 的 x 都满足 $|f(x)|>B$.

对于单侧极限的情况, 如果是左极限 $x \to x_0^-$, 只需将上述定义 1.3.1 中的 "$0<|x-x_0|<\delta$" 改成 "$-\delta<x-x_0<0$"; 如果是右极限 $x \to x_0^+$, 只需将上述定义 1.3.1 中的 "$0<|x-x_0|<\delta$" 改成 "$0<x-x_0<\delta$" (图 1.14、图 1.15、图 1.16、图 1.17).

根据函数极限的定义, 由于 ∞, $+\infty$ 或 $-\infty$ 不是一个具体的数值, 因此函数的极限为 ∞, $+\infty$ 或 $-\infty$, 仍属于极限不存在的范畴. 我们只是利用 $+\infty$ 或 $-\infty$ 来表示这一类极限. 同时也需指出, 极限不存在并不一定意味着极限是 ∞, $+\infty$ 或 $-\infty$, 如 1.1 节例 5.

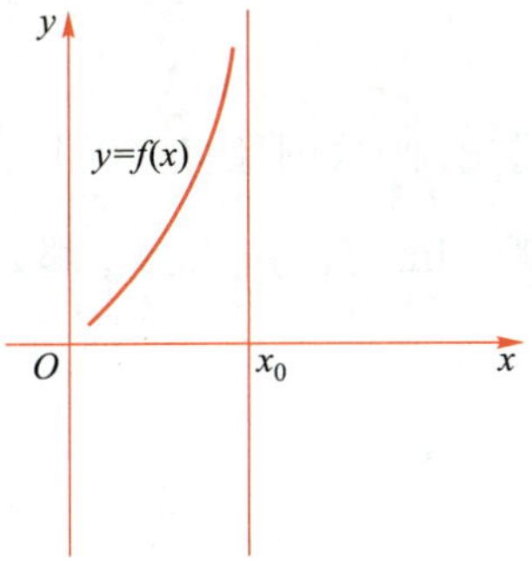

图 1.14 $\lim\limits_{x \to x_0^-} f(x)=+\infty$

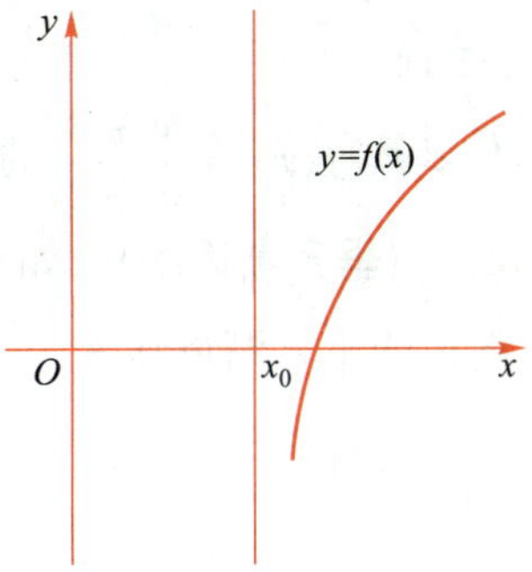

图 1.15 $\lim\limits_{x \to x_0^+} f(x)=-\infty$

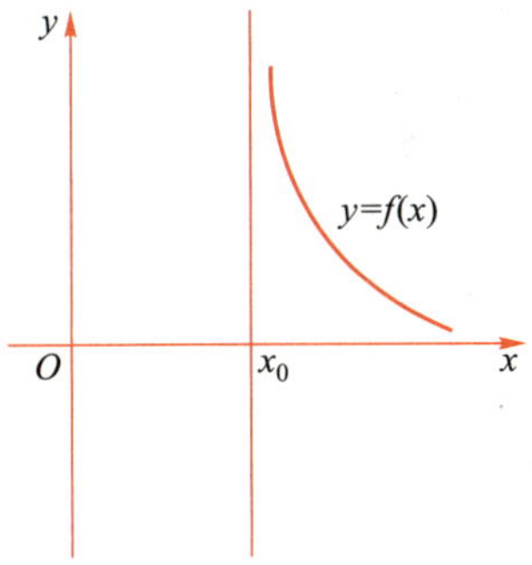

图 1.16 $\lim\limits_{x \to x_0^+} f(x)=+\infty$

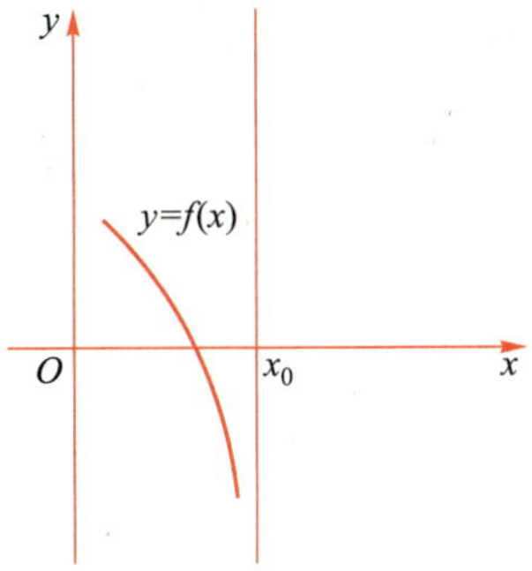

图 1.17 $\lim\limits_{x \to x_0^-} f(x)=-\infty$

例 1 求极限 $\lim\limits_{x \to -2} \dfrac{x+3}{x+2}$.

解 当 $x \to -2$ 时, $x+3 \to 1$, 因此有

$$\lim_{x \to -2^+} \frac{x+3}{x+2}=+\infty \text{ 和 } \lim_{x \to -2^-} \frac{x+3}{x+2}=-\infty.$$

所以 $\lim\limits_{x \to -2} \dfrac{x+3}{x+2}=\infty$.

我们用 MATLAB 软件求解例 1 中的 $\lim\limits_{x \to -2^+} \dfrac{x+3}{x+2}$, 在 MATLAB 命令行窗口输入:

```
>> syms x;
>> limit((x+3)/(x+2),x,-2, 'right')
```

运行即可得到结果:

```
ans = Inf
```

这里的 “Inf” 是 “Infinity” 的缩写, 表示正无穷大 $+\infty$; 此外, MATLAB 软件中, 用 “-Inf” 表示负无穷大 $-\infty$. 我们用 MATLAB 软件求解例 1 中的 $\lim\limits_{x\to-2^-}\dfrac{x+3}{x+2}$, 在 MATLAB 命令行窗口输入:

```
>> syms x;
>> limit((x+3)/(x+2),x,-2, 'left')
```

运行即可得到结果:

```
ans = -Inf
```

进一步, 作函数 $f(x)=\dfrac{x+3}{x+2}$ 的图, 如图 1.18 所示. 可以看出, 函数图像有垂直渐近线 $x=-2$.

定义 1.3.2 (**垂直渐近线**) 如果有 $\lim\limits_{x\to a^+}f(x)=\pm\infty$ 或者 $\lim\limits_{x\to a^-}f(x)=\pm\infty$, 那么直线 $x=a$ 是 $y=f(x)$ 图像的垂直渐近线.

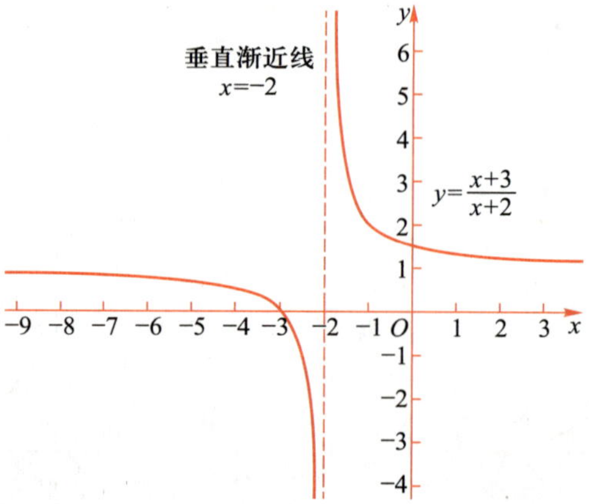

图 1.18 $f(x)=\dfrac{x+3}{x+2}$ 的图像

例 2 求 $y=\dfrac{2x}{x-1}$ 的垂直渐近线.

解 由于 $\lim\limits_{x\to1^+}\dfrac{2x}{x-1}=+\infty$ 和 $\lim\limits_{x\to1^-}\dfrac{2x}{x-1}=-\infty$, 因此直线 $x=1$ 是 $y=\dfrac{2x}{x-1}$ 的垂直渐近线.

例 3 爱因斯坦在狭义相对论中, 给出了一个物体相对论质量 m (总的惯性质量) 关于其速度 v 的公式

$$m(v)=\frac{m_0}{\sqrt{1-\dfrac{v^2}{c^2}}}.$$

式中 m_0 ($m_0\neq0$) 是物体静止时的质量, c 是光速. 求物体趋于光速时的相对论质量 $\lim\limits_{v\to c^-}m(v)$.

解　当速度 $v \to c^-$ 时, $1-\dfrac{v^2}{c^2} \to 0^+$, 因此有

$$\lim_{v\to c^-} m(v) = \lim_{v\to c^-} \frac{m_0}{\sqrt{1-\dfrac{v^2}{c^2}}} = +\infty.$$

1.3.2 无穷远处的极限

当自变量 x 向左或者向右, 离原点越来越远直到无穷远处, 函数值会发生怎样的变化? 这个实际上就是无穷远处的极限. 在本节中, 我们将分为 $x \to +\infty$, $x \to -\infty$ 和 $x \to \infty$ 三种情况开展讨论.

考察函数 $f(x) = \dfrac{1}{x}$ 的图形, 如图 1.19 所示. 函数的定义域为 $(-\infty, 0) \cup (0, +\infty)$, 当自变量 x 无限增大时 (记为 $x \to +\infty$), $f(x) = \dfrac{1}{x}$ 的函数值越来越趋近于 0; 当自变量 x 无限减小时 (记为 $x \to -\infty$), $f(x) = \dfrac{1}{x}$ 的函数值也越来越趋近于 0. 这两个极限分别记为

$$\lim_{x\to+\infty} \frac{1}{x} = 0, \quad \lim_{x\to-\infty} \frac{1}{x} = 0.$$

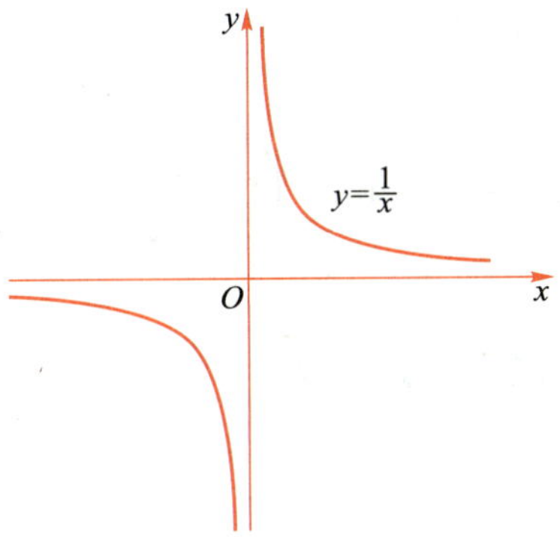

图 1.19　$f(x) = \dfrac{1}{x}$

定义 1.3.3 (无穷远处的极限)

1. 设 $f(x)$ 在 $x > c$ 时有定义, 其中 c 为某常数. 如果对任意 $\varepsilon > 0$, 总存在数 M, 使得当 $x > M$ 时总有 $|f(x) - A| < \varepsilon$ 成立. 那么

$$\lim_{x\to+\infty} f(x) = A.$$

2. 设 $f(x)$ 在 $x < c$ 时有定义, 其中 c 为某常数. 如果对任意 $\varepsilon > 0$, 总存在数 M, 使得当 $x < M$ 时总有 $|f(x) - A| < \varepsilon$ 成立. 那么

$$\lim_{x\to-\infty} f(x) = A.$$

3. 设 $f(x)$ 在 $|x| > c$ 时有定义, 其中 c 为某正数. 如果对任意 $\varepsilon > 0$, 总存在数 M, 使得当 $|x| > M$ 时总有 $|f(x) - A| < \varepsilon$ 成立. 那么

$$\lim_{x\to\infty} f(x) = A.$$

例 4 求下列极限:

(1) $\lim\limits_{x\to+\infty}\dfrac{x}{1+x^2}$; (2) $\lim\limits_{x\to+\infty}\left(2+\dfrac{\sin x}{\sqrt{x}}\right)$.

解 (1) $\lim\limits_{x\to+\infty}\dfrac{x}{1+x^2}=\lim\limits_{x\to+\infty}\dfrac{\dfrac{x}{x^2}}{\dfrac{1}{x^2}+1}=\dfrac{\lim\limits_{x\to+\infty}\dfrac{1}{x}}{\lim\limits_{x\to+\infty}\dfrac{1}{x^2}+\lim\limits_{x\to+\infty}1}=\dfrac{0}{0+1}=0.$

(2) 由于 $-1\leqslant\sin x\leqslant1$, 有 $\dfrac{-1}{\sqrt{x}}\leqslant\dfrac{\sin x}{\sqrt{x}}\leqslant\dfrac{1}{\sqrt{x}}$. 又因为 $\lim\limits_{x\to+\infty}\dfrac{-1}{\sqrt{x}}=\lim\limits_{x\to+\infty}\dfrac{1}{\sqrt{x}}=0$, 由夹逼定理可得 $\lim\limits_{x\to+\infty}\dfrac{\sin x}{\sqrt{x}}=0$. 因此

$$\lim_{x\to+\infty}\left(2+\frac{\sin x}{\sqrt{x}}\right)=\lim_{x\to+\infty}2+\lim_{x\to+\infty}\frac{\sin x}{\sqrt{x}}=2+0=2.$$

我们用 MATLAB 软件求解例 2 中的 $\lim\limits_{x\to+\infty}\dfrac{x}{1+x^2}$, 在 MATLAB 命令行窗口输入:

```
>> syms x;
>> limit(x/(1+x^2),x,inf)
```

运行即可得到结果:

```
ans = 0
```

我们用 MATLAB 软件求解例 4 中的 $\lim\limits_{x\to+\infty}\left(2+\dfrac{\sin x}{\sqrt{x}}\right)$, 在 MATLAB 命令行窗口输入:

```
>> syms x;
>> limit(2+sin(x)/x^(1/2),x,inf)
```

运行即可得到结果:

```
ans = 2
```

根据上述关于 $\lim\limits_{x\to+\infty}f(x)$, $\lim\limits_{x\to-\infty}f(x)$ 和 $\lim\limits_{x\to\infty}f(x)$ 的定义, 我们可以得到以下定理.

定理 1.3.1 如果 $\lim\limits_{x\to+\infty}f(x)=A=\lim\limits_{x\to-\infty}f(x)$, 那么 $\lim\limits_{x\to\infty}f(x)=A$.

例 5 求下列极限:

(1) $\lim\limits_{x\to\infty}\left(\sqrt{2x^2+3x}-\sqrt{2x^2-5}\right)$; (2) $\lim\limits_{x\to\infty}\sin\dfrac{1}{x}$.

解 (1) 由于

$$\sqrt{2x^2+3x}-\sqrt{2x^2-5}=\frac{3x+5}{\sqrt{2x^2+3x}+\sqrt{2x^2-5x}}=\frac{3x+5}{|x|\left(\sqrt{2+\dfrac{3}{x}}+\sqrt{2-\dfrac{5}{x}}\right)}$$

$$=\frac{\dfrac{3x}{|x|}+\dfrac{5}{|x|}}{\sqrt{2+\dfrac{3}{x}}+\sqrt{2-\dfrac{5}{x}}},$$

可得

$$\lim_{x\to+\infty}\left(\sqrt{2x^2+3x}-\sqrt{2x^2-5}\right)=\lim_{x\to+\infty}\frac{\dfrac{3x}{|x|}+\dfrac{5}{|x|}}{\sqrt{2+\dfrac{3}{x}}+\sqrt{2-\dfrac{5}{x}}}=\frac{3}{\sqrt{2}+\sqrt{2}}=\frac{3\sqrt{2}}{4},$$

$$\lim_{x\to-\infty}\left(\sqrt{2x^2+3x}-\sqrt{2x^2-5}\right)=\lim_{x\to-\infty}\frac{\dfrac{3x}{|x|}+\dfrac{5}{|x|}}{\sqrt{2+\dfrac{3}{x}}+\sqrt{2-\dfrac{5}{x}}}=\frac{-3}{\sqrt{2}+\sqrt{2}}=\frac{-3\sqrt{2}}{4},$$

因而 $\lim\limits_{x\to\infty}\left(\sqrt{2x^2+3x}-\sqrt{2x^2-5}\right)$ 不存在.

(2) 由 1.2 节例 4, $\lim\limits_{\theta\to 0}\sin\theta=0$, 令 $\theta=\dfrac{1}{x}$ 即有 $\lim\limits_{x\to\infty}\sin\dfrac{1}{x}=\lim\limits_{\theta\to 0}\sin\theta=0$.

如果 $\lim\limits_{x\to+\infty}f(x)=A$ 或者 $\lim\limits_{x\to-\infty}f(x)=A$, 那么直线 $y=A$ 就是 $y=f(x)$ 图形的水平渐近线, 如图 1.20 所示.

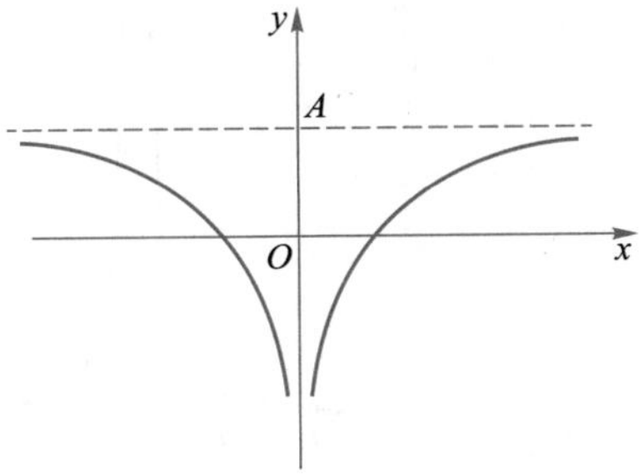

图 1.20

定义 1.3.4 (**水平渐近线**) 如果有 $\lim\limits_{x\to+\infty}f(x)=A$ 或者 $\lim\limits_{x\to-\infty}f(x)=A$, 那么直线 $y=A$ 是 $y=f(x)$ 图像的水平渐近线.

例 6 求曲线 $y=2+\dfrac{\sin x}{x}$ (图 1.21) 的水平渐近线.

解 由于 $0\leqslant\left|\dfrac{\sin x}{x}\right|\leqslant\left|\dfrac{1}{x}\right|$, 且 $\lim\limits_{x\to\infty}\dfrac{1}{x}=0$, 由夹逼定理可得 $\lim\limits_{x\to\infty}\left(2+\dfrac{\sin x}{x}\right)=2+0=2$.

因此, 曲线 $y=2+\dfrac{\sin x}{x}$ 的水平渐近线为曲线 $y=2$.

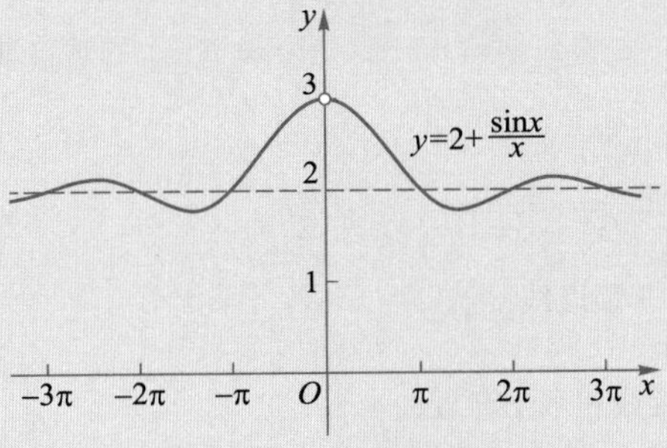

图 1.21 $y=2+\dfrac{\sin x}{x}$

这个例子 (图 1.21) 说明曲线可以穿过它的水平渐近线, 甚至可能是无限次穿过! 但在无穷远处, 曲线无限接近它的渐近线.

同步训练 1.3

扫一扫, 看答案

1. 求下列极限, 并用 MATLAB 软件验证:

(1) $\lim\limits_{t\to 3^+}\dfrac{t^2}{9-t^2}$;　(2) $\lim\limits_{x\to 5^-}\dfrac{x^2}{(x-5)(3-x)}$;　(3) $\lim\limits_{x\to 0^-}\dfrac{1+\cos x}{\sin x}$;

(4) $\lim\limits_{\theta\to 0^-}\cot\theta$;　(5) $\lim\limits_{x\to +\infty}\dfrac{1-x}{2x}$;　(6) $\lim\limits_{x\to\infty}\dfrac{1-x}{x^2}$;

(7) $\lim\limits_{x\to +\infty}\left(3x^2-9x\right)$;　(8) $\lim\limits_{\theta\to +\infty}\dfrac{\sin\theta}{\theta^2}$;　(9) $\lim\limits_{x\to +\infty}(\sqrt{x}-\sqrt{x-1})$.

2. 当 $x\to 0$ 时, 函数 $f(x)\to 100, g(x)\to 0$ 且 $g(x)<0$. 求 $\lim\limits_{x\to 0}\dfrac{f(x)}{g(x)}$.

3. 根据函数 $f(x)=\dfrac{x}{(x^2-2x-3)^2}$ 的图像 (图 1.22), 求 $\lim\limits_{x\to -1}f(x)$ 和 $\lim\limits_{x\to 3}f(x)$.

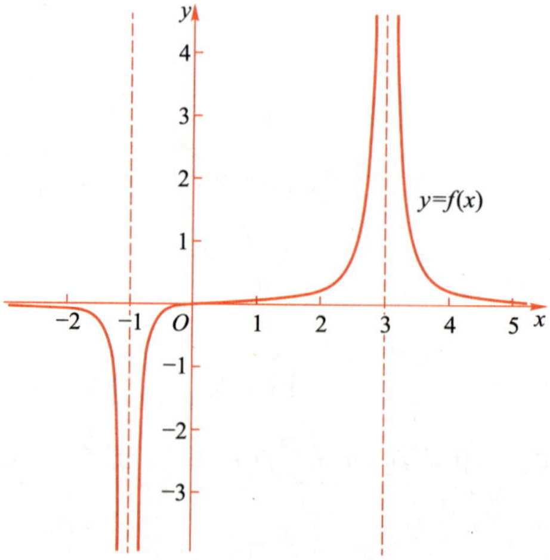

图 1.22　第 3 题图

4. 通过极限求垂直渐近线:

(1) $\lim\limits_{x\to 1^-}\dfrac{1}{(x-1)^2}$ 和 $\lim\limits_{x\to 1^+}\dfrac{1}{(x-1)^2}$.

(2) 曲线 $y=\dfrac{1}{(x-1)^2}$ 的垂直渐近线.

5. 定义一个函数 $f(x)$, 使其满足 $\lim\limits_{x\to 6^+}f(x)=+\infty$ 且 $\lim\limits_{x\to 6^-}f(x)=-\infty$.

6. 设函数 $F(x)=\dfrac{f(x)}{g(x)}$, 且 $g(a)=0$. 那么 $x=a$ 一定是 $y=F(x)$ 的垂直渐近线吗? 说明你的理由.

7. 通过极限求水平渐近线:

(1) $\lim\limits_{x\to +\infty}\dfrac{2x}{\sqrt{x^2-x-2}}$ 和 $\lim\limits_{x\to -\infty}\dfrac{2x}{\sqrt{x^2-x-2}}$.

(2) 曲线 $y=\dfrac{2x}{\sqrt{x^2-x-2}}$ 的水平渐近线.

8. 求曲线 $y=\dfrac{x^2-9}{x(x-3)}$ 的垂直渐近线和水平渐近线.

9. **稳定状态**: 如果函数 $f(t)$ 是随时间变化的系统, $\lim\limits_{t\to +\infty}f(t)$ 存在表示系统能够达到一个稳定状态 (或平衡状态). 请分析下列系统是否存在稳定状态, 如果存在, 给出稳定状态的值.

(1) 一个细菌培养基中细菌的数量 $p(t)=\dfrac{5\,000}{t+1}$.

(2) 一个岛上羊群的数量 $p(t)=\dfrac{2\,800t^2}{2t^2+5}$.

(3) 在不平整路面上行驶的汽车, 车身垂直方向位移 $y(t)=A\sin(\omega t+\varphi)$. 其中 A,ω,φ 为非零常数.

10. 一家汽车租赁公司在上海和南京都设立了分公司, 总共拥有 70 辆车. 顾客可以在上海和南京任何一个城市租车, 也可以在其中任何一个城市还车. 经过市场调研得知, 60% 在上海租赁的汽车当天还到上海, 剩余的 40% 当天还到了南京; 70% 在南京租赁的汽车当天还到了南京, 剩余的 30% 当天还到了上海. 假定发生在两地的租车都是在当天租车和还车; 由于车辆较少, 假定两地每天的汽车均能全部租赁出去. 设 $f(t)$ 表示第 t 天营业结束时上海分公司拥有的车辆数, $g(t)$ 表示第 t 天营业结束时南京分公司拥有的车辆数, 求 $f(t)$ 和 $g(t)$ 的稳定状态并说明其实际意义.

1.4 无穷小量及其比较

《庄子 · 天下篇》中说: "至大无外, 谓之大一; 至小无内, 谓之小一." 在上一节中, 我们已经了解了无穷大量的概念. 在相应自变量的变化过程中, 无穷大量的绝对值不断增大, 以至于没有任何一个固定常数比这个变量的绝对值大. 这就符合 "至大无外" 的内涵.

相反地, 如果有一个变量, 在相应自变量的变化过程中, 其绝对值不断变小, 以至于没有任何一个非零常数的绝对值比这个变量的绝对值小. 那么, 这个变量可以被称为该变化过程中的 "无穷小量". 这就符合 "至小无内" 的内涵.

对 "无穷大量" 和 "无穷小量" 的深刻理解, 是我们能够运用极限的思想和方法来看待问题、思考问题和解决问题的前提. 伽利略 (1564—1642) 在进行斜面实验时发现: 如果一切接触面都是光滑的, 一个钢球从斜面的某一高度静止滚下, 由于只受重力, 没有阻力产生能量损耗, 那么它必定到达另一斜面的同一高度. 把斜面放平缓一些, 也会出现同样的情况. 如果将斜面想象成 "无限平缓" 即斜面变成水平面, 伽利略推断钢球会永远运动下去. 基于此, 伽利略得出 "惯性定理": 物体在不受外力的情况下, 保持匀速直线运动或静止状态 (图 1.23).

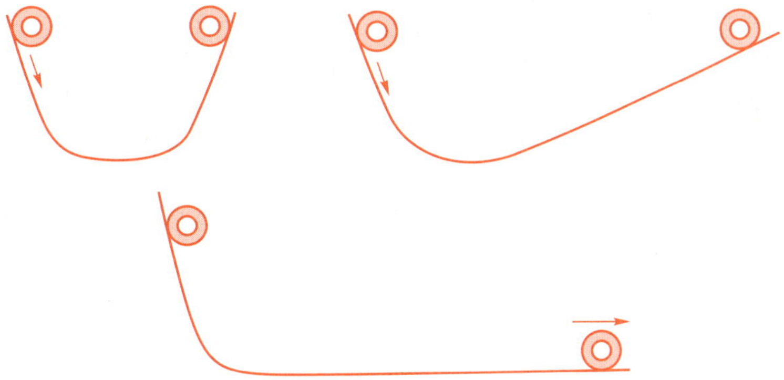

图 1.23　伽利略斜面实验

在任何现实的实验中, 摩擦力总是不可避免的. 因此, 在伽利略之前的古人无法通过实验直接得出 "惯性定理", 错误地认为力是产生运动的原因. 伽利略正是通过 "无限" 的思想, 跳出了现实实验的局限性, 获得了重大的理论突破. 在生活和工作中, 正确运用“无限”思想, 或许会为我们打开新的局面.

1.4.1 无穷小量

“无穷小量”的数学精确定义是什么? 实际上, 正是由于长期不能对“无穷小量”进行精确地描述, 导致在微积分被提出来后, 引发了历史上著名的“第二次数学危机”. 而此次危机的核心就是“无穷小量”到底等不等于 0.

我们给出无穷小量的定义:

定义 1.4.1 在某一变化过程中, 以 0 为极限的变量称为该变化过程下的**无穷小量**, 简称为**无穷小**.

例如, 由于 $\lim\limits_{x\to+\infty}\dfrac{1}{2^x}=0$, 所以函数 $\dfrac{1}{2^x}$ 是当 $x\to+\infty$ 时的无穷小量; 由于 $\lim\limits_{x\to1}\ln x=0$, 函数 $\ln x$ 是当 $x\to1$ 时的无穷小量.

判断函数是否为无穷小量必须指明自变量的变化过程, 同一个函数在自变量的不同变化过程中, 情况会不同. 例如, 当 $x\to1$ 时, $\ln x$ 是无穷小量; 而当 $x\to2$ 时, $\ln x$ 不以 0 为极限, 所以不是无穷小量.

作为变量, 无穷小量在变化过程中, 绝对值越来越小 (可以小于任何给定的常数), 即以零为极限. 但是, 不能把一个绝对值很小的常数误认为是无穷小量. 无穷小量不是“绝对值很小的常数”, 理解这一点就需要运用辩证思维. 辩证思维要求用动态发展的眼光来看事物, 即要用运动的、变化的观念去理解无穷小量的内涵.

无穷小量还有以下性质:

性质 1 **有限个无穷小量的代数和仍是无穷小量.**

性质 2 **有限个无穷小量的乘积仍是无穷小量.**

性质 3 **有界变量乘无穷小量仍是无穷小量.**

例 1 求下列极限:

(1) $\lim\limits_{x\to0}x\cdot\sin\dfrac{1}{x}$; (2) $\lim\limits_{x\to\infty}\dfrac{\cos x}{x}$.

解 (1) 由于 x 为 $x\to0$ 时的无穷小量, 而 $\sin\dfrac{1}{x}$ 为有界函数, 所以由性质 3 可知 $\lim\limits_{x\to0}x\cdot\sin\dfrac{1}{x}=0$;

(2) 由于 $\dfrac{1}{x}$ 为 $x\to\infty$ 时的无穷小量, 而 $\cos x$ 为有界函数, 所以由性质 3 可知 $\lim\limits_{x\to\infty}\dfrac{\cos x}{x}=0$.

例 2 判断下列函数在相应的变化过程中是否为无穷小量或无穷大量:

(1) 当 $x\to-\infty$ 时, e^x; (2) 当 $x\to0^+$ 时, $\ln x$;

(3) 当 $x\to\infty$ 时, $\sin x$; (4) 当 $x\to\infty$ 时, $\left(\dfrac{1}{2}\right)^x$.

解 (1) 观察函数 $y=\mathrm{e}^x$ 的图像可知, 当 $x\to-\infty$ 时, e^x 越来越接近 x 轴, 即 $\lim\limits_{x\to-\infty}\mathrm{e}^x=0$. 因此, 当 $x\to-\infty$ 时, e^x 是无穷小量.

(2) 观察函数 $y=\ln x$ 的图像可知, 当 $x\to0^+$ 时, $\ln x$ 恒为负且绝对值无限增大, 即 $\lim\limits_{x\to0^+}\ln x=-\infty$. 因此, 当 $x\to0^+$ 时, $\ln x$ 是无穷大量.

(3) 当 $x\to\infty$ 时, $\sin x$ 始终在 -1 和 1 之间振荡, 即 $\lim\limits_{x\to\infty}\sin x$ 的极限不存在, 但也不是无穷大量或无穷小量.

(4) 需要分两种情况讨论, 当 $x\to+\infty$ 时, $\left(\dfrac{1}{2}\right)^x\to0$; 当 $x\to-\infty$ 时, $\left(\dfrac{1}{2}\right)^x\to+\infty$. 因此, 当 $x\to\infty$ 时, $\left(\dfrac{1}{2}\right)^x$ 不是无穷大量或无穷小量.

无穷小量和无穷大量有如下的关系:

性质 4 在自变量的同一变化过程中, 无穷大量的倒数是无穷小量; 非零无穷小量的倒数是无穷大量.

例如, 当 $x\to+\infty$ 时, 2^x 为无穷大量, $\dfrac{1}{2^x}$ 为无穷小量; 当 $x\to1$ 时, $x-1$ 为无穷小量, $\dfrac{1}{x-1}$ 为无穷大量.

1.4.2 无穷小量的比较

无穷小量反映的是变量的变化状态. 因此, 在同一变化过程中, 不同无穷小量趋于零的速度有 "快" 和 "慢" 之分. 这就需要对无穷小量进行比较. 尽管, 两个无穷小量的和、差、积依然是无穷小量, 但两个无穷小量的比值却会呈现出不同的情况.

例如, 在 $x\to0$ 时, x, x^2, $\sin x$ 都是无穷小量 (都是以零为极限). 但是, 这三个函数趋于零的 "快" "慢" 却不尽相同, 我们可以通过除法来比较它们趋于零的 "快" 和 "慢".

$\lim\limits_{x\to0}\dfrac{x^2}{x}=\lim\limits_{x\to0}x=0$, 在 $x\to0$ 时 x^2 比 x 快;

$\lim\limits_{x\to0}\dfrac{\sin x}{x}=1$, 在 $x\to0$ 时 x 与 $\sin x$ 大致相当.

为了比较两个无穷小量趋于零的 "快慢", 我们引入无穷小量的阶的概念.

定义 1.4.2 设 $\alpha(x)$ 和 $\beta(x)$ 为同一变化过程中的两个无穷小.

(1) 若 $\lim\dfrac{\beta(x)}{\alpha(x)}=0$, 则称 $\beta(x)$ 是比 $\alpha(x)$ 高阶的无穷小, 记作 $\beta=o(\alpha)$, 称 $\alpha(x)$ 是比 $\beta(x)$ 低阶的无穷小;

(2) 若 $\lim\dfrac{\beta(x)}{\alpha(x)}=c\ (c\neq0)$, 则称 $\beta(x)$ 与 $\alpha(x)$ 是同阶无穷小;

(3) 若 $\lim\dfrac{\beta(x)}{\alpha(x)}=1$, 则称 $\beta(x)$ 与 $\alpha(x)$ 是等价无穷小, 记作 $\beta\sim\alpha$.

例 3 试比较下列无穷小:

(1) 当 $x\to\infty$ 时, $\frac{2}{x^3}$ 与 $\frac{3}{x}$; (2) 当 $x\to 1$ 时, $x-1$ 与 x^2-1.

解 (1) 由于 $\lim\limits_{x\to\infty}\frac{\frac{2}{x^3}}{\frac{3}{x}}=\lim\limits_{x\to\infty}\left(\frac{2}{3}\cdot\frac{1}{x^2}\right)=0$, 所以, 当 $x\to\infty$ 时, $\frac{2}{x^3}$ 是比 $\frac{3}{x}$ 高阶的无穷小, 即 $\frac{2}{x^3}=o\left(\frac{3}{x}\right)$.

(2) 由于 $\lim\limits_{x\to 1}\frac{x-1}{x^2-1}=\lim\limits_{x\to 1}\frac{1}{x+1}=\frac{1}{2}$, 所以, 当 $x\to 1$ 时, $x-1$ 与 x^2-1 是同阶无穷小.

应当特别强调, 并非任何两个无穷小都可以比较. 比如当 $x\to 0$ 时, $x\sin\frac{1}{x}$ 和 x 都是无穷小, 但 $\lim\limits_{x\to 0}\frac{x\sin\frac{1}{x}}{x}=\lim\limits_{x\to 0}\sin\frac{1}{x}$ 不存在, 所以这两个无穷小量是不可比较的.

当 $x\to 0$ 时, 有下列常见的等价无穷小, 需要熟练掌握:

$$\sin x\sim x;\qquad \tan x\sim x;\qquad 1-\cos x\sim\frac{1}{2}x^2;$$
$$\arcsin x\sim x;\quad \arctan x\sim x.$$

等价无穷小在求极限中有重要的应用.

定理 1.4.1 **(等价无穷小替换)** 在同一变化过程中, 若 $\alpha(x)\sim\alpha_1(x),\beta(x)\sim\beta_1(x)$, 且 $\lim\frac{\beta_1(x)}{\alpha_1(x)}$ 存在 (或 $\lim\frac{\beta_1(x)}{\alpha_1(x)}=\infty$), 则 $\lim\frac{\beta(x)}{\alpha(x)}=\lim\frac{\beta_1(x)}{\alpha_1(x)}$.

定理 1.4.1 为求极限提供了一种新的方法, 用等价无穷小替换有时可以简化极限的计算.

例 4 求极限 $\lim\limits_{x\to 0}\frac{\sin 5x}{\tan 4x}$.

解 因为当 $x\to 0$ 时, $\sin 5x\sim 5x$, $\tan 4x\sim 4x$, 由定理 1.4.1 得

$$\lim_{x\to 0}\frac{\sin 5x}{\tan 4x}=\lim_{x\to 0}\frac{5x}{4x}=\frac{5}{4}.$$

注 在乘除运算中可以将某些因子用其形式简单的等价无穷小替换; 但在分子或分母为和式时, 通常不能将和式中的某一项以其等价无穷小替换, 而应将分子或分母整体加以替换.

例 5 求极限 $\lim\limits_{x\to 0}\frac{1-\cos x}{x\sin x}$.

解 因为当 $x\to 0$ 时, $1-\cos x\sim\frac{1}{2}x^2,\sin x\sim x$, 由定理 1.4.1 得

$$\lim_{x\to 0}\frac{1-\cos x}{x\sin x}=\lim_{x\to 0}\frac{\frac{1}{2}x^2}{x\cdot x}=\frac{1}{2}.$$

例 6 求极限 $\lim\limits_{x\to0}\dfrac{\tan x-\sin x}{\sin^3 x}$.

解 $\lim\limits_{x\to0}\dfrac{\tan x-\sin x}{\sin^3 x}=\lim\limits_{x\to0}\dfrac{\tan x(1-\cos x)}{\sin^3 x}=\lim\limits_{x\to0}\dfrac{x\cdot\dfrac{1}{2}x^2}{x^3}=\dfrac{1}{2}$.

我们用 MATLAB 软件求解例 6 中的 $\lim\limits_{x\to0}\dfrac{\tan x-\sin x}{\sin^3 x}$, 在 MATLAB 命令行窗口输入:

```
>> syms x;
>> limit((tan(x)-sin(x))/sin(x)^3,x,0)
```

运行即可得到结果:

```
ans = 1/2
```

在该例中, 我们是对分子中 $1-\cos x$ 作整体替换, 然后乘积因子分别作等价无穷小替换. 由于式中 $\tan x-\sin x$ 为和式的形式, 不能将 $\tan x\sim x,\sin x\sim x$ 分别替换, 否则将导致:

$$\lim_{x\to0}\frac{\tan x-\sin x}{\sin^3 x}=\lim_{x\to0}\frac{x-x}{\sin^3 x}=\lim_{x\to0}0=0$$

的错误结果, 读者应十分留意.

同步训练 1.4

1. 指出下列函数哪些是无穷小量, 哪些是无穷大量?

(1) $\dfrac{1}{x+2}(x\to+\infty)$;　　(2) $e^x(x\to-\infty)$;

(3) $2x^3-x^2+3x(x\to0)$;　　(4) $\ln x(x\to1)$;

(5) $\dfrac{x^2-4}{x+1}(x\to-1)$;　　(6) $2^{-x}(x\to+\infty)$.

扫一扫, 看答案

2. 根据无穷大量和无穷小量的定义, 在自变量的同一变化过程中:

(1) 给出一个无穷大量 ________________;

(2) 给出一个非零无穷小量 ________________;

(3) 将给出的无穷大量与无穷小量相加、相减、相乘、相除, 结果是无穷大量还是无穷小量?

(4) 问题 (3) 得出的结论是否具有普遍性? 请说明.

3. 设函数 $f(x)=x^2-1$, 请在表 1.5 中分别给出在 $x\to1$ 时 $f(x)$ 的一个高阶无穷小、同阶无穷小和等价无穷小.

表 1.5

变化过程	无穷小量	$f(x)$ 的高阶无穷小	$f(x)$ 的同阶无穷小	$f(x)$ 的等价无穷小
$x\to1$	$f(x)=x^2-1$			

4. 利用等价无穷小替换, 计算下列极限:

(1) $\lim\limits_{x\to0}\dfrac{\sin 4x}{\tan 3x}$;　　(2) $\lim\limits_{x\to0}\dfrac{1-\cos x}{x\sin x}$;

(3) $\lim\limits_{x\to0}\dfrac{(x+1)\sin 3x}{\tan 2x}$;　　(4) $\lim\limits_{x\to0}x^2\sin\dfrac{1}{x^2}$.

5. 设 m, n 为正整数, 当 $x \to 0$ 时, 比较两个无穷小量 $\sin(x^m)$ 和 $(\sin x)^n$. (提示: 根据 m 和 n 的大小关系分别讨论.)

1.5 函数的连续性

生活经验告诉我们, 许多自然现象都是连续变化的. 例如, 每天的气温, 虽然有最高和最低温度, 但是气温总是随着时间而连续变化的. 即当时间变化很小时, 气温的变化也非常小; 从图像上直观地看, 连续函数图像往往能够一笔画成 (即笔始终不离开纸张), 没有断裂的地方.

例如, $L=f(t)$ 表示鱼出生 t 年后的长度, 如图 1.24 所示. 鱼的长度随着时间逐渐变化, 函数图像没有断裂的地方. 但是, 向上取整函数 $I(x)=\lceil x \rceil$ (大于或等于 x 的最小整数, 如图 1.25 所示), 在所有整数点都发生断裂, 无法一笔画成.

我们在缴纳个人所得税 (超额累进税率)、快递物品 (按重量分段收费)、停车付费 (按停车时间分段计费) 时, 往往会遇到不连续 (间断) 现象. 这就说明连续性的问题在理论和实践中都有重大的意义. 讨论函数的连续性, 必须要了解函数在某点处连续的定义. 为此, 首先给出自变量的增量和函数 (因变量) 增量的概念.

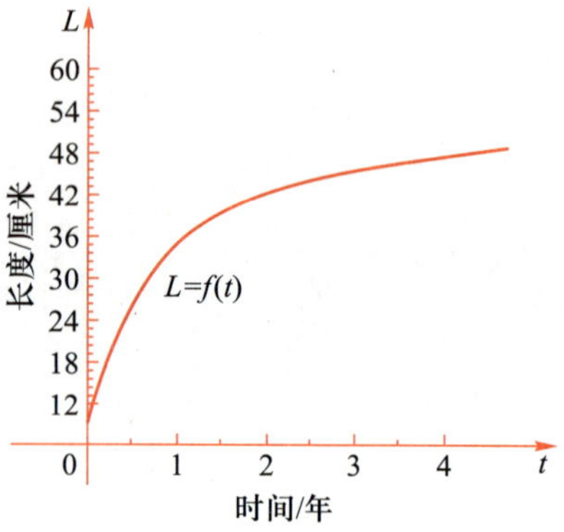

图 1.24　鱼生长函数

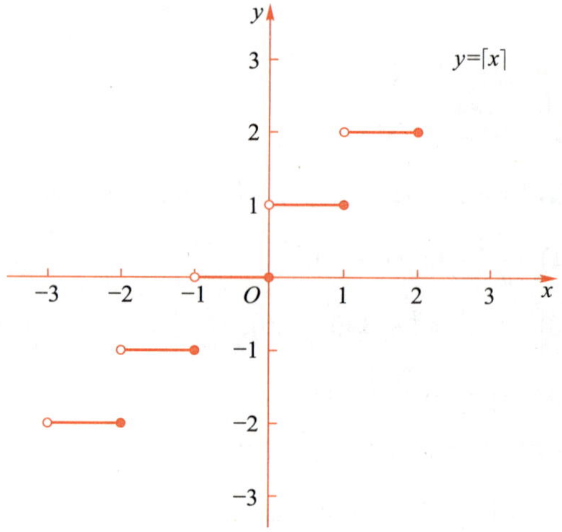

图 1.25　上取整函数 $I(x)=\lceil x \rceil$

定义 1.5.1　设函数 $y=f(x)$ 在点 x_0 处及其附近有定义, 当自变量在函数定义域内由 x_0 变到 x 时, 称 $\Delta x = x - x_0$ 为自变量在 x_0 处的增量.

相应地, 函数值由 $f(x_0)$ 变到 $f(x)$, 称 $\Delta y = f(x) - f(x_0)$ 为函数 $y=f(x)$ 在 x_0 处的增量 (图 1.26).

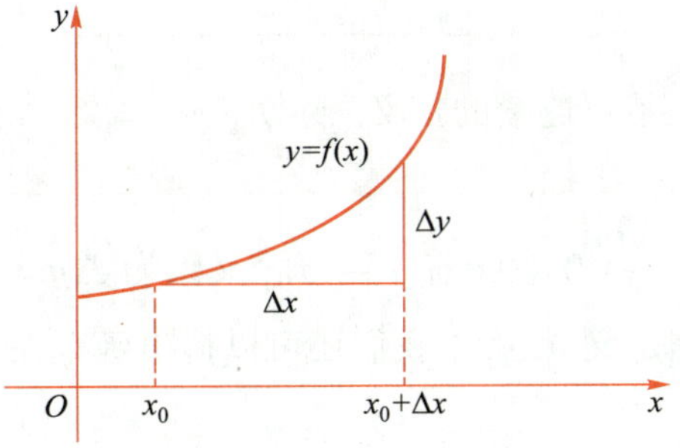

图 1.26　自变量和函数增量图

1.5.1　函数在点 $x=x_0$ 处的连续性

直观上看, 连续性是指函数的图像可以一笔画成而没有断裂. 但这种直观的方法在判别复杂函数时却不够精确. 例如函数

$$f(x)=\begin{cases} x\sin\dfrac{1}{x}, & x\neq 0,\\ 0, & x=0\end{cases}$$

在 $x_0=0$ 处附近无限振荡, 很难直观看出函数在 $x_0=0$ 处是否断裂 (图 1.27). 这就需要给出函数在某一点连续的精确定义. 函数在某点 $x=x_0$ 处连续的精确定义, 可以用极限来描述.

定义 1.5.2　设函数 $y=f(x)$ 在点 x_0 及其附近有定义, 当自变量 x 在 x_0 的增量 Δx 趋向于 0 时, 如果相应地函数的增量 Δy 也趋于 0, 即 $\lim\limits_{\Delta x\to 0}\Delta y=0$, 则称 $y=f(x)$ 在点 x_0 处连续, x_0 为函数 $y=f(x)$ 的连续点.

由上述定义, 我们可以这样来理解函数 $f(x)$ 在点 $x=x_0$ 处连续的"本质": 如果自变量的变化很小时, 即 $\Delta x=x-x_0$ 很小, 我们要求函数值的变化也应该很小, 即 $\Delta y=f(x)-f(x_0)$ 也很小. 这就意味着, 当 $\Delta x\to 0$ 时, 相应地 $\Delta y\to 0$. 我们可以利用该点连续的定义判断函数在某个点处的连续性.

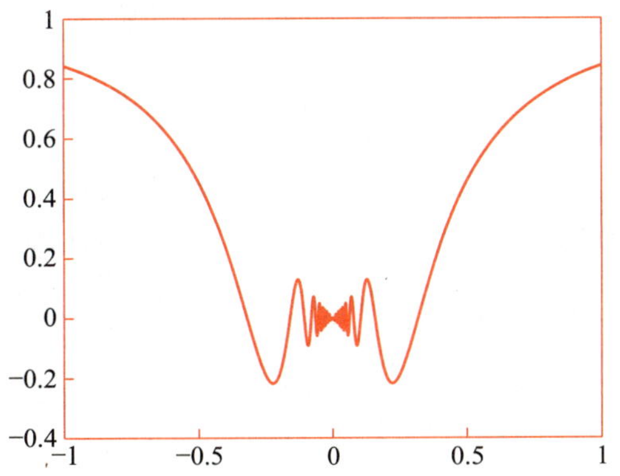

图 1.27

例 1　判断函数 $f(x)=2x+1$ 在点 $x=1$ 处的连续性.

解　由于 $\Delta y=f(1+\Delta x)-f(1)=2(1+\Delta x)+1-(2\times 1+1)=2\Delta x$, 因此, $\lim\limits_{\Delta x\to 0}\Delta y=$

$\lim\limits_{\Delta x \to 0} 2\Delta x = 0$. 根据函数在某点连续的定义, 函数 $f(x)=2x+1$ 在点 $x=1$ 处连续.

由于 $\Delta x = x - x_0$, 因此 $\Delta x \to 0$ 意味着 $x \to x_0$; 又因为 $\Delta y = f(x) - f(x_0)$, 因此 $\Delta y \to 0$ 意味着 $f(x) \to f(x_0)$. 于是, 根据定义 1.5.2 , 我们还可以得出函数在某点 $x = x_0$ 处连续的另外一个等价的定义.

定义 1.5.3 设函数 $y=f(x)$ 在点 x_0 及其附近有定义, 如果 $\lim\limits_{x \to x_0} f(x) = f(x_0)$, 则称 $y=f(x)$ 在点 x_0 连续, x_0 为函数 $y=f(x)$ 的连续点.

如果函数 $y=f(x)$ 在点 x_0 处不连续, 我们称 $y=f(x)$ 在点 x_0 处**间断**, x_0 为函数 $y=f(x)$ 的**间断点**.

对函数 $y=f(x)$ 在点 x_0 连续进行更进一步描述, $y=f(x)$ 在点 x_0 连续必须同时满足下列三个条件:

(1) 函数在点 $x=x_0$ 有定义, 即 $f(x_0)$ 存在;

(2) 极限 $\lim\limits_{x \to x_0} f(x)$ 存在 (左、右极限都存在且相等);

(3) 函数值和极限值相等, 即 $\lim\limits_{x \to x_0} f(x) = f(x_0)$.

上述三个条件, 只要有任何一条不满足, 那么函数 $y=f(x)$ 在点 x_0 就不连续, 该点也就是函数的间断点.

例 2 判断函数 $f(x)=x^2$ 在点 x_0 处的连续性.

解 由于 $f(x)=x^2$ 在整个实数域上都有定义, 因此 $f(x)=x^2$ 在 x_0 处有定义, 且函数值为 $f(x_0)={x_0}^2$.

由于 $\lim\limits_{x \to x_0} f(x) = \lim\limits_{x \to x_0} x^2 = \left(\lim\limits_{x \to x_0} x\right)^2 = {x_0}^2 = f(x_0)$, 所以函数 $f(x)=x^2$ 在点 x_0 处连续.

例 3 判断函数 $f(x)=\begin{cases} x \cdot \sin\dfrac{1}{x}, & x \neq 0, \\ 0, & x=0 \end{cases}$ 在 $x=0$ 处的连续性.

解 本题虽然用分段函数的形式给出, 但函数在 $x=0$ 的两侧表达式均为 $x \cdot \sin\dfrac{1}{x}$, 无需用左右极限来求函数在 $x=0$ 的极限值.

因为 $\lim\limits_{x \to 0} f(x) = \lim\limits_{x \to 0} x \cdot \sin\dfrac{1}{x} = 0 = f(0)$, 所以函数 $f(x)=\begin{cases} x \cdot \sin\dfrac{1}{x}, & x \neq 0, \\ 0, & x=0 \end{cases}$ 在 $x=0$ 处连续.

正如极限有单侧极限 (左、右极限) 一样, 函数也有单侧连续, 即左、右连续.

定义 1.5.4 若函数 $\lim\limits_{x \to x_0^-} f(x) = f(x_0)$, 那么函数 $f(x)$ 在 $x=x_0$ 处左连续; 若函数 $\lim\limits_{x \to x_0^+} f(x) = f(x_0)$, 那么函数 $f(x)$ 在 $x=x_0$ 处右连续.

由于极限 $\lim\limits_{x\to x_0} f(x)$ 存在的充要条件是 $\lim\limits_{x\to x_0^-} f(x)$ 和 $\lim\limits_{x\to x_0^+} f(x)$ 都存在且相等. 根据函数连续的定义, 显然有下列定理成立.

定理 1.5.1 *若函数 $f(x)$ 在 $x=x_0$ 附近有定义, 那么 $f(x)$ 在 $x=x_0$ 处连续的充要条件是它在点 $x=x_0$ 既左连续又右连续.*

例 4 判断函数 $f(x)=\begin{cases} x+2, & x\geqslant 0, \\ x-2, & x<0 \end{cases}$ 在 $x=0$ 处 (图 1.28) 的连续性.

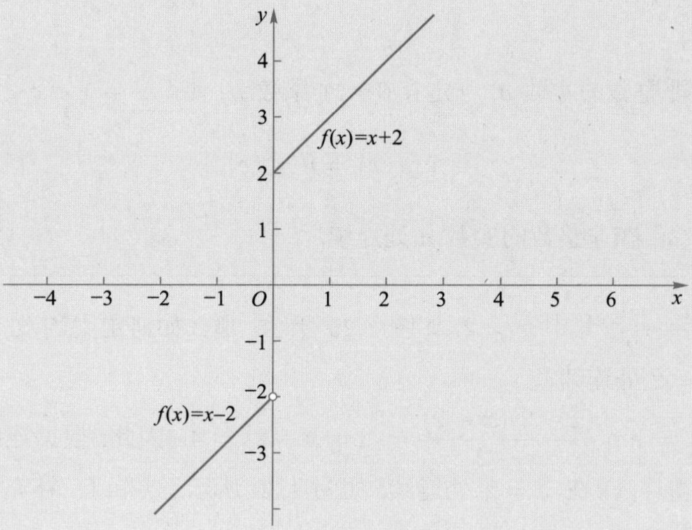

图 1.28

解法一 本题所给函数为分段函数, 求分段点 $x=0$ 处的极限必须要先求其左右极限. 由于 $\lim\limits_{x\to 0^+} f(x)=\lim\limits_{x\to 0^+}(x+2)=2$, $\lim\limits_{x\to 0^-} f(x)=\lim\limits_{x\to 0^-}(x-2)=-2$, 函数 $f(x)$ 在 $x=0$ 处的左右极限虽然都存在但是不相等, 由极限存在的充要条件知, $\lim\limits_{x\to 0} f(x)$ 不存在. 由此, 函数 $f(x)$ 在 $x=0$ 处不连续.

解法二 由于 $x=0$ 是分段点, 可以首先判断其单侧连续情况. 由于 $\lim\limits_{x\to 0^+} f(x)=\lim\limits_{x\to 0^+}(x+2)=2=f(0)$, 所以函数在 $x=0$ 处右连续. 而 $\lim\limits_{x\to 0^-} f(x)=\lim\limits_{x\to 0^-}(x-2)=-2\neq f(0)$, 所以函数在 $x=0$ 处不左连续. 由函数连续的充要条件可知, 函数在 $x=0$ 处不连续.

一般地, 如果要判断分段函数在分段点处的连续性, 可以先判断其左、右连续性 (如上例中解法二), 通过该点左、右的连续性来判断该点的连续性; 否则, 我们可以直接运用连续的定义 (定义 1.5.1 或定义 1.5.2) 进行判断.

1.5.2 间断点的类型

上例中, 函数 $f(x)=\begin{cases} x+2, & x\geqslant 0, \\ x-2, & x<0 \end{cases}$ 在 $x=0$ 处不连续, 那么 $x=0$ 即为函数的间断点. 观察图 1.28 发现, 函数 $f(x)$ 在 $x=0$ 有一个 “跳跃”. 我们形象地称此类间断点为**跳跃间断点**.

定义 1.5.5 若函数 $f(x)$ 在其间断点 $x=x_0$ 处左、右极限均存在, 但左、右极限不相等. 那么

称间断点 $x = x_0$ 是 $f(x)$ 的跳跃间断点.

例 5 判断向上取整函数 $I(x) = \lceil x \rceil$ (大于或等于 x 的最小整数) 的连续点和间断点.

解 向上取整函数 $\lceil x \rceil$ 的定义域是 $(-\infty, +\infty)$, 通过图像发现向上取整函数在整数点处存在 "跳跃". 设 n 为任意整数, 那么有

$$\lim_{x \to n^-} \lceil x \rceil = n \text{ 而 } \lim_{x \to n^+} \lceil x \rceil = n + 1.$$

所以, 函数 $\lceil x \rceil$ 在 $x = n$ 处左、右极限都存在但极限值不相等, 从而 $x = n$ 是函数的跳跃间断点.

对于任意的非整数的实数 c, 一定存在一个整数 n, 使得 $n - 1 < c < n$. 那么

$$\lim_{x \to c} \lceil x \rceil = n = \lceil c \rceil.$$

因此, 函数 $\lceil x \rceil$ 在非整数的实数 c 处连续.

设函数 $f(x) = \dfrac{x^2 - 4}{x - 2}$, 其中 $x \neq 2$, 如图 1.29 所示. 那么如何定义函数 $f(x)$ 在 $x = 2$ 处的值, 才能使得 $f(x)$ 在 $x = 2$ 处连续?

由于 $\lim\limits_{x \to 2} \dfrac{x^2 - 4}{x - 2} = \lim\limits_{x \to 2} \dfrac{(x + 2)(x - 2)}{x - 2} = \lim\limits_{x \to 2}(x + 2) = 4$. 因此, 根据连续的定义, 只要补充定义 $f(2) = 4$, 即可使得 $f(x)$ 在 $x = 2$ 处连续, 如图 1.30 所示. 实际上, 补充定义之后, 对于所有的 x, 都有 $f(x) = x + 2$.

在补充定义 $f(2) = 4$ 之前, 函数 $f(x) = \dfrac{x^2 - 4}{x - 2}$ 在 $x = 2$ 处没有定义, $x = 2$ 是函数的间断点. 如果函数 $f(x)$ 在 $x = x_0$ 处是间断, 但只需要补充定义或者重新定义 $f(x)$ 在 $x = x_0$ 的函数值即可使得 $f(x)$ 在 $x = x_0$ 处连续, 那么我们称这样的间断点为**可去间断点**.

定义 1.5.6 若函数 $f(x)$ 在其间断点 $x = x_0$ 处的极限存在, 但极限值与函数值 $f(x_0)$ 不相等, 或者函数 $f(x)$ 在 $x = x_0$ 处无定义, 那么称间断点 $x = x_0$ 是 $f(x)$ 的可去间断点.

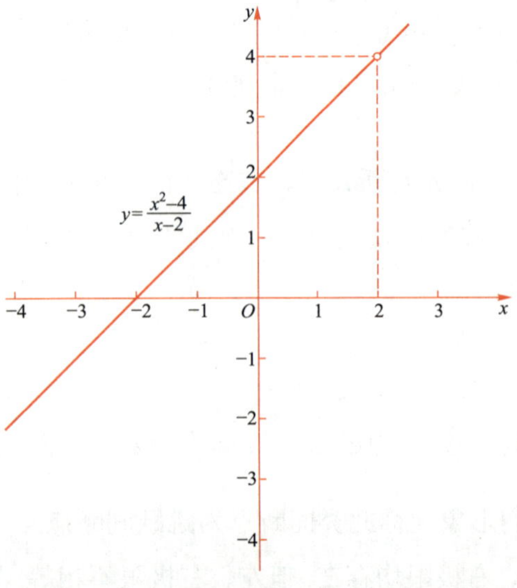

图 1.29

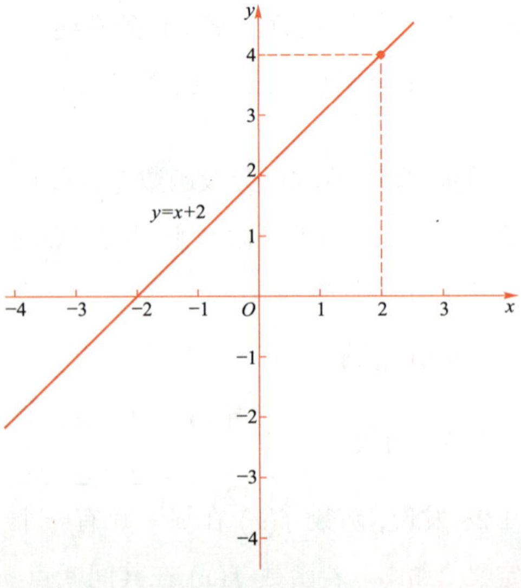

图 1.30

例 6 判断函数 $f(x)=\begin{cases}2\sqrt{x}, & 0\leqslant x<1,\\ 1, & x=1,\\ 1+x, & 1<x\end{cases}$ 在 $x=1$ 处的连续性 (图 1.31).

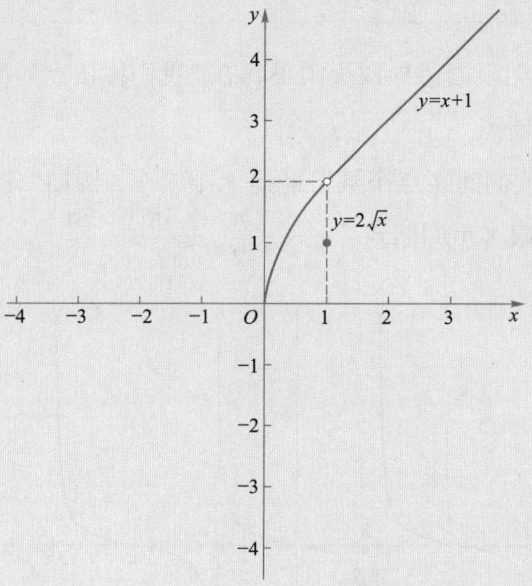

图 1.31

解 由于 $f(x)$ 在 $x=1$ 处是分段点, 需要求其左右极限. 由于

$$\lim_{x\to 1^-}f(x)=\lim_{x\to 1^-}2\sqrt{x}=2\text{ 且 }\lim_{x\to 1^+}f(x)=\lim_{x\to 1^+}(1+x)=2,$$

因此有 $\lim\limits_{x\to 1}f(x)=2\neq f(1)=1$. 所以, $x=1$ 是可去间断点.

对于例 6 中的函数, 只要将原函数中的 $f(1)=1$ 改为 $f(1)=2$, 即可使得函数 $f(x)$ 在 $x=1$ 处连续.

我们把跳跃间断点和可去间断点统称为**第一类间断点**. 这一类间断点的特点是, 函数在该点的左、右极限都存在.

如果函数在某点的左、右极限至少有一个不存在, 那么我们称这样的间断点为**第二类间断点**.

例 7 判断函数 $f(x)=\begin{cases}x, & x\leqslant 0,\\ \dfrac{1}{x}, & x>0\end{cases}$ 在 $x=0$ 处的连续性.

解 由于 $\lim\limits_{x\to 0^+}f(x)=\lim\limits_{x\to 0^+}\dfrac{1}{x}=+\infty$, 从而在 $x=0$ 处的右极限不存在, 因此 $x=0$ 是第二类间断点.

若函数在某个点的左极限或者右极限为无穷大, 我们称该点为函数的**无穷间断点**. 由于函数在无穷间断点处的左或右极限不存在, 因此无穷间断点属于第二类间断点.

例 8 判断函数 $f(x)=\sin\frac{1}{x}$ 在 $x=0$ 处的连续性.

解 由于 $\lim\limits_{x\to 0}\sin\frac{1}{x}$ 不存在 (左、右极限都不存在且不是无穷大), 因此 $x=0$ 是第二类间断点.

若函数在某点的函数值无限振荡导致极限不存在, 我们称该点为函数的**振荡间断点**. 根据定义, 振荡间断点也属于第二类间断点.

需要特别指出的是, 函数的间断点个数可能是无限多个. 例如, 定义在 $(-\infty,+\infty)$ 上的正切函数 $y=\tan x$ (图 1.32) 有无限多个间断点 $\left(x=\pm\frac{\pi}{2},\ \pm\frac{3\pi}{2},\ \pm\frac{5\pi}{2},\ \cdots\right)$.

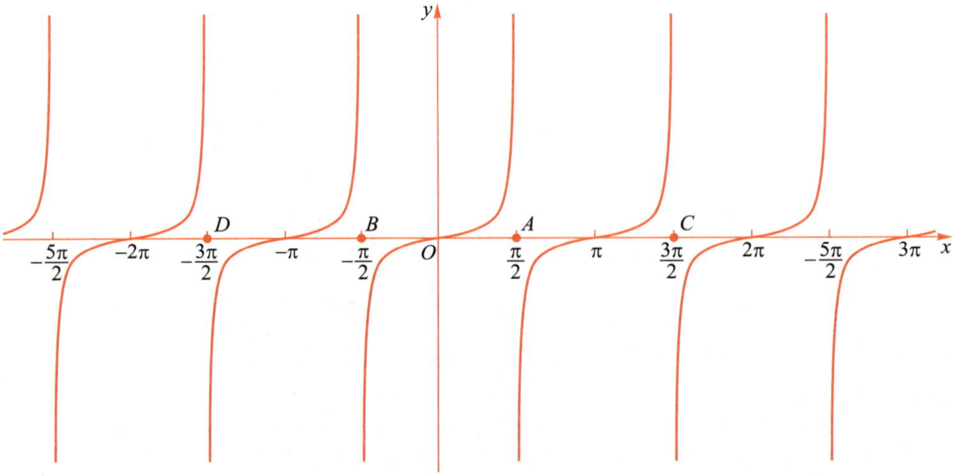

图 1.32

1.5.3 常见函数的连续性

由例 2 知, 函数 $f(x)=x^2$ 在定义区间 $(-\infty,+\infty)$ 内任意一点 x_0 处都连续. 由定理 1.2.6 三角函数的极限值等于函数值, 我们可以得出三角函数在其定义域内的每个点处都连续. 进一步, 可以验证五类基本初等函数在其定义域内的每个点处都连续:

常数函数: $y=c$

幂函数: $y=x^{\alpha}$ (其中 α 为常数)

指数函数: $y=a^x$

对数函数: $y=\log_a x$ $(a>0$ 且 $a\neq 1)$

三角函数: $y=\sin x, y=\cos x, y=\tan x, y=\cot x$

上述五类基本初等函数的连续性, 也可以通过观察这些函数的图像直接得出. 因为, 这些函数的图像在其定义域上都是连续而不断开的曲线.

任何连续函数 $y=f(x)$ 的反函数 $y=f^{-1}(x)$ 也是连续的. 这是因为, $y=f(x)$ 的图像和它的反函数 $y=f^{-1}(x)$ 的图像关于直线 $y=x$ 对称. 如果 $y=f(x)$ 的图像连续而不断开, 那么它的反

函数 $y=f^{-1}(x)$ 的图像也是连续而不断开的. 因此, 由三角函数在定义域内的每个点处都连续, 我们可以得出反三角函数在定义域内的每个点处也连续. 即下列函数在定义域内的每个点处都连续:

反三角函数: $y=\arcsin x, y=\arccos x, y=\arctan x, y=\operatorname{arccot} x$

如果函数 $f(x)$ 和 $g(x)$ 都在 $x=x_0$ 处连续, 那么它们四则运算的结果在 $x=x_0$ 处也连续 (有定义的时候).

定理 1.5.2 (连续函数的运算) 如果函数 $f(x)$ 和 $g(x)$ 在 $x=x_0$ 处连续, 那么,

(1) $f(x)+g(x)$ 在 $x=x_0$ 处连续;

(2) $f(x)-g(x)$ 在 $x=x_0$ 处连续;

(3) $f(x)\cdot g(x)$ 在 $x=x_0$ 处连续;

(4) $\dfrac{f(x)}{g(x)}$ (如果 $g(x_0)\neq 0$) 在 $x=x_0$ 处连续.

以上定理可以用定理 1.2.3 极限的运算法则加以证明. 例如, 定理 1.5.2 的第一个结论可以这样证明: 由于函数 $f(x)$ 和 $g(x)$ 在 $x=x_0$ 处连续, 得到 $\lim\limits_{x\to x_0} f(x)=f(x_0)$ 且 $\lim\limits_{x\to x_0} g(x)=g(x_0)$; 因此, 由极限的运算法则可得 $\lim\limits_{x\to x_0}[f(x)+g(x)]=f(x_0)+g(x_0)$; 由连续的定义可知 $f(x)+g(x)$ 在 $x=x_0$ 处连续.

例 9 判断函数 $z(t)=\dfrac{t+1}{t^2-4t+3}$ 在定义域上任意一点处是否连续.

解 由于 $t^2-4t+3=(t-1)(t-3)$, 因此 $z(t)=\dfrac{t+1}{t^2-4t+3}$ 的定义域为 $D=\{t \mid t\in(-\infty,1)\cup(1,3)\cup(3,+\infty)\}$. 在定义域 D 上, 函数 $y=t+1$ 可以看作由幂函数 $y=t$ 和常数函数 $y=1$ 相加而成, 而 $y=t$ 和常数函数 $y=1$ 在 D 上任意一点处都连续, 因此由定理 1.5.2 得出函数 $y=t+1$ 是连续的. 同理, 函数 $y=t^2-4t+3$ 也是由幂函数、常数函数等连续函数四则运算得到的, 在 D 上任意一点处也都连续. 由定理 1.5.2, 以上两个函数相除 $y=\dfrac{t+1}{t^2-4t+3}$ 在 $(-\infty,1)\cup(1,3)\cup(3,+\infty)$ 上任意一点处也都连续.

例 10 请指出函数 $f(x)=\dfrac{2\sin x-\mathrm{e}^x}{\sqrt{x}+\sqrt[3]{x}}$ 在哪些点连续.

解 根据函数在一点连续的定义, 函数在一点连续必然首先要求在该点有定义. 函数的定义域为 $(0,+\infty)$, 由于对于任意一个正数, 函数 $\sin x$, e^x, $\sqrt{x}$, $\sqrt[3]{x}$ 都是连续的, 因此由定理 1.5.2 可得, 函数 $f(x)=\dfrac{2\sin x-\mathrm{e}^x}{\sqrt{x}+\sqrt[3]{x}}$ 在 $(0,+\infty)$ 内任一点处连续.

定理 1.5.3 (连续函数的复合) 如果函数 $f(x)$ 在 $x=x_0$ 处连续, $g(x)$ 在 $x=f(x_0)$ 处连续, 那么复合函数 $g[f(x)]$ 在 $x=x_0$ 处连续.

例如, $f(x)=x^2$ 和 $g(x)=\sin x$ 在 $(-\infty,+\infty)$ 内任意一点 x_0 处都连续. 因此, 由定理 1.5.3 得复合函数 $g[f(x)]=\sin x^2$ 在 $(-\infty,+\infty)$ 内任意一点 x_0 处也都连续.

例 11　请指出函数 $y=\sqrt[4]{2x^2-1}$ 在哪些点连续.

解　要使函数 $y=\sqrt[4]{2x^2-1}$ 有定义, 必须满足 $2x^2-1\geqslant 0$, 即可求出定义域为 $\left(-\infty,-\dfrac{\sqrt{2}}{2}\right]\cup\left[\dfrac{\sqrt{2}}{2},+\infty\right)$. 由于 $f(x)=2x^2-1$ 在 $\left(-\infty,-\dfrac{\sqrt{2}}{2}\right]\cup\left[\dfrac{\sqrt{2}}{2},+\infty\right)$ 上任一点处连续, 且函数 $g(x)=\sqrt[4]{x}$ 在 $[0,+\infty)$ 上任一点处连续, 由定理 1.5.3 得复合函数 $g[f(x)]=\sqrt[4]{2x^2-1}$ 在其定义域 $\left(-\infty,-\dfrac{\sqrt{2}}{2}\right]\cup\left[\dfrac{\sqrt{2}}{2},+\infty\right)$ 上任一点处都连续.

1.5.4　区间上的连续函数

上一节, 我们讨论了函数在某点的连续性. 在前面讨论的某些具体的例子中, 出现了函数在某个区间上每个点都连续的情况, 这就涉及函数在区间上的连续性. 下面将研究函数在区间上连续的定义.

定义 1.5.7　(**开区间上的连续函数**)　如果函数 $y=f(x)$ 在开区间 (a,b) 内每一点都连续, 则称 $f(x)$ 在区间 (a,b) 内连续.

(**闭区间上的连续函数**)　如果函数 $y=f(x)$ 在区间 (a,b) 内连续, 且在左端点右连续, 在右端点左连续, 则称 $f(x)$ 在闭区间 $[a,b]$ 内连续.

由定义可知, 例 10 中的函数 $f(x)=\dfrac{2\sin x-\mathrm{e}^x}{\sqrt{x}+\sqrt[3]{x}}$ 在开区间 $(0,+\infty)$ 内连续.

例 12　根据区间上连续函数的定义, 指出图 1.33 所示函数的连续区间.

解　根据图 1.33 所示, 函数在点 $x=3$ 右连续, 在点 $x=5$ 左连续, 因此图中函数的连续区间为 $(-\infty,0),(0,3),[3,5]$ 和 $(5,+\infty)$.

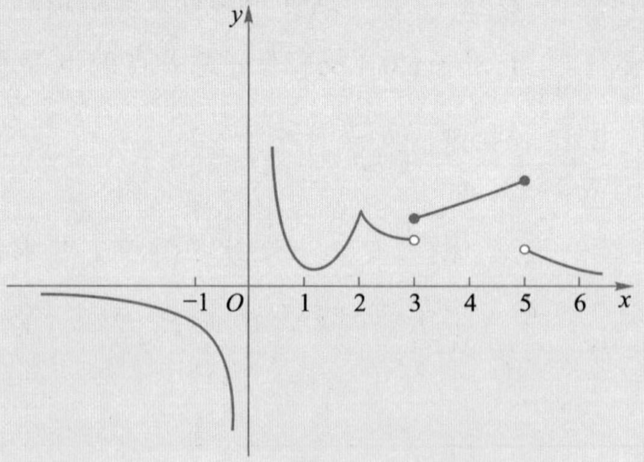

图 1.33

例 13　求函数 $f(x)=\sqrt{x^2-5x+6}$ 的连续区间.

解　由于 $x^2-5x+6=(x-2)(x-3)$, 得函数 $f(x)=\sqrt{x^2-5x+6}$ 的定义域为 $(-\infty,2]\cup[3,+\infty)$. 函数在 $(-\infty,2]$ 或 $[3,+\infty)$ 上任意点连续, 因此连续区间为 $(-\infty,2]$ 和 $[3,+\infty)$.

例 14 求下列函数的连续区间:

$$f(x)=\begin{cases}x^2+1, & x\leqslant 0,\\ 2x+3, & x>0.\end{cases}$$

解 由于 $f(x)$ 分成 x^2+1 和 $2x+3$ 两段, 因此 $f(x)$ 在除分段点 $x=0$ 以外的所有点连续.

现在考察函数在 $x=0$ 的连续性.

$$\lim_{x\to 0^-}f(x)=\lim_{x\to 0^-}\left(x^2+1\right)=1=f(0),$$

因此, 函数 $f(x)$ 在分段点 $x=0$ 左连续.

$$\lim_{x\to 0^+}f(x)=\lim_{x\to 0^+}(2x+3)=3\neq f(0),$$

因此, 函数 $f(x)$ 在分段点 $x=0$ 不右连续.

综上, 函数 $f(x)$ 的连续区间为 $(-\infty,0]$, $(0,+\infty)$.

如果函数 $f(x)$ 在一个闭区间 $[a,b]$ 上连续, 直观地, $f(x)$ 在 $[a,b]$ 上的图像没有断开, 即 $f(x)$ 可以取 $f(a)$ 和 $f(b)$ 之间的任何值.

定理 1.5.4 (**介值定理**) 设函数 $f(x)$ 在闭区间 $[a,b]$ 上连续, 那么对于 $f(a)$ 和 $f(b)$ 之间的任意值 L, 则在开区间 (a,b) 内至少存在一点 c 使得

$$f(c)=L\quad(a<c<b).$$

从几何上看, 介值定理表明, 如果数值 L 介于 $f(a)$ 和 $f(b)$ 之间, 那么平行于 x 轴的水平线 $y=L$ 与 $y=f(x)$ 的图像至少相交一次, 如图 1.34 所示. 介值定理也正是连续函数的图像是一条连绵不断的曲线的原因所在.

如果函数 $f(x)$ 在 $[a,b]$ 上不连续, 那么介值定理可能就不成立了. 但必须指出, 介值定理中的条件是充分而非必要的, 即一个函数可能满足介值定理的结论, 但它不是连续的, 如图 1.35 所示.

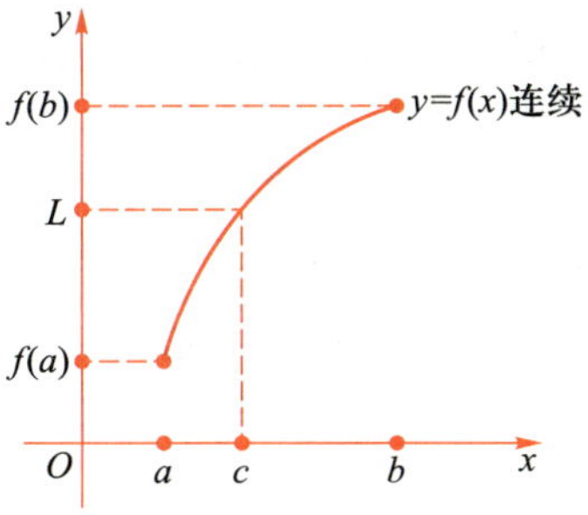

图 1.34

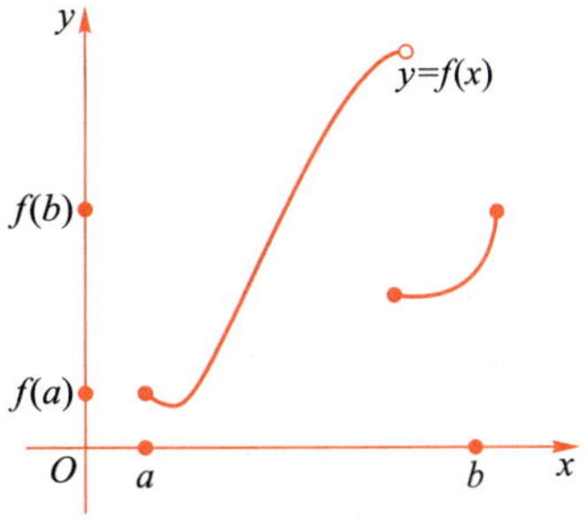

图 1.35

在数学中常见的一个问题就是求解形如 $f(x)=0$ 的方程. 满足 $f(x)=0$ 的根也称为函数 $f(x)$ 的零点. 由介值定理, 很容易得到函数的零点定理.

定理 1.5.5 (**零点定理**) 设函数 $f(x)$ 在闭区间 $[a,b]$ 上连续, 且 $f(a)$ 与 $f(b)$ 异号 (即 $f(a)\cdot$

$f(b)<0$), 则在开区间 (a,b) 内至少存在一点 x_0 使得

$$f(x_0)=0\ (a<x_0<b).$$

从几何上理解, 如果一条连续的曲线 $y=f(x)$ 的两个端点位于 x 轴的不同侧, 那么该段曲线与 x 轴至少有 1 个交点, 如图 1.36 所示.

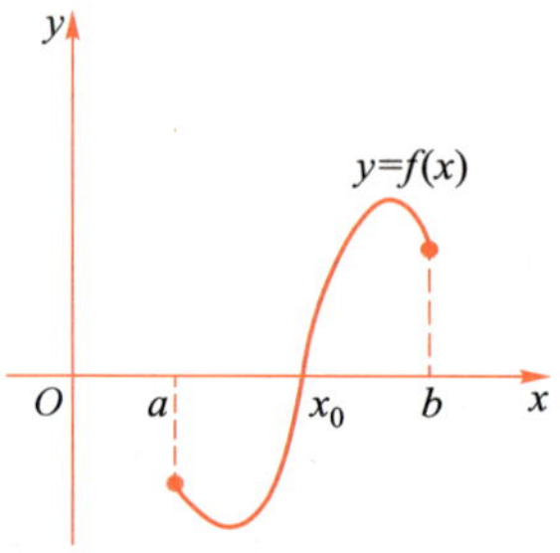

图 1.36

例 15 是否存在一个正实数正好比它的立方小 1 ?

解 设这个正实数为 x, 且 $x=x^3-1$, 即 $x^3-x-1=0$. 令 $f(x)=x^3-x-1$, 只要连续函数 $f(x)$ 有正零点, 那么就存在正实数正好比它的立方小 1. 由于 $f(1)=-1$, $f(2)=5$, $f(1)\cdot f(2)<0$, 由零点定理得在开区间 $(1,2)$ 内至少存在一点使得 $f(x_0)=0$.

不管是介值定理还是零点定理, 仅仅指出了点的存在性, 但未给出找到该点的具体方法. 进一步, 我们可以通过反复使用零点定理来"寻找"这个零点. 取区间 $[1,2]$ 的中点 1.5, 得 $f(1.5)=0.875$, 因此零点被包含在区间 (1,1.5) 内; 再取区间 $[1,1.5]$ 的中点 1.25, 得 $f(1.25)=-0.2969$, 因此零点被包含在区间 (1.25,1.5) 内. 这个过程可以一直进行下去, 直到找到一个包含零点的足够小的区间. 这个求函数零点或者方程根的近似值的方法叫作**二分法**.

例 16 设函数 $f(x)$ 在 $[0,1]$ 上连续, 且在此区间上满足 $0\leqslant f(x)\leqslant 1$. 证明: 在 $[0,1]$ 上存在一点 c, 使得 $f(c)=c$.

证 设 $g(x)=x-f(x)$, 那么 $g(x)$ 显然在 $[0,1]$ 上连续. 由于 $0\leqslant f(x)\leqslant 1$, 因此 $g(0)=0-f(0)=-f(0)\leqslant 0$, $g(1)=1-f(1)\geqslant 0$. 下面分两种情况讨论.

(1) 若 $-f(0)=0$ 或 $1-f(1)=0$, 那么即有 $f(0)=0$ 或 $f(1)=1$ 成立, 原题结论成立.

(2) 若 $-f(0)\neq 0$ 且 $1-f(1)\neq 0$, 即 $g(0)<0$ 且 $g(1)>0$ 成立, 那么由零点定理得在 $(0,1)$ 上至少存在一点 c 使得 $g(c)=0$, 即 $c=f(c)$.

综上, 在 $[0,1]$ 上存在一点 c, 使得 $f(c)=c$.

我们把满足 $x=f(x)$ 的点称为 $f(x)$ 的**不动点**. 如果你用双手拉伸一条橡皮带使一端往右而另一端往左运动, 那么橡皮带上至少存在一点最终停留在它最初的位置上 (不动点). 在现代数学中, 研究什么样的函数一定有不动点是一个十分重要的问题.

例 17 一个金属圆环上的温度连续变化. 证明: 圆环上存在关于圆心对称的两点温度相同.

证 设圆环的半径为 r, 以圆环的圆心为原点建立直角坐标系 (图 1.37). 对于圆环上的任意点都可以用 $(r\cos\theta, r\sin\theta)$ 表示, 其中 θ 是该点与原点连线与 x 轴正方向的夹角; 与该点关于圆心对称的点可以表示为 $(r\cos(\theta+\pi), r\sin(\theta+\pi))$.

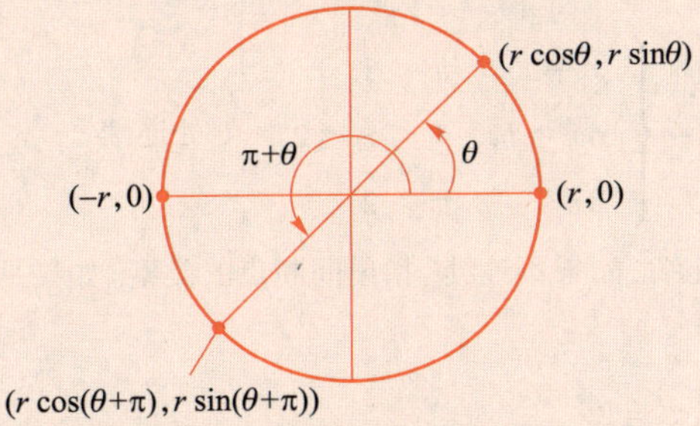

图 1.37

设 $T(x,y)$ 表示圆环上点 (x,y) 的温度, $f(\theta)$ 表示点 $(r\cos\theta, r\sin\theta)$ 与点 $(r\cos(\theta+\pi), r\sin(\theta+\pi))$ 的温度差, 即

$$f(\theta)=T(r\cos\theta, r\sin\theta)-T(r\cos(\theta+\pi), r\sin(\theta+\pi)),$$

那么 $f(0)=T(r,0)-T(-r,0)$ 且 $f(\pi)=T(-r,0)-T(r,0)=-f(0)$. 分两种情况讨论.

(1) 若 $f(0)=f(\pi)=0$, 那么两个关于圆心对称的点 $(r,0)$ 和 $(-r,0)$ 温度相等.

(2) 若 $f(0)$ 和 $f(\pi)$ 都不等于 0, 那么 $f(0)$ 和 $f(\pi)$ 异号, 由零点定理得至少存在一点 $\alpha\in(0,\pi)$ 使得 $f(\alpha)=0$, 即 $(r\cos\alpha, r\sin\alpha)$ 与 $(r\cos(\alpha+\pi), r\sin(\alpha+\pi))$ 两点的温度相同.

同步训练 1.5

1. 根据函数图像 (图 1.38), 说明函数 $y=f(x)$ 在区间 $[-1,3]$ 是否连续; 如果不连续, 请指出间断点并说明其类型.

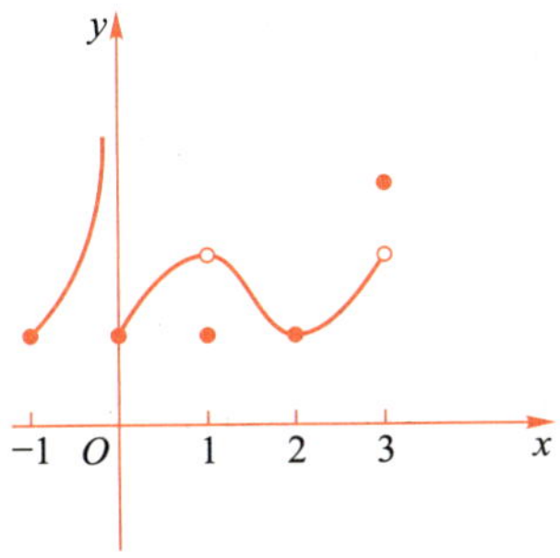

图 1.38

扫一扫, 看答案

2. 求下列函数的连续区间:

(1) $f(x)=\sqrt{x+2}$;

(2) $f(x)=2x-\dfrac{1}{x-3}$;

(3) $g(\theta)=\sec\theta$;

(4) $f(x)=\begin{cases}\dfrac{x^2+1}{x+1}, & x\neq -1,\\ 0, & x=-1.\end{cases}$

3. 求 a 和 b 的值, 使得函数 $f(x)=\begin{cases}x+1, & x<1,\\ ax+b, & 1\leqslant x<2,\\ 3x, & x\geqslant 2\end{cases}$ 处处连续.

4. 请判断下列函数在指定点是否连续, 如果不连续, 指出间断点的类型; 如果是可去间断点, 补充或者重新定义函数在该点的取值使其连续.

(1) $f(x)=\dfrac{x^2-1}{x^2-3x+2}, x=1, x=2$;

(2) $g(x)=\dfrac{\mathrm{e}^{\frac{1}{x}-1}}{\mathrm{e}^{\frac{1}{x}}+1}, x=0$;

(3) $r(\theta)=\tan\theta,\quad \theta=\dfrac{\pi}{2}$;

(4) $c(x)=\lceil x\rceil,\ x=3$.

5. 我们已经知道, 任何两个不同的有理数之间一定包含无数个无理数; 同时, 任何两个不同的无理数之间也一定包含无数个有理数. 基于这样的事实, 判断狄利克雷函数 $f(x)=\begin{cases}1, & \text{如果 } x \text{ 是有理数},\\ 0, & \text{如果 } x \text{ 是无理数}\end{cases}$ 是否存在连续点? 是否存在左连续或者右连续点?

6. 某地下停车场每小时收费 8 元 (不足 1 小时的部分按 1 小时算), 一天最高的收费为 48 元. 设某车辆停了 x 小时, $0\leqslant x\leqslant 24$.

(1) 写出停车费函数 $p(x)$ 和停车时间 x 的函数关系式;

(2) 函数 $p(x)$ 在哪些点连续?

7. 给出两个函数 $f(x)$ 和 $g(x)$, 并且它们满足: $f(x)$ 和 $g(x)$ 都在 $x=0$ 处连续; 复合函数 $g(f(x))$ 在 $x=0$ 处不连续. 进一步, 这个例子和连续函数复合定理矛盾吗? 为什么?

8. 证明方程 $x^5+4x^3-7x+14=0$ 在区间 $(-2,1)$ 内至少存在一个实数根.

9. 某徒步旅行者从早晨 7 点开始登山, 于当天下午 3 点到达山顶. 在山顶住宿一晚后于第二天早晨 8 点沿上山路线下山, 并于下午 2 点到达山脚出发处. 试说明该徒步旅行者一定在两天的同一时刻经过某同一地点.

10. 将一条皮筋拉长恰好覆盖区间 $[0,1]$. 松开皮筋后, 皮筋收缩到区间 $[a,b]$, 其中 $0<a<b<1$. 证明: 收缩后的皮筋上至少有一点保持原来的位置不变.

提示: 设 x 为松开前皮筋上任一点的坐标, $f(x)$ 为松开皮筋后该点的新坐标, 构建连续函数 $F(x)=x-f(x)$, 并运用零点定理.

11. 在自然界中, 很多变化是连续的. 比如, 气温的变化、树叶的生长、物体的运动过程等. 人们渐渐发现, 身边也有一些间断现象. 比如, 停车场的收费、个税缴纳等. 请自行选择一个实例, 查询资料或收集数据, 撰写一份报告分析说明该实例是连续的还是间断的.

第 2 章
导数与微分

【本章导读】

在上一章中我们学习了极限，从而正式走上了微积分学习的道路. 在我们身边每时每刻几乎每一件事物都在发生着宏观或者微观的变化，那么我们该如何理解和刻画这些变化呢？在这一章中我们将用一类特殊的极限——导数 (derivative) 来描述这些纷繁复杂的变化，这也是微积分中最重要的概念之一，并探索不同类型的函数的求导方法，以及导数与微分 (differential) 的关系.

2.1 两个问题

在本节中，我们将讨论两个常见并且看似彼此无关的问题，而事实上，它们拥有着和谐与统一的本质，这正是数学的“不同之同”.

2.1.1 平面曲线的切线斜率

早在古希腊时期，阿基米德（前 287 — 前 212）就曾探讨过平面曲线的切线斜率问题. 欧几里得的切线概念认为一条曲线的切线与该条曲线只有一个交点，显然这对于圆形以外的绝大多数曲线是不适合的. 上一章我们学习过的极限的相关概念为我们找到了描述平面曲线在一点处切线的绝佳方法.

设点 P_0 是曲线 L 上的一个定点，点 P 是一个动点，当点 P 沿着曲线 L 趋于点 P_0 时，若割线 PP_0 的极限位置 P_0T 存在，则称直线 P_0T 为曲线 L 在点 P_0 处的**切线**，在图 2.1 中我们可以看到. 在局部范围内，直线 P_0T 无限接近曲线 L 在点 P_0 附近的那一小段曲线.

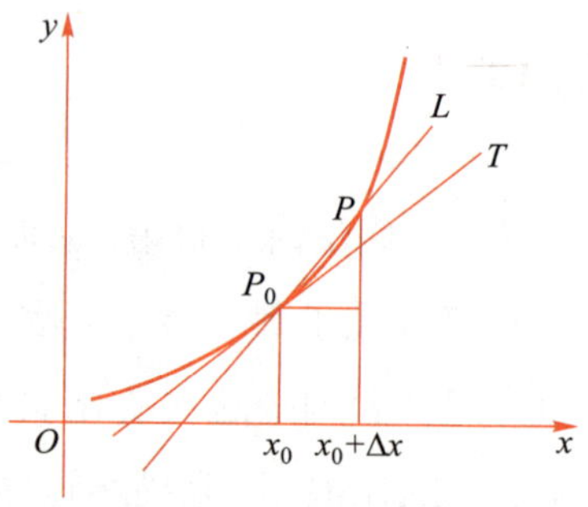

图 2.1　平面曲线的切线

曲线的切线斜率如何计算呢？我们可先来寻求割线的斜率，然后利用极限的思想得到切线的斜率.

设曲线的方程为 $y=f(x)$，在点 $P_0(x_0,y_0)$ 处的附近取一点 $P(x_0+\Delta x,y_0+\Delta y)$，那么割线 PP_0 的斜率 k_{PP_0} 为

$$k_{PP_0}=\frac{\Delta y}{\Delta x}=\frac{f(x_0+\Delta x)-f(x_0)}{\Delta x},$$

如果当点 P 沿曲线趋于点 P_0 时，割线 PP_0 的极限位置存在，即点 P_0 处的切线存在，此刻 $\Delta x\to 0$，割线斜率 k_{PP_0} 趋于切线 P_0T 的斜率 k_{P_0T}，即

$$k_{P_0T}=\lim_{\Delta x\to 0}k_{PP_0}=\lim_{\Delta x\to 0}\frac{f(x_0+\Delta x)-f(x_0)}{\Delta x}.$$

于是，不难得到切线的一般定义:

定义 2.1.1 **（平面曲线在一点处的切线）** 设一直线过曲线 $y=f(x)$ 上的点 $P_0(x_0,y_0)$，并且斜率为

$$k_{P_0T}=\lim_{\Delta x\to 0}k_{PP_0}=\lim_{\Delta x\to 0}\frac{f(x_0+\Delta x)-f(x_0)}{\Delta x}.$$

若该极限存在, 则称这条直线为曲线 L 在点 P_0 处的**切线**.

例 1 求曲线 $y=x^2$ 在 $(3,9)$ 处切线的斜率.

解 当 x 由 3 变到 $3+\Delta x$ 时, 函数相应的增量为

$$\Delta y=(3+\Delta x)^2-3^2=6\cdot\Delta x+(\Delta x)^2.$$

$$\frac{\Delta y}{\Delta x}=6+\Delta x.$$

所以此时的切线斜率为 $k=\lim\limits_{\Delta x\to 0}\frac{\Delta y}{\Delta x}=\lim\limits_{\Delta x\to 0}(6+\Delta x)=6$. 换句话说, 曲线 $y=x^2$ 在点 $(3,9)$ 的非常临近的范围内, 当 x 变化 1 个单位时, y 则大约变化 6 个单位, 也就是瞬时变化率为 6.

例 2 求曲线 $y=\frac{1}{x}$ 在 $(1,1)$ 处切线的斜率.

解 当 x 由 1 变到 $1+\Delta x$ 时, 函数相应的增量为

$$\Delta y=\frac{1}{1+\Delta x}-1=\frac{-\Delta x}{1+\Delta x}.$$

$$\frac{\Delta y}{\Delta x}=-\frac{1}{1+\Delta x}.$$

所以此时的切线斜率为 $k=\lim\limits_{\Delta x\to 0}\frac{\Delta y}{\Delta x}=\lim\limits_{\Delta x\to 0}\left(-\frac{1}{1+\Delta x}\right)=-1$. 换句话来说, 这条曲线 $y=\frac{1}{x}$ 在点 $(1,1)$ 的非常临近的范围内, 当 x 变化 1 个单位时, y 则变化 -1 个单位, 也就是瞬时变化率为 -1.

2.1.2 平均速度与瞬时速度

进入 21 世纪以来的短短二十年, 中国高铁飞速发展, 创造了从“追赶者”到“领跑者”的世界奇迹. 一项项技术壁垒的攻破, 一次次速度的跃升, 在振兴中国的同时, 也深刻影响着世界 (图 2.2).

图 2.2

如果我们乘坐高铁历时 1.5 h, 从南京行驶 298.8 km 后到达上海, 那么我们的平均速度是 199.2 km/h . 但这往往和列车显示屏上的速度不一致 (图 2.3), 可见显示屏上的并不是平均速度. 我们看到的显示数字会随着时间不停变动, 可见这是一个与运行状态有关的量, 那么它究竟是什么速度呢? 我们知道列车自出发至到站一直处于运动状态, 在不同的时刻它的速度是不同的, 怎么去描

述不同瞬间速度的差异呢？

图 2.3

我们再来看一个易于计算且便于理解的例子.

例 3 真空中有一个物体在 100 m 的高度从静止状态向下坠落, 请问

(1) 在第 2 s 内这个物体下降了多少米? 这段时间的平均速度是多少?

(2) 在 $t=1$ s 到 $t=1.5$ s 之间这个物体下降了多少米? 这段时间的平均速度是多少?

(3) 在 $t=1$ s 到 $t=1.1$ s 之间这个物体下降了多少米? 这段时间的平均速度是多少?

(4) 在 $t=1$ s 到 $t=1.01$ s 之间这个物体下降了多少米? 这段时间的平均速度是多少?

解 (1) 根据牛顿运动定律, 自由落体的物体运动的路程与时间的关系可以表示为

$$S(t)=4.9t^2,\quad 这里\ g\approx 9.8\ \mathrm{m/s^2}\ .$$

于是, 在 $t=1$ s 到 $t=2$ s 之间这个物体下降了

$$S(2)-S(1)=4.9\times 4-4.9=14.7\ \mathrm{m}.$$

平均速度为

$$\frac{S(2)-S(1)}{2-1}=14.7\ \mathrm{m/s}.$$

(2) 同理, 在 $t=1$ s 到 $t=1.5$ s 之间这个物体下降了

$$S(1.5)-S(1)=4.9\times 2.25-4.9=6.125\ \mathrm{m}.$$

平均速度为

$$\frac{S(1.5)-S(1)}{1.5-1}=12.25\ \mathrm{m/s}.$$

(3) 在 $t=1$ s 到 $t=1.1$ s 之间这个物体下降了

$$S(1.1)-S(1)=4.9\times 1.21-4.9=1.029\ \mathrm{m}.$$

平均速度为

$$\frac{S(1.1)-S(1)}{1.1-1}=10.29\ \mathrm{m/s}.$$

(4) 在 $t=1$ s 到 $t=1.01$ s 之间这个物体下降了

$$S(1.01)-S(1)=4.9\times 1.0201-4.9=0.09849\ \text{m}.$$

平均速度为

$$\frac{S(1.1)-S(1)}{1.01-1}=9.849\ \text{m/s}.$$

随着我们把计算的区间缩短，也就是计算在越来越短的时间内的平均速度，这个速度也就越来越接近在 $t=1$ s 这个瞬间的物体的速度. 当我们想要这个说法更加科学合理时，就需要用到极限的思想了，我们可以取时间区间 $\Delta t\to 0$ 以表示一个极短的瞬间，于是在 $t=1$ s 这个瞬间的物体的速度可以表示为

$$\lim_{\Delta t\to 0}\frac{4.9(1+\Delta t)^2-4.9}{\Delta t}.$$

更一般地，对于其他运动物体，我们也有了瞬时速度的表示方法.

定义 2.1.2 (**瞬时速度**) 若某作直线运动的物体的运动位移方程为 $S(t)$，若极限

$$v=\lim_{\Delta t\to 0}\frac{S(t+\Delta t)-S(t)}{\Delta t}$$

存在，则称 v 为 $t=t_0$ 时刻物体的瞬时速度.

至此我们发现，虽然平面曲线切线的斜率以及直线运动物体的瞬时速度属于完全不同的背景，但是运用极限它们都可以理解为“瞬时变化率”的问题，前者是函数值相对于自变量的瞬时变化率，而后者是位移量相对于时间的瞬时变化率. 更多地，如果我们还能发现类似的问题，就可以将它们纷繁复杂的背景去掉，抓住问题的共同本质进行研究.

通过上面的研究，我们可以发现高铁显示屏上的速度表示的是运行中的瞬时速度.

例 4 一个物体从原点出发沿着 x 轴正向运动，它的运动位移与时间的关系为 $S(t)=\sqrt{2t+3}$，请问

(1) 3 s 后，它运动到了哪里?

(2) 在第 3 s 时，它的瞬时速度是多少?

解 (1) 根据运动方程，3 s 内，物体的运动量可以表示为

$$S(3)=\sqrt{2\cdot 3+3}=3\ \text{m}.$$

(2) 而在第 3 s 时，它的瞬时速度可以表示为

$$v=\lim_{\Delta t\to 0}\frac{S(3+\Delta t)-S(3)}{\Delta t}=\lim_{\Delta t\to 0}\frac{\sqrt{9+2\Delta t}-3}{\Delta t}$$

$$
\begin{aligned}
&= \lim_{\Delta t \to 0} \frac{(\sqrt{9+2\Delta t}-3)(\sqrt{9+2\Delta t}+3)}{\Delta t(\sqrt{9+2\Delta}+3)} \\
&= \lim_{\Delta t \to 0} \frac{2\Delta t}{\Delta t(\sqrt{9+2\Delta}+3)} \\
&= \lim_{\Delta t \to 0} \frac{2}{\sqrt{9+2\Delta t}+3} \\
&= \frac{1}{3}\ \mathrm{m/s}.
\end{aligned}
$$

在本节中，我们讨论了平面曲线在一点处切线的斜率问题，以及变速直线运动物体的瞬时速度问题，最终都可以转化为变化率的极限问题. 无论是自然界中的日月盈仄，还是人类社会中的人口增长、投资效益，运动和变化是普遍存在的. 以极限的观点去看待变化率，是我们在本门课程中量化分析事物与事物变化之间关联的核心方法，在后续的章节中，我们会继续加以研究和讨论.

同步训练 2.1

1. 画出函数 $y = x^2 - 1$ 的图像，并画出过点 $(2,3)$ 以及 $(2.1, 3.41)$ 的割线，再画出它在点 $(2,3)$ 的切线，估计切线的斜率.

扫一扫，看答案

2. 估算图 2.4 中指定点处切线的斜率.

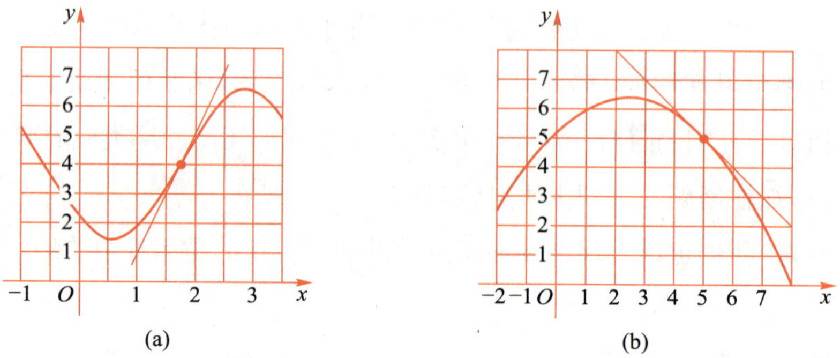

图 2.4

3. 计算函数 $y = 2x^2 + x - 1$ 在点 $(-1,0), (0,-1), (1,2), (2,9)$ 的切线的斜率.
4. 求函数 $y = \dfrac{1}{x-1}$ 在点 $(2,1)$ 的切线方程.
5. 一物体沿着直线运动，并且 t s 后它的位置是 $S(t) = t^3 + 2t + 1$ (m)，请问
   (1) 该物体在 $t = 2$ s 到 $t = 3$ s 之间的平均速度是多少?
   (2) 该物体在 $t = 2$ s 到 $t = 2.1$ s 之间的平均速度是多少?
   (3) 该物体在 $t = 2$ s 到 $t = 2 + \Delta t$ (s) 之间的平均速度是多少?
   (4) 该物体在 $t = 2$ s 的瞬时速度是多少?
6. 实验室培养某种细菌，若 t s 后菌落的重量是 $m(t) = \dfrac{1}{3}t^2 + 4t + 1$ (g)，请问
   (1) 该种细菌在 $t = 10$ s 到 $t = 10.5$ s 之间重量增长了多少?
   (2) 该种细菌在 $t = 10$ s 到 $t = 10 + \Delta t$ (s) 之间重量增长了多少?

(3) 该种细菌在 $t=10$ s 的瞬时增长率为多少?

7. 若某城市被某种流感袭击, 据官方估计流感爆发 t 天后的感染人数为 $p(t)=100t^2-3t^3, 0 \leqslant t \leqslant 30$. 问在 $t=10, t=20$ 时流感以多快的速率传播?

8. 电流是指电荷量相对于时间的变化率. 假设在 t s 内有 $\left(\frac{1}{5}t^3+2t\right)$C 的电荷量通过某根电线, 问在什么时候会出现 17 A 的电流?

9. 假设售出 x 台的无人机的收入可表示为 $r(x)=50\,000\left(1-\frac{1}{x}\right)$ 元, 求当销售出 200 台无人机时的边际收益.

10. 一只苍蝇从曲线 $y=15-3x^2$ 的最高点开始沿着曲线向右飞行, 一个蜘蛛停留在 $(3,0)$ 位置, 问当蜘蛛和苍蝇第一次互相看到的时候两者之间的距离.

2.2 导数

在上一节中, 我们发现平面曲线的切线斜率以及瞬时速度问题虽然看起来属于完全不同的研究领域, 但是却有着极其相似的解决办法. 不仅如此, 更多的不同领域的专业问题如电流、线密度、比热容、化学反应速度、生物繁殖率、边际成本、边际收益和边际税率等, 一般都需要从数量上研究变量的变化速度, 在数学上都可归结为函数的**瞬时变化率**问题. 在数学中, 我们专门用一个概念来归纳这类问题, 即导数.

2.2.1 导数的定义

定义 2.2.1 (**函数在定点处的导数**) 设函数 $y=f(x)$ 在 x_0 及其附近有定义. 当自变量 x 在 x_0 有增量 (改变量) Δx 时, 函数 y 相应地有增量 $\Delta y=f(x_0+\Delta x)-f(x_0)$, 如果 $\lim\limits_{\Delta x \to 0}\frac{\Delta y}{\Delta x}$ 存在, 则称此极限值为**函数 $y=f(x)$ 在点 $x=x_0$ 处的导数**, 记作 $f'(x_0)$, 或 $y'|_{x=x_0}$, 或 $\left.\frac{\mathrm{d}y}{\mathrm{d}x}\right|_{x=x_0}$, 即

$$f'(x_0)=\lim_{\Delta x \to 0}\frac{\Delta y}{\Delta x}=\lim_{\Delta x \to 0}\frac{f(x_0+\Delta x)-f(x_0)}{\Delta x}.$$

此时称函数 $y=f(x)$ 在点 $x=x_0$ 处**可导**. 如果上述极限不存在, 则称 $y=f(x)$ 在 $x=x_0$ 处**不可导或导数不存在**.

除了上述定义中的写法, 导数还有其他的等价形式, 若设 $\Delta x=h$, 则有 $f'(x_0)=\lim\limits_{h \to 0}\frac{f(x_0+h)-f(x_0)}{h}$; 若设 $x=x_0+\Delta x$, 则有 $f'(x_0)=\lim\limits_{x \to x_0}\frac{f(x)-f(x_0)}{x-x_0}$. 根据具体的问题, 我们可以在上述的三种形式中选出最合适的进行运用.

下面我们用导数的定义来直接求一些简单函数的导数.

例 1 设 $f(x)=10x-6$, 求函数 $y=f(x)$ 在 $x=2$ 处的导数.

解 $\Delta y=f(2+\Delta x)-f(2)=(10(2+\Delta x)-6)-(10\times 2-6)=10\Delta x$.

$$f'(2)=\lim_{\Delta x \to 0}\frac{\Delta y}{\Delta x}=\lim_{\Delta x \to 0}\frac{10\Delta x}{\Delta x}=10.$$

例 2 求函数 $f(x)=x^2$ 在 $x=1$ 处的导数.

解
$$f'(1)=\lim_{x\to1}\frac{f(x)-f(1)}{x-1}=\lim_{x\to1}\frac{x^2-1}{x-1}=\lim_{x\to1}(x+1)=2.$$

例 3 求函数 $f(x)=\dfrac{1}{x}$ 在 $x=2$ 处的导数.

解
$$f'(x)=\lim_{h\to0}\frac{f(x+h)-f(x)}{h}=\lim_{h\to0}\frac{\dfrac{1}{x+h}-\dfrac{1}{x}}{h}=\lim_{h\to0}\frac{x-(x+h)}{xh(x+h)}$$
$$=\lim_{h\to0}\frac{-h}{xh(x+h)}=-\frac{1}{x^2}.$$

于是 $f'(2)=-\dfrac{1}{4}$.

例 4 求函数 $f(x)=\dfrac{3}{x+5}$ 在 $x=3$ 处的导数.

解
$$f'(x)=\lim_{h\to0}\frac{f(x+h)-f(x)}{h}=\lim_{h\to0}\frac{\dfrac{3}{x+5+h}-\dfrac{3}{x+5}}{h}$$
$$=3\lim_{h\to0}\frac{(x+5)-(x+5+h)}{h(x+5)(x+5+h)}=3\lim_{h\to0}\frac{-h}{h(x+5)(x+5+h)}=-\frac{3}{(x+5)^2}.$$

于是 $f'(3)=-\dfrac{3}{64}$.

我们发现导数是一种特殊的极限, 那么下面这些极限可以看成是什么函数的导数呢?

例 5 试用导数表示下列极限.

(1) $\displaystyle\lim_{h\to0}\frac{(2+h)^3-2^3}{h}$; (2) $\displaystyle\lim_{x\to1}\frac{\mathrm{e}^x-\mathrm{e}}{x-1}$; (3) $\displaystyle\lim_{\Delta x\to0}\frac{\dfrac{2}{3+\Delta x}-\dfrac{2}{3}}{\Delta x}$.

解 (1) 运用导数的定义 $f'(x_0)=\displaystyle\lim_{h\to0}\frac{f(x_0+h)-f(x_0)}{h}$, 可知这个极限表示的是函数 $f(x)=x^3$ 在 $x=2$ 处的导数.

(2) 运用导数的定义 $f'(x_0)=\displaystyle\lim_{x\to x_0}\frac{f(x)-f(x_0)}{x-x_0}$, 可知这个极限表示的是函数 $f(x)=\mathrm{e}^x$ 在 $x=1$ 处的导数.

(3) 运用导数的定义 $\displaystyle\lim_{\Delta x\to0}\frac{f(x_0+\Delta x)-f(x_0)}{\Delta x}$, 可知这个极限表示的是函数 $f(x)=\dfrac{2}{x}$ 在 $x=3$ 处的导数.

仔细观察几种导数的定义, 其中的极限是双侧极限, 如果只是单侧极限会如何呢?

定义 2.2.2 (**左导数与右导数**) 如果 $\displaystyle\lim_{x\to x_0^-}\frac{f(x)-f(x_0)}{x-x_0}$ 存在, 则称此极限为函数 $y=f(x)$ 在点 $x=x_0$ 处的**左导数**, 记作 $f'_-(x_0)$, 即 $f'_-(x_0)=\displaystyle\lim_{x\to x_0^-}\frac{f(x)-f(x_0)}{x-x_0}$; 如果 $\displaystyle\lim_{x\to x_0^+}\frac{f(x)-f(x_0)}{x-x_0}$ 存在, 则称此极限为函数 $y=f(x)$ 在点 $x=x_0$ 处的**右导数**, 记作 $f'_+(x_0)$, 即 $f'_+(x_0)=\displaystyle\lim_{x\to x_0^+}\frac{f(x)-f(x_0)}{x-x_0}$.

根据函数当 $x\to x_0$ 时极限存在的条件可知, $y=f(x)$ 在点 $x=x_0$ 处可导的充要条件是

$f'_-(x_0)$ 和 $f'_+(x_0)$ 存在且相等. 即

$$y=f(x) \text{ 在点} x=x_0 \text{ 处可导} \Leftrightarrow f'_-(x_0)=f'_+(x_0).$$

例 6　考察函数 $f(x)=|x|=\begin{cases}-x, & x<0,\\ x, & x\geqslant 0\end{cases}$ 在 $x=0$ 处的连续性和可导性 (图 2.5).

解　由于 $f(x)=\sqrt{x^2}$ 是初等函数, 所以, 函数 $f(x)$ 在 $x=0$ 处是连续的. 又因为

$$f'_+(0)=\lim_{x\to 0^+}\frac{f(x)-f(0)}{x-0}=\lim_{x\to 0^+}\frac{x-0}{x-0}=\lim_{x\to 0^+}1=1,$$
$$f'_-(0)=\lim_{x\to 0^-}\frac{f(x)-f(0)}{x-0}=\lim_{x\to 0^-}\frac{-x-0}{x-0}=\lim_{x\to 0^+}(-1)=-1,$$

即 $f'_+(0)\neq f'_-(0)$, 所以, 函数 $f(x)$ 在 $x=0$ 处不可导.

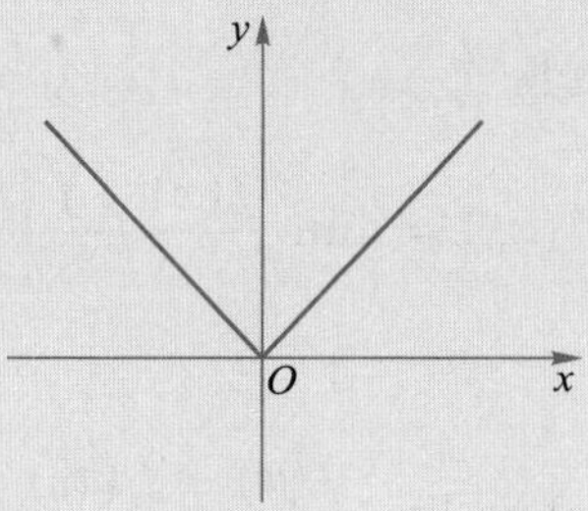

图 2.5

如果函数在该点的左右导数一个趋向于正无穷大, 一个趋向于负无穷大, 则称该点为尖点, 如果函数在该点的左右导数存在但不相等, 则称该点为角点. 这两种情况下函数在该点处都是不可导的.

如果函数 $y=f(x)$ 在区间 I 上每一点可导, 则称函数 $y=f(x)$ 在区间 I 上**可导**. 这时, 区间 I 上所有点处的导数构成一个新函数.

定义 2.2.3 (**导函数**) 若函数 $y=f(x)$ 在区间 I 上每一点可导, 即极限

$$f'(x)=\lim_{h\to 0}\frac{f(x+h)-f(x)}{h}$$

总存在, 从而形成了自变量 x 与导数之间的一个新的函数关系, 称为 $y=f(x)$ 在区间 I 上的**导函数**, 记作 $f'(x), y'$ 或 $\frac{\mathrm{d}y}{\mathrm{d}x}$. 在不会发生混淆的情况下, 导函数简称为**导数**.

例 7　求函数 $f_1(x)=x^2+1, f_2(x)=\sqrt{x}$ 的导数.

解　根据导数的定义, 这两个函数的导数分别是

$$f_1'(x)=\lim_{h\to 0}\frac{(x+h)^2+1-(x^2+1)}{h}=\lim_{h\to 0}\frac{2xh+h^2}{h}=2x,$$
$$f_2'(x)=\lim_{h\to 0}\frac{\sqrt{x+h}-\sqrt{x}}{h}=\lim_{h\to 0}\frac{(\sqrt{x+h}-\sqrt{x})(\sqrt{x+h}+\sqrt{x})}{h(\sqrt{x+h}+\sqrt{x})}$$

$$= \lim_{h \to 0} \frac{h}{h(\sqrt{x+h}+\sqrt{x})} = \frac{1}{2\sqrt{x}}.$$

2.2.2 可导与连续的关系

可导 “$\lim\limits_{\Delta x \to 0} \dfrac{\Delta y}{\Delta x} = A$ (A 为确定常数, 即此极限存在)” 与连续 “$\lim\limits_{\Delta x \to 0} \Delta y = 0$” 有何区别和联系?

连续 “$\lim\limits_{\Delta x \to 0} \Delta y = 0$” 意味着, 当 $\Delta x \to 0$ 时, 必有 $\Delta y \to 0$; 而可导 “$\lim\limits_{\Delta x \to 0} \dfrac{\Delta y}{\Delta x} = A$ (A 为确定常数)” 意味着, 当 $\Delta x \to 0$ 时, 不但有 $\Delta y \to 0$, 而且要求 Δy 是 Δx 的同阶或高阶无穷小. 由此可见, 可导的要求更高, 条件更强. 因此, **可导一定连续, 但连续却不一定可导**.

定理 2.2.1 (**可导必连续**) 若 $y = f(x)$ 在点 $x = x_0$ 处可导, 则 $y = f(x)$ 在点 $x = x_0$ 处连续.

证 因为 $f(x)$ 在点 x_0 可导, 所以

$$f'(x_0) = \lim_{x \to x_0} \frac{f(x) - f(x_0)}{x - x_0}$$

存在. 于是

$$\lim_{x \to x_0} f(x) - f(x_0) = \lim_{x \to x_0} \frac{f(x) - f(x_0)}{x - x_0} (x - x_0)$$

$$= f'(x_0) \lim_{x \to x_0} (x - x_0) = f'(x_0) \cdot 0 = 0.$$

因此, $f(x)$ 在点 $x = x_0$ 处连续.

注 此定理的逆命题不成立, 例 6 给了我们一个很好的反例.

2.2.3 导数的几何意义

根据导数的定义及曲线的切线斜率的求法可知, 函数 $y = f(x)$ 在点 $x = x_0$ 处的导数的**几何意义就是曲线** $y = f(x)$ 在点 $(x_0, f(x_0))$ 处的切线斜率, 即 $k_{切} = f'(x_0)$.

由此可知, 曲线 $y = f(x)$ 在点 $P_0(x_0, f(x_0))$ 处的**切线方程**为

$$y - y_0 = f'(x_0)(x - x_0),$$

法线 (过切点垂直于切线的直线) **方程**为

$$y - y_0 = -\frac{1}{f'(x_0)}(x - x_0) \quad (f'(x_0) \neq 0).$$

不仅如此, 我们还可以借助于导数更直观地理解函数图像的走势, 在图 2.6 中, 函数 $y = f(x)$ 在 $x = -2$ 处的导数为正数, 因此此时的切线倾斜角为一个锐角, 可以在图中观察到切线是 “向上走” 的, 并且函数 $y = f(x)$ 在 $x = -2$ 的附近也呈现了递增的态势, 函数 $y = f(x)$ 在 $x = 0$ 处的导数为 0, 此时的切线为一条水平线, 切线与曲线图像 “如影相随”, 函数在 $x = 0$ 处达到了 “局部” 峰值的状态. 另外, 我们注意到在 $x = 2$ 处切线亦为一条水平线, 请读者思考下这两处水平的切线对于

我们理解函数图像有什么帮助?

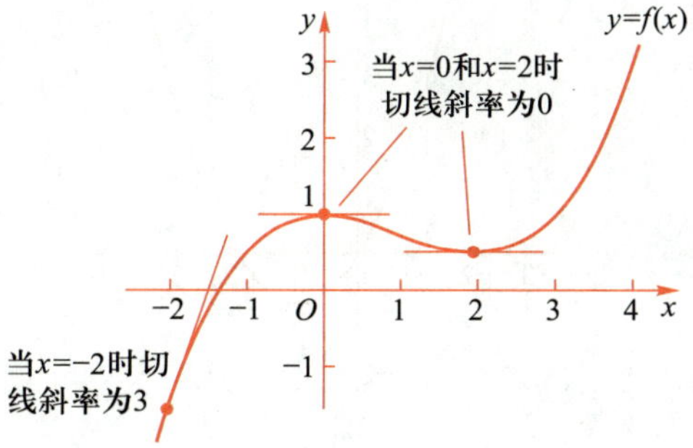

图 2.6

例 8 求曲线 $y=x^2$ 在点 $(1,1)$ 处的切线和法线的方程.

解 因为 $(x^2)'\big|_{x=1}=2$, 即曲线 $y=x^2$ 在点 $(1,1)$ 处的切线斜率为 2 , 所以曲线 $y=x^2$ 在点 $(1,1)$ 处的切线方程为 $y-1=2(x-1)$, 即 $2x-y-1=0$. 法线方程为 $y-1=-\frac{1}{2}(x-1)$, 即 $x+2y-3=0$.

同步训练 2.2

1. 设 $f(x)=x^2+1$, 求函数 $y=f(x)$ 在 x 从 2 变化到 $2+\Delta x$ 时函数的增量 Δy.

2. 利用导数定义 $f'(x_0)=\lim\limits_{h\to 0}\frac{f(x_0+h)-f(x_0)}{h}$ 求下列函数的导数:

(1) $y=x^3$ 在 $x=0$ 处的导数 $y'\big|_{x=0}$;

(2) $y=x^2-x$ 在 $x=3$ 处的导数 $y'\big|_{x=3}$;

(3) $y=\frac{1}{x-1}$ 在 $x=2$ 处的导数 $y'\big|_{x=2}$.

3. 利用导数定义 $f'(x_0)=\lim\limits_{x\to x_0}\frac{f(x)-f(x_0)}{x-x_0}$ 求下列函数的导数:

(1) $f(x)=x^2+5x$ 在 $x=1$ 处的导数 $f'(1)$;

(2) $f(x)=\frac{1}{1+x^2}$ 在 $x=0$ 处的导数 $f'(0)$;

(3) $f(x)=\sqrt{3x}$ 在 $x=3$ 处的导数 $f'(3)$.

4. 已知 $f'(x_0)=1$, 求下列极限:

(1) $\lim\limits_{h\to 0}\frac{f(x_0+2h)-f(x_0)}{h}$;　　(2) $\lim\limits_{h\to 0}\frac{f(x_0)-f(x_0+h)}{h}$;

(3) $\lim\limits_{h\to 0}\frac{f(x_0)-f(x_0-4h)}{h}$;　　(4) $\lim\limits_{h\to 0}\frac{f(x_0-h)-f(x_0+2h)}{h}$.

5. 试用导数表示下列极限:

(1) $\lim\limits_{x\to 3}\frac{x^2-9}{x-3}$;　　(2) $\lim\limits_{h\to 0}\frac{\tan(x+h)-\tan x}{h}$;

(3) $\lim\limits_{x\to 0}\frac{2(x+2)^3-16}{x}$;　　(4) $\lim\limits_{x\to 3}\frac{x^3+x-30}{x-3}$.

6. 图 2.7 为函数 $y=f(x)$ 的图像, 通过观察说明, 函数 $y=f(x)$ 的导数何时为正, 何时为负, 何时为 0?

扫一扫, 看答案

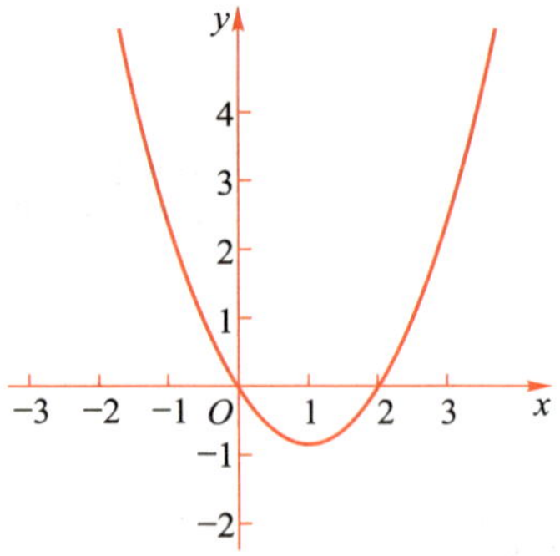

图 2.7

2.3 导数的运算法则

我们已经学会了运用导数的定义求导数，一般分为两个步骤，首先根据函数定义构造出差分商式 $\dfrac{f(x+h)-f(x)}{h}$，接着再求其极限. 但是，对于复杂的函数而言，用定义求导数难以操作. 在本节中，我们一起来探究如何方便地求函数的导数.

2.3.1 常值函数和幂函数的求导法则

在图 2.8 中，常值函数 $y=C$ (C 为任意常数) 的图像为一条水平线，函数值永远不变，图像上任一点的切线斜率也都为 0. 从几何意义上我们很容易就可以得到如下结论：

定理 2.3.1 常量函数 $f(x)=C$ 的导数处处为 0.

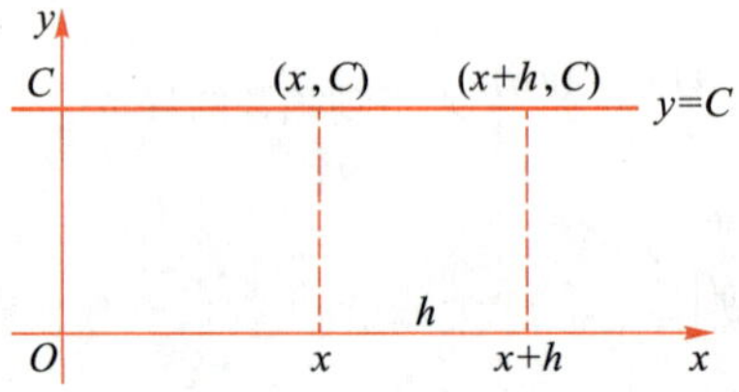

图 2.8

证 $(C)'=\lim\limits_{h\to 0}\dfrac{f(x+h)-f(x)}{h}=\lim\limits_{h\to 0}\dfrac{C-C}{h}=0$，即

$$(C)'=0(\text{常数的导数恒等于 } 0).$$

定理 2.3.2 幂函数 $f(x)=x^n$ $(n\in\mathbf{N}_+)$ 的导数为 $f'(x)=nx^{n-1}$.

证 首先回顾一个代数中的结论——二项式定理：若 $a,b\in\mathbf{R}$，则

$$(a+b)^n=\sum_{i=0}^{n}\mathrm{C}_n^i\,a^{n-i}b^i=a^n+\mathrm{C}_n^1\,a^{n-1}b+\mathrm{C}_n^2\,a^{n-2}b+\cdots+\mathrm{C}_n^{n-1}\,ab^{n-1}+b^n,$$

这里的 C_n^i 是组合数. 于是,

$$(x^n)'=\lim_{h\to 0}\frac{(x+h)^n-x^n}{h}=\lim_{h\to 0}\left[nx^{n-1}+\frac{n(n-1)}{2!}x^{n-2}h+\cdots+h^{n-1}\right]=nx^{n-1},$$

即

$$(x^n)' = nx^{n-1}.$$

我们还可以将这个结论拓展到更一般的情况, 得到

$$(x^{\mu})' = \mu x^{\mu-1} \quad (\mu \in \mathbf{R}).$$

运用这个结论, 我们可以求出许多熟悉的幂函数的导数, 例如 $x' = 1 \cdot x^{1-1} = 1$.

在图 2.9 中, 函数 $y = x$ 的图像是一条斜率始终为 1 的直线, 函数值的平均变化率始终为 1. 因此, $y' = x' = 1$.

再比如 $(x^2)' = 2x, (x^3)' = 3x^2$, 在图 2.10 中可以看到函数 $f(x) = x^3$ 的图像上任一点的切线的斜率恰好等于该点横坐标平方的三倍.

另外, $(\sqrt{x})' = \dfrac{1}{2}x^{\frac{1}{2}-1} = \dfrac{1}{2\sqrt{x}}, \left(\dfrac{1}{x}\right)' = (x^{-1})' = (-1)x^{-1-1} = -\dfrac{1}{x^2}$, 等等.

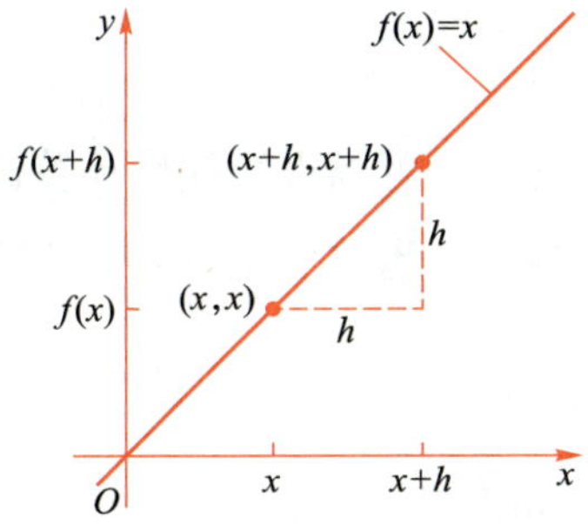

图 2.9

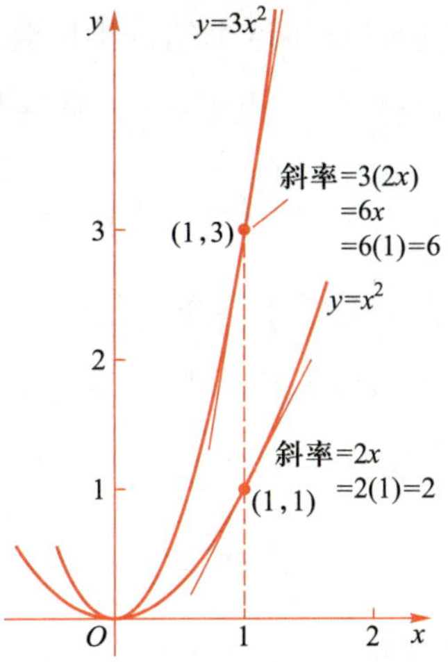

图 2.10

2.3.2 求导四则运算法则

当我们会求单个函数的导数后, 如果一个复杂的函数可以看成若干个简单函数的和差积商, 那么我们也可以先 "各个击破", 再求得整个函数的导数.

定理 2.3.3 (**求导的加法法则**) 如果 $f(x), g(x)$ 均在 x 点可导, 那么它们的和也在 x 点可导, 并且导数为

$$(f(x) + g(x))' = f'(x) + g'(x).$$

证 设 $y(x) = f(x) + g(x)$, 则

$$\begin{aligned} y'(x) &= \lim_{h \to 0} \frac{y(x+h) - y(x)}{h} \\ &= \lim_{h \to 0} \frac{(f(x+h) - f(x)) + (g(x+h) - g(x))}{h} \\ &= \lim_{h \to 0} \frac{f(x+h) - f(x)}{h} + \lim_{h \to 0} \frac{g(x+h) - g(x)}{h} \end{aligned}$$

$$= f'(x) + g'(x),$$

即 $(f(x)+g(x))' = f'(x)+g'(x)$, 也就是说两个函数和的导数等于导数的和, 简称为"和的导数等于导数的和".

我们可以将这个结论推广到更多个函数求和的情况, 如果 $f_1(x), f_2(x), \cdots, f_n(x)$ 均在 x 点可导, 那么它们的和也在 x 点可导, 并且导数为

$$(f_1(x)+f_2(x)+\cdots+f_n(x))' = f_1'(x)+f_2'(x)+\cdots+f_n'(x).$$

与此同时, 求导的减法法则也是异曲同工的:

定理 2.3.4 (**求导的减法法则**) 如果 $f(x), g(x)$ 均在 x 点可导, 那么它们的差也在 x 点可导, 并且导数为

$$(f(x)-g(x))' = f'(x)-g'(x).$$

注 我们可以将这个结论推广到多个函数的情况, 如果 $f_1(x), f_2(x), \cdots, f_n(x)$ 均在 x 点可导, 那么它们的差也在 x 点可导, 并且导数为

$$(f_1(x)-f_2(x)-\cdots-f_n(x))' = f_1'(x)-f_2'(x)-\cdots-f_n'(x).$$

简称为"差的导数等于导数的差".

结合定理 2.3.3 和定理 2.3.4, 当遇到加减混合的问题时, 我们也可以很简便地计算出函数的导数, 如果 $f_1(x), f_2(x), \cdots, f_n(x)$ 均在 x 点可导, 那么它们的加减混合也在 x 点可导, 并且导数为

$$(f_1(x)\pm f_2(x)\pm\cdots\pm f_n(x))' = f_1'(x)\pm f_2'(x)\pm\cdots\pm f_n'(x).$$

两个函数相乘, 如果其中一个为常值函数, 则形式上较为简单.

定理 2.3.5 设 $f(x)$ 在 x 点可导, 则 $Cf(x)$ 在 x 点也可导, C 为任意常数, 并且

$$(Cf(x))' = Cf'(x).$$

证

$$\begin{aligned}(Cf(x))' &= \lim_{h\to 0}\frac{Cf(x+h)-Cf(x)}{h}\\ &= C\lim_{h\to 0}\frac{f(x+h)-f(x)}{h}\\ &= Cf'(x).\end{aligned}$$

以后我们再求一个函数的常数倍的导数, 就只需要记住"C 倍的函数的导数等于这个函数导数的 C 倍".

结合定理 2.3.3 , 定理 2.3.4 和定理 2.3.5, 可以发现求导保持了加法运算和数乘运算, 因此是一种线性运算, 我们可以把求导看成一种算子, 就像一个运算机器一样, 如图 2.11 所示.

图 2.11

例 1 求函数 $f(x)=4x^3+5x^2-1$ 的导数.

解 $f'(x)=\left(4x^3\right)'+\left(5x^2\right)'-1'=12x^2+10x.$

例 2 求函数 $f(x)=2x^{10}+4x^8-5x^4+\sqrt{x}-2x^{-\frac{1}{2}}$ 的导数.

解

$$\begin{aligned}f'(x)&=\left(2x^{10}\right)'+\left(4x^8\right)'-\left(5x^4\right)'+(\sqrt{x})'-\left(2x^{-\frac{1}{2}}\right)'\\&=20x^9+32x^7-20x^3+\frac{1}{2}x^{-\frac{1}{2}}+x^{-\frac{3}{2}}.\end{aligned}$$

定理 2.3.6 (求导的乘法法则) 如果 $f(x),g(x)$ 均在 x 点可导, 那么它们的乘积也在 x 点可导, 并且导数为

$$(f(x)g(x))'=f'(x)g(x)+f(x)g'(x).$$

证 设 $y(x)=f(x)g(x)$, 则

$$\begin{aligned}y'(x)&=\lim_{h\to 0}\frac{y(x+h)-y(x)}{h}\\&=\lim_{h\to 0}\frac{f(x+h)g(x+h)-f(x)g(x)}{h}\\&=\lim_{h\to 0}\frac{(f(x+h)g(x+h)-f(x)g(x+h))+(f(x)g(x+h)-f(x)g(x))}{h}\\&=\lim_{h\to 0}\frac{f(x+h)-f(x)}{h}g(x+h)+\lim_{h\to 0}f(x)\frac{g(x+h)-g(x)}{h}\ (\text{运用导数的定义以及连续性})\\&=f'(x)g(x)+f(x)g'(x).\end{aligned}$$

即 $(f(x)g(x))'=f'(x)g(x)+f(x)g'(x)$.

注 上面的定理可以理解为“两个函数乘积的导数等于选出一项求导另一项不动的乘积之和”, 并且可以推广到更多个函数的情形, 即如果函数 $f_1(x),f_2(x),\cdots,f_n(x)$ 均在 x 点可导, 那么它们的乘积也在 x 点可导, 并且导数为

$$(f_1(x)f_2(x)\cdots f_n(x))'=f_1'(x)f_2(x)\cdots f_n(x)+f_1(x)f_2'(x)\cdots f_n(x)+\cdots+f_1(x)f_2(x)\cdots f_n'(x).$$

例 3 求函数 $f(x)=\left(x^2+1\right)\left(3x^5+6x-1\right)$ 的导数.

解

$$\begin{aligned}f'(x)&=\left(x^2+1\right)'\left(3x^5+6x-1\right)+\left(x^2+1\right)\left(3x^5+6x-1\right)'\\&=2x\left(3x^5+6x-1\right)+\left(x^2+1\right)\left(15x^4+6\right)\\&=21x^6+15x^4+18x^2-2x+6.\end{aligned}$$

例 4 求函数 $f(x)=(\sqrt{x}+1)\left(\sqrt[3]{x^2}+5x\right)$ 的导数.

解

$$\begin{aligned}f'(x)&=(\sqrt{x}+1)'\left(\sqrt[3]{x^2}+5x\right)+(\sqrt{x}+1)\left(\sqrt[3]{x^2}+5x\right)'\\&=\frac{1}{2}x^{-\frac{1}{2}}\left(\sqrt[3]{x^2}+5x\right)+(\sqrt{x}+1)\left(\frac{2}{3}x^{-\frac{1}{3}}+5\right)\end{aligned}$$

$$= \frac{15}{2}x^{\frac{1}{2}} + \frac{7}{6}x^{\frac{1}{6}} + \frac{2}{3}x^{-\frac{1}{3}} + 5.$$

例 5 **(人体对药物的敏感性)** 人体在服用药物后往往血压会发生变化, 以下方程

$$R = M^2\left(\frac{C}{2} - \frac{M}{3}\right)$$

通常用来表示服用剂量为 M 的某种药物后人体血压的监测值, 这里的 $C > 0$ 是一个常数, R 对 M 的导数称为对药物的敏感性, 试求当 $C = 3$ 时人体对药物的敏感性.

解

$$R' = \left[M^2\left(\frac{3}{2} - \frac{M}{3}\right)\right]' = (M^2)'\left(\frac{3}{2} - \frac{M}{3}\right) + M^2\left(\frac{3}{2} - \frac{M}{3}\right)'$$

$$= 2M\left(\frac{3}{2} - \frac{M}{3}\right) - \frac{1}{3}M^2 = -M^2 + 3M.$$

最后我们来讨论求导的除法法则.

定理 2.3.7 **(求导的除法法则)** 如果 $f(x), g(x)$ 均在点 x 处可导且 $g(x) \neq 0$, 那么它们的商也在点 x 处可导, 并且导数为

$$\left(\frac{f}{g}\right)'(x) = \left(\frac{f(x)}{g(x)}\right)' = \frac{f'(x)g(x) - f(x)g'(x)}{g^2(x)}.$$

证 设 $y(x) = \dfrac{f(x)}{g(x)}$, 则

$$\begin{aligned}
y'(x) &= \lim_{h\to 0}\frac{y(x+h) - y(x)}{h} \\
&= \lim_{h\to 0}\frac{\dfrac{f(x+h)}{g(x+h)} - \dfrac{f(x)}{g(x)}}{h} \\
&= \lim_{h\to 0}\frac{f(x+h)g(x) - f(x)g(x+h)}{g(x+h)g(x)h} \\
&= \lim_{h\to 0}\frac{f(x+h)g(x) - f(x)g(x) + f(x)g(x) - f(x)g(x+h)}{g(x+h)g(x)h} \\
&= \lim_{h\to 0}\frac{f(x+h) - f(x)}{h}\frac{g(x)}{g(x+h)g(x)} - \\
&\quad \lim_{h\to 0}\frac{f(x)}{g(x+h)g(x)}\frac{g(x+h) - g(x)}{h} \text{ (运用导数的定义和连续性)} \\
&= \frac{f'(x)g(x) - f(x)g'(x)}{g^2(x)}.
\end{aligned}$$

特别地, $\left(\dfrac{C}{g(x)}\right)' = \dfrac{-Cg'(x)}{g^2(x)}$ (C 为任意常数).

例 6 求函数 $f(x) = \dfrac{x^2+1}{x^4-1}$ 的导数.

解 运用求导的除法法则

$$f'(x)=\frac{\left(x^2+1\right)'\left(x^4-1\right)-\left(x^2+1\right)\left(x^4-1\right)'}{\left(x^4-1\right)^2}=\frac{2x\left(x^4-1\right)-4x^3\left(x^2+1\right)}{\left(x^4-1\right)^2}$$
$$=\frac{-2x\left(x^2+1\right)^2}{\left(x^4-1\right)^2}.$$

例 7 求函数 $f(x)=\dfrac{x^{-\frac{3}{4}}+1}{x^{\frac{1}{3}}-1}$ 的导数.

解 运用求导的除法法则

$$f'(x)=\frac{\left(x^{-\frac{3}{4}}+1\right)'\left(x^{\frac{1}{3}}-1\right)-\left(x^{-\frac{3}{4}}+1\right)\left(x^{\frac{1}{3}}-1\right)'}{\left(x^{\frac{1}{3}}-1\right)^2}$$
$$=\frac{-\frac{3}{4}x^{-\frac{7}{4}}\left(x^{\frac{1}{3}}-1\right)-\frac{1}{3}x^{-\frac{2}{3}}\left(x^{-\frac{3}{4}}+1\right)}{\left(x^{\frac{1}{3}}-1\right)^2}$$
$$=\frac{-13x^{-\frac{17}{12}}+9x^{-\frac{7}{4}}-4x^{-\frac{2}{3}}}{12\left(x^{\frac{1}{3}}-1\right)^2}.$$

同步训练 2.3

1. 计算下列函数的导数:

(1) $y=2x^4$; (2) $y=5x^{-2}$;

(3) $y=\pi x^{\frac{1}{3}}$; (4) $y=\dfrac{4}{x^{\frac{4}{3}}}$;

(5) $y=3x+5\sqrt{x}+\dfrac{1}{x}$; (6) $y=3x^3-5x+7\mathrm{e}$;

(7) $y=\dfrac{1+\sqrt{x}}{1+\sqrt[3]{x}}$; (8) $y=(x-1)(x-2)(x-3)$;

(9) $y=\dfrac{5x^2-3x+4}{x^2-1}$; (10) $y=\sqrt[3]{x}\sqrt[4]{x}$.

2. 计算下列函数在指定点处的导数:

(1) $y=x^4+2x^3$, 求 $\left.\dfrac{\mathrm{d}y}{\mathrm{d}x}\right|_{x=1}$ 和 $\left.\dfrac{\mathrm{d}y}{\mathrm{d}x}\right|_{x=2}$;

(2) $\rho=\dfrac{1}{2}\sqrt{\theta}+2\theta^2$, 求 $\left.\dfrac{\mathrm{d}\rho}{\mathrm{d}\theta}\right|_{\theta=\frac{1}{4}}$;

(3) $y=\dfrac{2}{1+x}-\dfrac{x^3}{3}$, 求 $y'(0)$;

(4) $y=\pi\left(x^2-3x+1\right)$, 求 $y'(0)$.

3. 如果 $f(1)=1, f'(1)=-2, g(1)=3, g'(1)=-4$, 求

(1) $(f+g)'(1)$; (2) $(f-g)'(1)$;

(3) $(f\cdot g)'(1)$; (4) $\left(\dfrac{f}{g}\right)'(1)$.

扫一扫, 看答案

4. 若函数 $y=f(x)$ 可导, 导数为 $f'(x)$, 求 $f^2(x)$ 的导数.

5. 如果函数 $f_1(x), f_2(x), \cdots, f_n(x)$ 均可导, 请写出 $f_1(x)f_2(x)\cdots f_n(x)$ 的导数.

6. 函数 $y=\frac{1}{3}x^3+x^2-x$ 的图像上切线斜率为 3 的点有哪些?

7. 一个球从坡面上滚下来, 它的位移与时间的关系可以表示为 $y=5x^2+3x$, 问何时球的瞬时速度可以达到 33 m/s?

8. 一个宇航员沿着曲线 $y=2x^2$ 的轨迹从左向右飞行, 如果他关闭发动机, 他就会立刻沿着他所在点的切线方向飞出去, 问他在哪一点关闭发动机能够路过点 $(4,24)$?

2.4 三角函数的导数

在我们身边, 许多令人着迷的现象都是周期性的, 如海水的潮汐、四季气温的变化、心脏的跳动. 更令人期待的是, 我们将在后续的内容中发现所有的周期运动都可以用正弦或者余弦函数表示出来. 导数对于描述这些周期性变化起着至关重要的作用, 本节我们研究三角函数的导数.

图 2.12 中有一个单位圆, 当质点从 $(1,0)$ 沿着圆周逆时针转过弧度为 x 的圆心角时, 质点走过的弧长也为 x, 此时质点的位置为 $(\cos x, \sin x)$.

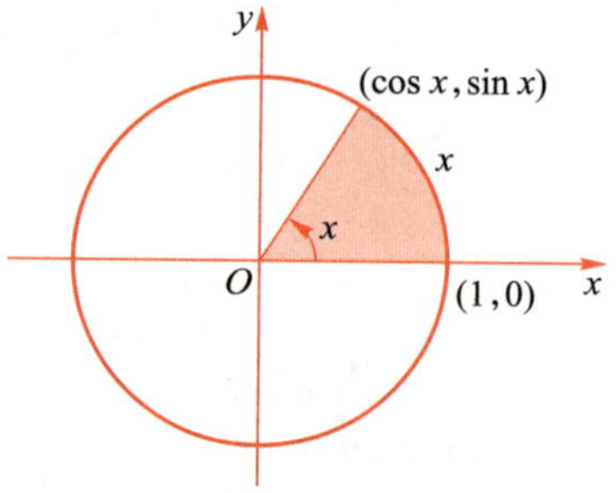

图 2.12

2.4.1 三角函数的导数

正弦函数的导数

$$\begin{aligned}\frac{\mathrm{d}y}{\mathrm{d}x}&=\lim_{h\to0}\frac{\sin(x+h)-\sin x}{h}\\&=\lim_{h\to0}\frac{\sin x\cos h+\cos x\sin h-\sin x}{h}\\&=\lim_{h\to0}\left(\sin x\frac{\cos h-1}{h}\right)+\lim_{h\to0}\cos x\frac{\sin h}{h}\\&=\sin x\left(\lim_{h\to0}\frac{\cos h-1}{h}\right)+\cos x\left(\lim_{h\to0}\frac{\sin h}{h}\right)\\&=\sin x\cdot0+\cos x\cdot1\\&=\cos x.\end{aligned}$$

注 上述证明中运用了三角函数的和差化积公式, 并在极限 $\lim\limits_{h\to0}\frac{\cos h-1}{h}=0, \lim\limits_{h\to0}\frac{\sin h}{h}=1$ 中运用了上一章中的重要结论. 类似地, 可以得到余弦函数的导数.

余弦函数的导数

$$\begin{aligned}\frac{\mathrm{d}y}{\mathrm{d}x} &= \lim_{h\to 0}\frac{\cos(x+h)-\cos x}{h}\\ &= \lim_{h\to 0}\frac{\cos x\cos h-\sin x\sin h-\cos x}{h}\\ &= \lim_{h\to 0}\left(\cos x\frac{\cos h-1}{h}\right)-\lim_{h\to 0}\left(\sin x\frac{\sin h}{h}\right)\\ &= \cos x\cdot 0-\sin x\cdot 1\\ &= -\sin x.\end{aligned}$$

上面的结论可以总结为一个重要的定理:

定理 2.4.1 **(正弦函数和余弦函数的导数)** 正弦函数 $y=\sin x$ 和余弦函数 $y=\cos x$ 都是可导函数, 并且

$$(\sin x)'=\cos x, (\cos x)'=\sin x.$$

几何意义

图 2.13 直观地为我们展现了上面的结论, 例如余弦函数 $y=\cos x$ 的图像在 $(0,1)$ 处有一条水平的切线, 这意味着余弦函数 $y=\cos x$ 在 $x=0$ 处的导数为 0.

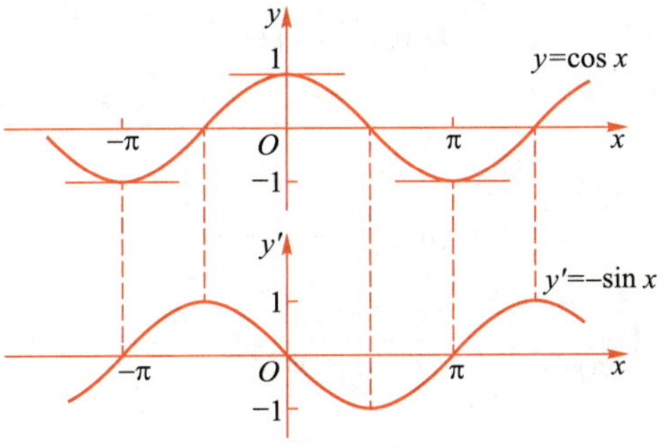

图 2.13

例 1 求函数 $y=2\cos x-3\sin x$ 的导数.

解 运用求导法则以及定理 2.4.1, 不难得到

$$y'=-2\sin x-3\cos x.$$

例 2 求函数 $y=\sin x\cos x$ 的导数.

解 运用求导的乘法法则以及定理 2.4.1,

$$\begin{aligned}y' &= \cos x\cdot\cos x-\sin x\cdot\sin x\\ &= \cos^2 x-\sin^2 x\\ &= \cos 2x.\end{aligned}$$

例 3 求函数 $y=\dfrac{1-\cos x}{\sin x}$ 的导数.

解 运用求导的除法法则以及定理 2.4.1,

$$\begin{aligned} y' &= \frac{(1-\cos x)'\sin x-(1-\cos x)\cos x}{\sin^2 x} \\ &= \frac{\sin^2 x-\cos x+\cos^2 x}{\sin^2 x} \\ &= \frac{1-\cos x}{\sin^2 x}. \end{aligned}$$

例 4 求下列函数的导数:

(1) $f(x)=\tan x$; (2) $f(x)=\sec x$.

解 (1) 根据 2.3 节中导数的除法法则, 可得

$$\begin{aligned} f'(x)=(\tan x)' &= \left(\frac{\sin x}{\cos x}\right)' = \frac{(\sin x)'\cos x-(\cos x)'\sin x}{\cos^2 x} \\ &= \frac{\cos^2 x+\sin^2 x}{\cos^2 x} = \sec^2 x, \end{aligned}$$

即

$$(\tan x)'=\sec^2 x.$$

同理可得

$$(\cot x)'=-\csc^2 x.$$

(2) $f'(x)=(\sec x)'=\left(\dfrac{1}{\cos x}\right)'=-\dfrac{(\cos x)'}{\cos^2 x}=\dfrac{\sin x}{\cos^2 x}=\sec x\tan x$, 即

$$(\sec x)'=\sec x\tan x.$$

同理可得

$$(\csc x)'=-\csc x\cot x.$$

定理 2.4.2 **(正切函数和余切函数的导数)** 正切函数 $y=\tan x$ 和余切函数 $y=\cot x$ 都是可导函数, 并且

$$(\tan x)'=\sec^2 x, \quad (\cot x)'=-\csc^2 x.$$

定理 2.4.3 **(正割函数和余割函数的导数)** 正割函数 $y=\sec x$ 和余割函数 $y=\csc x$ 都是可导函数, 并且

$$(\sec x)'=\sec x\tan x, \quad (\csc x)'=-\csc x\cot x.$$

最后我们来看一个有趣的例子.

例 5 (**简谐运动**) 弹簧上的重物若不受摩擦力或者浮力这样的反作用时，就可以作自由的上下摆动，通常称为**简谐运动**. 在图 2.14 中，一个弹簧的末端挂了一个重物，从静止位置开始向下拉 5 个单位后，于 $t=0$ 时刻松手让其上下自由运动，之后的时刻 t，物体的位置为 $s=5\cos t$，请问时刻 t 的速度和加速度是多少？并思考以下问题:

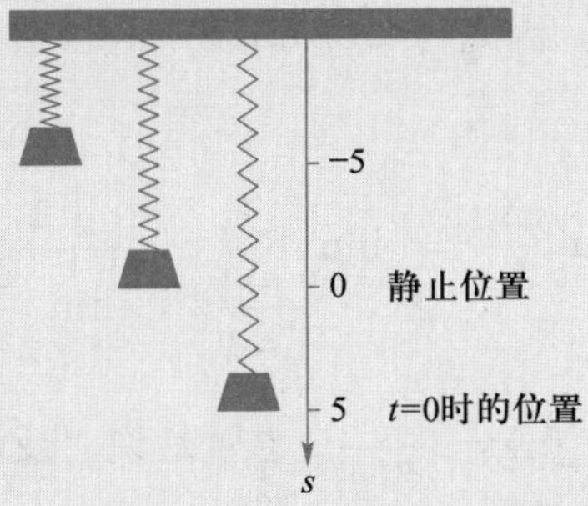

图 2.14

(1) 物体进行的是周期运动吗？周期是多少？

(2) 什么时候速度最大？什么时候速度最小？

(3) 加速度和位置有什么关系？

(4) 加速度什么时候最大？

解 由于物体的位置为 $s=5\cos t$，速度 $v=\dfrac{\mathrm{d}s}{\mathrm{d}t}=-5\sin t$，加速度 $a=\dfrac{\mathrm{d}v}{\mathrm{d}t}=-5\cos t$.

(1) 我们发现物体总是在 $s=-5$ 和 $s=5$ 之间进行周期性的运动 (图 2.15)，周期为 $T=2\pi$.

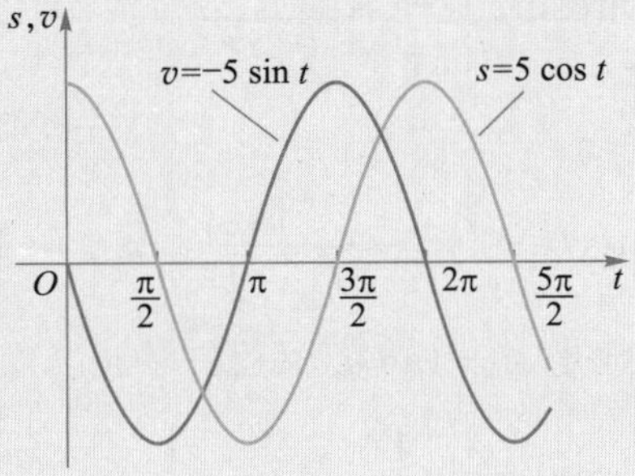

图 2.15

(2) 当 $\sin t=\pm1$ 时，物体的位置 $s=5\cos t=0$，此时物体处于静止位置，速度最大，而当 $\sin t=0$ 时，物体的位置 $s=5\cos t=\pm5$，此时物体位于运动范围的两端，速度最小.

(3) 加速度的值总是和位置的值互为相反数，这是由于加速度的方向体现了物体速度改变的方向，当物体位于静止位置的上方时，重力将物体向下拉，而当物体位于静止位置下方时，弹簧会将物体向上拽.

(4) 由 (3) 可知在静止位置时，$s=5\cos t=0$，加速度也为 0，而在运动范围的两端时，加速度也取得最大值.

2.4.2 反三角函数的导数

当我们求得了六个三角函数的导数后，那么反三角函数的导数又与三角函数的导数有什么关系呢?

设函数 $y=f(x)$ 与 $x=\varphi(y)$ 互为反函数，函数 $y=f(x)$ 在 x 处连续，$x=\varphi(y)$ 在与 x 相对应的 y 处可导，且 $\varphi'(y)\neq 0$，那么函数 $y=f(x)$ 在 x 处是否可导?

不妨一起来回忆下导数的定义，因为 $y=f(x)$ 在 x 处连续，所以当 $\Delta x\to 0$ 时，$\Delta y\to 0$，又 $\varphi'(y)\neq 0$，所以有

$$f'(x)=\lim_{\Delta x\to 0}\frac{\Delta y}{\Delta x}=\lim_{\Delta x\to 0}\frac{1}{\frac{\Delta x}{\Delta y}}=\frac{1}{\lim\limits_{\Delta x\to 0}\frac{\Delta x}{\Delta y}}=\frac{1}{\varphi'(y)}.$$

即函数 $y=f(x)$ 在 x 处可导，且 $f'(x)=\dfrac{1}{\varphi'(y)}$，也就是说“反函数的导数是原函数导数的倒数”.

例 6 求下列函数的导数:

(1) $y=\arcsin x$; (2) $y=\arctan x$.

解 (1) $y=\arcsin x$ 的反函数是 $x=\sin y$. 又已知 $(\sin y)'=\cos y$，于是有

$$(\arcsin x)'=\frac{1}{(\sin y)'}=\frac{1}{\cos y}.$$

因为 $y\in\left[-\dfrac{\pi}{2},\dfrac{\pi}{2}\right]$，所以 $\cos y=\sqrt{1-\sin^2 y}=\sqrt{1-x^2}$. 根据分母不能为零且偶次根式的被开方式非负，可得 $-1<x<1$，故

$$(\arcsin x)'=\frac{1}{\sqrt{1-x^2}},\quad x\in(-1,1).$$

同理可得

$$(\arccos x)'=-\frac{1}{\sqrt{1-x^2}},\quad x\in(-1,1).$$

(2) $y=\arctan x$ 的反函数是 $x=\tan y$，又已知 $(\tan y)'=\sec^2 y$. 所以

$$(\arctan x)'=\frac{1}{\sec^2 y}=\frac{1}{1+\tan^2 y}=\frac{1}{1+x^2},$$

即

$$(\arctan x)'=\frac{1}{1+x^2},\quad x\in\mathbf{R}.$$

同理可得

$$(\operatorname{arccot} x)'=-\frac{1}{1+x^2},\quad x\in\mathbf{R}.$$

定理 2.4.4 (反正弦函数和反余弦函数的导数) 反正弦函数 $y=\arcsin x$ 和反余弦函数 $y=\arccos x$ 都是可导函数，并且

$$(\arcsin x)' = \frac{1}{\sqrt{1-x^2}},\quad x \in (-1,1).$$

$$(\arccos x)' = -\frac{1}{\sqrt{1-x^2}},\quad x \in (-1,1).$$

定理 2.4.5 (反正切函数和反余切函数的导数) 反正切函数 $y = \arctan x$ 和反余切函数 $y = \operatorname{arccot} x$ 都是可导函数, 并且

$$(\arctan x)' = \frac{1}{1+x^2},\quad x \in \mathbf{R}.$$

$$(\operatorname{arccot} x)' = -\frac{1}{1+x^2},\quad x \in \mathbf{R}.$$

同步训练 2.4

1. 求下列函数的导数:

(1) $y = 3\sin x - 5\tan x$; (2) $y = \sin^2 \frac{x}{2}$;

(3) $y = \sin^2 x + \cos^2 x$; (4) $y = \cot x$;

(5) $y = \csc x$; (6) $y = \frac{\sin x - \cos x}{\cos x}$;

(7) $y = \frac{\sin x - \cos x}{\tan x}$; (8) $y = \frac{\cos x}{x}$;

(9) $y = x^2 \arcsin x$; (10) $y = \frac{\arctan x}{1+x}$.

2. 求函数 $y = \sin x$ 在 $x = \frac{\pi}{2}$ 处的切线方程, 哪些点处的切线与它平行?

3. 函数 $y = \arctan x$ 在哪些点的切线平行于直线 $y = \frac{1}{2}x - 3$?

4. 求函数 $y = \arcsin x$ 的图像上所有切线斜率为 2 的点.

扫一扫, 看答案

2.5 链式法则

在前面的内容中, 我们学会了求导的四则运算法则. 但是如果我们想求函数 $y = (x^3 + 2x + 1)^{300}$ 的导数又该怎么办呢? 是否该把它看成 300 个 $x^3 + 2x + 1$ 的乘积呢? 再比如函数 $y = \arcsin \frac{1}{x^2}$, 其中蕴含着“环环相扣”的复杂关系, 我们该如何求导? 在这一节中, 我们就一起探索复合函数的求导法则.

先看一个简单的例子.

例 1 函数 $y = 10x - 15 = 5(2x-3)$ 可以看成是函数 $y = 5u, u = 2x - 3$ 复合而成的, 这三个函数的导数之间有何关系呢?

解 运用基本的求导运算, 不难得到

$$\frac{\mathrm{d}y}{\mathrm{d}x} = (10x-15)' = 10, \frac{\mathrm{d}y}{\mathrm{d}u} = (5u)' = 5, \frac{\mathrm{d}u}{\mathrm{d}x} = (2x-3)' = 2,$$

满足 $\frac{\mathrm{d}y}{\mathrm{d}x}=\frac{\mathrm{d}y}{\mathrm{d}u}\cdot\frac{\mathrm{d}u}{\mathrm{d}x}$, 复合函数的导数等于各层函数分别求导结果的乘积.

这是一个巧合吗? 我们不妨再看一个例子.

例 2 函数 $y=4x^4+4x^2+1=\left(2x^2+1\right)^2$ 可以看成是函数 $y=u^2, u=2x^2+1$ 复合而成的, 这三个函数的导数之间有何关系?

解 再次运用基本的求导运算, 不难得到

$$\frac{\mathrm{d}y}{\mathrm{d}x}=\left(4x^4+4x^2+1\right)'=16x^3+8x,$$
$$\frac{\mathrm{d}y}{\mathrm{d}u}=\left(u^2\right)'=2u=2\left(2x^2+1\right),$$
$$\frac{\mathrm{d}u}{\mathrm{d}x}=\left(2x^2+1\right)'=4x.$$

同样有 $\frac{\mathrm{d}y}{\mathrm{d}x}=\frac{\mathrm{d}y}{\mathrm{d}u}\cdot\frac{\mathrm{d}u}{\mathrm{d}x}$.

以上的两个例子产生了 “环环相扣” 的效果, 正如在工业生产中, 如果甲设备的功率是乙设备的 3 倍, 乙设备的功率是丙设备的 4 倍, 则可以知道甲设备的功率是丙设备的 12 倍.

我们把复合函数的导数与其各层函数导数之间的关系总结为以下定理.

定理 2.5.1 (**复合函数的求导法则**) 若函数 $u=g(x)$ 在点 x 处可导, 而 $y=f(u)$ 在点 $u=g(x)$ 处可导, 则复合函数 $y=f[g(x)]$ 在点 x 处可导, 且其导数为

$$\frac{\mathrm{d}y}{\mathrm{d}x}=f'(u)\cdot g'(x) \text{ 或 } \frac{\mathrm{d}y}{\mathrm{d}x}=\frac{\mathrm{d}y}{\mathrm{d}u}\cdot\frac{\mathrm{d}u}{\mathrm{d}x}.$$

注 可以将复合函数的求导法则形象地理解为复合函数 $f[g(x)]$ 的导数是外层函数 $y=f(u)$ 的导数与内层函数 $u=g(x)$ 的导数的乘积, 就像链锁一样一环套一环, 因此, 这一法则也被称为 “链式法则”, 于是, 学会 “分解” 复合函数至关重要.

例 3 求函数 $y=\cos(\sin x)$ 的导数.

解 我们可以把函数拆为外层函数 $y=\cos u$ 和内层函数 $u=\sin x$, 则

$$\frac{\mathrm{d}y}{\mathrm{d}x}=\frac{\mathrm{d}y}{\mathrm{d}u}\cdot\frac{\mathrm{d}u}{\mathrm{d}x}=(-\sin u)\cdot\cos x=-\sin(\sin x)\cdot\cos x.$$

例 4 求函数 $y=\left(x^3+2x+1\right)^{300}$ 的导数.

解 现在我们能将函数拆为外层函数 $y=u^{300}$ 和内层函数 $u=x^3+2x+1$, 则

$$\frac{\mathrm{d}y}{\mathrm{d}x}=\frac{\mathrm{d}y}{\mathrm{d}u}\cdot\frac{\mathrm{d}u}{\mathrm{d}x}=300u^{299}\cdot\left(3x^2+2\right)=300\left(3x^2+2\right)\cdot\left(x^3+2x+1\right)^{299}.$$

例 5　求函数 $y=\dfrac{1}{(x^2+x+1)^5}$ 的导数.

解　我们可以把函数拆为外层函数 $y=u^{-5}$ 和内层函数 $u=x^2+x+1$, 则

$$\frac{\mathrm{d}y}{\mathrm{d}x}=\frac{\mathrm{d}y}{\mathrm{d}u}\cdot\frac{\mathrm{d}u}{\mathrm{d}x}=-5u^{-6}\cdot(2x+1)=-\frac{5(2x+1)}{(x^2+x+1)^6}.$$

例 6　求函数 $y=\dfrac{x\sin 2x}{1+x^2}$ 的导数.

解　本题中不仅需要用到求导的乘法和除法法则, 在分子的求导中还要用到链式法则,

$$\begin{aligned}\frac{\mathrm{d}y}{\mathrm{d}x}&=\frac{(x\sin 2x)'(1+x^2)-x\sin 2x\,(1+x^2)'}{(1+x^2)^2}\\&=\frac{(\sin 2x+2x\cos 2x)(1+x^2)-2x^2\sin 2x}{(1+x^2)^2}.\end{aligned}$$

例 7　**(抽象复合函数的求导)**　已知 $f(u)$ 可导, 求函数 $y=f(\sec x)$ 的导数.

解　由于 $f(u)$ 可导, 将它看成是外层函数, 内层函数为 $u=\sec x$.

$$y'=[f(\sec x)]'=f'(u)\cdot(\sec x)'=f'(\sec x)\cdot\sec x\cdot\tan x.$$

如果遇到三层或者三层以上的复合函数, 求导时, 我们只需分以下几步：第 1 步分清楚层次, 第 2 步由外向内多次使用链式法则即可.

例 8　求函数 $y=\sin\left(\cos x^3\right)$ 的导数.

解

$$\begin{aligned}y'=\left[\sin\left(\cos x^3\right)\right]'&=\cos\left(\cos x^3\right)\cdot\left(\cos x^3\right)'\\&=\cos\left(\cos x^3\right)\cdot\left(-\sin x^3\right)\cdot\left(x^3\right)'\\&=-3x^2\sin x^3\cos\left(\cos x^3\right).\end{aligned}$$

例 9　求函数 $y=\left(\arctan\dfrac{1}{x}\right)^2$ 的导数.

解

$$\begin{aligned}y'&=2\arctan\frac{1}{x}\left(\arctan\frac{1}{x}\right)'=2\arctan\frac{1}{x}\cdot\frac{1}{1+\left(\frac{1}{x}\right)^2}\cdot\left(\frac{1}{x}\right)'\\&=2\arctan\frac{1}{x}\cdot\frac{x^2}{x^2+1}\cdot\left(-\frac{1}{x^2}\right)=\frac{-2}{(x^2+1)}\arctan\frac{1}{x}.\end{aligned}$$

例 10　有一个边长为 s 的立方体冰块, 假定融化中体积的衰减率与其表面积成比例, 即 $\dfrac{\mathrm{d}V}{\mathrm{d}t}=-k\left(6s^2\right)$, 其中 $k>0$ 是比例系数, 如果 1 h 后冰块融化了 $\dfrac{1}{4}$, 请问冰块全部融化大约需要多长时间?

解　由于冰块体积与边长的关系是 $V=s^3$, 而体积的衰减率与其表面积成比例 $\dfrac{\mathrm{d}V}{\mathrm{d}t}=-k\left(6s^2\right)$, 我们用链式法则可以得到 V 对 t 的导数为

$$3s^2\frac{\mathrm{d}s}{\mathrm{d}t}=-k\left(6s^2\right).$$

于是, $\frac{\mathrm{d}s}{\mathrm{d}t}=-2k$, 也就是说冰块的边长每小时以 $2k$ 个单位的恒定速率减少. 不妨设 t 小时后冰块边长变为 s_1, 那么 $s-s_1=2kt$, 当 $s_1=0$ 时则全部融化.

$$t_{融化}=\frac{s}{2k}.$$

因为 1 h 后冰块融化了 $\frac{1}{4}$, 因此 $\sqrt[3]{V}-\sqrt[3]{\frac{3}{4}V}=2k$, 那么

$$t_{融化}=\frac{\sqrt[3]{V}}{\sqrt[3]{V}-\sqrt[3]{\frac{3}{4}V}}\approx 11\,(\mathrm{h}).$$

同步训练 2.5

扫一扫, 看答案

1. 求下列函数的导数:

(1) $y=\cos(5-4x)$;　　(2) $y=(5+2x)^3$;

(3) $y=\sqrt{a^2-x^2}$;　　(4) $y=\tan\left(x^2\right)$;

(5) $y=\sin^2 x$;　　(6) $y=\arctan\left(x^3\right)$;

(7) $y=\arcsin(1-2x)$;　　(8) $y=\arccos\frac{1}{x}$;

(9) $y=\frac{1}{\left(x^2+2x-3\right)^4}$;　　(10) $y=\frac{1}{(\sec x+\tan x)^2}$.

2. 求下列函数在指定点处的导数.

(1) 设 $y=(x+\sin x)^{10}$, 求 $y'\left(\frac{3\pi}{2}\right)$.

(2) 设 $y=\left(x^2+3\right)^3(2x-1)^4$, 求 $y'(0)$.

(3) 设 $y=\left(\frac{\sin x}{\cos 2x}\right)^3$, 求 $y'(\pi)$.

(4) 设 $y=\cos\left(\frac{u-1}{2+u}\right)^4$, 求 $y'(0)$.

(5) 设 $y=\cos(\sin(\cos x))$, 求 $y'(\pi)$.

3. 设函数 $f(x)$ 可导, 求下列函数的导数:

(1) $f\left(x^3\right)$;　　(2) $f\left(x^3+2x^2-5\right)$;

(3) $f^{-2}(x)$;　　(4) $(1+f(2x))^2$;

(5) $\cos\left(f\left(x^3\right)\right)$.

4. 求函数 $y=(x+1)^3$ 在点 $(0,1)$ 的切线与 x 轴的交点.

5. 小幅振荡单摆的周期 T 与长度 l 的关系可以表示为 $T=2\pi\sqrt{\frac{l}{g}}$, 其中 g 表示重力加速度, 随着温度 u 的变化,

金属单摆的长度会以与长度 l 成比例的变化率拉长或者缩短, $\frac{\mathrm{d}l}{\mathrm{d}u}=kl$, k 是比例系数, 试证明周期 T 关于温度的变化率为 $\frac{kT}{2}$.

2.6 高阶导数

我们透过现象抓住问题的本质, 将一大类的问题凝练成函数的导数. 我们知道对函数 $y=f(x)$ 求导产生了一个新的函数 $f'(x)$, 并且在不同的背景下产生了丰富多彩的实际意义, 那么如果我们再次考虑 $f'(x)$ 的导数会怎样呢? 这个过程可否无休止地进行下去呢? 又会有怎样的实际意义呢?

2.6.1 高阶导数的定义

若函数 $y=f(x)$ 的导数 $f'(x)$ 在 x 处仍然可导, 则称 $f'(x)$ 的导数为函数 $y=f(x)$ 的**二阶导数**, 记作 y'' 或 $f''(x)$ 或 $\frac{\mathrm{d}^2y}{\mathrm{d}x^2}$, 即

$$y''=(y')' \text{ 或 } f''(x)=[f'(x)]' \text{ 或 } \frac{\mathrm{d}^2y}{\mathrm{d}x^2}=\frac{\mathrm{d}}{\mathrm{d}x}\left(\frac{\mathrm{d}y}{\mathrm{d}x}\right).$$

相应地, 称 $f'(x)$ 为函数 $y=f(x)$ 的**一阶导数**.

二阶导数刻画了一阶导数的变化率. 例如, 在直线运动中, 一阶导数可以刻画直线运动物体的瞬时速度问题, 二阶导数则刻画了速度的变化快慢问题, 即加速度. 在后面的课程中我们还可以运用二阶导数判断出曲线的弯曲方向.

进一步, 如果二阶导数 $f''(x)$ 仍可导, 则称 $f(x)$ **三阶可导**, 并且三阶导数是

$$y'''=(y'')' \text{ 或 } f'''(x)=[f''(x)]' \text{ 或 } \frac{\mathrm{d}^3y}{\mathrm{d}x^3}=\frac{\mathrm{d}}{\mathrm{d}x}\left(\frac{\mathrm{d}^2y}{\mathrm{d}x^2}\right).$$

这里 $y''', f'''(x), \frac{\mathrm{d}^3y}{\mathrm{d}x^3}$ 都可以作为三阶导数的记号.

类似地, 如果 $n-1$ 阶导数 $f^{(n-1)}(x)$ 仍可导, 则称 $f(x)$ n **阶可导**, 且 n 阶导数是

$$y^{(n)}=\left(y^{(n-1)}\right)' \text{ 或 } f^{(n)}(x)=\left[f^{(n-1)}(x)\right]' \text{ 或 } \frac{\mathrm{d}^ny}{\mathrm{d}x^n}=\frac{\mathrm{d}}{\mathrm{d}x}\left(\frac{\mathrm{d}^{n-1}y}{\mathrm{d}x^{n-1}}\right).$$

这里 $y^{(n)}, f^{(n)}(x), \frac{\mathrm{d}^ny}{\mathrm{d}x^n}$ 都可以作为 n 阶导数的记号.

2.6.2 一些常用的高阶导数

运用高阶导数的定义, 不难得到一些常见函数的高阶导数, 我们以例题的形式给出.

例 1 求常值函数 $y=C$ 的 n 阶求导公式 (C 为任意常数).

解 显然 $y'=0$, 逐次求导有

$$y'=y''=\cdots=y^{(n)}=0.$$

例 2 求幂函数 $y=x^\alpha$ $(\alpha\in\mathbf{R})$ 的 n 阶求导公式.

解 $$y'=\alpha x^{\alpha-1},\quad y''=\left(\alpha x^{\alpha-1}\right)'=\alpha(\alpha-1)x^{\alpha-2},$$

$$y'''=\left[\alpha(\alpha-1)x^{\alpha-2}\right]'=\alpha(\alpha-1)(\alpha-2)x^{\alpha-3}.$$

一般地,

$$y^{(n)}=\alpha(\alpha-1)\cdots(\alpha-n+1)x^{\alpha-n}.$$

特别地, 若 $\alpha=-1$, 则有

$$\left(\frac{1}{x}\right)^{(n)}=(-1)^n\frac{n!}{x^{n+1}}.$$

若 α 为自然数 n, 则有

$$(x^n)^{(n)}=n(n-1)(n-2)\cdots 3\cdot 2\cdot 1=n!,(x^n)^{(n+1)}=(n!)'=0.$$

例 3 求 $y=\sin x$ 的 n 阶导数.

解 由于 $y'=\cos x, y''=-\sin x, y'''=-\cos x, y^{(4)}=\sin x,\cdots$, 可以归纳为

$$y^{(n)}=\sin\left(x+n\cdot\frac{\pi}{2}\right).$$

同理可得

$$(\cos x)^{(n)}=\cos\left(x+n\cdot\frac{\pi}{2}\right).$$

例 4 求函数 $y=x^4-3x^3+2x^2+x-5$ 的四阶导数 $y^{(4)}$ 和五阶导数 $y^{(5)}$.

解 $y'=4x^3-9x^2+4x+1,\quad y''=(y')'=12x^2-18x+4,\quad y'''=(y'')'=24x-18,$ $y^{(4)}=(y''')'=24,\quad y^{(5)}=0.$

一般地, 若 $y=x^n+a_1x^{n-1}+a_2x^{n-2}+\cdots+a_{n-1}x+a_n$, 则 $y^{(n)}=n!, y^{(n+1)}=0$.

我们也可以利用 MATLAB 软件中的 diff 命令求函数的高阶导数, 以上例为例:

```
>> syms x
>> y = x^4-3*(x^3)+2*(x^2)+x-5
>> diff(y,x,5)        % 求5阶导数
```

运行的结果为

```
ans = 0
```

例 5 设 $y=x^3\sin x$, 求 y'''.

解 根据导数的四则运算法则

$$y'=\left(x^3\sin x\right)'=3x^2\sin x+x^3\cos x,$$

$$y'' = \left(3x^2\sin x + x^3\cos x\right)' = 6x\sin x + 6x^2\cos x - x^3\sin x,$$

$$y''' = \left(6x\sin x + 6x^2\cos x - x^3\sin x\right)' = 6\sin x + 18x\cos x - 9x^2\sin x - x^3\cos x.$$

例 6 有一个水平方向运动的小球, 它在 t (单位: s) 时刻的位置与时间的关系可以表示为

$$s = t^3 - 6t^2 + 9t - 26 \text{ (单位: m)}.$$

请问:

(1) 小球何时速度为 0?

(2) 小球何时速度为正数?

(3) 小球速度为负数意味着什么?

(4) 小球何时加速度为正数?

解 (1) 由于 $v = s' = \left(t^3 - 6t^2 + 9t - 26\right)' = 3t^2 - 12t + 9 = 3\left(t^2 - 4t + 3\right) = 3(t-1)(t-3)$, 因此在 $t = 1, t = 3$ 时小球速度为 0 .

(2) 当 $(t-1)(t-3) > 0$ 时, 即 $t > 3$ 或 $t < 1$ 时, 小球速度为正数.

(3) 当 $(t-1)(t-3) < 0$ 时, 即 $1 < t < 3$ 时, 小球速度为负数, 这意味着小球向着原点的左边运动.

(4) 加速度可以表示为 $a = v' = \left(3t^2 - 12t + 9\right)' = 6t - 12$, 因此 $t > 2$ 时, 加速度为正数.

同步训练 2.6

1. 求下列函数的二阶导数:

(1) $y = x^4 - 3x^2 + 2x + 10$;　　(2) $y = (2x+1)^3$;

(3) $y = \tan x$;　　(4) $y = x^2\sin x$;

(5) $y = \sqrt[3]{x}\cos x$;　　(6) $y = \sqrt{a^2 - x^2}$;

(7) $y = \dfrac{1}{x^2+1}$;　　(8) $y = \dfrac{x^2}{1+x}$.

扫一扫, 看答案

2. 求下列函数在指定点处的高阶导数:

(1) 设 $f(x) = (x+5)^4$, 求 $f''(2)$;

(2) 设 $f(x) = \sin^2 x + x^2$, 求 $f'''\left(\dfrac{\pi}{2}\right)$;

(3) 设 $f(x) = \dfrac{1}{1-x}$, 求 $f'''(2)$;

(4) 设 $f(x) = \dfrac{1}{x - \sqrt{x^2-1}}$, 求 $f''(2)$;

(5) 设 $f(x) = (\arcsin x)^2$, 求 $f''(0)$.

3. 设 $f''(x)$ 存在, 求下列函数的二阶导数 $\frac{\mathrm{d}^2y}{\mathrm{d}x^2}$:

(1) $y=f\left(x^4\right)$;　　(2) $y=\sin[f(x)]$;

(3) $y=f\left(\frac{1}{x}\right)$;　　(4) $y=\cos^2[f(x)]$.

4. 求下列函数的 n 阶导数:

(1) $f(x)=x^n+a_1x^{n-1}+a_2x^{n-2}+\cdots+a_{n-1}x+a_n$ ($a_1,a_2,\cdots,a_n$ 都是常数);

(2) $f(x)=\frac{1}{1+x}$;

(3) $f(x)=\sin x\cos x$.

5. 一物体在 y 轴上自原点开始运动, 它的位置 (m) 与时间 (s) 的关系可以表示为

$$S(t)=t^2+\frac{16}{t}.$$

请问:

(1) 在 t 时刻物体的速度和加速度分别为多少?

(2) 物体何时达到最高点?

(3) 尝试画出物体的运动轨迹.

6. 若一个物体的运动位置 (m) 与时间 (s) 的关系可以表示为

$$S(t)=\frac{1}{2}t^4-5t^3+12t^2.$$

当加速度为 0 时, 物体的速度为多少?

7. 若两个物体的运动位置 (m) 与时间 (s) 的关系可以分别表示为

$$S_1(t)=3t^3-12t^2+18t+5 \text{ 和} S_2(t)=-t^3+9t^2-12t+4.$$

请问何时两者速度相同?

2.7 隐函数与参数方程所确定函数的导数

由方程确定的隐函数导数及由参数方程所确定函数的导数是高等数学中的常见的求导类型, 下面介绍求导方法及在实际问题中的应用.

2.7.1 隐函数及其导数

用式子表示的函数有两种不同的形式. 一种是将函数表示成 $y=f(x)$ 的形式, 例如: $y=\cos x$, 其中 $f(x)$ 的表达式中是不含 y 的, 这种形式的函数称为**显函数**. 另一种是所谓的隐函数, 即若 y 是 x 的函数, 这个函数关系是由方程 $F(x,y)=0$ 所确定, 这种函数称为**隐函数**. 例如: 方程 $x+y^3-1=0$, 具有隐式的形式 $F(x,y)=0$.

一般地, 如果变量 x 和 y 满足一个方程 $F(x,y)=0$, 在一定条件下, 当 x 取某区间内的任一值时, 相应地总有满足这方程的唯一的 y 存在, 那么就说方程 $F(x,y)=0$ 在该区间内确定了一个隐

函数.

在适当条件下, $F(x,y)=0$ 这种形式的方程蕴含了变量 x 与变量 y 的相互关系. 目前我们还无法直接给出隐函数存在的充分条件, 因此我们总是假设 $F(x,y)=0$ 所确定的 y 关于 x 的隐函数存在且可导. 利用复合函数求导法则, 在上式两边同时对自变量 x 求导, 然后解出 $\dfrac{\mathrm{d}y}{\mathrm{d}x}$, 这就是**隐函数求导法**.

例 1　求方程 $y^2=4x$ 确定的隐函数 $y=y(x)$, 并求其导数 $\dfrac{\mathrm{d}y}{\mathrm{d}x}$.

解法一　方程 $y^2=4x$ 确定了两个关于 x 的可导方程, $y_1=2\sqrt{x}$ 和 $y_2=-2\sqrt{x}$. 根据显函数的求导方法, 得

$$\frac{\mathrm{d}y_1}{\mathrm{d}x}=\frac{1}{\sqrt{x}} \text{和} \frac{\mathrm{d}y_2}{\mathrm{d}x}=\frac{-1}{\sqrt{x}}.$$

注　因为 $\dfrac{\mathrm{d}y_1}{\mathrm{d}x}=\dfrac{1}{\sqrt{x}}=\dfrac{2}{y_1}$ 且 $\dfrac{\mathrm{d}y_2}{\mathrm{d}x}=\dfrac{-1}{\sqrt{x}}=\dfrac{2}{y_2}$, 所以可以验证 $y_1=2\sqrt{x}$ 和 $y_2=-2\sqrt{x}$ 在 $x>0$ 的每一个点上均有 $\dfrac{\mathrm{d}y}{\mathrm{d}x}=\dfrac{2}{y}$ 成立.

在解法一中, 我们必须获得 $y=y(x)$ 的显式表达, 再利用显函数求导的方法来求出导数. 而得到 $y=y(x)$ 的显式表达, 有时候是困难的. 那么倘若我们只有条件 y 关于 x 的隐函数存在且可导, 而没有 $y=y(x)$ 的显式表达. 此时可否计算导数 $\dfrac{\mathrm{d}y}{\mathrm{d}x}$ 呢? 答案是肯定的! 这就是隐函数求导的方法.

解法二　我们把方程 $y^2=4x$ 两端均视作关于 x 的函数, 其中左侧为复合函数 $y^2(x)$.

对方程两端关于 x 求导, 得

$$2y\frac{\mathrm{d}y}{\mathrm{d}x}=4, \frac{\mathrm{d}y}{\mathrm{d}x}=\frac{2}{y}.$$

注　解法二说明了隐函数求导法的技术, 不用解出 y 就可以同时得到 x 和 y 表示的 $\dfrac{\mathrm{d}y}{\mathrm{d}x}$. 解法二得到的导数与用解法一显式计算的导数是一致的.

隐函数求导的一般步骤如下:

第 1 步: 对方程 $F(x,y)=0$ 两端关于 x 求导, 其中把 y 视作关于 x 的可导函数 $y=y(x)$, 运用复合函数求导法则进行求导.

第 2 步: 得到另一方程 $G\left(x,y,\dfrac{\mathrm{d}y}{\mathrm{d}x}\right)=0$, 解出 $\dfrac{\mathrm{d}y}{\mathrm{d}x}$ 与 x,y 的关系式.

例 2　求方程 $y^2=x^2+\sin xy$ 所确定隐函数 $y=y(x)$ 的导数 $\dfrac{\mathrm{d}y}{\mathrm{d}x}$.

解　方程两端对 x 求导, 得

$$2y\frac{\mathrm{d}y}{\mathrm{d}x}=2x+\left(x\frac{\mathrm{d}y}{\mathrm{d}x}+y\right)(\cos xy).$$

化简得

$$(2y-x\cos xy)\frac{\mathrm{d}y}{\mathrm{d}x}=2x+y\cos xy.$$

当 $2y-x\cos xy\neq 0$ 时,

$$\frac{\mathrm{d}y}{\mathrm{d}x}=\frac{2x+y\cos xy}{2y-x\cos xy}.$$

例 3　求曲线 $x^2+xy-y^3=7$ 在 $(3,2)$ 处的切线方程.

解　计算方程 $x^2+xy-y^3=7$ 每一项的导数, 得

$$2x+y+x\frac{\mathrm{d}y}{\mathrm{d}x}-3y^2\frac{\mathrm{d}y}{\mathrm{d}x}=0,$$

提出公因式解出 $\dfrac{\mathrm{d}y}{\mathrm{d}x}$ 得

$$\frac{\mathrm{d}y}{\mathrm{d}x}=\frac{2x+y}{3y^2-x},$$

当 $x=3,y=2$ 时, 代入上式求出在 $(3,2)$ 处切线的斜率

$$\left.\frac{\mathrm{d}y}{\mathrm{d}x}\right|_{(3,2)}=\frac{8}{9}.$$

因此, 过 $(3,2)$ 且斜率为 $\dfrac{8}{9}$ 的直线方程为

$$y-2=\frac{8}{9}(x-3)\text{ 或}y=\frac{8}{9}x-\frac{2}{3}.$$

图 2.16 显示了曲线 $x^2+xy-y^3=7$ 和切线的图像.

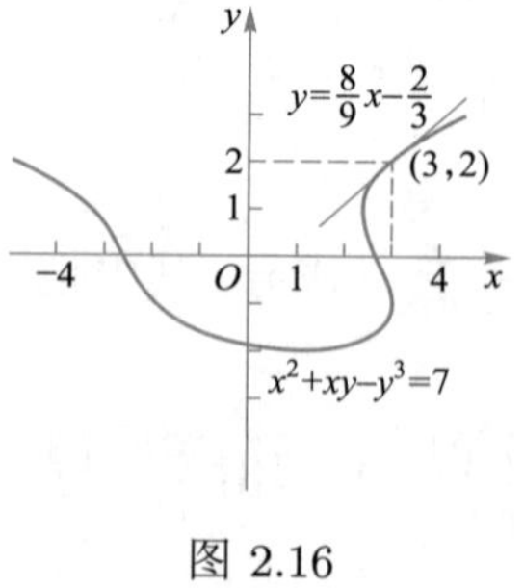

图 2.16

对幂指函数 $y=u(x)^{v(x)}$, 直接使用上面介绍的求导法则不能求出其导数. 对于这类函数, 可以先在函数两边取对数, 然后在等式两边同时对自变量 x 求导, 最后解出所求导数, 我们把这种方法称为**对数求导法**.

例 4　设 $y=x^{\sin x}(x>0)$, 求 y'.

解　在等式两边取对数, 得

$$\ln y=\sin x\cdot\ln x,$$

等式两边对自变量 x 求导, 得

$$\frac{1}{y}y'=\cos x\cdot\ln x+\sin x\cdot\frac{1}{x},$$

故

$$y'=y\left(\cos x\cdot\ln x+\sin x\cdot\frac{1}{x}\right)=x^{\sin x}\left(\cos x\cdot\ln x+\frac{\sin x}{x}\right).$$

此外, 对数求导法还常用在求多个函数乘积的导数.

2.7.2 隐函数的高阶导数

在 2.6 节, 我们先计算 $\frac{\mathrm{d}y}{\mathrm{d}x},\frac{\mathrm{d}^2y}{\mathrm{d}x^2},\cdots,\frac{\mathrm{d}^{n-1}y}{\mathrm{d}x^{n-1}}$ 再求 $\frac{\mathrm{d}^ny}{\mathrm{d}x^n}$, 同样的方法可以求隐函数的高阶导数.

例 5　求方程 $2x^3-3y^2=8$ 所确定隐函数 $y=y(x)$ 的二阶导数 $\frac{\mathrm{d}^2y}{\mathrm{d}x^2}$.

解　先求一阶导数, 对方程两端同时求导, 得

$$6x^2-6y\frac{\mathrm{d}y}{\mathrm{d}x}=0,\quad \frac{\mathrm{d}y}{\mathrm{d}x}=\frac{x^2}{y}.$$

再次关于 x 求导,

$$\frac{\mathrm{d}^2y}{\mathrm{d}x^2}=\frac{2x}{y}-\frac{x^2}{y^2}\frac{\mathrm{d}y}{\mathrm{d}x}.$$

将 $\frac{\mathrm{d}y}{\mathrm{d}x}=\frac{x^2}{y}$ 代入, 得

$$\frac{\mathrm{d}^2y}{\mathrm{d}x^2}=\frac{2x}{y}-\frac{x^2}{y^2}\frac{x^2}{y}=\frac{2x}{y}-\frac{x^4}{y^3}.$$

2.7.3 参数方程所确定函数的导数

研究物体运动轨迹时, 常遇到参数方程.

一般地, 假设参数方程

$$\begin{cases}x=\varphi(t),\\ y=\psi(t)\end{cases}\quad a\leqslant t\leqslant b$$

确定了 y 与 x 间的函数关系, 其中 $\varphi(t)$ 与 $\psi(t)$ 在 t 处可导, 并且 $y=y(x)$ 在 $x=\varphi(t)$ 处可导, 根

据链式法则

$$\frac{\mathrm{d}y}{\mathrm{d}t}=\frac{\mathrm{d}y}{\mathrm{d}x}\frac{\mathrm{d}x}{\mathrm{d}t},$$

当 $\dfrac{\mathrm{d}x}{\mathrm{d}t}\neq 0$ 时, 两边除以 $\dfrac{\mathrm{d}x}{\mathrm{d}t}$ 得,

$$\frac{\mathrm{d}y}{\mathrm{d}x}=\frac{\dfrac{\mathrm{d}y}{\mathrm{d}t}}{\dfrac{\mathrm{d}x}{\mathrm{d}t}}.$$

由此得参数方程所确定函数的求导公式.

如果 $\dfrac{\mathrm{d}y}{\mathrm{d}t},\dfrac{\mathrm{d}y}{\mathrm{d}x},\dfrac{\mathrm{d}x}{\mathrm{d}t}$ 都存在且 $\dfrac{\mathrm{d}x}{\mathrm{d}t}\neq 0$, 则

$$\frac{\mathrm{d}y}{\mathrm{d}x}=\frac{\dfrac{\mathrm{d}y}{\mathrm{d}t}}{\dfrac{\mathrm{d}x}{\mathrm{d}t}}=\frac{\psi'(t)}{\varphi'(t)}.$$

更进一步, 若假设 $y=y(x)$ 二阶可导, 我们可用导函数 $\dfrac{\mathrm{d}y}{\mathrm{d}x}$ 替换参数方程所确定函数的求导公式中的 y. 再次应用参数方程所确定函数的求导公式得

$$\frac{\mathrm{d}^2y}{\mathrm{d}x^2}=\frac{\dfrac{\mathrm{d}}{\mathrm{d}t}\dfrac{\mathrm{d}y}{\mathrm{d}x}}{\dfrac{\mathrm{d}x}{\mathrm{d}t}}=\frac{\dfrac{\mathrm{d}}{\mathrm{d}t}\left(\dfrac{\dfrac{\mathrm{d}y}{\mathrm{d}t}}{\dfrac{\mathrm{d}x}{\mathrm{d}t}}\right)}{\dfrac{\mathrm{d}x}{\mathrm{d}t}}=\frac{\dfrac{\dfrac{\mathrm{d}^2y}{\mathrm{d}t^2}\dfrac{\mathrm{d}x}{\mathrm{d}t}-\dfrac{\mathrm{d}y}{\mathrm{d}t}\dfrac{\mathrm{d}^2x}{\mathrm{d}t^2}}{\left(\dfrac{\mathrm{d}x}{\mathrm{d}t}\right)^2}}{\dfrac{\mathrm{d}x}{\mathrm{d}t}}=\frac{\dfrac{\mathrm{d}^2y}{\mathrm{d}t^2}\dfrac{\mathrm{d}x}{\mathrm{d}t}-\dfrac{\mathrm{d}y}{\mathrm{d}t}\dfrac{\mathrm{d}^2x}{\mathrm{d}t^2}}{\left(\dfrac{\mathrm{d}x}{\mathrm{d}t}\right)^3}$$

$$=\frac{\psi''(t)\varphi'(t)-\psi'(t)\varphi''(t)}{\varphi'^3(t)}.$$

例 6 求曲线

$$\begin{cases}x=3\sec t,\\ y=\tan t\end{cases}\quad -\frac{\pi}{2}\leqslant t\leqslant\frac{\pi}{2}$$

在点 $(3\sqrt{2},1)$, 即 $t=\dfrac{\pi}{4}$ 时的切线.

解 在 $t=\dfrac{\pi}{4}$ 的切线斜率为

$$\frac{\mathrm{d}y}{\mathrm{d}x}=\frac{\dfrac{\mathrm{d}y}{\mathrm{d}t}}{\dfrac{\mathrm{d}x}{\mathrm{d}t}}=\left.\frac{\sec^2 t}{3\sec t\tan t}\right|_{t=\frac{\pi}{4}}=\left.\frac{\sec t}{3\tan t}\right|_{t=\frac{\pi}{4}}=\frac{\sqrt{2}}{3},$$

由此可得切线方程为

$$y-1=\frac{\sqrt{2}}{3}(x-3\sqrt{2}),$$

整理可得

$$y=\frac{\sqrt{2}}{3}x-1.$$

例 7 已知 $\begin{cases} x=3t-t^2, \\ y=t-t^3, \end{cases}$ 求二阶导函数 $\dfrac{\mathrm{d}^2y}{\mathrm{d}x^2}$.

解 计算以 t 表示的一阶导数 $\dfrac{\mathrm{d}y}{\mathrm{d}x}$

$$\frac{\mathrm{d}y}{\mathrm{d}x}=\frac{\dfrac{\mathrm{d}y}{\mathrm{d}t}}{\dfrac{\mathrm{d}x}{\mathrm{d}t}}=\frac{1-3t^2}{3-2t},$$

对 $\dfrac{1-3t^2}{3-2t}$ 关于 t 求导,

$$\frac{\mathrm{d}}{\mathrm{d}t}\left(\frac{\mathrm{d}y}{\mathrm{d}x}\right)=\frac{\mathrm{d}}{\mathrm{d}t}\left(\frac{1-3t^2}{3-2t}\right)=\frac{-6t(3-2t)+2(1-3t^2)}{(3-2t)^2}=\frac{6t^2-18t+2}{(3-2t)^2},$$

可得,

$$\frac{\mathrm{d}^2y}{\mathrm{d}x^2}=\frac{\mathrm{d}}{\mathrm{d}t}\left(\frac{\mathrm{d}y}{\mathrm{d}x}\right)\frac{\mathrm{d}t}{\mathrm{d}x}=\frac{\dfrac{\mathrm{d}}{\mathrm{d}t}\left(\dfrac{\mathrm{d}y}{\mathrm{d}x}\right)}{\dfrac{\mathrm{d}x}{\mathrm{d}t}}=\frac{\dfrac{6t^2-18t+2}{(3-2t)^2}}{3-2t}=\frac{6t^2-18t+2}{(3-2t)^3}.$$

同步训练 2.7

1. 求下列隐函数的导数 $\dfrac{\mathrm{d}y}{\mathrm{d}x}$:

(1) $x^3+y^3-3axy=0$;　　(2) $2xy+y^2=x+y$;

(3) $y^2=\dfrac{x-1}{x+1}$;　　(4) $x=\sec y$;

(5) $x+\tan(xy)=0$;　　(6) $\mathrm{e}^{2x}=\sin(x+3y)$.

扫一扫, 看答案

2. 求曲线过给定点的切线方程与法线方程:

(1) $y^3-xy^2+\cos xy=2$, $(0,1)$;　　(2) $x^2y^2=9$, $(-1,3)$;

(3) $6x^2+3xy+2y^2+17y-6=0$, $(-1,0)$;　　(4) $2xy+\pi\sin y=2\pi$, $\left(1,\dfrac{\pi}{2}\right)$.

3. 求由下列方程所确定的隐函数的二阶导数 $\dfrac{\mathrm{d}^2y}{\mathrm{d}x^2}$:

(1) $x^2+y^2=1$;　　(2) $y^2=\mathrm{e}^{x^2}+2x$;

(3) $2\sqrt{y}=x-y$;　　(4) $y=1+x\mathrm{e}^{2y}$.

4. 求下列参数方程所确定的函数 $y=y(x)$ 的导数 $\dfrac{\mathrm{d}y}{\mathrm{d}x}$:

(1) $\begin{cases} x = t^2 + 1, \\ y = t^3 + t; \end{cases}$ (2) $\begin{cases} x = \theta(1 - \sin\theta), \\ y = \theta\cos\theta. \end{cases}$

5. 写出下列曲线在给定点处的切线方程与法线方程:

(1) $\begin{cases} x = \mathrm{e}^t \sin t, \\ y = \mathrm{e}^t \cos t, \end{cases}$ 在 $t = \dfrac{\pi}{2}$ 处; (2) $\begin{cases} x = \cos^3 t, \\ y = \sin^3 t, \end{cases}$ 在 $t = \dfrac{\pi}{4}$ 处.

6. 计算由摆线 (图 2.17) 的参数方程

$$\begin{cases} x = a(\theta - \sin\theta), \\ y = a(1 - \cos\theta) \end{cases}$$

所确定的函数 $y = y(x)$ 的二阶导数.

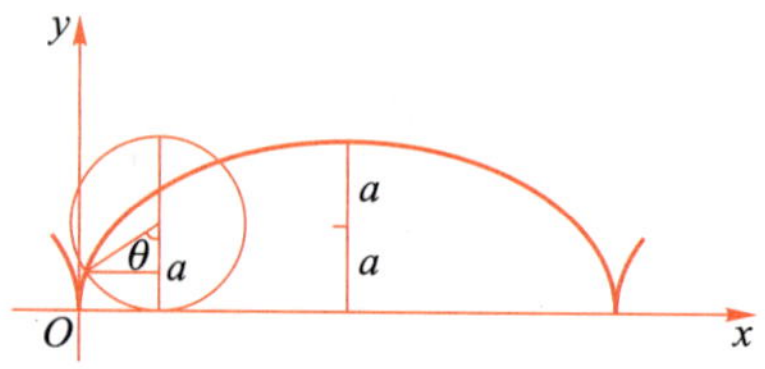

图 2.17

2.8 相关变化率

导数可以理解为变化率, 在这一节中我们仍从变化的角度来考虑导数, 并用导数来解决实际问题.

2.8.1 引例

我们来看一个例子: 假设正在给一个圆形气球充气, 现在对气球半径某一时刻的增加速率进行研究.

设气球半径为 R, 它的增加速率可以理解为半径关于时间 t 的变化率, 即半径关于时间的导数 $\dfrac{\mathrm{d}R}{\mathrm{d}t}$. 假设球的体积为 V, 对球的体积公式

$$V = \frac{4}{3}\pi R^3$$

求导得

$$\frac{\mathrm{d}V}{\mathrm{d}t} = \frac{\mathrm{d}}{\mathrm{d}t}\left(\frac{4}{3}\pi R^3\right) = 4\pi R^2 \frac{\mathrm{d}R}{\mathrm{d}t},$$

得到 $\dfrac{\mathrm{d}R}{\mathrm{d}t}$ 与 $\dfrac{\mathrm{d}V}{\mathrm{d}t}$ 之间的关系. 因为半径对时间的变化率不容易计算, 所以可以运用体积对时间的变化率来得到半径对时间的变化率.

2.8.2 相关变化率的定义

下面定义相关变化率, 在假设符合链式法则的条件下, 通过各个变量之间的关系可以得到各个变量之间的变化率的关系.

定义 2.8.1 设 $x=x(t)$ 及 $y=y(t)$ 都是可导函数, 如果变量 x 与 y 之间存在某种关系, 从而变化率 $\dfrac{\mathrm{d}x}{\mathrm{d}t}$ 与 $\dfrac{\mathrm{d}y}{\mathrm{d}t}$ 间也存在一定关系, 这两个相互依赖的变化率称为**相关变化率**.

注 一般来说, 变量 x 与 y 之间的关系可表述为二元方程 $F(x,y)=0$, 相关变化率就是指 $\dfrac{\mathrm{d}x}{\mathrm{d}t}$ 与 $\dfrac{\mathrm{d}y}{\mathrm{d}t}$ 之间的关系, 通常表述为另一方程 $G\left(\dfrac{\mathrm{d}x}{\mathrm{d}t},\dfrac{\mathrm{d}y}{\mathrm{d}t}\right)=0$. 相关变化率的计算其实就是 (利用导数) 由 F 求出 G 的过程. 求出 G 后, 如果已知 $\dfrac{\mathrm{d}x}{\mathrm{d}t}$ 和 $\dfrac{\mathrm{d}y}{\mathrm{d}t}$ 其中的一个就可以计算另一个了.

如果找到了这种关系, 就可以从一个变化率求另一个变化率. 以下我们来看几个实际例子.

例 1 给圆锥形容器以 2 m³/min 的速率注水. 圆锥形容器锥尖朝下, 锥高 10 m, 底面半径为 5 m. 求当水深 6 m 时, 容器中水面的上升速率.

解 如图 2.18 所示, 设 t 时刻 (单位: min) 时, 容器中水的体积为 $V(t)$ (单位: m³), 水深为 $H(t)$ (单位: m), 水表面半径为 $R(t)$ (单位: m), 由圆锥体积公式得

$$V=\frac{1}{3}\pi R^2H,$$

又由于任意时刻都有 $\dfrac{H}{R}=2$, 所以得到体积与锥高的关系式

$$V=\frac{1}{12}\pi H^3,$$

则相关变化率为

$$\frac{\mathrm{d}}{\mathrm{d}t}V=\frac{1}{4}\pi H^2\frac{\mathrm{d}H}{\mathrm{d}t},$$

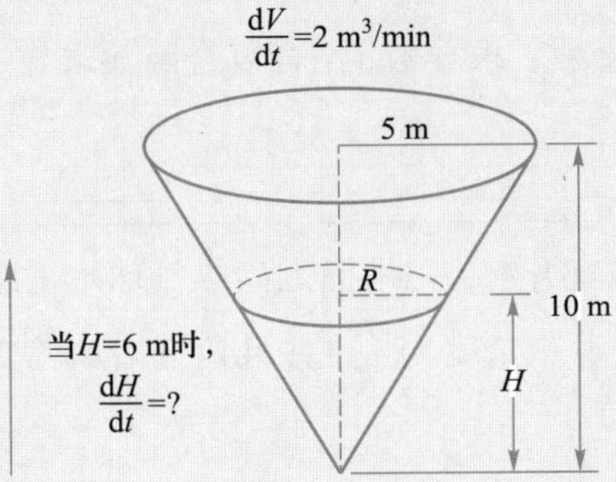

图 2.18

代入 $H=6,\dfrac{\mathrm{d}V}{\mathrm{d}t}=2$, 得

$$\frac{\mathrm{d}H}{\mathrm{d}t}=\frac{4\dfrac{\mathrm{d}V}{\mathrm{d}t}}{\pi H^2}=\frac{2}{9\pi}.$$

因此, 当水深为 6 m 时, 容器中水面上升速率为 $\dfrac{2}{9\pi}$ m/min.

例 2 大气层中的水蒸气遇冷凝结成小水珠, 小水珠通过吸取水分不断变大. 设小水滴可以近似看作一个球, 它吸取水分的速率与它的表面积成正比, 试证明: 小水滴半径的增大速率为常数.

证 设 t 时刻, 小水滴的半径为 $r(t)$, 体积为 $V(t)$, 因此 $V=\frac{4}{3}\pi r^3$. 两端求导, 得

$$\frac{\mathrm{d}V}{\mathrm{d}t}=4\pi r^2\frac{\mathrm{d}r}{\mathrm{d}t}.$$

由于小水滴吸收水分的速率与它的表面积成正比, 所以

$$\frac{\mathrm{d}V}{\mathrm{d}t}=k4\pi r^2,$$

代入上式, 得

$$4\pi r^2\frac{\mathrm{d}r}{\mathrm{d}t}=k4\pi r^2,$$

即

$$\frac{\mathrm{d}r}{\mathrm{d}t}=k.$$

2.8.3 求相关变化率的步骤

相关变化率的计算通常都是具有实际背景的 "应用题", 一般求解步骤如下:

(1) 根据题意确定要计算相关变化率的变量 x, y;

(2) 找出与 x, y 都相关的 "隐含" 变量 t (t 通常为时间或角度), 注意一般不用写出 x, y 与 t 之间确切的函数关系 $x=x(t), y=y(t)$;

(3) 根据题意找出 x 和 y 之间的等量关系, 即列方程 $F(x, y)=0$;

(4) 在方程 $F(x, y)=0$ 两边对 t 求导数 (结合复合函数求导法则), 得到目标方程 $G\left(\frac{\mathrm{d}x}{\mathrm{d}t}, \frac{\mathrm{d}y}{\mathrm{d}t}\right)=0$.

例 3 一个热气球正从地面竖直升起. 在地面上离热气球水平距离 180 m 处用测距仪追踪观测. 在某一时刻测距仪追踪观测角度为 $\frac{\pi}{4}$, 并且角度增加的变化率是 0.2 rad/min. 求此刻热气球的上升速度.

解 (1) 我们用 t 表示时间.

(2) 如图 2.19 所示, 设 $\theta(t)$ 为追踪观测角度. 此刻观测角度为 $\theta=\frac{\pi}{4}$, $h(t)$ 为热气球距地面高度. 那么我们已知 $\frac{\mathrm{d}\theta}{\mathrm{d}t}=0.2$, 热气球上升速度为 $\frac{\mathrm{d}h}{\mathrm{d}t}$.

(3) 列出变量之间的关系式. $\tan\theta=\frac{h}{180}$ 即 $h=180\tan\theta$.

(4) 对时间 t 求导,

$$\frac{\mathrm{d}h}{\mathrm{d}t}=180\sec^2\theta\frac{\mathrm{d}\theta}{\mathrm{d}t},$$

把 $\frac{\mathrm{d}\theta}{\mathrm{d}t}=0.2$, 此刻 $\theta=\frac{\pi}{4}$ 代入求解, 得

$$\frac{\mathrm{d}h}{\mathrm{d}t}=180\times(\sqrt{2})^2\times 0.2=72\ (\mathrm{m/min}).$$

因此, 此刻热气球上升速度为 72 m/min.

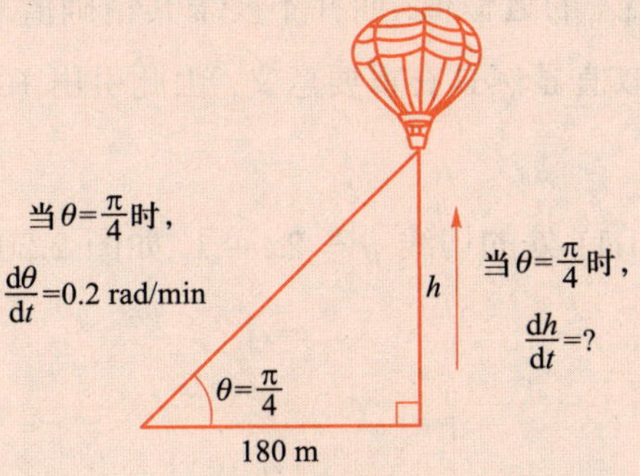

图 2.19

同步训练 2.8

1. 假设 $y=5x$ 并且 $\frac{\mathrm{d}x}{\mathrm{d}t}=2$, 求出 $\frac{\mathrm{d}y}{\mathrm{d}t}$.

2. 假设球面半径 r 与表面积 $S=4\pi r^2$ 都是关于时间 t 的可导函数, 写出相关变化率 $\frac{\mathrm{d}S}{\mathrm{d}t}$ 与 $\frac{\mathrm{d}r}{\mathrm{d}t}$ 的关系式.

扫一扫, 看答案

3. 设圆柱体的半径为 r, 高为 h , 体积为 V , 体积公式 $V=\pi r^2h$ 成立. 问:

   (1) 当 r 是常数时, $\frac{\mathrm{d}V}{\mathrm{d}t}$ 与 $\frac{\mathrm{d}h}{\mathrm{d}t}$ 的关系;

   (2) 当 h 是常数时, $\frac{\mathrm{d}V}{\mathrm{d}t}$ 与 $\frac{\mathrm{d}r}{\mathrm{d}t}$ 的关系;

   (3) 当 r 和 h 不是常数时, $\frac{\mathrm{d}V}{\mathrm{d}t}$ 与 $\frac{\mathrm{d}h}{\mathrm{d}t}$ 和 $\frac{\mathrm{d}r}{\mathrm{d}t}$ 的关系.

4. 设 x 和 y 是关于 t 的可导函数, 设 $s=\sqrt{x^2+y^2}$ 是点 $(x,0)$ 和点 $(0,y)$ 的距离. 问:

   (1) 当 y 是常数时, $\frac{\mathrm{d}s}{\mathrm{d}t}$ 与 $\frac{\mathrm{d}x}{\mathrm{d}t}$ 的关系;

   (2) 当 x,y 不是常数时, $\frac{\mathrm{d}s}{\mathrm{d}t}$ 与 $\frac{\mathrm{d}x}{\mathrm{d}t}$ 和 $\frac{\mathrm{d}y}{\mathrm{d}t}$ 的关系;

   (3) 当 s 是常数时, $\frac{\mathrm{d}x}{\mathrm{d}t}$ 与 $\frac{\mathrm{d}y}{\mathrm{d}t}$ 的关系.

5. 锥形蓄水池 (锥尖为底部) 以 50 $\mathrm{m}^3/\mathrm{min}$ 的速率排水, 此锥形蓄水池顶部为半径 45 m 的圆, 深度为 6 m. 求

   (1) 当水深 5 m 时, 池内水面的下降速率;

   (2) 水面半径的改变速率 (答案以 cm/min 为单位).

6. 落在平静水面上的石头, 使水面产生同心波纹, 若最外一圈波纹半径的增大速率总是 6 m/s, 求在第 2 s 末被扰动的水面面积增大的速率.

2.9 局部线性化与微分

在理论研究和实际问题中，我们经常关心当自变量 x 有微小变化 Δx 时，函数的改变量是多少. 对于简单函数，只要计算 $\Delta y = f(x+\Delta x) - f(x)$ 即可. 但在实际问题中这个差值计算起来往往比较困难，同时实际问题经常关心差的近似值，而并不要求其精确值. 在这种情况下，若存在一种简单方法可以获得函数变化量的近似值显然具有重要意义. 由此引出函数局部线性化和微分的概念.

2.9.1 局部线性化

观察曲线 $y=x^2$ 在某点 (1.1) 处的切线 $y=2x-1$，如图 2.20 所示：

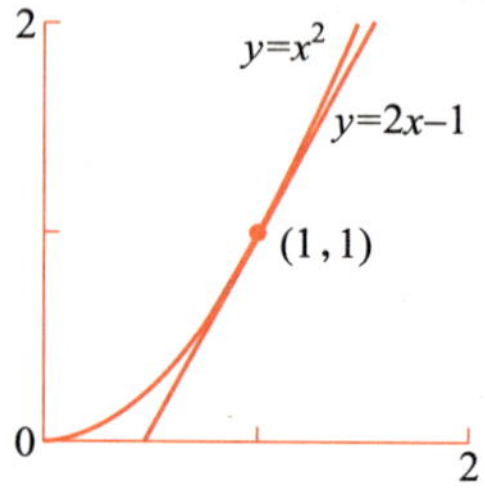

图 2.20

观察发现，越靠近 (1.1)，曲线 $y=x^2$ 与切线 $y=2x-1$ 越接近. 由此得到启发，在靠近 (1.1) 的曲线部分，可以用切线来近似. 那么在一般的情况下，当函数 $f(x)$ 中 x 靠近 x_0 时，我们也希望用线性函数来近似.

假设 $y=f(x)$ 在 $x=x_0$ 处可导，则

$$f'(x_0) = \lim_{x\to x_0}\frac{y-y_0}{x-x_0} = \lim_{x\to x_0}\frac{f(x)-f(x_0)}{x-x_0},$$

因此当 $x\to x_0$ 时

$$\frac{y-y_0}{x-x_0} = \frac{f(x)-f(x_0)}{x-x_0} \approx f'(x_0),$$

即

$$y \approx y_0 + f'(x_0)(x-x_0)\ (\text{当}x\to x_0\text{时}),$$

其中 $y_0 + f'(x_0)(x-x_0)$ 为函数 $f(x)$ 在点 x_0 附近的线性近似函数，称之为函数 $f(x)$ 在点 x_0 的**线性化**.

例 1 将函数 $y=f(x)=x^2+2$ 在 $x_0=1$ 处线性化.

解 $y_0=f(x_0)=3, f'(x_0)=2x_0=2$，得

$$y = y_0 + f'(1)(x-1) = 3 + 2(x-1) = 2x+1.$$

所以 $y=x^2+2$ 在 $x_0=1$ 处线性化为 $y=2x+1$.

例 2 求函数 $y=f(x)=(x+a)^k$ 在 $x_0=0$ 附近的线性近似函数.

解 $y_0=f(x_0)=a^k, f'(x_0)=k(x_0+a)^{k-1}=ka^{k-1}$, 得

$$y=y_0+f'(x_0)(x-x_0)=a^k+ka^{k-1}x.$$

所以 $y=(x+a)^k$ 在 $x_0=0$ 附近的线性近似函数为 $y=a^k+ka^{k-1}x$.

2.9.2 函数微分的概念

进一步地, 我们可给出可微的定义. 将 $y=y_0+f'(x_0)(x-x_0)+o(x-x_0)$, 表示为 $y-y_0=f'(x_0)(x-x_0)+o(x-x_0)$, 其中 $o(x-x_0)$ 为 $x\to x_0$ 时的无穷小量.

定义 2.9.1 设函数 $y=f(x)$ 在 x_0 的某邻域内有定义, 当 $x\to x_0$ 时, 存在常数 A, 使得 $f(x)-f(x_0)=A(x-x_0)+o(x-x_0)$, 则称 $y=f(x)$ 在 x_0 **可微**.

注 在 $y-y_0=f(x)-f(x_0)=A(x-x_0)+o(x-x_0)$ 中, $o(x-x_0)$ 是比 $(x-x_0)$ 高阶的无穷小, 当 x 足够接近 x_0 时, $o(x-x_0)$ 非常小, 所以线性项 $A(x-x_0)$ 是其主体部分, 因此把 $A(x-x_0)$ 称为**线性主部**. 用 $\mathrm{d}x$ 表示 $x-x_0$, $\mathrm{d}y$ 表示**线性主部** $A\mathrm{d}x$, 即有 $\mathrm{d}y=A\Delta x$, 称为 $y=f(x)$ 在点 x_0 相应于 Δx 的微分.

由 $\Delta x=x-x_0$ 可知 $\mathrm{d}x=\Delta x$, 所以 $y=f(x)$ 的微分又可写作 $\mathrm{d}y=A\mathrm{d}x$. 由一元函数 $y=f(x)$ 在 x_0 可导的定义, 推出 $y=f(x)$ 在 x_0 可微. 反之, $y=f(x)$ 在 x_0 可微亦能推出 $y=f(x)$ 在 x_0 可导, 且常数 $A=f'(x_0)$. 因此我们有如下定理.

定理 2.9.1 函数 $y=f(x)$ 在某点 x_0 可微的充要条件是函数 $y=f(x)$ 在 x_0 处可导, 并且

$$A=f'(x_0),$$

于是有

$$\mathrm{d}y|_{x=x_0}=f'(x_0)\Delta x.$$

函数 $y=f(x)$ 在任意点 x 上的微分, 称为函数的微分, 记为 $\mathrm{d}y$ 或 $\mathrm{d}f(x)$, 即有

$$\mathrm{d}y=f'(x)\Delta x.$$

如果 $y=x$, 则

$$\mathrm{d}x=x'\Delta x=\Delta x,$$

即自变量的微分等于自变量的改变量, 故

$$\mathrm{d}y=f'(x)\mathrm{d}x.$$

从而有

$$\frac{\mathrm{d}y}{\mathrm{d}x}=f'(x),$$

即函数的导数等于函数的微分与自变量的微分的商. 因此, 导数又称为“微商”.

定义 2.9.2 若函数 $y=f(x)$ 在开区间 I 上每一点都可微, 则称函数 $y=f(x)$ 在开区间 I 上可微.

由于求微分的问题归结为求导数的问题, 要计算函数的微分, 只需求出函数的导数 $f'(x)$, 再乘以 $\mathrm{d}x$ 即可. 因此, 求导数与求微分的方法统称为微分法.

2.9.3 微分的运算法则

根据微分的定义以及与导数的关系, 在 $u(x), v(x), f(u)$ 可微的条件下, 可以推出如下运算法则:

(1) $\mathrm{d}(u(x)\pm v(x))=\mathrm{d}u(x)\pm \mathrm{d}v(x)$;

(2) $\mathrm{d}(u(x)v(x))=v(x)\mathrm{d}u(x)+u(x)\mathrm{d}v(x)$;

(3) $\mathrm{d}\left(\frac{u(x)}{v(x)}\right)=\frac{v(x)\mathrm{d}u(x)-u(x)\mathrm{d}v(x)}{v^2(x)}\quad (v(x)\neq 0)$;

(4) $\mathrm{d}(f(u(x)))=f'(u(x))u'(x)\mathrm{d}x$.

我们以乘积的微分运算法则为例加以证明:

$$\begin{aligned}\mathrm{d}(uv)&=(uv)'\mathrm{d}x=(u'v+uv')\,\mathrm{d}x=u'v\mathrm{d}x+uv'\mathrm{d}x\\&=v\mathrm{d}u+u\mathrm{d}v.\end{aligned}$$

即有

$$\mathrm{d}(uv)=v\mathrm{d}u+u\mathrm{d}v.$$

其他运算法则可以类似地证明.

例 3 (1) 当 $y=x^4+37x^2$, 求 $\mathrm{d}y$.

(2) 当 $x_0=1$ 而 x 接近 x_0 为 $x=1.2$ 时, 求 y 线性化近似的值.

解 (1) $\mathrm{d}y=y'\mathrm{d}x=\left(4x^3+74x\right)\mathrm{d}x$.

(2) 当 $x_0=1$ 时, $y_0=38$, $y'(1)=78$, 线性近似函数

$$y=y_0+y'\left(x_0\right)\left(x-x_0\right)=38+78(x-1),$$

则在点 $x=1.2$ 处,

$$y\approx 38+78\times 0.2=53.6.$$

例 4 求 $\mathrm{d}(\tan 3x)$ 和 $\mathrm{d}\left(\frac{x}{x+1}\right)$.

解　　由以上公式得,

$$\mathrm{d}(\tan 3x) = \sec^2(3x)\mathrm{d}(3x) = 3\sec^2 3x\mathrm{d}x,$$
$$\mathrm{d}\left(\frac{x}{x+1}\right) = \frac{(x+1)\mathrm{d}x - x\mathrm{d}(x+1)}{(x+1)^2} = \frac{\mathrm{d}x}{(x+1)^2}.$$

再看几个利用 $y \approx y_0 + f'(x_0)(x - x_0)$ 和 $y - y_0 \approx f'(x_0)(x - x_0)$ 估算函数值的例子.

例 5　　当圆半径从 15 增加到 15.1 , 用 $y - y_0 \approx f'(x_0)(x - x_0)$ 估算面积增量, 并比较实际面积增量.

解　　面积 $A = \pi r^2$,

$$\mathrm{d}A = 2\pi r\mathrm{d}r,$$

已知 $r = 15, r - r_0 = 15.1 - 15 = 0.1$, 因此估算面积增量为

$$A - A_0 \approx 2\pi r(r - r_0) = 3\pi,$$

实际面积增量为

$$A - A_0 = \pi r^2 - \pi r_0^2 = 228.01\pi - 225\pi = 3.01\pi,$$

估算面积的误差为：$3.01\pi - 3\pi = 0.01\pi$.

例 6　　计算 $8.991^{\frac{1}{2}}$ 与 $\sin\left(\frac{\pi}{3} + 0.01\right)$ 的近似值.

解　　$\mathrm{d}\left(x^{\frac{1}{2}}\right) = \frac{1}{2x^{\frac{1}{2}}}\mathrm{d}x$, 令 $x_0 = 9, x = 8.991$, 于是

$$y \approx y_0 + \frac{1}{2x_0^{\frac{1}{2}}}(x - x_0) = 9^{\frac{1}{2}} + \frac{1}{6}(8.991 - 9) = 2.998\,5.$$

$\mathrm{d}(\sin x) = \cos x\mathrm{d}x$, 令 $x_0 = \frac{\pi}{3}$, $x = \frac{\pi}{3} + 0.01$, 于是

$$y \approx y_0 + \cos x_0(x - x_0) = \sin\frac{\pi}{3} + \cos\frac{\pi}{3}\left(\frac{\pi}{3} + 0.01 - \frac{\pi}{3}\right) = \frac{\sqrt{3}}{2} + \frac{0.01}{2} \approx 0.871.$$

下面例子, 我们把线性近似应用于狭义相对论中.

例 7　　在狭义相对论中, 相对论质量公式为

$$m = \frac{m_0}{\sqrt{1 - \frac{v^2}{c^2}}},$$

其中 m_0 为静止质量, m 为相对质量, v 为物体速度, c 为光速. 讨论 v 在远小于 c 时的近似情况.

解 因为 $d\left(\frac{1}{\sqrt{1-x}}\right)=\frac{1}{2(\sqrt{1-x})^3}dx$, 由此得 $x_0=0$ 附近的线性近似函数

$$\frac{1}{\sqrt{1-x}}\approx\frac{1}{\sqrt{1-x_0}}+\frac{1}{2\left(\sqrt{1-x_0}\right)^3}(x-x_0)=1+\frac{1}{2}x,$$

又因为 v 远小于 c, 即 $\frac{v^2}{c^2}$ 在 0 附近, 由此得估计,

$$\frac{1}{\sqrt{1-\frac{v^2}{c^2}}}\approx 1+\frac{1}{2}\left(\frac{v^2}{c^2}\right),$$

进一步, 得到 m 的估计

$$m=\frac{m_0}{\sqrt{1-\frac{v^2}{c^2}}}\approx m_0+\frac{1}{2}m_0\frac{v^2}{c^2},$$

可以得到当 v 在远小于 c 时, 质量的改变是非常小的, 在这种情况下可以近似地认为质量是不变的.

通过对 $m\approx m_0+\frac{1}{2}m_0\frac{v^2}{c^2}$ 变形得,

$$(m-m_0)c^2\approx\frac{1}{2}m_0v^2=\frac{1}{2}m_0v^2-\frac{1}{2}m_0v_0^2.$$

其中因为 $v_0=0$, 所以 $\frac{1}{2}m_0v_0^2=0$. 因此得到动能改变近似为质量改变乘以光速的平方.

2.9.4 对变化的敏感性

下面讨论用 $y-y_0\approx f'(x_0)(x-x_0)$ 估算函数值时的敏感性问题, 即当 x 的值改变 $x-x_0$, 对 y 值的改变 $y-y_0$ 影响有多大. 这种影响有 3 种比较方式: **绝对改变、相对改变、百分比改变**. 由 $y-y_0\approx f'(x_0)(x-x_0)$, 可得表 2.1:

表 2.1

	真实差值	估计差值
绝对改变	$y-y_0$	$y-y_0\approx f'(x_0)(x-x_0)$
相对改变	$\frac{y-y_0}{f(x_0)}$	$\frac{y-y_0}{f(x_0)}\approx\frac{f'(x_0)(x-x_0)}{f(x_0)}$
百分比改变	$\frac{100(y-y_0)}{f(x_0)}\%$	$\frac{100(y-y_0)}{f(x_0)}\%\approx\frac{100f'(x_0)(x-x_0)}{f(x_0)}\%$

例 8 用公式 $s=4.9t^2$ 计算物体下落高度时，讨论不同时间 t 误差 0.1 s 的敏感性.

解 对 $s=4.9t^2$ 求微分

$$\mathrm{d}s=9.8t\mathrm{d}t,$$

绝对改变的估计值

$$s-s_0\approx 9.8t\left(t-t_0\right).$$

当 $t-t_0=0.1$ s 时，绝对改变的估计值由时间 t 决定.

当 $t=1$ 时

$$s-s_0\approx 0.98(\mathrm{m}).$$

当 $t=10$ 时

$$s-s_0\approx 9.8(\mathrm{m}).$$

所以当 t 越大时，t 对误差越敏感，s 的误差值越大.

同步训练 2.9

1. 求下列函数在 $x=a$ 附近的线性近似函数:

(1) $f(x)=x^3-2x+3, a=2$;

(2) $f(x)=\sqrt{x}, a=1$;

(3) $f(x)=\sin x, a=-\pi$.

扫一扫，看答案

2. 求下列 $f(a)$ 的近似值.

(1) $f(x)=x^2+2x, a=0.1$;　　(2) $f(x)=2x^2+3x-3, a=-0.9$;

(3) $f(x)=\sqrt[3]{x}, a=8.5$;　　(4) $f(x)=\mathrm{e}^{-x}, a=-0.1$.

3. 求下列函数的微分 $\mathrm{d}y$.

(1) $y=x\sin 2x$;　　(2) $y=\dfrac{2x}{1+x^2}$;

(3) $2y^{\frac{3}{2}}+xy-x=0$;　　(4) $y=\sqrt{x^2+3x}$.

4. (**近似误差**) 下列函数 $f(x)$ 的自变量 x 从 x_0 改变到 $x_0+\Delta x$. 求

(a) 函数改变 $\Delta f=f\left(x_0+\Delta x\right)-f\left(x_0\right)$;

(b) 线性化近似估计改变值 $\mathrm{d}f=f'\left(x_0\right)\Delta x$;

(c) 实际函数改变与近似估计的改变值 $|\Delta f-\mathrm{d}f|$.

(1) $f(x)=x^2+2x, x_0=1, \mathrm{d}x=0.1$;

(2) $f(x)=x^3-x, x_0=1, \mathrm{d}x=0.1$;

(3) $f(x)=x^{-1}, x_0=0.5, \mathrm{d}x=0.1$.

5. 用线性近似估计体积和表面积的改变量:

(1) 当半径 r 改变时, 球体体积 V 的改变量, 其中体积 $V=\dfrac{4}{3}\pi r^3$;

(2) 当边长 x 改变时, 立方体表面积 S 的改变量, 其中表面积 $S=6x^2$;

(3) 当半径 r 改变时, 圆柱体积 V 的改变量, 其中体积 $V=\pi r^2 h$.

6. 如图 2.21 所示, 设圆筒管长 60 cm, 筒管外圈半径 12 cm, 管厚 1 cm. 估计圆筒管材料用量.

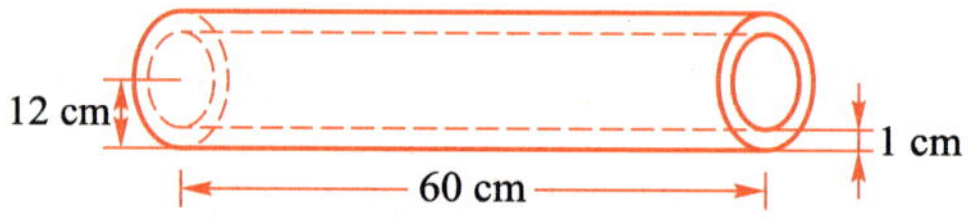

图 2.21

第 3 章 导数的应用

【本章导读】

导数来源于人类的社会实践, 服务于人类的社会实践. 利用导数可以研究函数的图像、单调性与凹凸性等性质, 还可以解决生产和生活中的最优决策和最优设计问题, 即最大值、最小值问题. 在研究自然科学、工程技术和经济管理的许多实际问题时, 往往需要通过未知函数及其导数 (或微分) 的关系式来求该未知函数, 这种关系式就是微分方程 (differential equation). 本章我们还将研究与之前相反的问题——不定积分, 即已知一个函数的导数求这个函数.

3.1 函数的单调性与函数曲线的凹凸性

3.1.1 函数的单调性

首先我们回顾一下函数单调性的概念：如果函数 $y=f(x)$ 对于定义域 $[a,b]$ 内的任意两点 x_1、x_2，且 $x_1<x_2$，都有 $f(x_1)<f(x_2)$，则称函数 $y=f(x)$ 在其定义域内单调增加；否则，如果 $f(x_1)>f(x_2)$，则称函数 $y=f(x)$ 在其定义域内单调减少. 然而直接根据定义来判定函数的单调性是不方便的. 下面我们从图 3.1, 图 3.2 中可以看出单调增加和单调减少与导数符号的关系.

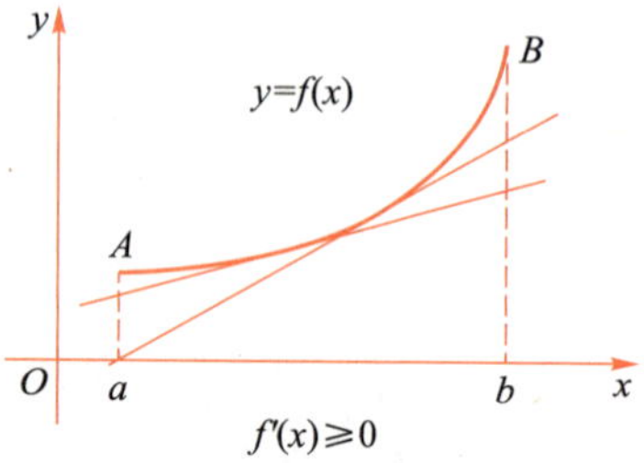

图 3.1　函数单调增加则导数大于或等于零

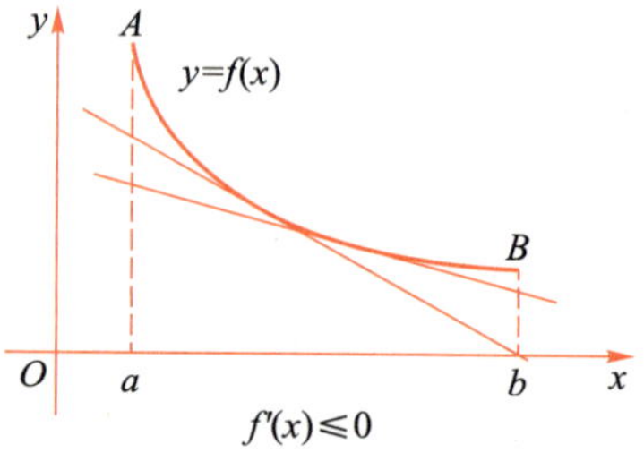

图 3.2　函数单调减少则导数小于或等于零

由图 3.1 可以看出，当函数 $y=f(x)$ 在 $[a,b]$ 上单调增加时，其曲线上任一点的切线的倾斜角都是锐角，因此它们的斜率都是非负的，由导数的几何意义可知，此时，曲线上任一点的导数都是非负值，即 $f'(x)\geqslant 0$.

由图 3.2 可以看出，当函数 $y=f(x)$ 在 $[a,b]$ 上单调减少时，其曲线上每一点的切线的倾斜角都是钝角，因此它们的斜率都是非正的，此时，曲线上任一点的导数都是非正的，即 $f'(x)\leqslant 0$.

定理 3.1.1　*设函数 $y=f(x)$ 在 (a,b) 内可导，则*

(1) 如果在 (a,b) 内，$f'(x)\geqslant 0$，那么函数 $y=f(x)$ 在 (a,b) 内单调增加；

(2) 如果在 (a,b) 内，$f'(x)\leqslant 0$，那么函数 $y=f(x)$ 在 (a,b) 内单调减少.

函数的单调性是一个区间上的性质，不能用导数在个别点处的符号来判定一个区间上的单调性，区间内一些孤立的点处的导数为零或不存在并不影响函数在这个区间上的单调性.

例如，函数 $y=x^3$ 在 $(-\infty,+\infty)$ 内是单调增加的 (图 3.3)，但其导数 $y'=3x^2$ 在 $x=0$ 处为零. 如果函数在定义域的某个区间内是单调的，则该区间称为**单调区间**.

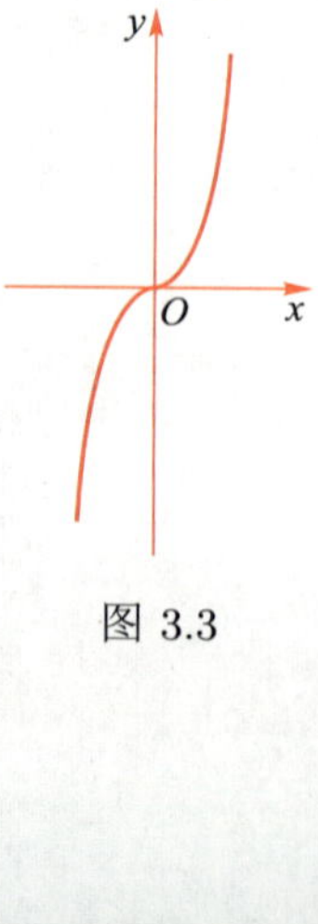

图 3.3

有时, 函数在定义域上并不具有单调性, 但在其各个部分区间上却具有单调性. 如图 3.4 所示, 函数 $f(x)$ 在区间 $[a,x_1]$, $[x_2,b]$ 上单调增加, 而在区间 $[x_1,x_2]$ 上单调减少, 并且, 从图上容易看到, 可导函数 $f(x)$ 在单调区间的分界点处导数为零, 即 $f'(x_1)=f'(x_2)=0$. 这个结论对于更一般的情况也是正确的.

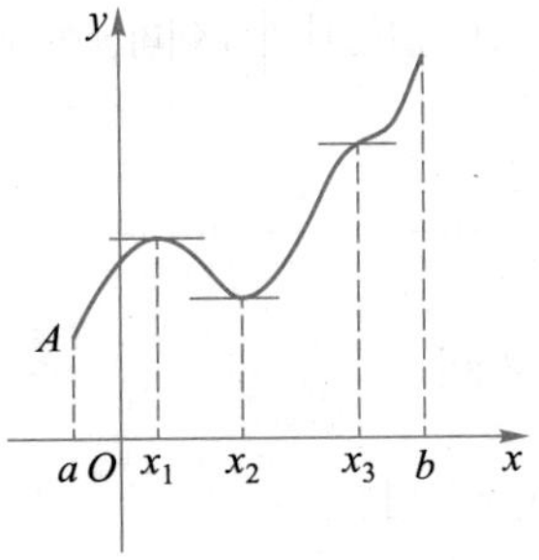

图 3.4

定义 3.1.1 若函数 $f(x)$ 在 x_0 处的导数 $f'(x_0)=0$, 则称点 x_0 为函数 $f(x)$ 的一个驻点.

例 1 求函数 $f(x)=2x^3+3x^2-12x$ 的单调区间.

解 函数定义域为 $(-\infty,+\infty)$.

$$f'(x)=6x^2+6x-12=6(x+2)(x-1).$$

令 $f'(x)=0$, 得驻点 $x_1=-2$ 和 $x_2=1$.

列表 3.1 如下:

表 3.1

x	$(-\infty,-2)$	-2	$(-2,1)$	1	$(1,+\infty)$
$f'(x)$	$+$	0	$-$	0	$+$
$f(x)$	$\nearrow$		$\searrow$		$\nearrow$

所以函数 $f(x)$ 的单调增加区间为 $(\infty,-2)$ 和 $(1,\infty)$, 单调减少区间为 $(-2,1)$ (如图 3.5 所示).

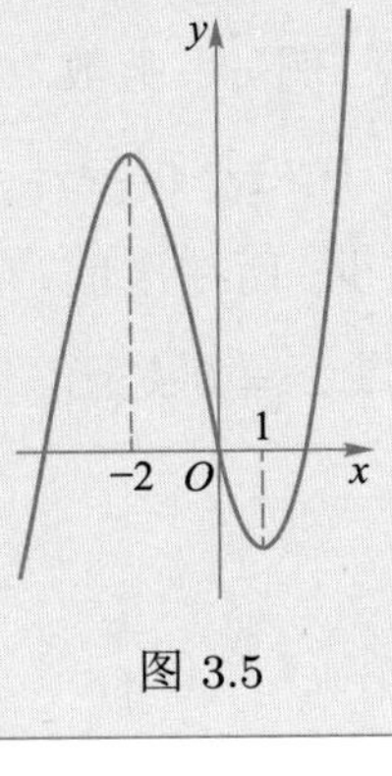

图 3.5

一般地, 求函数 $f(x)$ 的单调区间的步骤可分为

(1) 确定函数 $f(x)$ 的定义域;

(2) 求函数的一阶导数 $f'(x)$;

(3) 令 $f'(x)=0$ 并求出驻点;

(4) 驻点及导数不存在的点把定义域分成几个区间, 列表分别考察在这几个区间内 $f'(x)$ 的符号, 并确定 $f(x)$ 的单调区间.

例 2 求函数 $f(x)=\dfrac{x^2}{1+x}$ 的单调区间.

解 函数的定义域 $D=(-\infty,-1)\cup(-1,+\infty)$.

$$f'(x)=\frac{2x(1+x)-x^2}{(1+x)^2}=\frac{x(2+x)}{(1+x)^2}.$$

令 $f'(x)=0$, 有

$$\frac{x(2+x)}{(1+x)^2}=0,$$

解得 $x_1=-2$ 和 $x_2=0$.

此函数在其定义域内没有不可导点. 驻点将定义域分割成四个子区间, 列表 3.2 如下:

表 3.2

x	$(-\infty,-2)$	-2	$(-2,-1)$	$(-1,0)$	0	$(0,+\infty)$
$f'(x)$	$+$	0	$-$	$-$	0	$+$
$f(x)$	$\nearrow$		$\searrow$	$\searrow$		$\nearrow$

所以函数 $f(x)$ 的单调增加区间为 $(\infty,-2),(0,+\infty)$, 单调减少区间为 $(-2,-1),(-1,0)$.

导数为零的点可能是单调区间的分界点. 在例 2 中, $f'(x)=0$ 的点是单调区间的分界点. 另外, 导数不存在的点也可能是单调区间的分界点. 例如, 函数 $y=|x|$ 在点 $x=0$ 处连续, 但它在 $x=0$ 处不可导. 在区间 $(-\infty,0)$ 内, $y'<0$, 函数单调减少; 而在区间 $(0,+\infty)$ 内, $y'>0$, 函数单调增加, 所以点 $x=0$ 是函数单调区间的分界点 (如图 3.6 所示).

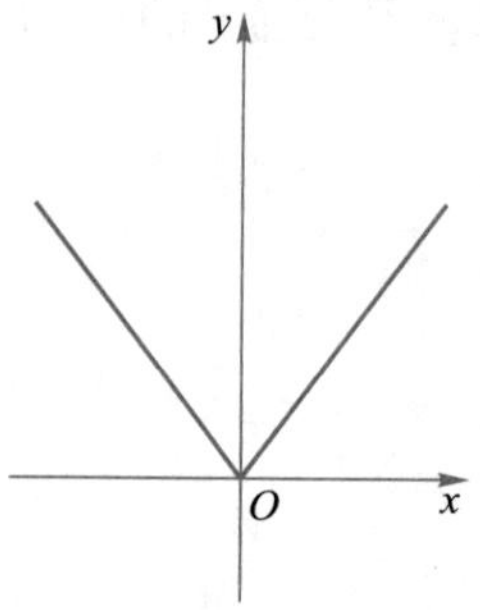

图 3.6

3.1.2　函数曲线的凹凸性

函数的单调性反映函数的变化趋势, 表现在图形上就是曲线的上升或下降. 在函数的单调区间上, 函数变化的速度也不一样, 有的先快后慢, 有的先慢后快, 表现在图形上就是曲线弯曲的方向不同. 这就是函数曲线的凹凸性.

函数 $f(x)=x^2$ 和 $g(x)=\sqrt{x}$ 在区间 $[0,1]$ 上都是单调增加的 (图 3.7), 但曲线弯曲的方向却不同. 曲线 $f(x)=x^2$ 向下凸, 且随着 x 增加, 增速越来越快; 曲线 $g(x)=\sqrt{x}$ 向上凸, 且随着 x 增加, 增速越来越慢. 它们反映了一个现象: 在区间 $[0,1]$ 上, 对于函数 $f(x)=x^2$, 曲线在任一点的切线的上方, 同时也在弦 OA 的下方; 函数 $g(x)=\sqrt{x}$, 在任一点的切线的下方, 同时也在弦 OA 的上方.

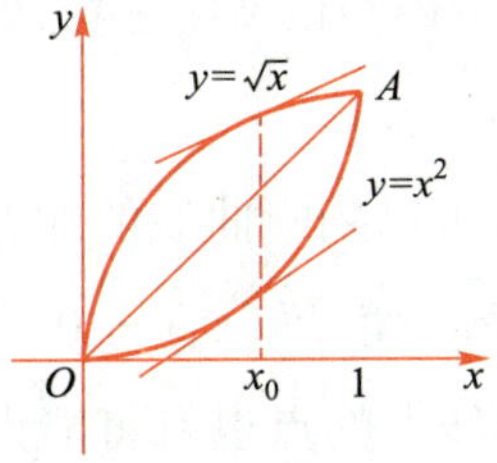

图 3.7

定义 3.1.2　对于区间内的每一点, 如果曲线弧总是位于其任一点切线的上方, 则称这条曲线弧是**凹的**; 如果曲线弧总是位于其任一点切线的下方, 则称这条曲线弧是**凸的**.

很明显, 曲线的凹凸在几何上表现在切线斜率的变化上, 对于凹曲线, 当 x 逐渐增加时, 其上每一点的切线的斜率是逐渐增加的 $\left(0 \leqslant \alpha_1 < \alpha_2 < \alpha_3 < \dfrac{\pi}{2}\right)$, 即一阶导数 $f'(x)$ 是单调增加函数 (图 3.8); 而对于凸曲线, 其上每一点的切线的斜率是逐渐减少的 $\left(0 \leqslant \beta_3 < \beta_2 < \beta_1 < \dfrac{\pi}{2}\right)$, 即一阶导数 $f'(x)$ 是单调减少函数 (图 3.9).

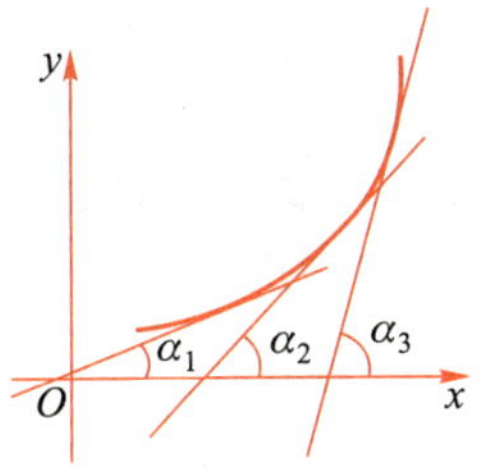

图 3.8

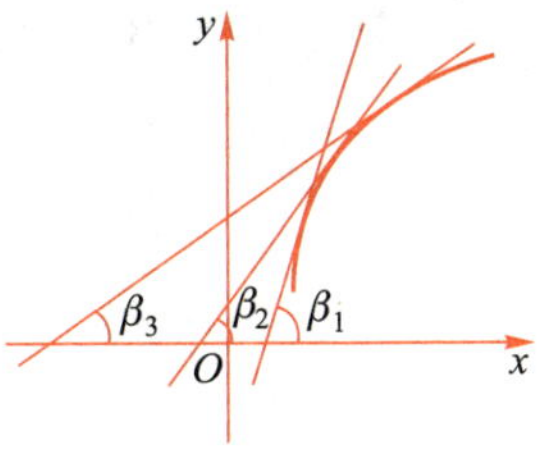

图 3.9

于是有下述结论:

定理 3.1.2　*设函数 $f(x)$ 在 (a,b) 内具有二阶导数.*

(1) 如果在 (a,b) 内, $f''(x)>0$, 那么曲线在 (a,b) 内是凹的.

(2) 如果在 (a,b) 内, $f''(x)<0$, 那么曲线在 (a,b) 内是凸的.

例 3　判断曲线 $y=x^3$ 的凹凸性.

解　函数定义域为 $(-\infty,+\infty)$.

$$y'=3x^2,\quad y''=6x.$$

当 $x<0$ 时, $y''<0$; 当 $x>0$ 时, $y''>0$.

所以曲线 $y=x^3$ 在 $(-\infty,0)$ 内是凸的, 在 $(0,+\infty)$ 内是凹的.

3.1.3 曲线的拐点

有许多函数在一个区间上二阶可导, 它们的曲线弧并不完全是凹的或凸的, 而是两者都有. 例 3 中的函数 $y=x^3$ (图 3.3), 原点是曲线 $y=x^3$ 的凹凸性发生变化的分界点.

定义 3.1.3 连续曲线上凹弧与凸弧的分界点, 称为曲线的**拐点**.

注 若函数 $y=f(x)$ 在拐点处的切线存在, 则在拐点处的切线必穿过曲线. 如函数 $y=x^3$ 在原点处的切线 (x 轴) 穿过曲线.

由定理 3.1.2 知, 通过 $f''(x)$ 的符号可以判断曲线的凹凸. 如果 $f''(x)$ 连续, 那么当 $f''(x)$ 的符号由正变负或由负变正时, 必定有一点 x_0, 使 $f''(x_0)=0$. 这样, 点 $(x_0,f(x_0))$ 就是曲线的一个拐点. 另外, 二阶导数不存在的点对应的曲线上的点也有可能为拐点.

例 4 判定曲线 $f(x)=3x^4-4x^3+3$ 的凹凸性并求其拐点.

解 函数 $f(x)$ 的定义域是 $(-\infty,+\infty)$, 由

$$f'(x)=12x^3-12x^2=12x^2(x-1),$$
$$f''(x)=36x\left(x-\frac{2}{3}\right).$$

令 $f''(x)=0$, 解得 $x_1=0,x_2=\frac{2}{3}$. 将定义域 $(-\infty,+\infty)$ 分为 $(-\infty,0)$, $\left(0,\frac{2}{3}\right)$, $\left(\frac{2}{3},+\infty\right)$ 三部分, 列表 3.3 讨论其拐点与凹凸性:

表 3.3

x	$(-\infty,0)$	0	$\left(0,\frac{2}{3}\right)$	$\frac{2}{3}$	$\left(\frac{2}{3},+\infty\right)$
$f''(x)$	$+$	0	$-$	0	$+$
$f(x)$	$\cup$	3	$\cap$	$\frac{65}{27}$	$\cup$
说明	凹	拐点	凸	拐点	凹

所以曲线在 $(-\infty,0)$, $\left(\frac{2}{3},+\infty\right)$ 是凹的, 在 $\left(0,\frac{2}{3}\right)$ 是凸的. 拐点是 $(0,3)$ 和 $\left(\frac{2}{3},\frac{65}{27}\right)$.

判定曲线 $y=f(x)$ 的拐点的**一般步骤**:

(1) 确定 $y=f(x)$ 的定义域;

(2) 求 $f'(x), f''(x)$;

(3) 求出所有可能的拐点 x_k: 令 $f''(x)=0$, 解出全部实根, 并求出二阶导数不存在的点;

(4) 划分区间: 把 x_k 插入定义域内使其成为几个小区间;

(5) 考察 $f''(x)$ 在每个可能拐点 x_k 左右两侧的符号, 如果 $f''(x)$ 的符号相反, 则点 $(x_k, f(x_k))$ 是拐点, 否则就不是.

例 5 求曲线 $f(x)=(x-2)^{\frac{5}{3}}$ 的拐点及凹凸区间.

解 函数 $f(x)$ 的定义域是 $(-\infty,+\infty)$, 由于

$$f'(x)=\frac{5}{3}(x-2)^{\frac{2}{3}}, \quad f''(x)=\frac{10}{9}(x-2)^{-\frac{1}{3}}.$$

当 $x=2$ 时, $f(2)=0, f'(2)=0$, 而 $f''(2)$ 不存在.

列表 3.4 讨论其拐点及凹凸区间.

表 3.4

x	$(-\infty,2)$	2	$(2,+\infty)$
$f''(x)$	$-$	不存在	$+$
$f(x)$	$\cap$	$(2,0)$	$\cup$
说明	凸	拐点	凹

可以利用 MATLAB 确定函数的凹凸区间, 以 $y=3x^4-4x^3+1$ 为例, 编写下列语句:

```
>> syms x
>> y=3*x^4-4*x^3+1 ;
>> f1=diff(y,2) ;
>> x1=solve(f1) ;
>> x1=eval(x1)
    a=[];
>> for i=1:length(x1);
    a(i)=x1(i);
>> end
>> ezplot(y, [min(a)-1, max(a)+1])
>> hold on
>> plot(x1', subs(y, x, x1'), 'ko')
>> grid on
```

运行结果如图 3.10 所示, 由图可见, 当 $x<0$ 时, 曲线是凹的; 当 $0<x<0.6667$ 时, 曲线是凸

的; 当 $x > 0.6667$ 时, 曲线是凹的.

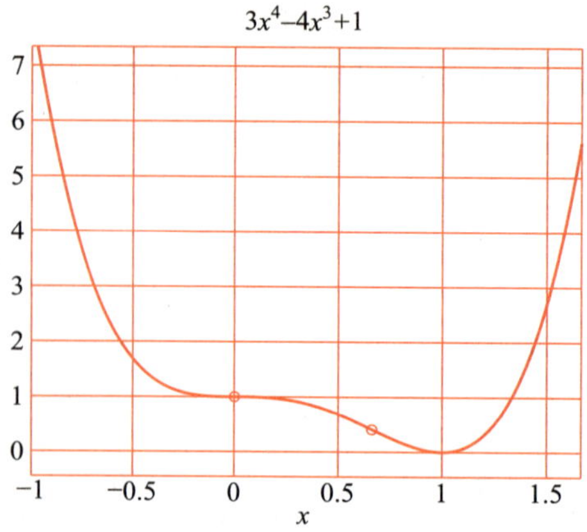

图 3.10

拐点不仅被用于函数图像的描绘, 在许多领域, 尤其是工程领域有着广泛的应用. 专门处理各种趋势的拐点法, 在材料力学、机械工程、金融学等方面都有着广泛而深入的应用.

2010 年 5 月 10 日,《人民日报》以"'新政' 会不会带来楼市拐点?" 为题报道了楼市 "拐点" 问题. 长期以来, 楼市是否出现 "拐点" 一直是社会各界非常关注的话题. 但需要强调和特别指出的是, "拐点" 并非指房价由涨变跌或者由跌变涨. 根据定义, 拐点是函数曲线凹凸变化的分界点, 而非单调性变化的分界点. 因此, 在数学上, 房价 "拐点" 一词并不意味着房价上升或下降过程的结束, 即由上升转为下降、由下降转为上升, 而仅仅标志着上升或下降的速度发生了转变. 图 3.11 和图 3.12 分别表示某地不同时期的房价走势, 从图中可以看出 t_1 和 t_2 都是楼市的拐点. 在 t_1 处房价曲线由凹变凸, 表示房价增速放缓; 在 t_2 处房价曲线由凸变凹, 表示房价增速变快.

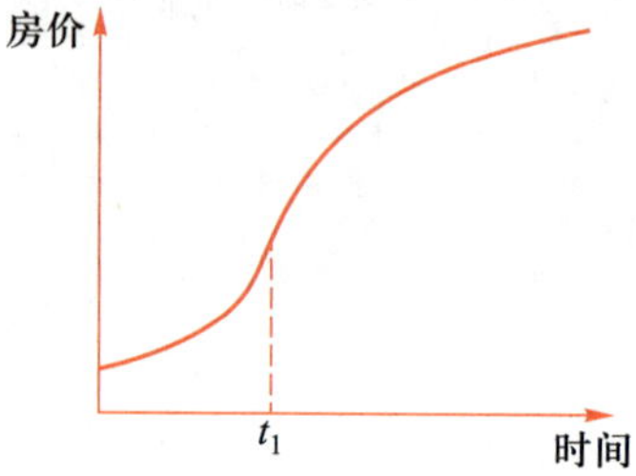

图 3.11

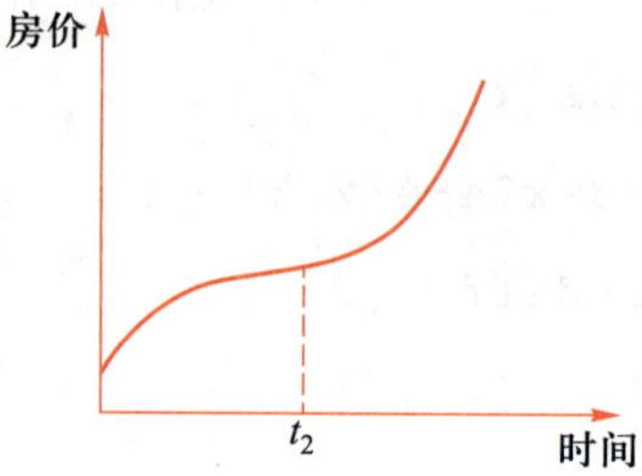

图 3.12

同步训练 3.1

1. 判定函数 $f(x) = x + \sin x(0 \leqslant x \leqslant 2\pi)$ 的单调性.

2. 求函数 $y = 2x^3 - 6x^2 - 18x - 7$ 的单调区间.

3. 求下列曲线的拐点及凹凸区间:

(1) $y = x^4 - 6x^3 + 12x^2 - 10x + 1$; (2) $y = \dfrac{1}{1+x^2}$.

4. 问 a、b 为何值时, 点 $(1,3)$ 为曲线 $y = ax^3 + bx^2$ 的拐点?

扫一扫, 看答案

5. (股票问题) 假设 $f(t)$ 代表在时刻 t 某公司的股票价格, 请根据以下叙述判定 $f(t)$ 的一阶、二阶导数的符号.

(1) 股票价格上升的越来越快;

(2) 股票价格接近最低点.

6. (销售业绩) 某公司改善经营管理方式, 导致销量关于时间的曲线为凹的, 这表明该公司的经营状况如何? 为什么? 若曲线是凸的呢?

3.2 函数的极值与最值

3.2.1 函数的极值

在研究函数的单调性时, 曾遇到这样的情形, 函数先是单调增加 (或减少), 到达某一点后又变为单调减少 (或增加), 这一类点实际上就是使函数单调性发生变化的分界点. 如在图 3.5 中, 函数 $f(x)=2x^3+3x^2-12x$ 在 $x=-2$ 左侧附近单调增加, 在 $x=-2$ 右侧附近单调减少. $x=-2$ 是 $f(x)$ 单调区间的分界点, 且在 $x=-2$ 附近都有 $f(-2)>f(x)$, 即曲线在点 $(-2,f(-2))$ 处达到"峰顶"; 类似的点 $x=1$ 也是 $f(x)$ 单调区间的分界点, 且在 $x=1$ 附近都有 $f(1)<f(x)$, 曲线在点 $(1,f(1))$ 处达到"谷底". 我们把这种局部"最大"和"最小"的值称为极值.

定义 3.2.1 设函数 $f(x)$ 在以点 x_0 为中心点的某个开区间内有定义, 若对该区间内任意一点 $x\ (x\neq x_0)$, 恒有

$$f(x)<f(x_0)\ \left(\text{或 } f(x)>f(x_0)\right),$$

则称 $f(x)$ 在点 x_0 处取得**极大值** (或**极小值**), 而 x_0 称为函数 $f(x)$ 的**极大值点** (或**极小值点**). 极大值与极小值统称为函数的**极值**, 极大值点与极小值点统称为函数的**极值点**.

对函数 $f(x)=2x^3+3x^2-12x$ 而言, 点 $x=-2$ 是极大值点, 点 $x=1$ 是极小值点.

函数的极值概念是局部性的. 说 $f(x_0)$ 是极大值或极小值, 只是与 x_0 附近点 x 的函数值 $f(x)$ 相比较, 因此, 就整个定义区间而言, 一个函数可能有若干个极大值或极小值, 而且有的极大值可能比有的极小值还小. 如图 3.13 所示: $f(x_1),f(x_3)$ 均是极大值, $f(x_2),f(x_4)$ 均是极小值, 直接观察 $f(x_4)$ 比 $f(x_1)$ 还大.

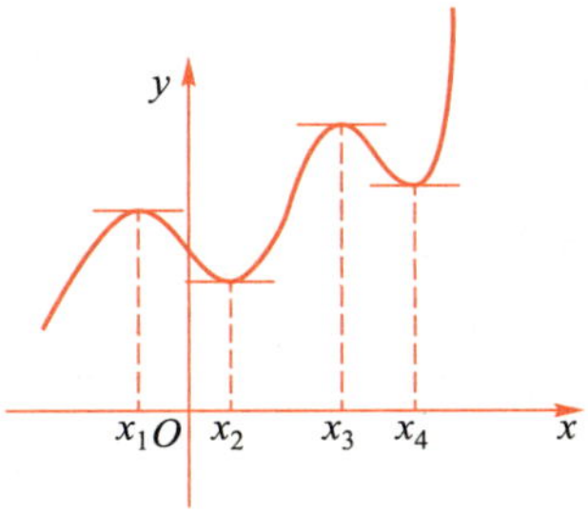

图 3.13

那么如何求出函数极值呢? 由于极值是极值点对应的函数值, 因而关键在于求极值点. 从图

3.13 可以看出, 可导函数在取得极值处的切线是水平的, 即极值点处必有 $f'(x_0)=0$, 于是有如下定理:

定理 3.2.1 (**极值存在的必要条件**) 如果 $f(x)$ 在点 x_0 处可导, 且在 x_0 处取得极值, 则 $f'(x_0)=0$.

根据定理 3.2.1, 可导函数 $f(x)$ 的极值点必定是它的驻点, 但函数的驻点却不一定是极值点. 例如, $y=x^3$ 在点 $x=0$ 处的导数 $f'(0)=0$, 但 $y=x^3$ 在整个实数域内始终单调增加 (图 3.3), 显然 $x=0$ 不是 $y=x^3$ 的极值点.

此外, 函数在它的导数不存在的点处也可能取得极值. 例如, 函数 $f(x)=|x|$ 在点 $x=0$ 处不可导, 但函数在该点取得极小值 (图 3.6).

结合函数的单调性和极值的定义, 可以借助导数的符号来判断极值.

定理 3.2.2 (**第一充分条件**) 设函数 $f(x)$ 在 x_0 处连续, 且在以点 x_0 为中心点的某个开区间内可导, 如果

(1) 当 $x<x_0$ 时 $f'(x)>0$, 当 $x>x_0$ 时 $f'(x)<0$, 那么 $f(x_0)$ 为 $f(x)$ 的一个极大值.

(2) 当 $x<x_0$ 时 $f'(x)<0$, 当 $x>x_0$ 时 $f'(x)>0$, 那么 $f(x_0)$ 为 $f(x)$ 的一个极小值.

根据定理 3.2.2, 可按下列步骤来求函数的极值点和极值:

(1) 确定函数 $f(x)$ 的定义域, 并求其导数 $f'(x)$;

(2) 由 $f'(x)=0$ 求出 $f(x)$ 的全部驻点, 并求出其不可导点;

(3) 讨论 $f'(x)$ 在邻近驻点和不可导点左、右两侧符号变化的情况, 由定理 3.2.2 确定函数的极值点;

(4) 求出各极值点的函数值, 就得到函数的全部极值.

上述方法同样适用于确定函数的单调区间.

例 1 求 $f(x)=\left(x^2-1\right)^3+1$ 的极值.

解 $f(x)$ 在 $(-\infty,+\infty)$ 内可导, 令

$$f'(x)=3\left(x^2-1\right)^2\cdot 2x=6x\left(x^2-1\right)^2=0,$$

可得 $f(x)$ 的三个驻点: $x_1=1, x_2=-1, x_3=0$, 它们将 $(-\infty,+\infty)$ 分成三个子区间, 列表 3.5 讨论如下:

表 3.5

x	$(-\infty,-1)$	-1	$(-1,0)$	0	$(0,1)$	1	$(1,+\infty)$
$f'(x)$	$-$	0	$-$	0	$+$	0	$+$
$f(x)$	↘		↘	极小值 0	↗		↗

由表可知函数的极小值为 0.

例 2 求 $f(x)=(x-4)\sqrt[3]{(x+1)^2}$ 的极值.

解 $f(x)$ 在 $(-\infty,+\infty)$ 内连续, 除 $x=-1$ 外处处可导. 由

$$f'(x)=\frac{5(x-1)}{3\sqrt[3]{x+1}}=0,$$

可得驻点: $x=1$. 另外, $x=-1$ 为其不可导点. 列表 3.6 讨论如下:

表 3.6

x	$(-\infty,-1)$	-1	$(-1,1)$	1	$(1,+\infty)$
$f'(x)$	$+$	不存在	$-$	0	$+$
$f(x)$	$\nearrow$	极大值 0	$\searrow$	极小值 $-3\sqrt[3]{4}$	$\nearrow$

由表可知函数的极大值为 0 , 极小值为 $-3\sqrt[3]{4}$.

当函数 $f(x)$ 在驻点的二阶导数易于计算且不为零时, 有下述更简便的求极值的方法.

定理 3.2.3 **(第二充分条件)** 设 $f(x)$ 在 x_0 处二阶可导, 且 $f'(x_0)=0$, $f''(x_0)\neq 0$, 则

(1) 当 $f''(x_0)<0$ 时, 函数 $f(x)$ 在 x_0 处取得极大值;

(2) 当 $f''(x_0)>0$ 时, 函数 $f(x)$ 在 x_0 处取得极小值.

运用定理 3.2.3 求解例 1 如下:

解 $f(x)$ 在 $(-\infty,+\infty)$ 内可导, 由

$$f'(x)=3\left(x^2-1\right)^2\cdot 2x=6x\left(x^2-1\right)^2,$$
$$f''(x)=6\left(x^2-1\right)\left(5x^2-1\right),$$

可得 $f(x)$ 的三个驻点: $x_1=1,x_2=-1,x_3=0$. 当 $x_1=1,x_2=-1$ 时, $f''(x)=0$, 无法运用定理 3.2.3, 但由定理 3.2.2 可知 $x=\pm 1$ 不是极值点; 当 $x=0$ 时, $f''(0)=6>0$, 则 $f(0)=0$ 是极小值.

我们也可以利用 MATLAB 优化工具箱中的 fminbnd 函数求极小值, 以 $f(x)=\dfrac{x}{1+x^2}$ 为例, 其定义域为 $(-\infty,+\infty)$, 先用 ezplot 语句绘出函数的图像:

```
>> ezplot('x/(1+x^2)', [-4,4])
>> grid on
```

易见函数既有极小值点 (在 -1 附近), 又有极大值点 (在 1 附近). 下面用 fminbnd 函数求极值:

```
>> [x_min, fval_min]=fminbnd('x/(1+x^2)', -3, 0)
```

```
>> [x_max, fval_max]=fminbnd('-x/(1+x^2)', 0, 3)
>> fval_max=-fval_max
```

运行结果显示极小值点 $x=-1$, 极小值 $f(-1)=-0.5$; 极大值点 $x=1$, 极大值 $f(1)=0.5$ (图 3.14).

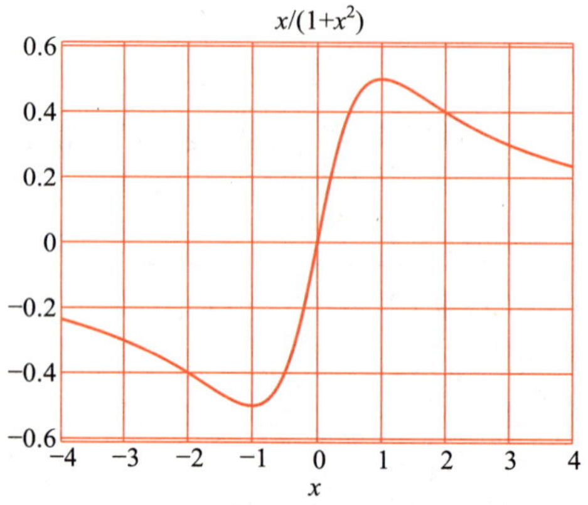

图 3.14

3.2.2 函数的最值

在经济活动中, 我们经常要解决 "最优化" 问题, 如建筑工程在保证质量的前提下, 力求造价最低; 生产中, 投入一定, 获得收益最大; 在劳动中, 获得同样成果而付出最少等. 这在数学上就是求出反映这些问题的函数在给定区间上的最大值或最小值.

极值是局部区间内的, 最大值和最小值是定义域内或研究区间内的, 以后把函数在定义域内的最大值和最小值统称为最值.

定理 3.2.4 (**最大值和最小值定理**) 如果函数在闭区间上连续, 则它在该区间上一定有最大值和最小值.

如图 3.15 所示, 显然 $f(x)$ 的最值只可能在极值点和区间的端点处取得. 而极值只有在驻点和不可导点中取得, 所以只要求出全部驻点、不可导点和两个端点处的函数值, 然后加以比较, 最大的就是最大值, 最小的就是最小值.

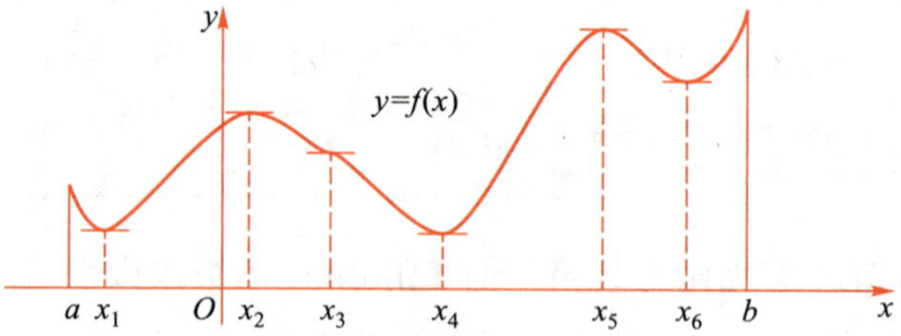

图 3.15

在开区间内, 函数不一定有最值, 如果有, 只能在各极值点中取得.

例 3 求函数 $f(x)=x^3-3x^2-9x+5$ 在 $[-2,6]$ 上的最大值和最小值.

解 函数 $f(x)=x^3-3x^2-9x+5$ 在 $[-2,6]$ 上连续,

$$f'(x)=3x^2-6x-9=3(x+1)(x-3),\quad f''(x)=6x-6=6(x-1).$$

令 $f'(x)=0$, 得驻点 $x_1=-1,\quad x_2=3$,

$$f''(-1)=-12,\quad f(-1)=10;\quad f''(3)=12,\quad f(3)=-22.$$

又端点处的函数值: $f(-2)=3,\quad f(6)=59$.

比较这些值的大小可知, 在 $[-2,6]$ 上, 函数 $f(x)$ 的最大值为 $f(6)=59$, 最小值为 $f(3)=-22$.

例 4 求函数 $f(x)=\sqrt[3]{5-4x}$ 在闭区间 $[-2,1]$ 上的最大值和最小值.

解 函数 $f(x)$ 在闭区间 $[-2,1]$ 上连续, 且有 $f'(x)=\dfrac{-4}{3\sqrt[3]{(5-4x)^2}}$. 可以看出, 在 $(-2,1)$ 内, 函数没有驻点也没有导数不存在点, 而且 $f'(x)<0$, 所以函数 $f(x)$ 在 $[-2,1]$ 单调减少. 故函数 $f(x)$ 在 $[-2,1]$ 上的最大值是 $f(-2)=\sqrt[3]{13}$, 最小值是 $f(1)=1$.

求函数在 $[a,b]$ 上的最大 (小) 值的步骤可归纳为

(1) 求出方程 $f'(x)=0$ 的根 $x_1,x_2,\cdots,x_n$ 以及 $f'(x)$ 不存在的点 $x_1',x_2',\cdots,x_m'$;

(2) 算出驻点 $x_1,x_2,\cdots,x_n$ 与不可导点 $x_1',x_2',\cdots,x_m'$ 处对应的函数值, 及端点处的函数值 $f(a),f(b)$;

(3) 将上述函数值进行比较, 其中的最大值、最小值分别就是函数 $f(x)$ 在闭区间上的最大值和最小值.

同步训练 3.2

1. 求函数 $f(x)=x^4-10x^2+6$ 的极值.

2. 求下列函数的极值:

(1) $f(x)=x\left(x^2-3\right)$;

(2) $f(x)=x^2+\dfrac{16}{x}$;

(3) $f(x)=\sin x+\cos x,\quad x\in[0,2\pi]$.

3. 求函数在给定区间上的最大值和最小值.

(1) $y=x+2\sqrt{x}$, $[0,9]$; (2) $y=x^4-2x^2+1$, $[-1,2]$;

(3) $y=\dfrac{1}{1+x^2}$, $[-5,3]$; (4) $y=\sin 2x-x$, $\left[-\dfrac{\pi}{2},\dfrac{\pi}{2}\right]$.

扫一扫, 看答案

3.3 实际问题中的最值

导数是微积分中重要的基础概念，它不但在探究函数性质、寻求函数极值与最值等方面起着重要的作用，同时也为解决某些实际应用问题提供了重要的方法. 在实际生活中经常出现的一些谋求利润最大、耗材最少、效率最高、位置最佳等与经济或科学研究有关的问题，这些问题称为最优化问题. 如何找到解决该类问题的最佳方案是求解该类问题的关键，而利用导数就可以简捷地解决这些问题，从而真正解决我们实际生活中的问题.

例 1 如图 3.16 所示，设有一长 8 cm 和宽 5 cm 的矩形铁片，在每个角上剪去同样大小的正方形，问剪去正方形的边长多大，才能使剩下的铁片折起来做成开口盒子的容积最大？

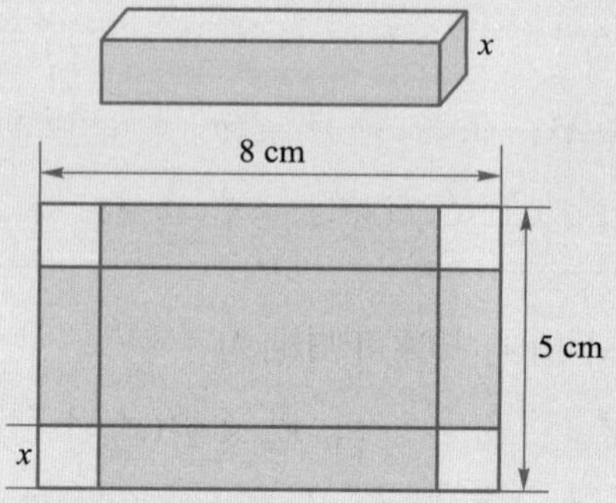

图 3.16

解 设剪去正方形的边长为 x cm，于是，做成开口盒子的容积 $V(x)$ 是 x 的函数，即

$$V(x)=x(5-2x)(8-2x),$$

其中 $0<x<\dfrac{5}{2}$，问题归结为求可导函数 $V(x)$ 在 $\left(0,\dfrac{5}{2}\right)$ 内的最大值.

$$\begin{aligned}V'(x)&=(5-2x)(8-2x)-2x(5-2x)-2x(8-2x)\\&=4(x-1)(3x-10).\end{aligned}$$

令 $V'(x)=0$，解得驻点为 1 与 $\dfrac{10}{3}$，其中 $\dfrac{10}{3}\notin\left[0,\dfrac{5}{2}\right]$，舍去.

$$\begin{aligned}&V''(x)=4(3x-10)+12(x-1)=24x-52,\\&V''(1)=-28<0.\end{aligned}$$

从而，$V(x)$ 在驻点 1 取极大值，极大值 $V(1)=18$.

比较 $V(0)=0, V(1)=18, V\left(\dfrac{5}{2}\right)=0, V(1)=18$ 最大，于是剪去正方形的边长为 1 cm 时，做成的开口盒子的容积最大.

在实际生活中的优化问题中，我们首先要根据实际意义建立好目标函数. 如果目标函数在指定区间内部只有一个驻点，而从实际意义分析中可判断出函数在指定区间内有最大（或最小）值存在，则这个驻点就是所要求的最大 (或最小) 值点.

例 2 有一块宽为 $2a$ 的长方形铁皮, 将宽的两个边缘向上折起, 做成一个横截面为矩形的开口水槽, 问高 x 取何值时水槽的流量最大 (图 3.17 所示为水槽的横截面)?

解 ① 建立目标函数. 在一定条件下, 使流量最大即使水槽的横截面面积最大.

设横截面面积为 S, 两边各折起 x, 即水槽高为 x, 则

$$S=(2a-2x)x=2(a-x)x \quad (0<x<a);$$

② $S'=2a-4x$, 令 $S'=0$, 得驻点 $x=\dfrac{a}{2}$, 比较下列数值大小:

$$S(0)=0, \quad S\left(\frac{a}{2}\right)=\frac{a^2}{2}, \quad S(a)=0;$$

③ 即当高为 $\dfrac{a}{2}$ 时, 水槽流量最大.

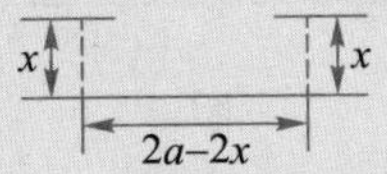

图 3.17

例 3 烟囱向其周围地区散落烟尘而污染环境. 已知落在底面某处的烟尘浓度与该处至烟囱距离的平方成反比, 而与该烟囱喷出的烟尘量成正比, 现有两座烟囱相距 20 km, 其中一座烟囱喷出的烟尘量是另一座的 8 倍, 试求出两座烟囱连线上烟尘浓度最小的一点.

解 设烟囱 A 的烟尘量为 a, 则烟囱 B 的烟尘量为 $8a$. 并设 $AC=x \quad (0<x<20)$, 则 $CB=20-x$, 于是点 C 的烟尘浓度为: $y=\dfrac{ak}{x^2}+\dfrac{8ak}{(20-x)^2} \quad (0<x<20)$, 其中 k 为比例系数. 则

$$y'=-\frac{2ak}{x^3}+\frac{16ak}{(20-x)^3}=ak\cdot\frac{2\left(9x^3-60x^2+1\,200x-8\,000\right)}{x^3(20-x)^3}.$$

令 $y'=0$, 有 $9x^3-60x^2+1\,200x-8\,000=0$, 即 $(3x-20)\left(3x^2+400\right)=0$.

解得在 $(0,20)$ 内唯一驻点 $x=\dfrac{20}{3}$.

由于烟尘浓度的最小值客观存在, 并在 $(0,20)$ 内取得, 因此在唯一驻点 $x=\dfrac{20}{3}$ 处, 浓度 y 最小, 即在 AB 间距 A 处 $\dfrac{20}{3}$ km 处的烟尘浓度最小.

例 4 (**最小费用**) 设工厂 A 到铁路的垂直距离为 20 km, 垂足为 B, 铁路线上距离 B 为 100 km 处有一原料供应站 C, 如图 3.18 所示. 现在要在铁路 BC 段上的 D 处修建一个原料中转车站, 再由车站 D 向工厂修一条公路. 如果已知每千米的铁路运费与公路运费之比为 $3:5$, 那么, D 应选在何处, 才能使从原料供应站 C 运货到工厂 A 所需运费最省?

解 设 B,D 之间的距离为 x, 则 A,D 之间的距离和 C,D 之间的距离分别为

$$|AD|=\sqrt{x^2+20^2}, \quad |CD|=100-x.$$

如果公路运费为 a 元 /km, 则铁路运费为 $\frac{3}{5}a$ 元 /km, 故从原料供应站 C 途径中转站 D 到工厂 A 所需总运费 y(目标函数) 为

$$y=\frac{3}{5}a|CD|+a|AD|=\frac{3}{5}a(100-x)+a\sqrt{x^2+400}\quad(0\leqslant x\leqslant 100).$$

由

$$y'=-\frac{3}{5}a+\frac{ax}{\sqrt{x^2+400}}=\frac{a\left(5x-3\sqrt{x^2+400}\right)}{5\sqrt{x^2+400}},$$

由 $y'=0$, 得驻点 $x=15$, 因而 $x=15$ 是函数 y 的最小值点.

综上所述, 车站 D 建于 B,C 之间且与 B 相距 15 km 处时, 运费最省.

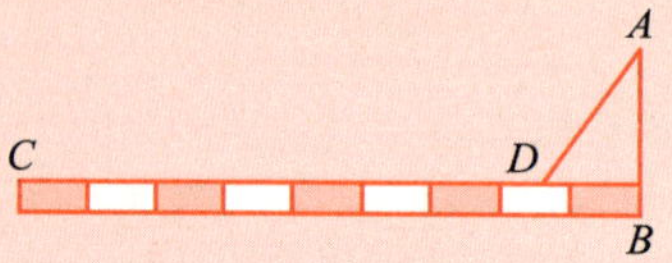

图 3.18

针对例 4 这样一个最值问题, 还可以借助 MATLAB 软件, 调用函数 fminbnd 来求目标函数的最小值:

```
>> y=@(x)sqrt(400+x^2)+3*(100-x)/5;
>> [x_min, fval_min]=fminbnd(y, 0, 100)
```

运行结果为

```
x_min=15.0000.
```

求实际问题的最值问题, 首先就是在一定的假设前提下 (通过假设将实际问题简化) 建立数学模型. 从而, 将一个实际问题转化为求解一个数学模型, 通常可以通过理论推导或者借助计算机来求解. 需要强调的是, 我们还需要将求解的结果代回原实际问题中进行验证. 如果验证不能通过, 那么我们的求解过程、数学模型或者假设都可能存在错误而需要进一步改进.

同步训练 3.3

1. 假设一个大城市中的鸽子总数为 x 时, 鸽子的增长速率为 $R=400x^2-\frac{1}{6}x^3$. 求这一速率达到最大时的鸽子数量.

扫一扫, 看答案

2. 某房地产公司有 100 套公寓要出租. 当月租金定为 600 元时, 公寓会全部租出去; 当月租金增加 30 元时, 就有一套公寓租不出去, 而租出去的房子每月需花费 60 元的维护费. 试问房租定为多少可获得最大收入?

3. 某快餐店每月对汉堡包的需求由 $p(x)=\frac{60\,000-x}{20\,000}$ 确定, 其中 x 是需求量, p 是价格. 又设生产 x 个汉堡包的成本为 $C(x)=500+0.56x$ $(0\leqslant x\leqslant 50\,000)$. 试问当产量是多少时, 快餐店才能获得最大利润?

4. 要建造一个体积为 100 m^3 的有盖圆柱形仓库, 问其高和底半径为多少时用料最少?

5. 当我们咳嗽时，通过气管收缩增大空气流出的速率．据此提出了以下问题：为使气流速率达到最大，气管应收缩多少？当我们咳嗽时是否真的收缩了那么多？

由于气管壁具有一定弹性，在管壁附近由于摩擦空气流出速度会减慢，假设平均气流速率（单位：cm/s）可以用方程 $v=c(r_0-r)r^2\left(\frac{r_0}{2}\leqslant r\leqslant r_0\right)$ 来建模，其中 r_0 是气管在静止状态下的半径（单位：cm），而 c 是一个与气管长度有关的正常数，证明当 $r=\frac{2r_0}{3}$ 时，即当气管收缩 33% 时，v 取到最大值（X 光照相证实了当咳嗽时气管大概收缩 33%）．

6. 一煤矿拟从 A 处掘进一巷道至 C 处，设 AB 长为 600 m，BC 长为 200 m（图 3.19），沿水平 AB 方向的掘进费用为 5 元/m，水平方向以下的岩石掘进费用为 13 元/m，问怎样掘法使费用最省．

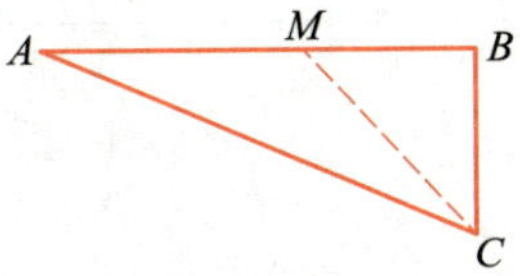

图 3.19

7. 我们只要稍加留意就会发现销量很大的饮料的饮料罐（即易拉罐）的形状和尺寸几乎都是一样的．看来这并非偶然，这应该是某种意义下的最优设计．当然，对于单个的易拉罐来说，这种最优设计可以节省的钱可能是很有限的，如果是生产几亿，甚至几十亿个易拉罐的话，可以节约的钱就很可观了．我们近似地将易拉罐看作一个圆柱形，且易拉罐的侧面和底面的厚度相同，而顶部的厚度是底面厚度的 3 倍．试求高和底面的直径，使得容积 V 一定（比如 355 mL），易拉罐的用料最省．进一步，测量市场上 355 mL 易拉罐的实际尺寸，并验证是否符合上述计算结果．

3.4 函数图形的描绘

在中学时我们用描点法来作函数的图像，这种方法常遗漏曲线的一些关键点，如极值点、拐点等，使得函数的一些重要性态难以准确地显示出来．我们已借助导数的符号讨论了函数图形的单调性和凹凸性，以及极值点和拐点，这样也就基本掌握了函数的性态，并把函数的图形画得比较准确．此外，为了描绘函数图形在无穷远处的走势，还有必要讨论函数图形在无穷远处的变化趋势，即渐近线．

3.4.1 渐近线

定义 3.4.1 当曲线 $y=f(x)$ 上的一动点 P 沿着曲线移向无穷远点时，如果点 P 到某定直线 L 的距离趋向于零，那么直线 L 就称为曲线 $y=f(x)$ 的一条渐近线（图 3.20）．

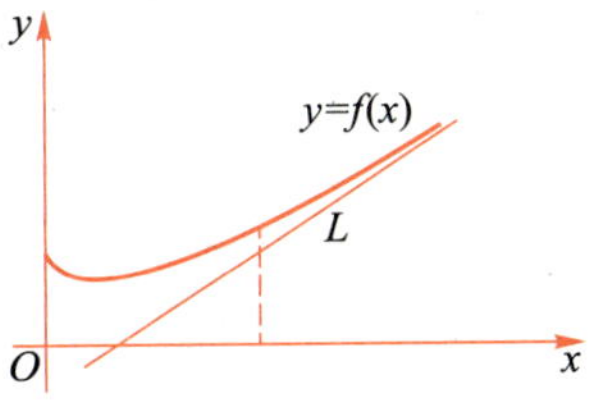

图 3.20

渐近线可分为水平渐近线、垂直渐近线和斜渐近线. 在第 1 章我们已讨论了水平渐近线与垂直渐近线, 这里我们再补充一下斜渐近线的定义.

定义 3.4.2 如果 $\lim\limits_{x\to+\infty}[f(x)-(ax+b)]=0$ 或 $\lim\limits_{x\to-\infty}[f(x)-(ax+b)]=0$ $(a,b$ 为常数), 那么 $y=ax+b$ 就是曲线 $y=f(x)$ 一条斜渐近线.

斜渐近线求法:

$$\lim_{x\to\infty}\frac{f(x)}{x}=a,\quad \lim_{x\to\infty}[f(x)-ax]=b.$$

例 1 求曲线 $y=\dfrac{x^2}{x+1}$ 的渐近线.

解 (1) 因为 $\lim\limits_{x\to-1}\dfrac{x^2}{x+1}=\infty$, 所以 $x=-1$ 是曲线的垂直渐近线.

(2) 由

$$a=\lim_{x\to\infty}\frac{f(x)}{x}=\lim_{x\to\infty}\frac{x}{x+1}=1$$

和

$$b=\lim_{x\to\infty}[f(x)-ax]=\lim_{x\to\infty}\left[\frac{x^2}{x+1}-x\right]=\lim_{x\to\infty}\frac{-x}{x+1}=-1,$$

可知 $y=x-1$ 是曲线的斜渐近线.

3.4.2 函数图像的描绘

利用导数描绘函数 $y=f(x)$ 的图像的一般步骤如下:

(1) 确定函数 $y=f(x)$ 的定义域及其所具有的某些特性 (如奇偶性、周期性);

(2) 求出一阶导数 $f'(x)$ 和二阶导数 $f''(x)$, 并求出函数 $y=f(x)$ 的间断点、$f'(x)$ 和 $f''(x)$ 在函数定义域内的全部零点及不存在的点, 用这些点把函数定义域分成若干子区间;

(3) 确定在各子区间内 $f'(x)$ 和 $f''(x)$ 的符号, 并由此确定函数图像的单调性和凹凸性, 以及极值点和拐点;

(4) 确定函数图像的渐近线及其他变化趋势;

(5) 根据需要补充图像上若干点 (比如, 曲线与坐标轴的交点);

(6) 根据以上特性描绘函数的图像.

注 (2)、(3) 两步关于函数图像单调性和凹凸性, 以及极值点和拐点的讨论可以列在同一个表格中, 以便清晰地体现出函数图像的走势.

例 2 作函数 $y=\dfrac{4(x+1)}{x^2}-2$ 的图像.

解 函数的定义域为 $\{x \mid x \neq 0, x \in \mathbf{R}\}$,

$$y' = -\frac{4(x+2)}{x^3}, \quad y'' = \frac{8(x+3)}{x^4}.$$

令 $y' = 0$, 得 $x = -2$;

令 $y'' = 0$, 得 $x = -3$. 列表 3.7 如下:

表 3.7

x	$(-\infty, -3)$	-3	$(-3, -2)$	-2	$(-2, 0)$	0	$(0, +\infty)$
y'	$-$	$-$	$-$	0	$+$	不存在	$-$
y''	$-$	0	$+$	$+$	$+$	不存在	$+$
y	$\searrow$	拐点 $-\frac{26}{9}$	$\searrow$	极小值 -3	$\nearrow$	不存在	$\searrow$

又因为 $\lim\limits_{x \to \infty} \left[\frac{4(x+1)}{x^2} - 2\right] = -2$, 所以 $y = -2$ 为曲线的水平渐近线.

因为 $\lim\limits_{x \to 0} \left[\frac{4(x+1)}{x^2} - 2\right] = \infty$, 所以 $x = 0$ 为曲线的垂直渐近线.

曲线经过 $(1+\sqrt{3}, 0)$, $(1-\sqrt{3}, 0)$, $(-1, 2)$, $(1, 6)$, $(2, 1)$, $\left(3, -\frac{2}{9}\right)$ 这几个点. 通过上面的讨论可大致绘出图形 (图 3.21).

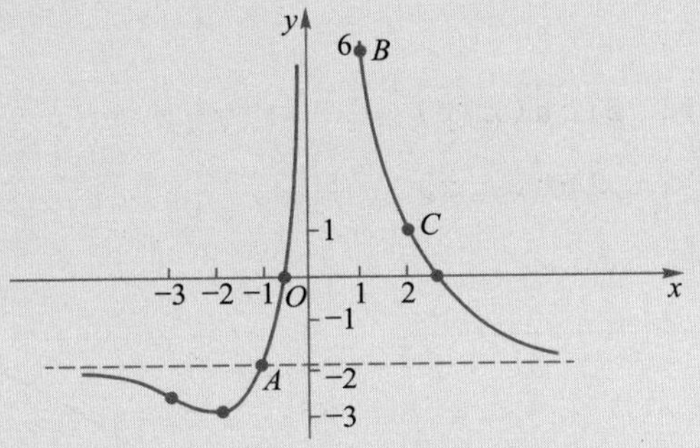

图 3.21

3.4.3 利用 MATLAB 绘制函数图形

MATLAB 作为一个强大的绘图工具, 提供了具有不同功能的二维图形绘制函数. 它们以不同的方式来表现各种数据或函数的含义. **plot 函数**是 MATLAB 中最核心的二维绘图函数, 可以用来绘制单条或多条曲线. plot 函数一般采用等间隔采样, 对采样点向量 x, 先计算出 $f(x)$ 的值向量 y, 再用 plot (x, y) 函数绘制图形.

例 3　用 plot 绘制函数 $y = \sin x$ 的图形.

```
>> x=-pi:0.1:pi;
>> y=sin(x);
>> plot(x,y)
```

运行结果如图 3.22 所示.

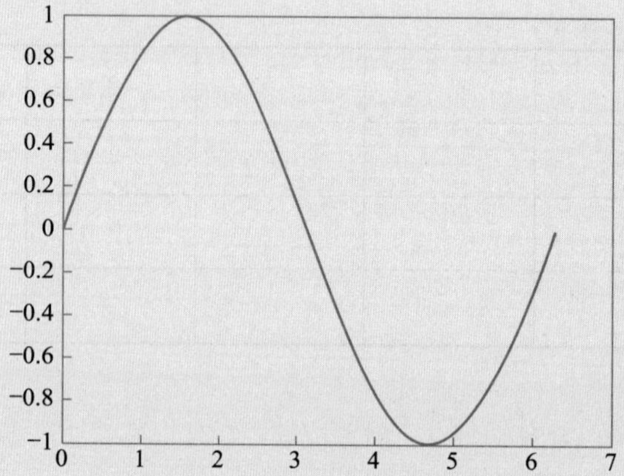

图 3.22　正弦函数图形

例 4　用 plot 绘制 $y = x^2 + 2x + 3$ 的图形, 并通过交换参数位置来交换坐标轴.

```
>> x=-3:0.1:1;
>> y=x.^2+2*x+3;
>> subplot(121), plot(x,y)
>> subplot(122), plot(y,x)
```

运行结果如图 3.23 所示.

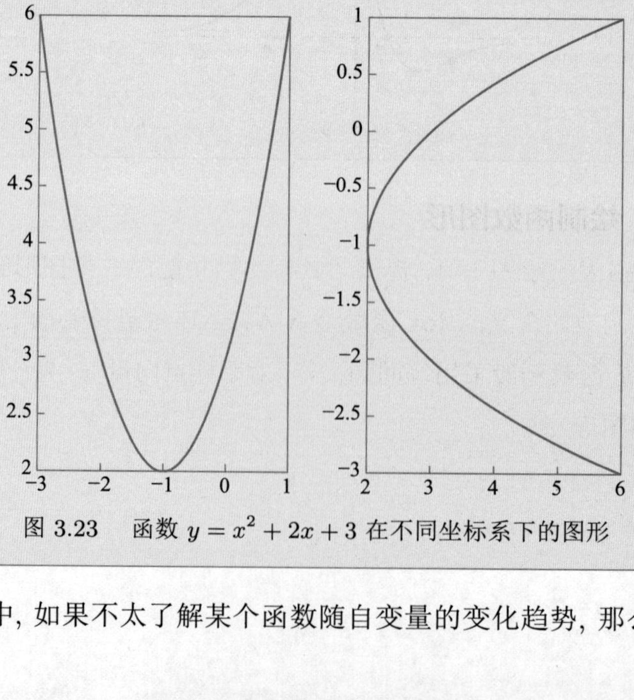

图 3.23　函数 $y = x^2 + 2x + 3$ 在不同坐标系下的图形

在某些实际问题中, 如果不太了解某个函数随自变量的变化趋势, 那么将很难控制自变量的范围, 很可能就因为自变量的范围选取不当而使得图形失真. MATLAB 提供的函数 **fplot** 正是用来解决上述问题的, 该函数通过其内部的自适应算法来动态决定自变量的间隔, 当函数值变化比较缓慢时, 自变量的间隔取得大一点, 当函数值变化比较剧烈时, 自变量的间隔就会取得小一点, 这样可以更好地反映函数的实际变化规律, 提高图形的真实度. **fplot 函数**的调用格式为:fplot (fun, lims), 其中:fun 为函数名, 以字符串形式出现;lims 为变量取值范围. 例如:

```
>> fplot('sin(1./x)', [0.01 0.1])
```

运行结果如图 3.24 所示.

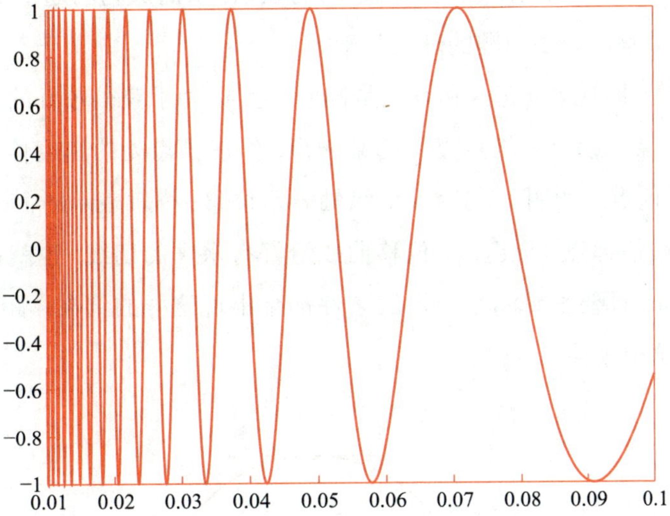

图 3.24

同步训练 3.4

1. 作出函数 $y=x^3-x^2-x+1$ 的图像.

2. 作出函数 $f(x)=(x-2)^{\frac{5}{3}}$ 的图像.

3. 假设函数 $f(x)$ 在 $[0,3]$ 上连续并满足表 3.8、表 3.9 中的条件, 画出 $f(x)$ 可能的图像.

扫一扫, 看答案

表 3.8

x	0	1	2	3
$f(x)$	0	2	0	-2
$f'(x)$	3	0	不存在	-3
$f''(x)$	0	-1	不存在	0

表 3.9

x	$(0,1)$	$(1,2)$	$(2,3)$
$f(x)$	+	+	−
$f'(x)$	+	−	−
$f''(x)$	−	−	−

4. 用 MATLAB 绘制函数 $y=1+\dfrac{36x}{(x+3)^2}$ 的图像.

5. 用 MATLAB 绘制 $f(x)=\sin x+\cos x, x\in[0,2\pi]$ 的图像.

3.5 微分中值定理

我们已经知道, 导数本质上是函数在一点 (瞬时) 的变化快慢, 反映的是函数的局部性质. 中值定理研究的是函数导数与函数在区间上的变化之间的联系, 从而成为沟通函数的局部性态与整体性态的桥梁, 也是应用导数解决许多问题的理论基础.

假如你参加一场折返跑比赛 (起点和终点是同一位置), 为了获得较好的比赛成绩, 你全程努力奔跑, 但是否必然存在除了起点和终点以外的某一点, 你在该点处的速度恰恰等于 0 ? 答案是肯定的, 而且该点就是折返点. 如图 3.25 所示, 纵轴表示位移, 横轴表示时间, 起点和终点都位于距离原点 s_0 处. 那么, 在最远点 (折返点) 位移曲线恰好有水平的切线, 也就是在该点的速度为 0 . 这不是一个偶然的现象, 只要函数满足一定的条件都会出现这样的结果. 距今 300 多年前的罗尔 (1652—1719) 揭示了这个规律.

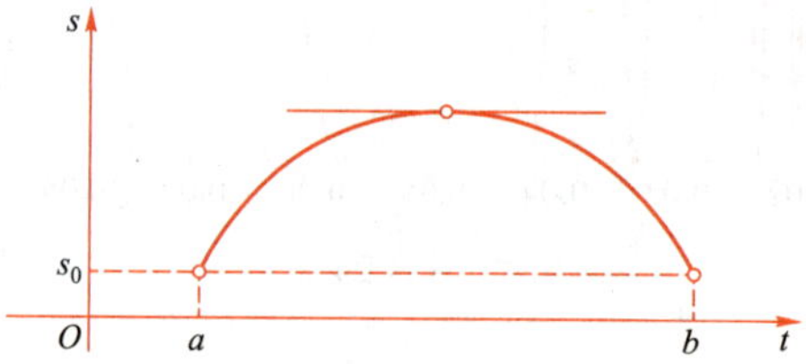

图 3.25 折返跑位移函数图

定理 3.5.1 (罗尔定理) *如果函数 $f(x)$ 满足:*

(1) *在闭区间 $[a,b]$ 上连续;*

(2) *在开区间 (a,b) 内可导;*

(3) $f(a)=f(b)$.

那么至少存在一点 $\xi\in(a,b)$, 使得 $f'(\xi)=0$.

罗尔定理的几何意义是: 如果连续曲线在除端点外处处都具有不垂直于 x 轴的切线, 且两端点处的纵坐标相同, 那么曲线至少有一条水平的切线 (图 3.26).

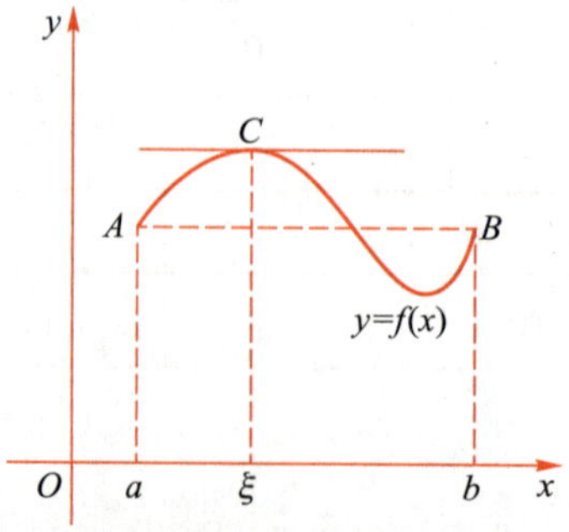

图 3.26 罗尔定理

在折返跑比赛中，由于 $s(a)=s(b)=s_0$，根据罗尔定理的结论可得 (a,b) 内至少存在一点 ξ，使得 $s'(\xi)=0$，即在该点速度为 0．实际上，罗尔定理仅断言 ξ 点必然存在而并未给出 ξ 的具体位置，结合本章定理 3.2.1 极值存在的必要条件可知，在位移的极大值点 (折返点) 处一阶导数为 0．还需注意，罗尔定理的三个条件即使只有一个不满足，结论也不一定成立．图 3.27、图 3.28、图 3.29 都只有一个条件不满足罗尔定理，图中的曲线没有水平的切线．

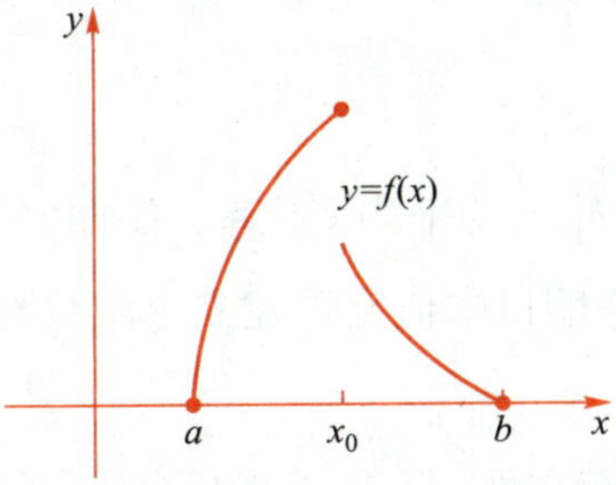

图 3.27　某点不连续

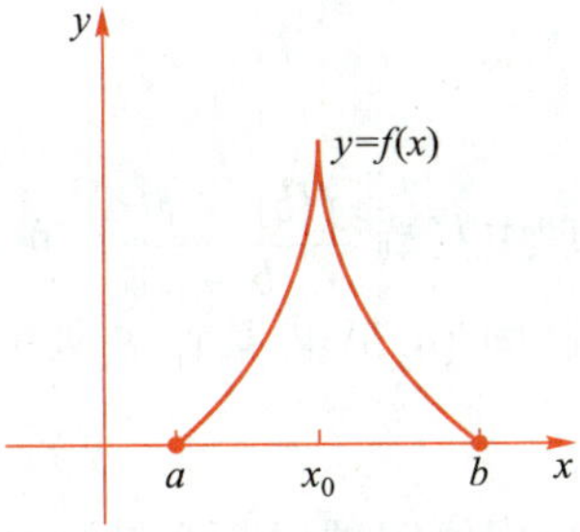

图 3.28　某点不可导

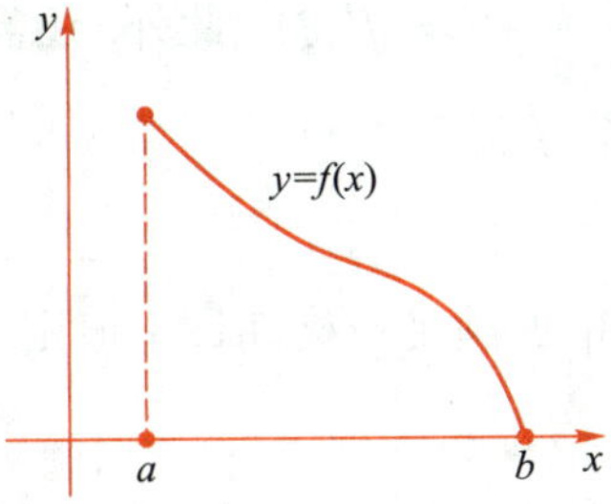

图 3.29　两端点函数值不相等

如果罗尔定理中 $f(a)=f(b)$ 不成立，但另外两个条件成立，那么函数曲线 $y=f(x)$ 存在与连接端点的弦平行的切线，这就是拉格朗日 (1736—1813) 中值定理．

设函数 $f(x)$ 在 $[a,b]$ 上连续，在 (a,b) 内可导，那么函数曲线上每一点处就存在唯一一条切线，这些切线中的某些与 $[a,b]$ 上曲线 $y=f(x)$ 的弦有关系．在图 3.30 中可以看到，光滑曲线弧 $\overset{\frown}{AB}$ 上只有一条切线 L 平行于弦 AB，对应的自变量点是 ξ；图 3.31 中光滑曲线弧 $\overset{\frown}{AB}$ 上有三条切线 L_1,L_2,L_3 皆平行于弦 AB，即弦 AB 与这几条切线有相同的斜率，对应点分别是 ξ_1,ξ_2,ξ_3．

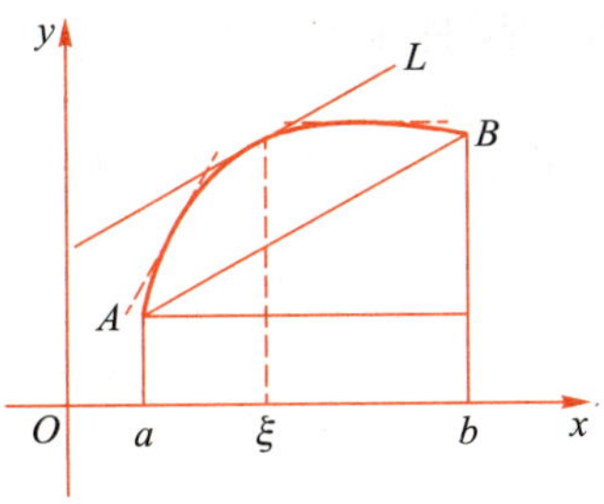

图 3.30

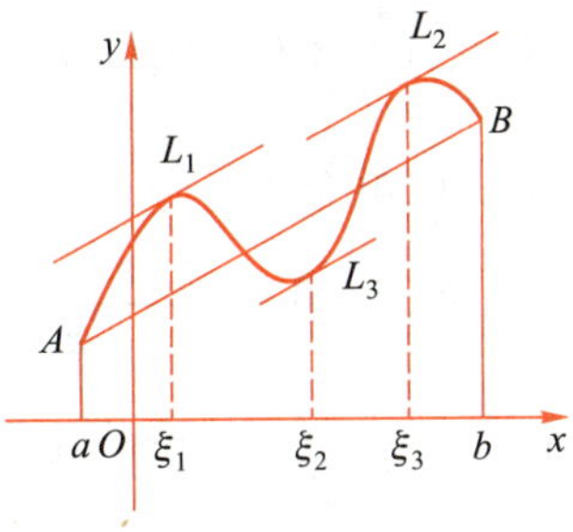

图 3.31

以图 3.31 中的情况为例，由于点 A 的坐标为 $A(a,f(a))$，点 B 的坐标为 $B(b,f(b))$，那么弦 AB 的斜率为

$$k_{AB}=\frac{f(b)-f(a)}{b-a}.$$

而切线 L 的斜率 $k=f'(\xi)$. 对于更一般的情况, 我们有下面的结论.

定理 3.5.2 (**拉格朗日中值定理**) 如果函数 $f(x)$ 满足:

(1) 在闭区间 $[a,b]$ 上连续;

(2) 在开区间 (a,b) 内可导.

那么至少存在一点 $\xi\in(a,b)$, 使得

$$\frac{f(b)-f(a)}{b-a}=f'(\xi).$$

上述定理中左端 $\dfrac{f(b)-f(a)}{b-a}$ 可以看作函数在闭区间 $[a,b]$ 上的平均变化率, 右端 $f'(\xi)$ 可以看作函数在开区间 (a,b) 内某点 ξ 处的局部变化率. 因此, 拉格朗日中值定理建立了函数整体与局部的联系.

拉格朗日中值定理仅断言导数为 $\dfrac{f(b)-f(a)}{b-a}$ 的 ξ 点的存在性, 至于 ξ 有几个值, 值等于多少, 需要在 (a,b) 范围内求解方程 $\dfrac{f(b)-f(a)}{b-a}=f'(\xi)$. 此外, 还需要指出的是, 如果函数 $f(x)$ 不满足拉格朗日中值定理的条件, ξ 点可能不存在.

例 1 已知函数 $f(x)=x^3$ 在 $[0,3]$ 上满足拉格朗日中值定理的条件, 求满足拉格朗日中值定理结论的点 ξ.

解 由于 $f(x)=x^3$ 在 $[0,3]$ 上连续, $(0,3)$ 内可导, 且 $f'(x)=3x^2$, 而

$$\frac{f(b)-f(a)}{b-a}=\frac{f(3)-f(0)}{3-0}=9,$$

因此令 $f'(\xi)=9$, 即 $3\xi^2=9$, 解得 $\xi=\pm\sqrt{3}$.

由于 $\xi_1=\sqrt{3}$ 在 $(0,3)$ 内, 而 $\xi_2=-\sqrt{3}$ 不在 $(0,3)$ 内, 只有 $\xi=\sqrt{3}$ 符合拉格朗日中值定理的结论.

例 2 假设一物体有位移函数 $s(t)=t^2-t-2$. 求物体在区间 $[3,6]$ 上的平均速率, 并求在哪个时刻物体的瞬时速率和平均速率相等.

解 物体在区间 $[3,6]$ 上的平均速率 $\dfrac{s(6)-s(3)}{6-3}=8$, 物体的瞬时速率函数为 $s'(t)=2t-1$. 令 $8=2t-1$, 解得 $t=\dfrac{9}{2}$. 即在 $t=\dfrac{9}{2}$ 时刻的瞬时速率和整个区间的平均速率相等.

例 3 证明: 当 $x>0$ 时, $\dfrac{x}{1+x}<\ln(1+x)<x$.

证 由于 $x>0$, 可将不等式变为 $\dfrac{1}{1+x}<\dfrac{\ln(1+x)}{x}<1$, 即

$$\frac{1}{1+x}<\frac{\ln(1+x)-\ln(1+0)}{x-0}<1.$$

因此, 可设 $f(x)=\ln(1+x)$, 显然 $f(x)$ 在区间 $[0,x]$ 上满足拉格朗日中值定理的条件,

那么存在 $\xi \in (0, x)$ 满足

$$\frac{f(x)-f(0)}{(x-0)} = f'(\xi).$$

由于 $f(0)=\ln(1+0)=0, \quad f'(x)=\frac{1}{1+x}$, 因此上式即为

$$\ln(1+x)=\frac{x}{1+\xi}.$$

又由 $0<\xi<x$, 有

$$\frac{x}{1+x}<\frac{x}{1+\xi}<x,$$

即

$$\frac{x}{1+x}<\ln(1+x)<x \ (x>0).$$

在拉格朗日中值定理的条件中, 若 $f(a)=f(b)$ 时, 则有 $f'(\xi)=0$. 这就是罗尔定理. 因此, 罗尔定理可看作拉格朗日中值定理当 $f(a)=f(b)$ 的特殊情况.

推论 1 如果函数 $f(x)$ 在区间 $[a,b]$ 上连续, 且在 (a,b) 内可导且导数恒为零, 那么在区间 $[a,b]$ 上 $f(x)$ 为常数.

证 任取两个不同的点 $x_1, x_2 \in [a,b]$, 不妨设 $x_1<x_2$, 则 $f(x)$ 在 $[x_1,x_2]$ 上连续, 在 (x_1,x_2) 内可导. 根据拉格朗日中值定理, 有

$$f(x_2)-f(x_1)=f'(\xi)(x_2-x_1), \quad \xi \in (x_1,x_2).$$

因为 $f'(\xi)=0$, 所以 $f(x_2)-f(x_1)=0$, 即 $f(x_1)=f(x_2)$. 由 x_1 和 x_2 的任意性知, 在 $[a,b]$ 上 $f(x)$ 是常数.

例 4 证明恒等式 $\arcsin x+\arccos x=\frac{\pi}{2}$, 其中 $x \in [-1,1]$.

证 令 $f(x)=\arcsin x+\arccos x, \quad x \in [-1,1]$. 显然, $f(x)=\arcsin x+\arccos x$ 在 $[-1,1]$ 上连续, 且有

$$f'(x)=\frac{1}{\sqrt{1-x^2}}-\frac{1}{\sqrt{1-x^2}} \equiv 0, \quad x \in (-1,1),$$

由推论 1 可知, 当 $x \in [-1,1]$ 时, $f(x) \equiv c$.

为求常数 c, 只需在 $[-1,1]$ 上任取一点, 如 $x_0=0$. 于是有

$$c=f(0)=\arcsin 0+\arccos 0=\frac{\pi}{2},$$

因此 $\arcsin x+\arccos x=\frac{\pi}{2}, \quad x \in [-1,1]$.

推论 2 在区间 I 上具有相同导数的函数相差一个常数.

若在区间 I 的每一点, 均有 $f'(x) = g'(x)$, 那么存在常数 c 使得对 I 中一切 x, 都有 $f(x) = g(x) + c$ 成立.

例 5 若函数 $f(x)$ 的导数为 $\sin x$, 且曲线 $y = f(x)$ 过点 $(0,2)$, 求函数 $f(x)$.

解 因为 $f(x)$ 和 $g(x) = -\cos x$ 有相同的导数, 根据推论 2, $f(x)$ 可表示为 $f(x) = -\cos x + c$, c 为某个常数. 由 $f(0) = -\cos(0) + c = 2$, 得 $c = 3$. 因此 $f(x) = -\cos x + 3$.

同步训练 3.5

扫一扫, 看答案

1. 用导数式及区间长表示下列函数在指定区间上的函数值的变化值 (如 $x \in [a,b]$), 则可要求用 $f'(\xi)$ 及 $(b-a)$ 表示 $f(b) - f(a)$.

   (1) $f(x) = \cos x, \quad x \in \left[0, \dfrac{\pi}{2}\right]$;

   (2) $f(x) = \ln(1+x), \quad x \in [1,2]$;

   (3) $f(x) = \sqrt{x}, \quad x \in [1,4]$;

   (4) $f(x) = \arctan x, \quad x \in [0,1]$.

2. 证明不等式: $\arctan x \leqslant x, \quad 0 \leqslant x < +\infty$.

3. 函数 $f(x) = \begin{cases} x, & 0 \leqslant x < 1, \\ 0, & x = 1 \end{cases}$ 在 $x = 0$ 和 $x = 1$ 的值为零并且在 $(0,1)$ 内可导, 但它的导数在 $(0,1)$ 内处处不为零. 这与罗尔定理矛盾吗?

4. 一位货车司机从南京开往上海, 在某收费站收到一张罚单, 说他在限速为 100 km/h 的道路上, 2 h 行驶了 234 km. 罚单列出的违章理由为该货车司机超速行驶, 为什么?

5. 假设在一场赛马比赛中, 赛马 A 和赛马 B 同时出发并同时到达. 试证明在比赛过程中某时刻它们的速度大小相同.

3.6 不定积分

前面我们知道速度是位置关于时间的导数, 加速度是速度关于时间的导数. 那么, 我们能否反过来, 从加速度去求得物体的速度或位置函数? 本节就是研究这类问题, 即某函数 $F(x)$ 未知, 但它的导数 $f(x)$ 已知, 如何求 $F(x)$. 这个过程就是微分或导数的逆运算——不定积分.

定义 3.6.1 (不定积分) 设 $f(x)$ 在区间 I (有限区间或无限区间) 上有定义, 如果存在函数 $F(x)$, 使得在该区间内任一点 x, 都有

$$F'(x) = f(x) \text{ 或 } \mathrm{d}F(x) = f(x)\mathrm{d}x,$$

则称函数 $F(x)$ 是函数 $f(x)$ 的一个原函数. $f(x)$ 的全体原函数所组成的集合称为 $f(x)$ 关于 x 的不定积分, 记作 $\int f(x)\mathrm{d}x$. 即

$$\int f(x)\mathrm{d}x = F(x) + C \quad (C\text{为任意常数}),$$

其中 x 是积分变量, "$\int$" 是积分号, $f(x)$ 是被积函数, $f(x)\mathrm{d}x$ 称为被积表达式, C 称为积分常数或任意常数.

由拉格朗日中值定理的推论 2 得知, 如果某函数有一个原函数, 那么它就有无限多个原函数, 并且其中任意两个原函数之间相差一个常数. 因此, 我们可以得到下面的定义.

定义 3.6.2 (**原函数族**) 如果 $F(x)$ 是 $f(x)$ 在区间 I 上的一个原函数, 则 $F(x)+C$ (C 为任意常数) 就是 $f(x)$ 在区间 I 上的全部原函数 (图 3.32).

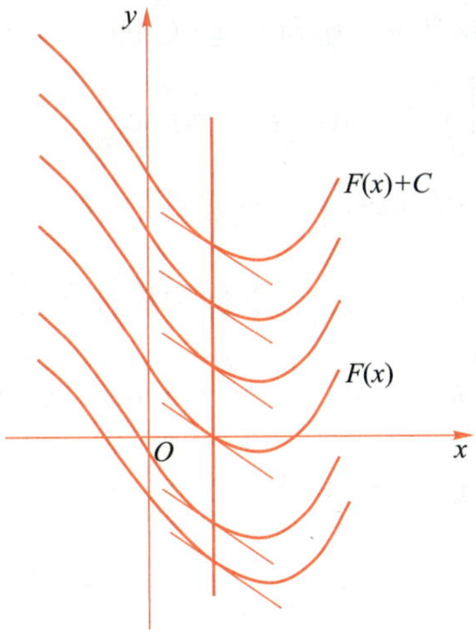

图 3.32 原函数族图

由定义 3.6.2 知, 求函数 $f(x)$ 的不定积分, 只需求出 $f(x)$ 的一个原函数, 然后加上一个常数 C 即可. 例如由于 $(x^2)' = 2x$, 所以 $\int 2x\mathrm{d}x = x^2 + C$.

例 1 求下列不定积分:

(1) $\int x^2\mathrm{d}x$; (2) $\int \cos x\mathrm{d}x$.

解 (1) 因为 $\left(\frac{1}{3}x^3\right)' = x^2$, 即 $\frac{1}{3}x^3$ 是 x^2 的一个原函数, 所以

$$\int x^2\mathrm{d}x = \frac{1}{3}x^3 + C.$$

(2) 因为 $(\sin x)' = \cos x$, 即 $\sin x$ 是 $\cos x$ 的一个原函数, 所以

$$\int \cos x\mathrm{d}x = \sin x + C.$$

在这一节中, 我们需要回顾前面建立的导数公式, 从而推导出相应的不定积分 (即求原函数) 公

式. 因为不定积分运算与微分运算是互逆关系, 所以可由导数的基本公式和不定积分的概念得到不定积分的基本公式:

(1) $\int \mathrm{d}x = x + C$;　　(2) $\int x^{\alpha}\mathrm{d}x = \frac{1}{\alpha+1}x^{\alpha+1} + C(\alpha \neq -1)$;

(3) $\int \cos x\mathrm{d}x = \frac{\sin kx}{k} + C(k \neq 0)$;　　(4) $\int \sin kx\mathrm{d}x = -\frac{\cos kx}{k} + C(k \neq 0)$;

(5) $\int \sec^2 x\mathrm{d}x = \tan x + C$;　　(6) $\int \csc^2 x\mathrm{d}x = -\cot x + C$;

(7) $\int \sec x\tan x\mathrm{d}x = \sec x + C$;　　(8) $\int \csc x\cot x\mathrm{d}x = -\csc x + C$;

(9) $\int \frac{1}{\sqrt{1-x^2}}\mathrm{d}x = \arcsin x + C$;　　(10) $\int \frac{1}{1+x^2}\mathrm{d}x = \arctan x + C$.

由不定积分的定义, 可直接得到不定积分的下列性质:

性质 1　不定积分与求导数 (或微分) 互为逆运算, 即

(1) $\left[\int f(x)\mathrm{d}x\right]' = f(x)$ 或 $\mathrm{d}\left[\int f(x)\mathrm{d}x\right] = f(x)\mathrm{d}x$.

(2) $\int F'(x)\mathrm{d}x = F(x) + C$ 或 $\int \mathrm{d}F(x) = F(x) + C$.

性质 2　被积表达式中的非零常数因子, 可以移到积分号前, 即

$$\int kf(x)\mathrm{d}x = k\int f(x)\mathrm{d}x(k \neq 0).$$

性质 3　两个函数代数和的不定积分, 等于两个函数不定积分的代数和, 即

$$\int [f(x) \pm g(x)]\mathrm{d}x = \int f(x)\mathrm{d}x \pm \int g(x)\mathrm{d}x.$$

例 2　根据基本积分公式求积分:

(1) $\int x^3\mathrm{d}x$;　　(2) $\int \frac{1}{\sqrt{x}}\mathrm{d}x$;

(3) $\int \frac{\sin x}{\cos^2 x}\mathrm{d}x$;　　(4) $\int \cos\frac{x}{2}\mathrm{d}x$.

解　(1) 由公式 (2), 得 $\int x^3\mathrm{d}x = \frac{1}{4}x^4 + C$.

(2) 由公式 (2), 得 $\int \frac{1}{\sqrt{x}}\mathrm{d}x = \int x^{-\frac{1}{2}}\mathrm{d}x = 2x^{\frac{1}{2}} + C = 2\sqrt{x} + C$.

(3) 由公式 (7), 得 $\int \frac{\sin x}{\cos^2 x}\mathrm{d}x = \int \sec x\tan x\mathrm{d}x = \sec x + C$.

(4) 由公式 (3), 得 $\int \cos\frac{x}{2}\mathrm{d}x = 2\sin\frac{x}{2} + C$.

例 3　求 $\int \left(x^2 - \frac{3}{x^2}\right)\mathrm{d}x$.

解　由性质 2 和性质 3,

$$\begin{aligned}\text{原式} &= \int\left(x^2-\frac{3}{x^2}\right)\mathrm{d}x=\int x^2\mathrm{d}x-3\int x^{-2}\mathrm{d}x\\ &=\frac{1}{3}x^3+3x^{-1}+C.\end{aligned}$$

例 4　求 $\int \tan^2 x\mathrm{d}x$.

解　先利用三角恒等式进行变形, 再求不定积分.

原式 $=\int \tan^2 x\mathrm{d}x=\int\left(\sec^2 x-1\right)\mathrm{d}x=\int \sec^2 x\mathrm{d}x-\int \mathrm{d}x=\tan x-x+C$.

借助 MATLAB 软件中的函数 “int”, 可以计算不定积分. 以例 2 中的 $\int x^3\mathrm{d}x$ 为例, 利用 MATLAB 软件计算不定积分问题. 在 MATLAB 命令行窗口输入:

```
>> syms x
>> y=int(x^3,x)
```

运行即可得到结果

```
y=1/4*x^4
```

同步训练 3.6

1. 判断下列式子是否正确, 并给出理由:

(1) $\int (2x+1)^2\mathrm{d}x=\frac{(2x+1)^3}{3}+C$;

(2) $\int 3(2x+1)^2\mathrm{d}x=(2x+1)^3+C$;

(3) $\int 6(2x+1)^2\mathrm{d}x=(2x+1)^3+C$.

扫一扫, 看答案

求下列函数的原函数 (第 2—9 题).

2. (1) $6x$;　(2) x^6;　(3) x^6+6x+6.

3. (1) $-x^2$;　(2) $-4x^2$;　(3) $-4x^2+3x+1$.

4. (1) $-\frac{2}{x^5}$;　(2) $\frac{1}{2x^5}$;　(3) $x^5-\frac{1}{x^5}$.

5. (1) $-\frac{2}{3}\sqrt{x}$;　(2) $\frac{1}{2\sqrt{x}}$;　(3) $\sqrt{x}-\frac{1}{\sqrt{x}}$.

6. (1) $\frac{2}{5}x^{-\frac{1}{3}}$;　(2) $\frac{1}{3}x^{-\frac{2}{3}}$;　(3) $-\frac{1}{3}x^{-\frac{4}{3}}$.

7. (1) $\pi\sin\pi x$;　(2) $-3\sin x$;　(3) $\sin\pi x-4\sin 4x$.

8. (1) $\sec^2 x$;　(2) $\frac{1}{7}\sec^2\frac{x}{7}$;　(3) $-\sec^2\frac{2x}{7}$.

9. (1) $\sec x\tan x$; (2) $9\sec 3x\tan 3x$; (3) $\sec\frac{\pi}{2}x\tan\frac{\pi}{2}x$.

求不定积分 (第 10—21 题).

10. $\int\sqrt{x\sqrt{x}}\mathrm{d}x$.

11. $\int\left(\cos x-a^x+\frac{1}{\cos^2 x}\right)\mathrm{d}x$.

12. $\int(\sqrt{m}-1)\left(2-\frac{1}{\sqrt{m}}\right)\mathrm{d}m$.

13. $\int\sec\theta(\sec\theta-\tan\theta)\mathrm{d}\theta$.

14. $\int\frac{(1-x)^2}{\sqrt{x}}\mathrm{d}x$.

15. $\int\frac{x^4+x^3+1}{x^2}\mathrm{d}x$.

16. $\int\frac{3^x+2^x}{3^x}\mathrm{d}x$.

17. $\int\frac{\mathrm{e}^{2x}-1}{\mathrm{e}^x+1}\mathrm{d}x$.

18. $\int\frac{x^4+1}{x^2+1}\mathrm{d}x$.

19. $\int\frac{2s^2+1}{s^2(s^2+1)}\mathrm{d}s$.

20. $\int\cos^2\frac{t}{2}\mathrm{d}t$.

21. $\int\frac{1}{1+\cos 2x}\mathrm{d}x$.

3.7 简单微分方程

在研究自然科学、工程技术和经济管理等许多实际问题时, 往往需要通过未知函数及其导数 (或微分) 的关系式来求该未知函数, 这种关系式就是微分方程. 利用微分方程研究实际问题时, 往往需要两个步骤: 第一步是建立微分方程; 第二步是解微分方程.

我们已经知道不定积分 $\int f(x)\mathrm{d}x$ 是求 $f(x)$ 的全体原函数. 即如果 $F'(x)=f(x)$ 或 $\frac{\mathrm{d}F(x)}{\mathrm{d}x}=f(x)$, 那么可以通过 $\int f(x)\mathrm{d}x$ 来求 $F(x)$.

如果 $\mathrm{d}F(x)=f(x)\mathrm{d}x$, 同样可以通过 $\int f(x)\mathrm{d}x$ 来求 $F(x)$. 我们可以用这种方法来解微分方程.

例 1 求一条曲线, 使得曲线上任意点 (x,y) 处的切线斜率为 $2x$, 且曲线过点 $(1,2)$.

解 设所求曲线的方程为 $y=F(x)$, 根据题设条件及导数的几何意义, 有

$$y'=F'(x)=2x.$$

已知函数的导数, 要求这个函数, 必定需要通过不定积分来求解

$$F(x)=\int 2x\mathrm{d}x=x^2+C.$$

因为曲线过点 $(1,2)$, 所以 $C=1$. 因此, $F(x)=x^2+1$ 即为所求.

此例中含有未知函数 $F(x)$ 导数的方程 “$F'(x)=2x$” 就是微分方程, “x^2+1” 即为微分方程的解. 下面给出微分方程及其解的定义.

定义 3.7.1 含有未知函数的导数 (或微分) 的方程称为微分方程.

定义 3.7.2 代入微分方程, 能够使方程成为恒等式的函数称为微分方程的解.

定义 3.7.3 已知函数的导数以及函数在某个特殊点 x_0 处的值 y_0, 用来确定微分方程解的问题称为初值问题.

例 2 验证: 函数 $y = C_1\cos x + C_2\sin x$ 是微分方程 $y'' + y = 0$ 的解.

解

$$y' = -C_1\sin x + C_2\cos x,$$
$$y'' = -C_1\cos x - C_2\sin x,$$

将 y'' 和 y 的表达式代入原方程: $(-C_1\cos x - C_2\sin x) + (C_1\cos x + C_2\sin x) = 0$. 故 $y = C_1\cos x + C_2\sin x$ 是原方程的解.

例 3 一个物体被以初速度 160 m/s 从离地面 3 m 高的平台竖直向上发射. 假设物体在飞行过程中仅受重力作用, 重力产生的向下的加速度为 9.8 $\mathrm{m/s^2}$. 已知物体被发射时 $t=0$, 建立物体离地面的高度函数所满足的微分方程并求解. 另, 发射 3 s 后抛射体离地面的高度有多高?

解 假设 $s(t)$ 表示 t 时刻物体离地面的高度, 可得速度 $v(t) = \dfrac{\mathrm{d}s}{\mathrm{d}t}$ 以及加速度 $a(t) = \dfrac{\mathrm{d}v}{\mathrm{d}t} = \dfrac{\mathrm{d}^2s}{\mathrm{d}t^2}$.

在本题中, 重力的作用是沿着使 $s(t)$ 减少的方向, 因此得到微分方程

$$\frac{\mathrm{d}^2s}{\mathrm{d}t^2} = -9.8,\quad 且 s'(0) = 160\ \ 和 s(0) = 3.$$

两边取不定积分得: $s'(t) = -9.8t + C$, 其中 C 为某个常数. 从初值条件 $s'(0) = 160$, 得 $C = 160$. 进一步, 得到方程:

$$\frac{\mathrm{d}s}{\mathrm{d}t} = -9.8t + 160.$$

由于 $\displaystyle\int(-9.8t+160)\mathrm{d}t = -4.9t^2 + 160t + C$, 可得

$$s(t) = -4.9t^2 + 160t + C.$$

又因为 $s(0) = 3$, 可得 $C = 3$, 因此 $s(t) = -4.9t^2 + 160t + 3$.

令 $t = 3$, 可得高度 $s(3) = -4.9\times 9 + 160\times 3 + 3 = 438.9$ (m).

例 4 雪球融化过程中体积 V 的变化速度与球的表面积 S 成正比即 $\dfrac{\mathrm{d}V}{\mathrm{d}t} = -kS$, 其中 $k > 0$. 当 $t = 0$ 时, 雪球的半径 $r = 2$; $t = 10$ 时, $r = 0.5$. 证明: $r(t) = -\dfrac{3}{20}t + 2$.

证 雪球的体积 V 与其半径的关系是 $V = \dfrac{4}{3}\pi r^3$, 设雪球融化时半径 r 与时间 t 的函数关系是 $r = r(t)$. 由复合函数的求导法则得

$$\frac{\mathrm{d}V}{\mathrm{d}t} = \frac{\mathrm{d}V}{\mathrm{d}r}\frac{\mathrm{d}r}{\mathrm{d}t}\ 即 \frac{\mathrm{d}V}{\mathrm{d}t} = 4\pi r^2\frac{\mathrm{d}r}{\mathrm{d}t} = -kS = -k4\pi r^2,$$

即 $\dfrac{\mathrm{d}r}{\mathrm{d}t}=-k$, 解这个微分方程可得 $r(t)=-kt+C$.

当 $t=0$ 时, 雪球的半径 $r=2$, 得 $C=2$; 当 $t=10$ 时, $r=0.5$ 可得 $k=\dfrac{3}{20}$. 因此 $r(t)=-\dfrac{3}{20}t+2$.

例 5 **(列车制动问题)** 列车以 20 m/s 的速度直线行驶. 当制动时列车获得加速度 $-0.4\ \mathrm{m/s^2}$. 问开始制动后多长时间列车才能停住? 列车在这段时间行驶了多少路程?

解 设制动阶段列车的运动规律函数 $s=s(t)$. 根据题意可得以下方程

$$\frac{\mathrm{d}^2 s}{\mathrm{d}t^2}=-0.4,$$

对方程两端积分得

$$v(t)=\frac{\mathrm{d}s}{\mathrm{d}t}=\int -0.4\mathrm{d}t=-0.4t+C.$$

当 $t=0$ 时, $v(0)=20$, 可得 $C=20$, 即 $v(t)=\dfrac{\mathrm{d}s}{\mathrm{d}t}=-0.4t+20$. 再对该方程两端积分得

$$s(t)=\int(-0.4t+20)\mathrm{d}t=-0.2t^2+20t+C.$$

当 $t=0, s(0)=0$, 可得 $C=0$, 因此, 制动阶段列车的运动规律函数为

$$s(t)=-0.2t^2+20t.$$

在 $v(t)=-0.4t+20$ 中令 $v=0$, 得到列车从制动到停止的时间 $t=50$ s; 再把 $t=50$ s 代入 $s(t)=-0.2t^2+20t$, 得到列车在制动阶段行驶的路程

$$s(50)=-0.2\times 50^2+20\times 50=500\,(\mathrm{m}).$$

同步训练 3.7

解下列初值问题 (第 1—12 题).

扫一扫, 看答案

1. $\dfrac{\mathrm{d}y}{\mathrm{d}x}=2x-9, y(2)=0.$
2. $\dfrac{\mathrm{d}y}{\mathrm{d}x}=\dfrac{1}{x^2}-x, x>0, y(2)=1.$
3. $\dfrac{\mathrm{d}y}{\mathrm{d}x}=2x^{-\frac{2}{3}}, y(-1)=-5.$
4. $\dfrac{\mathrm{d}y}{\mathrm{d}x}=\dfrac{1}{3\sqrt{x}}, y(4)=0.$
5. $\dfrac{\mathrm{d}s}{\mathrm{d}t}=\cos t+\sin t, s(\pi)=1.$
6. $\dfrac{\mathrm{d}r}{\mathrm{d}\theta}=-\pi\sin\pi\theta, r(0)=0.$

7. $\dfrac{\mathrm{d}v}{\mathrm{d}t}=\dfrac{1}{6}\sec t\tan t, v(0)=1.$

8. $\dfrac{\mathrm{d}v}{\mathrm{d}t}=7t+\csc^2 t, v\left(\dfrac{\pi}{2}\right)=-8.$

9. $\dfrac{\mathrm{d}^2y}{\mathrm{d}x^2}=2-6x; y'(0)=4, y(0)=1.$

10. $\dfrac{\mathrm{d}^2r}{\mathrm{d}t^2}=\dfrac{2}{t^3}; \left.\dfrac{\mathrm{d}r}{\mathrm{d}t}\right|_{t=1}=1, r(1)=1.$

11. $\dfrac{\mathrm{d}^3y}{\mathrm{d}x^3}=8; y''(0)=-6, y'(0)=0, y(0)=5.$

12. $y^{(4)}=-\sin t+\cos t; y'''(0)=7, y''(0)=y'(0)=-1, y(0)=0.$

通过速度求位置 (第 13—14 题).

13. $v=9.8t+5, s(0)=10.$

14. $v=\dfrac{2}{\pi}\cos\dfrac{2}{\pi}t, s\left(\pi^2\right)=1.$

通过加速度求位置 (第 15—16 题).

15. $a=32; v(0)=20, s(0)=5.$

16. $a=-4\sin 2t; v(0)=2, s(0)=-3.$

17. 平面上的一条曲线 $y=f(x)$ 经过点 $(2,3)$, 在任意点 (x,y) 处的斜率为 $3\sqrt{x}$, 求该曲线方程.

18. 一个大型水箱装满了水, 设 t 时刻的水量为 $Q(t)$(单位: m^3), 在 $t=0$ 时打开出水龙头, 水流出的速率是 $Q'(t)=0.1\left(100-t^2\right), 0\leqslant t\leqslant 10$. 已知初值条件 $Q(0)=100$, 求 (1) $t\,\mathrm{min}$ 后流出的水量 $Q(t)$; (2) 在 $10\,\mathrm{min}$ 内从水箱内流出多少水.

第 4 章
定积分

【本章导读】

推动微分学发展的主要科学问题是求曲线的切线、瞬时变化率等问题. 导数仅仅揭示事物的一半, 微积分除了描述函数的瞬时变化外, 还要描述瞬时的变化在一段时间上的累积. 例如, 从一个物体的运动速度获得物体在一段时间内的位移. 微积分的发现者们还研究了曲边梯形的面积, 由此产生了微积分学 (calculus) 的另一半——积分学 (integration). 一元函数的积分学中主要有两部分内容: 定积分与不定积分, 其中最重要的是牛顿和莱布尼茨发现的求切线斜率与求曲边梯形面积之间的内在联系——微积分基本定理.

本章先介绍用有限和估计距离、面积等的方法, 再引入定积分的概念, 进而介绍微积分基本定理和积分的换元法等.

在第 1 章中, 我们曾提到过中国古代数学家刘徽的割圆术: “割之弥细, 所失弥少, 割之又割, 以至于不可割, 则与圆合体而无所失矣.” 割圆术所蕴含的思想方法与牛顿研究物体运动的位移、莱布尼茨研究曲边梯形的面积的思想方法完全相通: 用有限去估计, 再取极限得到精确值.

4.1 用有限和估计

这一节我们用有限和估计物体运动的位移、曲边梯形的面积和旋转体的体积等, 为后面利用有限和定义定积分奠定基础.

假定我们知道了汽车在高速路上行驶的速度 $v=\dfrac{\mathrm{d}s}{\mathrm{d}t}=f(t)$, 如何估计汽车从时刻 $t=a$ 到时刻 $t=b$ 的位移呢?

如果汽车匀速直线行驶, 那么位移为速度和时间的乘积:

$$\text{位移}(s)=\text{速度}(v)\times\text{时间}(b-a).$$

如果汽车变速直线行驶, 我们可以用以下方式作近似估计, 将时间区间分割为一系列微小的时间区间, 由于在每段小的区间上速度 v 变化极小, 可以看作常量, 因此小时间区间内近似位移可按匀速直线运动计算. 近似的总位移为各小时间区间上的近似位移的总和. 以时间区间 $[a,b]$ 为例, 假定将区间 $[a,b]$ 进行 n 等分 (图 4.1), 其所有小时间区间长度为 $\Delta t=\dfrac{1}{n}(b-a)$, 令 t_i 为第 i $(i=1,2,3,\cdots,n)$ 段区间内的任意一个点, 如果小时间区间足够短, 以致在小区间内速度几乎不变, 那么我们可以把 t_i 时刻的瞬时速度作为第 i 段小区间内匀速行驶的速度, 汽车在该区间内的位移 $\Delta s_i\approx f\left(t_i\right)\Delta t$, 我们可以用这些近似的位移总和来估计汽车从 $t=a$ 到 $t=b$ 的总位移, 即

$$\begin{aligned}s&\approx f\left(t_1\right)\Delta t+f\left(t_2\right)\Delta t+\cdots+f\left(t_n\right)\Delta t\\&=\left(f\left(t_1\right)+f\left(t_2\right)+\cdots+f\left(t_n\right)\right)\Delta t\\&=\frac{1}{n}(b-a)\left(f\left(t_1\right)+f\left(t_2\right)+\cdots+f\left(t_n\right)\right).\end{aligned}$$

图 4.1 将区间 $[a,b]$ 进行 n 等分

例 1 **(物体运动的位移)** 假定我们知道汽车在高速路上沿直线行驶的速度 (单位: m/s) $v=\dfrac{\mathrm{d}s}{\mathrm{d}t}=f(t)$, 试分别估计汽车在下列情形: (1) $f(t)=3$; (2) $f(t)=t$; (3) $f(t)=t^2$ 中从 $t=0$ 到 $t=5$ (s) 经过的位移.

解 (1) 由于 $v=f(t)=3$ 是常量, 汽车匀速行驶, 所以位移

$$s=3\times5=15\ (\mathrm{m}).$$

(2) 由于 $v=f(t)=t$ 随时间变化, 汽车变速行驶. 我们选用不同的区间数和不同的取值点探讨结果. 将区间 $[0,5]$ 分为 5 个长度为 1 的子区间, f 在各子区间的**左**端点处取值 (图 4.2).

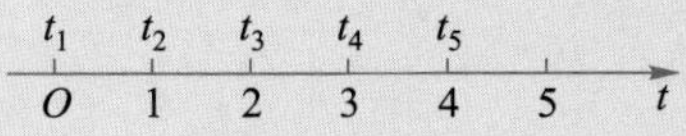

图 4.2　t_i 取各子区间的左端点

我们有

$$\begin{aligned} s &\approx f(t_1)\Delta t+f(t_2)\Delta t+f(t_3)\Delta t+f(t_4)\Delta t+f(t_5)\Delta t \\ &=(f(0)+f(1)+f(2)+f(3)+f(4))\times 1 \\ &=(0+1+2+3+4)\times 1 \\ &=10\ (\mathrm{m}). \end{aligned}$$

仍将区间 $[0,5]$ 分为 5 个长度为 1 的子区间, f 在各子区间的**右**端点处取值 (图 4.3).

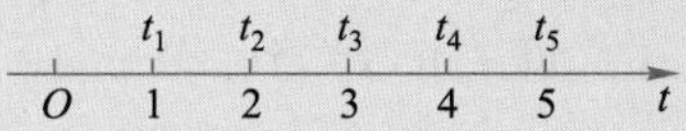

图 4.3　t_i 取各子区间的右端点

我们有

$$\begin{aligned} s &\approx f(t_1)\Delta t+f(t_2)\Delta t+f(t_3)\Delta t+f(t_4)\Delta t+f(t_5)\Delta t \\ &=(f(1)+f(2)+f(3)+f(4)+f(5))\times 1 \\ &=(1+2+3+4+5)\times 1 \\ &=15\ (\mathrm{m}). \end{aligned}$$

若将区间 $[0,5]$ 分为 10 个长度为 0.5 的子区间, 则 f 在各子区间的**左**端点处取值 (图 4.4).

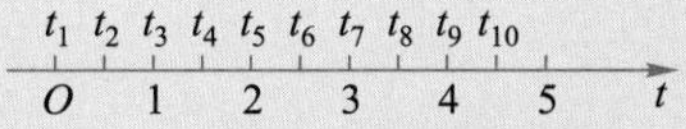

图 4.4　t_i 取各子区间的左端点

我们有

$$\begin{aligned} s &\approx f(t_1)\Delta t+f(t_2)\Delta t+\cdots+f(t_{10})\Delta t \\ &=(f(0)+f(0.5)+f(1)+f(1.5)+\cdots+f(4.5))\times 0.5 \\ &=(0+0.5+1+1.5+\cdots+4.5)\times 0.5 \\ &=11.25\ (\mathrm{m}). \end{aligned}$$

若仍将区间 $[0,5]$ 分为 10 个长度为 0.5 的子区间, 则 f 在各子区间的**右**端点处取值 (图 4.5).

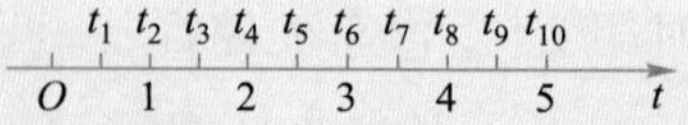

图 4.5　t_i 取各子区间的右端点

我们有

$$
\begin{aligned}
s &\approx f(t_1)\Delta t + f(t_2)\Delta t + \cdots + f(t_{10})\Delta t \\
&= (f(0.5) + f(1) + f(1.5) + \cdots + f(4.5) + f(5)) \times 0.5 \\
&= (0.5 + 1 + 1.5 + \cdots + 4 + 4.5 + 5) \times 0.5 \\
&= 13.75\ (\mathrm{m}).
\end{aligned}
$$

由于速度 $v = f(t) = t$ 随时间 t 越来越快, 以 f 在各子区间的左端点处的取值作为小区间内汽车的速度估计了汽车位移的下限. 相反地, 若以 f 在各子区间的右端点处的取值作为小区间内汽车的速度估计了汽车位移的上限. 位移的精确值位于下限和上限之间, 即从分为 5 个子区间中可知位移精确值 s 在 10 m 到 15 m 之间, 从分为 10 个子区间中可知位移精确值 s 在 11.25 m 到 13.75 m 之间. 可以看到, 分成 10 个子区间的估计值比 5 个子区间的估计值更接近精确值, 误差限①更小.

事实上, 当汽车以 $v = f(t) = t$ 的速度行驶时, 即以 $a = 1$ 的加速度匀加速运动, 在 $t = 0$ 到 $t = 5$ 之间的平均速度为 2.5 m/s, 真实位移为 $2.5 \times 5 = 12.5$ (m).

(3) 与 (2) 类似, 由于 $v = f(t) = t^2$ 随时间变化, 汽车变速直线行驶. 我们选用不同的区间数和取值点探讨结果. 将区间 $[0,5]$ 分为 5 个长度为 1 的子区间, f 在各子区间的左端点处取值 (图 4.2), 我们有

$$
\begin{aligned}
s &\approx f(t_1)\Delta t + f(t_2)\Delta t + f(t_3)\Delta t + f(t_4)\Delta t + f(t_5)\Delta t \\
&= (f(0) + f(1) + f(2) + f(3) + f(4)) \times 1 \\
&= \left(0 + 1^2 + 2^2 + 3^2 + 4^2\right) \times 1 \\
&= 30\ (\mathrm{m}).
\end{aligned}
$$

仍将区间 $[0,5]$ 分为 5 个长度为 1 的子区间, f 在各子区间的右端点处取值 (图 4.3), 我们有

$$
\begin{aligned}
s &\approx f(t_1)\Delta t + f(t_2)\Delta t + f(t_3)\Delta t + f(t_4)\Delta t + f(t_5)\Delta t \\
&= (f(1) + f(2) + f(3) + f(4) + f(5)) \times 1 \\
&= \left(1^2 + 2^2 + 3^2 + 4^2 + 5^2\right) \times 1 \\
&= 55\ (\mathrm{m}).
\end{aligned}
$$

① 精确值与近似值之间的最大差值的绝对值称为误差限.

若将区间 $[0,5]$ 分为 10 个长度为 0.5 的子区间, 则 f 在各子区间的左端点处取值 (图 4.4), 我们有

$$
\begin{aligned}
s &\approx f\left(t_1\right) \Delta t+f\left(t_2\right) \Delta t+\cdots+f\left(t_{10}\right) \Delta t \\
&=(f(0)+f(0.5)+f(1)+f(1.5)+\cdots+f(4.5)) \times 0.5 \\
&=\left(0^2+0.5^2+1^2+1.5^2+\cdots+4.5^2\right) \times 0.5 \\
&=35.625\ (\mathrm{m}).
\end{aligned}
$$

若仍将区间 $[0,5]$ 分为 10 个长度为 0.5 的子区间, 则 f 在各子区间的右端点处取值 (图 4.5), 我们有

$$
\begin{aligned}
s &\approx f\left(t_1\right) \Delta t+f\left(t_2\right) \Delta t+\cdots+f\left(t_{10}\right) \Delta t \\
&=(f(0.5)+f(1)+f(1.5)+\cdots+f(4.5)+f(5)) \times 0.5 \\
&=\left(0.5^2+1^2+1.5^2+\cdots+4.5^2+5^2\right) \times 0.5 \\
&=48.125\ (\mathrm{m}).
\end{aligned}
$$

由于 $v=f(t)=t^2$ 在 $[0,5]$ 内是单调增加的, 从分为 5 个子区间的计算结果中可知位移真实值 s 在 30 m 到 55 m 之间, 从分为 10 个子区间的计算结果中可知位移真实值 s 在 35.625 m 到 48.125 m 之间. 尽管分成 10 个子区间的估计值比 5 个子区间的估计值更接近精确值, 但误差限仍然过大. 为此, 将区间 $[0,5]$ 分为一系列更短的子区间, 结果见表 4.1, 当子区间长度为 0.015 625 时, 绝对误差限为 $|41.8622-41.4716|=0.3906$, 取最后一行两个和的均值推断汽车从 $t=0$ 到 $t=5$ 的位移为 41.666 9 m.

表 4.1　汽车位移的估计

子区间数	子区间长度	左端点处取值的和	右端点处取值的和	误差限
5	1	30	55	25
10	0.5	35.625	48.125	12.5
20	0.25	38.593 8	44.843 8	6.25
40	0.125	40.117 2	43.242 2	3.125
80	0.062 5	40.888 7	42.451 2	1.562 5
160	0.031 25	41.276 9	42.058 1	0.781 2
320	0.015 625	41.471 6	41.862 2	0.390 6

例 1 说明了可以用有限和近似解决物理中的物体位移的问题, 在下面的例 2 中, 我们可以看到

有限和在估计平面图形面积中的应用.

例 2 **(曲边三角形的面积)** 试估计 $f(x)=\sin x\left(x\in\left[0,\frac{\pi}{2}\right]\right)$ 的图像与 x 轴所围区域 (图 4.6) 的面积.

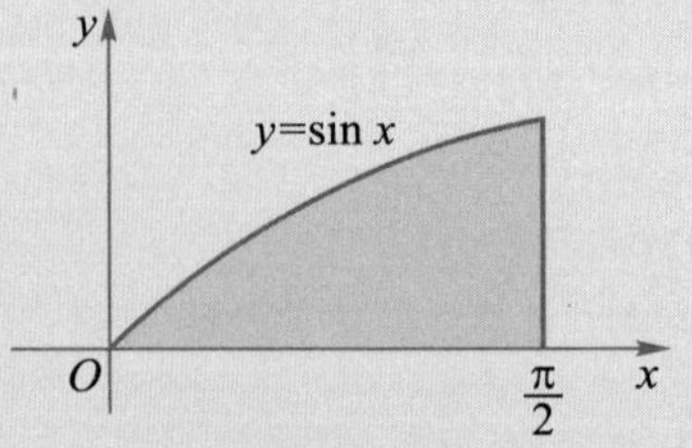

图 4.6 曲边三角形

解 我们将区间 $\left[0,\frac{\pi}{2}\right]$ 分成 n 个长度相同的子区间, 区域对应分割成 n 个宽度一样的细长条 (图 4.7).

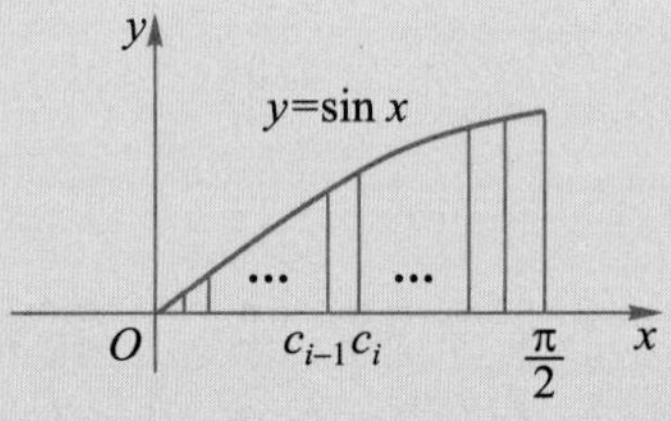

图 4.7 曲边三角形的分割

当 n 很大时, 将每个细长条近似为矩形, 底为子区间的长度, 高为子区间任一点处的曲线高度 (函数值), 矩形的面积为底 × 高, 一系列矩形面积的和可作为整个区域面积的近似值. 如取 $n=8$, 取子区间左端点处的函数值为矩形的高, 8 个小矩形的面积之和

$$\begin{aligned}S_8&=f(c_1)\Delta x+f(c_2)\Delta x+\cdots+f(c_8)\Delta x\\&=\left(\sin 0+\sin\frac{1}{16}\pi+\cdots+\sin\frac{7}{16}\pi\right)\times\frac{1}{16}\pi\\&\approx 0.898\,6.\end{aligned}$$

如仍取 $n=8$, 取子区间右端点处的函数值为矩形的高, 8 个小矩形的面积之和

$$\begin{aligned}S_8&=f(c_1)\Delta x+f(c_2)\Delta x+\cdots+f(c_8)\Delta x\\&=\left(\sin\frac{1}{16}\pi+\cdots+\sin\frac{7}{16}\pi+\sin\frac{8}{16}\pi\right)\times\frac{1}{16}\pi\\&\approx 1.095\,0.\end{aligned}$$

可见, 以 $n=8$ 时的小矩形面积之和估计所给区域的面积的误差限为 0.196 4 . 若想更加精确地估计所给区域的面积, 可将区间作更为细致的分割, 见表 4.2. 根据表 4.2, 取最后一行两个和的均值推断所给区域的面积可能为 1.

表 4.2　曲边三角形面积的估计

子区间数	子区间长度	左端点处取值的和	右端点处取值的和	误差限
8	$\frac{\pi}{16}$	0.8986	1.0950	0.1964
16	$\frac{\pi}{32}$	0.9501	1.0483	0.0982
32	$\frac{\pi}{64}$	0.9753	1.0243	0.0490
64	$\frac{\pi}{128}$	0.9877	1.0122	0.0245
128	$\frac{\pi}{256}$	0.9939	1.0061	0.0122

有限和还可以用于估计空间中立体的体积.

例 3　**(旋转体体积)**　设某型号火箭的鼻锥部是抛物线 $y=\sqrt{x}$, 直线 $x=5$ 及 x 轴所围图形绕 x 轴旋转一周所成的旋转体 (图 4.8). 试估计该型号火箭鼻锥部的体积.

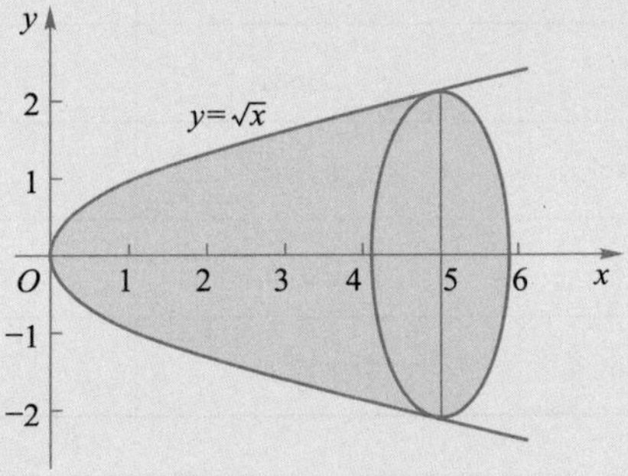

图 4.8　抛物体

解　设想将该抛物体用一系列垂直于 x 轴的平面切成薄片, 当薄片很薄时, 薄片近似于一个圆柱体, 薄片的体积近似于圆柱体的体积, 计算公式为 $\pi r^2 h$. 为此, 我们将区间 $[0,5]$ 分成 n 个长度均为 $\Delta x=\dfrac{5}{n}$ 的子区间, 在各分点处作垂直于 x 轴的平面, 则将抛物体分割成 n 个平放的厚度为 Δx 的薄片. 取子区间内 c_i 点处截面面积为对应的圆柱体的底面积, 其体积近似为 $\pi(\sqrt{c_i})^2\Delta x$, 抛物体的体积约为这些近似的体积的和. 若取 $n=5$, 取 c_i 为第 $i(i=1,2,\cdots,n)$ 个子区间的**左**端点, 我们有抛物体的体积

$$
\begin{aligned}
V &\approx \pi(\sqrt{c_1})^2\Delta x+\pi(\sqrt{c_2})^2\Delta x+\pi(\sqrt{c_3})^2\Delta x+\pi(\sqrt{c_4})^2\Delta x+\pi(\sqrt{c_5})^2\Delta x\\
&=\pi\left((\sqrt{c_1})^2+(\sqrt{c_2})^2+(\sqrt{c_3})^2+(\sqrt{c_4})^2+(\sqrt{c_5})^2\right)\times\Delta x\\
&=\pi\left((\sqrt{0})^2+(\sqrt{1})^2+(\sqrt{2})^2+(\sqrt{3})^2+(\sqrt{4})^2\right)\times 1\\
&\approx 31.4159.
\end{aligned}
$$

若仍取 $n=5$, 而取 c_i 为第 $i(i=1,2,\cdots,n)$ 个子区间的**右**端点, 我们有抛物体的体积

$$\begin{aligned}V&\approx\pi\left(\sqrt{c_1}\right)^2\Delta x+\pi\left(\sqrt{c_2}\right)^2\Delta x+\pi\left(\sqrt{c_3}\right)^2\Delta x+\pi\left(\sqrt{c_4}\right)^2\Delta x+\pi\left(\sqrt{c_5}\right)^2\Delta x\\&=\pi\left(\left(\sqrt{c_1}\right)^2+\left(\sqrt{c_2}\right)^2+\left(\sqrt{c_3}\right)^2+\left(\sqrt{c_4}\right)^2+\left(\sqrt{c_5}\right)^2\right)\times\Delta x\\&=\pi\left((\sqrt{1})^2+(\sqrt{2})^2+(\sqrt{3})^2+(\sqrt{4})^2+(\sqrt{5})^2\right)\times 1\\&\approx 47.1239.\end{aligned}$$

可见, 取 $n=5$ 估计抛物体的体积的误差限为 15.7100 . 为更加精确地估计抛物体的体积, 可将区间作更为细致的分割, 见表 4.3. 根据表 4.3, 取最后一行两个和的均值推断抛物体的体积为 39.2699 是可靠的.

表 4.3 体积的估计

子区间数	子区间长度	c_i 取左端点处的和	c_i 取右端点处的和	误差限
5	1	31.4159	47.1239	15.7100
10	0.5	35.3429	43.1969	7.8540
20	0.25	37.3064	41.2334	3.9270
40	0.125	38.2882	40.2517	1.9635
80	0.0625	38.7790	39.7608	0.9817
160	0.03125	39.0245	39.5153	0.4909
320	0.015625	39.1472	39.3926	0.2454

通过以上例子, 我们可以看到有限和可用于解决一些近似计算的问题, 同时也能看到, 该方法在解决部分问题的时候具有一定的局限性. 当问题区间分割的比较粗糙时, 其误差可能较大. 但是, 我们也能在例子中发现, 随着问题区间分割得越来越精细, 有限和与精确值也往往越来越接近.

同步训练 4.1

扫一扫, 看答案

1. 设物体沿着 x 轴运动, 速度 v 与时间 t 的关系为 $v=t+1$. 试求从 $t=0$ 到 $t=1$ 物体运动了多远?
2. 设物体沿着 x 轴运动, 速度 v 与时间 t 的关系为 $v=t^2+1$. 试求从 $t=0$ 到 $t=1$ 物体运动了多远?
3. 试估计曲线 $y=x^3$ 与 x 轴, 直线 $x=1$ 所围区域的面积.
4. 试估计曲线 $y=2x-x^2$ 与 x 轴所围区域的面积.
5. 表 4.4 列出了某复兴号列车测试时行驶前 10 s 的速度. 用长度为 1 的 10 个子区间及左、右端点时刻的速度估计列车行驶的距离.

表 4.4

时间 /s	0	1	2	3	4	5	6	7	8	9	10
速度 /$(\mathrm{m}\cdot\mathrm{s}^{-1})$	0	15	35	53	68	80	90	97	97	96	94

6. 若有一形状不规则的平面金属板材 (图 4.9), 如何估计其面积?

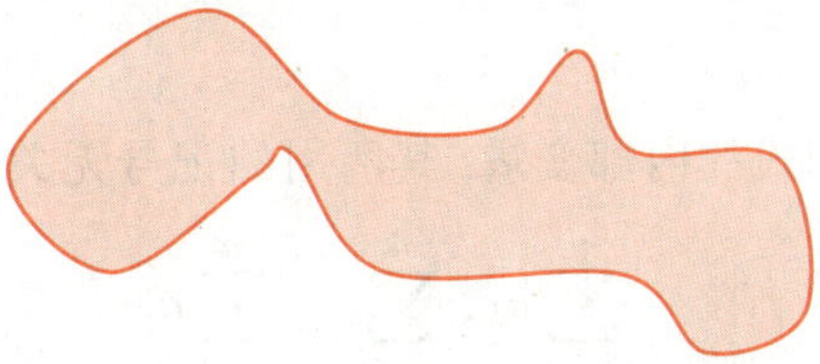

图 4.9

7. 现有一山体的 1 : 1000 等高线地形图[①], 海拔高度 50 m 及以上的等高线在图纸上所围区域面积如表 4.5 所示:

表 4.5

高度 /m	50	55	60	65	70	75	80	85	90
面积 /cm^2	90	70	58	46	30	16	8	5	0.4

试估计该山体在海拔 50 m 以上的体积.

4.2 黎曼和与定积分

在 4.1 节中我们发现有限和可以近似地解决物体位移、曲边梯形面积、旋转体体积等问题, 本节将引入黎曼和的概念, 并在此基础上从有限过渡到无限引入定积分的概念, 从而精确地解决物体位移、曲边梯形面积、旋转体体积等实际问题.

4.2.1 求和符号: $\sum$

由于涉及大量有规律的项的和, 我们使用记号 “Σ” 简洁地表示多项求和, 可以简化后续的工作. 一般地, 记

$$\sum_{k=1}^{n} a_k = a_1 + a_2 + a_3 + \cdots + a_{n-1} + a_n,$$

表示从标号 k 为 1 (Σ 下方的数) 到 n (Σ 上方的数) 的项的和. 如:

$$\sum_{k=1}^{5} k = 1+2+3+4+5,$$

$$\sum_{k=3}^{6} k^2 = 3^2+4^2+5^2+6^2,$$

$$\sum_{k=0}^{10}(2k+1) = 1+3+5+7+\cdots+19+21,$$

① 等高线地形图是将地表高度相同的点连成一环线直接投影到平面形成的水平曲线图.

$$\sum_{k=-2}^{2}(k^2-2k)=\left((-2)^2-2\times(-2)\right)+\left((-1)^2-2\times(-1)\right)+\left(0^2-2\times 0\right)+\left(1^2-2\times 1\right)$$
$$+\left(2^2-2\times 2\right)$$
$$=8+3+0-1+0,$$

$$\sum_{n=1}^{5}\frac{1}{n}=\frac{1}{1}+\frac{1}{2}+\frac{1}{3}+\frac{1}{4}+\frac{1}{5}.$$

和式中的标号是哑元, 是和式的内部变量, 其所用的记号无关紧要. 如:

$$\sum_{k=1}^{n}a_k,\ \sum_{i=1}^{n}a_i,\ \sum_{j=1}^{n}a_j$$

均表示

$$a_1+a_2+a_3+\cdots+a_{n-1}+a_n.$$

例 1 试用求和符号 "Σ" 表示下列和式:

(1) $\frac{1}{2}+\frac{1}{2^2}+\frac{1}{2^3}+\cdots+\frac{1}{2^9}+\frac{1}{2^{10}}$;

(2) $\frac{1}{1\times 2}+\frac{1}{2\times 3}+\frac{1}{3\times 4}+\cdots+\frac{1}{(n-1)n}+\frac{1}{n(n+1)}$.

解 (1) 通项为 $a_k=\frac{1}{2^k}$, 和式为标号 k 从 1 到 10 的项的和, 所以

$$\frac{1}{2}+\frac{1}{2^2}+\frac{1}{2^3}+\cdots+\frac{1}{2^9}+\frac{1}{2^{10}}=\sum_{k=1}^{10}\frac{1}{2^k};$$

(2) 通项为 $a_k=\frac{1}{k(k+1)}$, 和式为标号 k 从 1 到 n 的项的和, 所以

$$\frac{1}{1\times 2}+\frac{1}{2\times 3}+\frac{1}{3\times 4}+\cdots+\frac{1}{(n-1)n}+\frac{1}{n(n+1)}=\sum_{k=1}^{n}\frac{1}{k(k+1)}.$$

和式具有两条常用的性质:

(1) $\sum_{k=1}^{n}ca_k=c\sum_{k=1}^{n}a_k$, 即若和式中各项有公因子, 则可以提取公因子;

(2) $\sum_{k=1}^{n}(a_k+b_k)=\sum_{k=1}^{n}a_k+\sum_{k=1}^{n}b_k$, 即若和式中各项为两部分的和, 则可以拆为两个和式.

关于正整数的和有一些常用的结论, 如:

(1) $\sum_{k=1}^{n}k=\frac{n(n+1)}{2}$;

(2) $\sum_{k=1}^{n}k^2=\frac{n(n+1)(2n+1)}{6}$;

(3) $\sum_{k=1}^{n}(2k-1)^2=\frac{n(2n+1)(2n-1)}{3}$;

(4) $\sum_{k=1}^{n} k^3 = \frac{n^2(n+1)^2}{4}$.

4.2.2 黎曼和

4.1 节中用于近似计算的有限和是黎曼和的特例, 常称为黎曼左和和黎曼右和 (详见下文定义). 用于定义定积分的黎曼和更具有一般性. 一般的黎曼和对函数的非负性没有要求, 对区间的分割不要求进行等分, 对函数的近似取值不限定在区间的端点或中点等特殊点处.

定义 4.2.1 (**黎曼和**) 设 $f(x)$ 为定义在闭区间 $[a,b]$ 上的函数. 将区间 $[a,b]$ 分割成 n 个子区间, 分割点从小到大依次记为 $x_1, x_2, \cdots, x_{n-1}$, 记 a 为 x_0, 记 b 为 x_n, n 个子区间为

$$[x_0, x_1],\ [x_1, x_2],\ \cdots,\ [x_{n-2}, x_{n-1}],\ [x_{n-1}, x_n],$$

称为区间 $[a,b]$ 的一个**划分**. 第 k 个子区间 $[x_{k-1}, x_k]$ 的长度是 $\Delta x_k = x_k - x_{k-1}$. 任取 $\xi_k \in [x_{k-1}, x_k], k = 1, 2, \cdots, n$, 作乘积 $f(\xi_k)\Delta x_k$, 其符号依赖于 $f(\xi_k)$, 可以是正的、负的或 0. 将这些乘积进行求和:

$$S_n = \sum_{k=1}^{n} f(\xi_k)\Delta x_k,$$

这个依赖于区间分割及 ξ_k 取值的和式称为 $f(x)$ 在区间 $[a,b]$ 上的**黎曼和**.

特别地, 如果区间 $[a,b]$ 的分割方式是 n 等分, 即

$$x_k = a + \frac{k}{n}(b-a), \quad \Delta x_k = \frac{b-a}{n}, \quad k = 0, 1, \cdots, n.$$

(1) 取 $[x_{k-1}, x_k]$ 的左端点 x_{k-1} 作为 ξ_k, 即 $\xi_k = a + \frac{k-1}{n}(b-a)$,

$$S_n^{左} = \sum_{k=1}^{n} f\left(a + \frac{k-1}{n}(b-a)\right)\frac{b-a}{n},$$

称为 $f(x)$ 在区间 $[a,b]$ 上的**黎曼左和**.

(2) 取 $[x_{k-1}, x_k]$ 的右端点 x_k 作为 ξ_k, 即 $\xi_k = a + \frac{k}{n}(b-a)$,

$$S_n^{右} = \sum_{k=1}^{n} f\left(a + \frac{k}{n}(b-a)\right)\frac{b-a}{n},$$

称为 $f(x)$ 在区间 $[a,b]$ 上的**黎曼右和**.

(3) 取 $[x_{k-1}, x_k]$ 的中点 $\frac{x_{k-1}+x_k}{2}$ 作为 ξ_k, 即 $\xi_k = a + \frac{2k-1}{2n}(b-a)$,

$$S_n^{中} = \sum_{k=1}^{n} f\left(a + \frac{2k-1}{2n}(b-a)\right)\frac{b-a}{n},$$

称为 $f(x)$ 在区间 $[a,b]$ 上的**黎曼中点和**.

例 2 设 $f(x) = x^2$ 为区间 $[0,1]$ 上的函数, 试写出其黎曼左和、黎曼右和及黎曼中点和.

解　将区间 $[0,1]$ 分成 n 等份,

$$x_k=\frac{k}{n},\quad \Delta x_k=\frac{1}{n},\quad k=0,1,\cdots,n.$$

取 $\xi_k=x_{k-1}=\dfrac{k-1}{n}$, 黎曼左和为

$$S_n^{左}=\sum_{k=1}^{n}\frac{1}{n}f\left(\frac{k-1}{n}\right)=\sum_{k=1}^{n}\frac{1}{n}\left(\frac{k-1}{n}\right)^2=\frac{1}{n^3}\sum_{k=1}^{n}(k-1)^2.$$

取 $\xi_k=x_k=\dfrac{k}{n}$, 黎曼右和为

$$S_n^{右}=\sum_{k=1}^{n}\frac{1}{n}f\left(\frac{k}{n}\right)=\sum_{k=1}^{n}\frac{1}{n}\left(\frac{k}{n}\right)^2=\frac{1}{n^3}\sum_{k=1}^{n}(k)^2.$$

取 $\xi_k=\dfrac{x_{k-1}+x_k}{2}=\dfrac{2k-1}{2n}$, 黎曼中点和为

$$S_n^{中}=\sum_{k=1}^{n}\frac{1}{n}f\left(\frac{2k-1}{2n}\right)=\sum_{k=1}^{n}\frac{1}{n}\left(\frac{2k-1}{2n}\right)^2=\sum_{k=1}^{n}\frac{(2k-1)^2}{4n^3}=\frac{1}{4n^3}\sum_{k=1}^{n}(2k-1)^2.$$

例 3　试写出 $f(x)=\sin x$ 在 $\left[\dfrac{\pi}{2},\pi\right]$ 上的黎曼左和、黎曼右和及黎曼中点和.

解　将区间 $\left[\dfrac{\pi}{2},\pi\right]$ 分成 n 等份,

$$x_k=\frac{\pi}{2}+\frac{k\pi}{2n},\quad \Delta x_k=\frac{\pi}{2n},\quad k=0,1,\cdots,n.$$

取 $\xi_k=x_{k-1}=\dfrac{\pi}{2}+\dfrac{(k-1)\pi}{2n}=\dfrac{\pi}{2}\left(1+\dfrac{k-1}{n}\right)$, 黎曼左和为

$$S_n^{左}=\sum_{k=1}^{n}\frac{\pi}{2n}\sin\frac{\pi}{2}\left(1+\frac{k-1}{n}\right)=\frac{\pi}{2n}\sum_{k=1}^{n}\sin\frac{\pi}{2}\left(1+\frac{k-1}{n}\right).$$

取 $\xi_k=x_k=\dfrac{\pi}{2}+\dfrac{k\pi}{2n}=\dfrac{\pi}{2}\left(1+\dfrac{k}{n}\right)$, 黎曼右和为

$$S_n^{右}=\sum_{k=1}^{n}\frac{\pi}{2n}\sin\frac{\pi}{2}\left(1+\frac{k}{n}\right)=\frac{\pi}{2n}\sum_{k=1}^{n}\sin\frac{\pi}{2}\left(1+\frac{k}{n}\right).$$

取 $\xi_k=\dfrac{x_{k-1}+x_k}{2}=\dfrac{\pi}{2}+\dfrac{(2k-1)\pi}{4n}$, 黎曼中点和为

$$S_n^{中}=\sum_{k=1}^{n}\frac{\pi}{2n}\sin\frac{\pi}{2}\left(1+\frac{2k-1}{2n}\right)=\frac{\pi}{2n}\sum_{k=1}^{n}\sin\frac{\pi}{2}\left(1+\frac{2k-1}{2n}\right).$$

当 $f(x)$ 表示物体在 x 时刻的速度时 (见 4.1 节例 1), $f(\xi_k)\Delta x_k$ 表示物体从时刻 x_{k-1} 到时刻 x_k 的近似位移, 黎曼和表示 $f(x)$ 从时刻 a 到时刻 b 近似的累计位移; 当非负的 $f(x)$ 表示图像在 x 位置的高度 (见 4.1 节例 2) 时, $f(\xi_k)\Delta x_k$ 表示子区间 $[x_{k-1},x_k]$ 对应的图像中曲边梯形的近似面积, 黎曼和表示区间 $[a,b]$ 上曲边梯形的近似累积面积.

当 $f(x)$ 在所考虑的区间 $[a,b]$ 上不是非负的函数时，即在整个区间或部分区间上为负时，黎曼和的意义是什么？我们通过下面的例子回答这个问题.

例 4 计算并解释函数 $f(x)=x^2-1$ 在下列情形中的黎曼和.

(1) 区间 $[a,b]$ 为 $[0,1]$ 及 $n=4$ 时的黎曼右和;

(2) 区间 $[a,b]$ 为 $[0,2]$ 及 $n=8$ 时的黎曼右和.

解 函数图像及区间分割如图 4.10 所示，子区间长度为 $\Delta x=\dfrac{1}{4}$，区间内的分割点及端点的坐标为

$$x_i=\frac{i}{4},\quad i=0,1,2,\cdots,7,8.$$

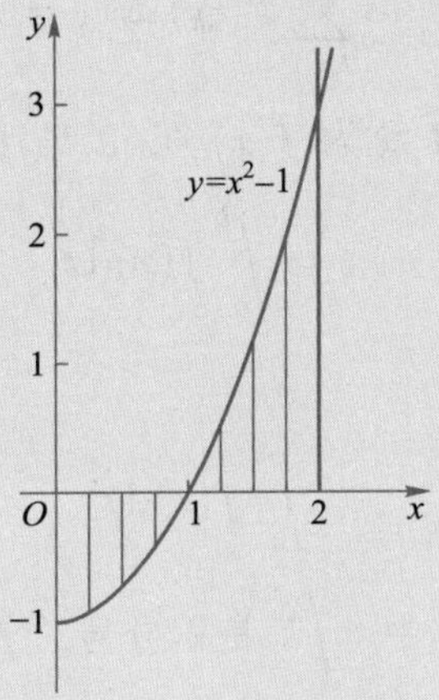

图 4.10 曲线 $f(x)=x^2-1$ 及所围图形的分割

(1) 区间 $[a,b]$ 为 $[0,1]$ 及 $n=4$ 时的黎曼右和为

$$\begin{aligned}S_1&=f(x_1)\Delta x+f(x_2)\Delta x+f(x_3)\Delta x+f(x_4)\Delta x\\&=\frac{1}{4}\left\{\left[\left(\frac{1}{4}\right)^2-1\right]+\left[\left(\frac{2}{4}\right)^2-1\right]+\left[\left(\frac{3}{4}\right)^2-1\right]+\left[\left(\frac{4}{4}\right)^2-1\right]\right\}\\&=-\frac{17}{32}.\end{aligned}$$

(2) 区间 $[a,b]$ 为 $[0,2]$ 及 $n=8$ 时的黎曼右和为

$$\begin{aligned}S_2&=\sum_{i=1}^{8}f(x_i)\Delta x\\&=\sum_{i=1}^{8}\frac{1}{4}\left[\left(\frac{i}{4}\right)^2-1\right]\\&=\frac{19}{16}.\end{aligned}$$

在例 4 中可以看到，区间 $[0,1]$ 上的黎曼右和每一项都不大于 0，总和小于 0，与通常讲的面积为正值并不一致. 在区间 $[0,2]$ 上的黎曼右和前 4 项不大于 0，后 4 项大于 0，总和大于 0，是后 4 项抵消了前 4 项剩下的部分. 一般地，当 $f(x)$ 在所考虑的区间 $[a,b]$ 上不是非负的函数时，黎曼和

为对应图形面积的代数和的近似, 即 x 轴上方图形的面积减去 x 轴下方图形的面积的近似.

4.2.3 定积分

随着区间 $[a,b]$ 的分割不断变细, 由分割取近似所确定的各个小矩形与对应区间上的小曲边梯形越相近. 对于一般的函数, 当全体子区间的长度趋于 0 时, 黎曼和的极限存在. 为使全体子区间的长度趋于 0 , 让最大的子区间长度趋于 0 即可.

定义 4.2.2 (**定积分**) 设 $f(x)$ 为定义在区间 $[a,b]$ 上的一个函数, 对于区间 $[a,b]$ 的一个划分 $[x_0,x_1]$, $[x_1,x_2]$, $\cdots$, $[x_{n-2},x_{n-1}]$, $[x_{n-1},x_n]$, 第 k 个子区间 $[x_{k-1},x_k]$ 的长度是 $\Delta x_k = x_k - x_{k-1}$, 记 $\lambda = \max\limits_{i}\{\Delta x_i\}$. 如果存在常数 I, 使得不论区间 $[a,b]$ 如何划分及子区间内 ξ_k 如何选取, 都有

$$\lim_{\lambda\to 0}\sum_{k=1}^{n} f(\xi_k)\Delta x_k = I,$$

则称 $f(x)$ 在 $[a,b]$ 上是可积的, 常数 I 称为 $f(x)$ 在 $[a,b]$ 上的定积分, 记作

$$I=\int_a^b f(x)\mathrm{d}x.$$

符号

$$\int_a^b f(x)\mathrm{d}x$$

读作 "$f(x)$ 从 a 到 b 对 x 的积分", 其中 "$\int$" 是积分号, "$f(x)$" 是被积函数,"x" 是积分变量, "$\mathrm{d}x$" 是积分变量 x 的微分, "a" 是积分下限, "b" 是积分上限.

我们不加证明地给出以下结论:

(1) 闭区间上的连续函数一定可积, 即如果 $f(x)$ 是区间 $[a,b]$ 上的连续函数, 则它在 $[a,b]$ 上的定积分存在;

(2) 若 $f(x)$ 在 $[a,b]$ 上可积, 则 $f(x)$ 在 $[a,b]$ 上的黎曼左和、黎曼右和及黎曼中点和的极限相同, 结果均为 $f(x)$ 在 $[a,b]$ 上的定积分.

例 5 验证 $f(x)=x^2$ 在区间 $[0,1]$ 上的黎曼左和、黎曼右和及黎曼中点和的极限值相同.

解 由例 2 和关于正整数的和的常用结论得 $f(x)=x^2$ 在区间 $[0,1]$ 上的黎曼左和

$$S_n^{左}=\frac{1}{n^3}\sum_{k=1}^{n}(k-1)^2=\frac{1}{n^3}\frac{(n-1)n(2n-1)}{6}=\frac{1}{6}\left(1-\frac{1}{n}\right)\left(2-\frac{1}{n}\right),$$

其极限为

$$\lim_{n\to\infty}S_n^{左}=\lim_{n\to\infty}\frac{1}{6}\left(1-\frac{1}{n}\right)\left(2-\frac{1}{n}\right)=\frac{1}{3}.$$

类似地, $f(x)=x^2$ 在区间 $[0,1]$ 上的黎曼右和

$$S_n^{右}=\frac{1}{n^3}\sum_{k=1}^{n}k^2=\frac{1}{n^3}\frac{n(n+1)(2n+1)}{6}=\frac{1}{6}\left(1+\frac{1}{n}\right)\left(2+\frac{1}{n}\right),$$

其极限为

$$\lim_{n\to\infty} S_n^{右} = \lim_{n\to\infty} \frac{1}{6}\left(1+\frac{1}{n}\right)\left(2+\frac{1}{n}\right) = \frac{1}{3}.$$

$f(x)=x^2$ 在区间 $[0,1]$ 上的黎曼中点和

$$S_n^{中} = \frac{1}{4n^3}\sum_{k=1}^{n}(2k-1)^2 = \frac{1}{4n^3}\frac{n(2n+1)(2n-1)}{3} = \frac{1}{3}\left(1+\frac{1}{2n}\right)\left(1-\frac{1}{2n}\right),$$

其极限为

$$\lim_{n\to\infty} S_n^{中} = \lim_{n\to\infty} \frac{1}{3}\left(1+\frac{1}{2n}\right)\left(1-\frac{1}{2n}\right) = \frac{1}{3}.$$

综上, $f(x)=x^2$ 在区间 $[0,1]$ 上的黎曼左和、黎曼右和及黎曼中点和的极限相同.

例 6　将下列和式的极限

$$\lim_{n\to\infty}\sum_{k=1}^{n}\frac{1}{n}\ln\left(1+\frac{k}{n}\right)$$

用定积分表示并说明其在几何上表示什么.

解　(形式一)　表达式中 $\dfrac{k}{n}$ 对应积分变量 x 的位置, 被积函数为 $f(x)=\ln(1+x)$. 表达式中 $\dfrac{1}{n}$ 是 Δx, 对应着积分变量的微分 $\mathrm{d}x$. $\lim\limits_{n\to\infty}\sum\limits_{k=1}^{n}$ 对应着积分符号, 特别地, 当 $n\to\infty$ 时, $\dfrac{k}{n}$ 在 k 取 1 时趋于 0 , 在 k 取 n 时趋于 1 , 即积分下限为 0 , 积分上限为 1 , 所以

$$\lim_{n\to\infty}\sum_{k=1}^{n}\frac{1}{n}\ln\left(1+\frac{k}{n}\right) = \int_0^1 \ln(1+x)\mathrm{d}x,$$

其在几何上表示的是曲线 $f(x)=\ln(1+x)$ 与 x 轴在 0 到 1 之间所围区域的面积 (图 4.11).

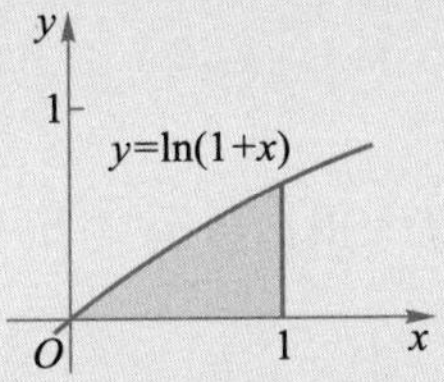

图 4.11　曲线 $f(x)=\ln(1+x)$ 与 x 轴在 0 到 1 之间所围区域

(形式二)　表达式中 $1+\dfrac{k}{n}$ 对应积分变量 x 的位置, 被积函数为 $f(x)=\ln x$. 表达式中 $\dfrac{1}{n}$ 是 Δx, 仍对应着积分变量的微分 $\mathrm{d}x$. $\lim\limits_{n\to\infty}\sum\limits_{k=1}^{n}$ 也仍对应着积分符号, 有细微差异的是当 $n\to\infty$ 时, $1+\dfrac{k}{n}$ 在 k 取 1 时趋于 1, 在 k 取 n 时趋于 2 , 即积分下限为 1 , 积分上限为 2 , 所以

$$\lim_{n\to\infty}\sum_{k=1}^{n}\frac{1}{n}\ln\left(1+\frac{k}{n}\right) = \int_1^2 \ln x\mathrm{d}x,$$

其在几何上表示的是曲线 $f(x)=\ln x$ 与 x 轴在 1 到 2 之间所围区域的面积 (图 4.12)

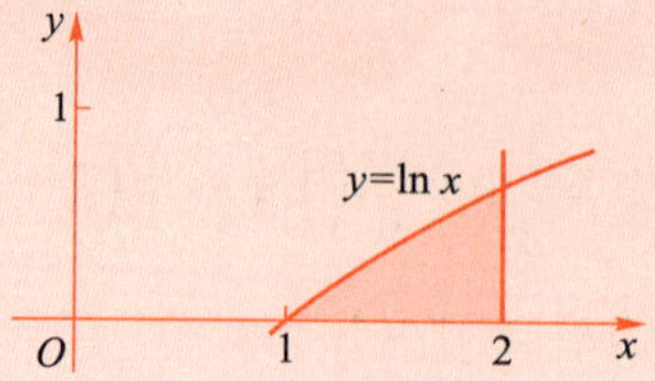

图 4.12　曲线 $f(x)=\ln x$ 与 x 轴在 1 到 2 之间所围区域

下面给出定积分的几何意义:

① 若 $f(x)\geqslant 0$, 则 $f(x)$ 在 $[a,b]$ 上的定积分恰好为 $f(x)$ 在 $[a,b]$ 上对应的曲边梯形的面积 (图 4.13), 即

$$\int_a^b f(x)\mathrm{d}x=S.$$

② 若 $f(x)\leqslant 0$, 则 $f(x)$ 在 $[a,b]$ 上的定积分恰好为 $f(x)$ 在 $[a,b]$ 上对应的曲边梯形的面积的相反数 (图 4.14), 即

$$\int_a^b f(x)\mathrm{d}x=-S.$$

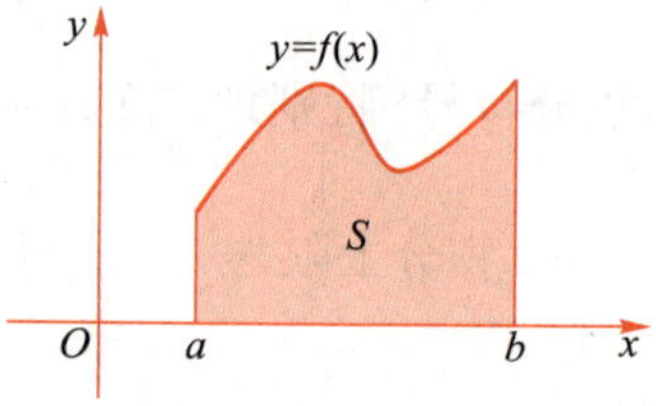

图 4.13　$f(x)\geqslant 0$ 时的曲边梯形

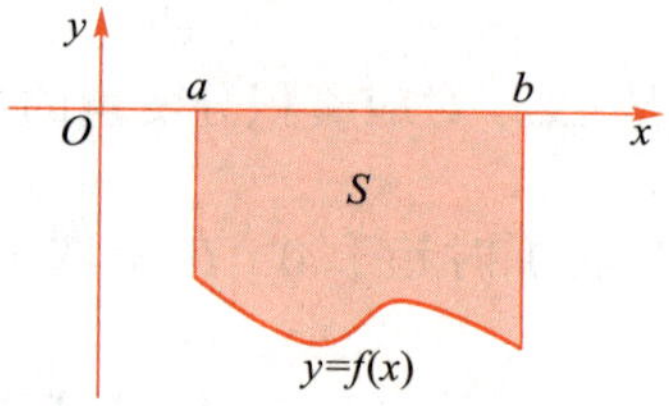

图 4.14　$f(x)\leqslant 0$ 时的曲边梯形

③ 若 $f(x)$ 有正有负, 定积分为面积的代数和, 即 x 轴上方的面积减去 x 轴下方的面积, 如图 4.15,

$$\int_a^b f(x)\mathrm{d}x=S_1-S_2+S_3.$$

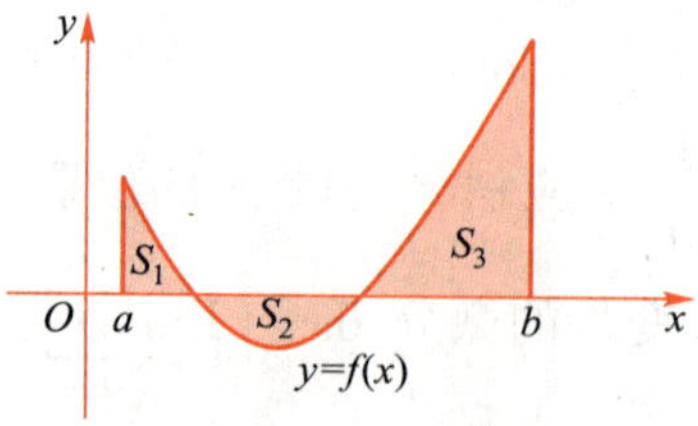

图 4.15　$f(x)$ 有正有负时所围的曲边梯形

例 7　求 $\int_0^1 \sqrt{1-x^2}\mathrm{d}x$.

解 $\int_0^1 \sqrt{1-x^2}\mathrm{d}x$ 表示的是位于第一象限的 $\frac{1}{4}$ 单位圆盘的面积 (图 4.16), 所以

$$\int_0^1 \sqrt{1-x^2}\mathrm{d}x = \frac{1}{4}\pi r^2 = \frac{1}{4}\pi.$$

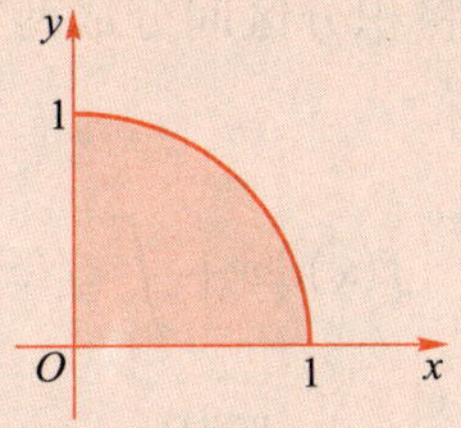

图 4.16 $\frac{1}{4}$ 单位圆盘

函数在特定区间上的定积分的结果是一个数值, 不依赖于积分变量采用的记号, 积分变量也是**哑元**. 如果用 t、u 等替代 x, 不影响定积分的值, 即

$$\int_a^b f(x)\mathrm{d}x = \int_a^b f(t)\mathrm{d}t = \int_a^b f(u)\mathrm{d}u.$$

基于黎曼和的极限定义定积分 $\int_a^b f(x)\mathrm{d}x$ 时, 我们是从左到右通过区间 $[a,b]$, 如果从右到左呢? 积分变为 $\int_b^a f(x)\mathrm{d}x$, 本质上仍是黎曼和 $\sum_{k=1}^{n} f(\xi_k)\Delta x_k$ 的极限, 但其中每个 Δx_k 为子区间左端点坐标减去右端点坐标, 因此

$$\int_b^a f(x)\mathrm{d}x = -\int_a^b f(x)\mathrm{d}x.$$

如果 $b=a$, $\int_a^b f(x)\mathrm{d}x$ 可以理解为一条垂线段的面积, 其值为 0, 即

$$\int_a^a f(x)\mathrm{d}x = 0.$$

定积分 $\int_a^b f(x)\mathrm{d}x$ 还有一些来源于极限的性质.

性质 1 (**数乘性质**) 被积函数中的常数因子可以提到积分号外面, 即

$$\int_a^b kf(x)\mathrm{d}x = k\int_a^b f(x)\mathrm{d}x\ (k\ 为常数).$$

性质 2 (**加法性质**) 两个函数的和 (差) 的定积分等于它们定积分的和 (差), 即

$$\int_a^b (f(x)\pm g(x))\mathrm{d}x = \int_a^b f(x)\mathrm{d}x \pm \int_a^b g(x)\mathrm{d}x.$$

例 8 设 $\int_1^3 f(x)\mathrm{d}x = 2$, $\int_1^3 g(x)\mathrm{d}x = 3$, 试求 $\int_1^3 [2f(x)+3g(x)]\mathrm{d}x$.

解　根据性质 1 和性质 2,

$$\int_1^3 [2f(x)+3g(x)]\mathrm{d}x = 2\int_1^3 f(x)\mathrm{d}x + 3\int_1^3 g(x)\mathrm{d}x = 2\times 2+3\times 3=13.$$

性质 3　(**积分区间可加性质**)　若将积分区间分成两部分, 则在整个区间上的定积分等于这两部分区间上定积分之和 (图 4.17), 即

$$\int_a^b f(x)\mathrm{d}x = \int_a^c f(x)\mathrm{d}x + \int_c^b f(x)\mathrm{d}x,\quad a<c<b.$$

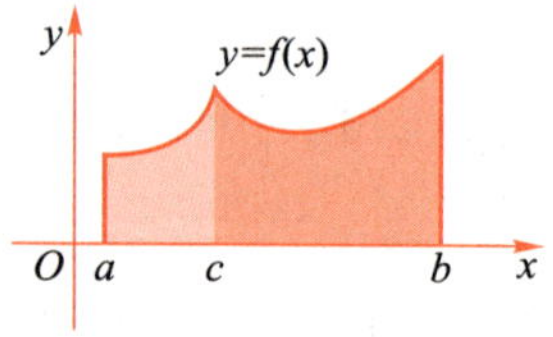

图 4.17　积分区间可加性质示意图

例 9　若 $\int_1^3 f(x)\mathrm{d}x=2, \int_3^4 f(x)\mathrm{d}x=3$, 试求 $\int_1^4 f(x)\mathrm{d}x$.

解　根据性质 3,

$$\int_1^4 f(x)\mathrm{d}x = \int_1^3 f(x)\mathrm{d}x + \int_3^4 f(x)\mathrm{d}x = 2+3=5.$$

性质 4　(**保号性质**)　如果函数 $f(x)$ 在区间 $[a,b]$ 上可积, 且 $f(x)\geqslant 0$, 则

$$\int_a^b f(x)\mathrm{d}x \geqslant 0.$$

推论　如果函数 $f(x), g(x)$ 在区间 $[a,b]$ 上可积, 且 $f(x)\geqslant g(x)$, 则

$$\int_a^b f(x)\mathrm{d}x \geqslant \int_a^b g(x)\mathrm{d}x.$$

例 10　比较 $\int_0^1 x^2\mathrm{d}x$ 与 $\int_0^1 x^3\mathrm{d}x$ 的大小.

解　当 $0\leqslant x\leqslant 1$ 时, $x^3\leqslant x^2$, 由推论得 $\int_0^1 x^3\mathrm{d}x \leqslant \int_0^1 x^2\mathrm{d}x$.

性质 5　(**估值性质**)　如果函数 $f(x)$ 在区间 $[a,b]$ 上的最大值与最小值分别为 M 与 m, 则

$$m(b-a)\leqslant \int_a^b f(x)\mathrm{d}x \leqslant M(b-a).$$

性质 5 的几何解释见图 4.18, 矩形 $ACDB$ 的面积 $m(b-a)\leqslant$ 曲边梯形 $AEGDB$ 的面积 $\int_a^b f(x)\mathrm{d}x\leqslant$ 矩形 $AFHB$ 的面积 $M(b-a)$.

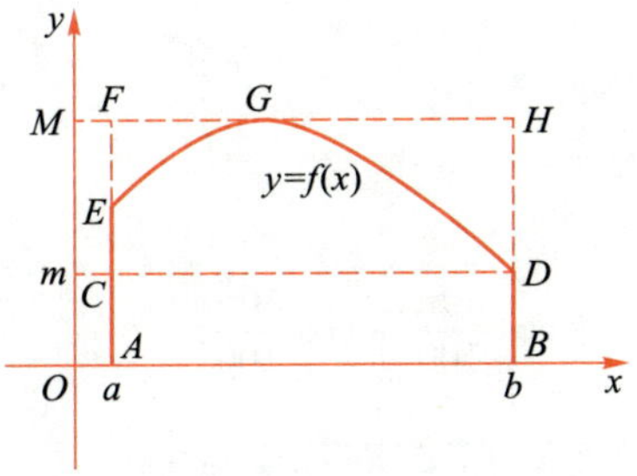

图 4.18　估值性质的几何解释

例 11　估计 $\int_0^{\frac{\pi}{2}} \sqrt{1+\sin x}\mathrm{d}x$ 的下界和上界.

解　当 $0 \leqslant x \leqslant \frac{\pi}{2}$ 时, $0 \leqslant \sin x \leqslant 1$, 所以 $1 \leqslant \sqrt{1+\sin x} \leqslant \sqrt{2}$, 由性质 5 得

$$\frac{1}{2}\pi \leqslant \int_0^{\frac{\pi}{2}} \sqrt{1+\sin x}\mathrm{d}x \leqslant \frac{\sqrt{2}}{2}\pi.$$

性质 6　**(奇、偶函数的定积分性质)**　如果函数 $f(x)$ 在区间 $[-a,a]$ 上可积, 则

$$\int_{-a}^{a} f(x)\mathrm{d}x = \begin{cases} 0, & f(x)\text{为奇函数}, \\ 2\int_0^a f(x)\mathrm{d}x, & f(x)\text{为偶函数}. \end{cases}$$

若 $f(x)$ 为奇函数, 其图形关于原点中心对称, 由定积分的几何意义可知 $x=-a$ 和 $x=a$ 之间面积代数和为 0; 若 $f(x)$ 为偶函数, 其图形关于 y 轴对称, $x=-a$ 和 $x=a$ 之间图形的面积为正半轴上面积的两倍 (图 4.19).

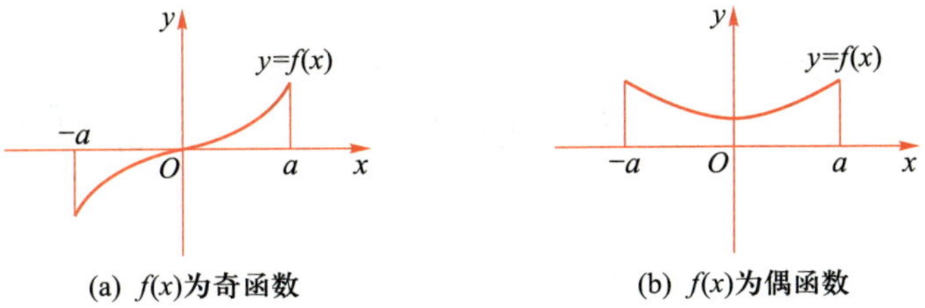

图 4.19　奇偶函数的定积分性质

例 12　求 $\int_{-1}^{1} x\cos x\mathrm{d}x$.

解　因为 $f(x)=x\cos x$ 为奇函数, 所以 $\int_{-1}^{1} x\cos x\mathrm{d}x = 0$.

同步训练 4.2

扫一扫，看答案

1. 将下列式子用 "Σ" 表示:

(1) $\cos\dfrac{\pi}{100}+\cos\dfrac{2\pi}{100}+\cos\dfrac{3\pi}{100}+\cdots+\cos\dfrac{49\pi}{100}+\cos\dfrac{50\pi}{100}$;

(2) $\dfrac{1}{1\cdot 2\cdot 3}+\dfrac{1}{2\cdot 3\cdot 4}+\dfrac{1}{3\cdot 4\cdot 5}+\cdots+\dfrac{1}{n\cdot(n+1)\cdot(n+2)}$.

2. 不用记号 "Σ" 写出下列式子的和, 并求它们的值:

(1) $\sum\limits_{k=1}^{7}\sin k\pi$; (2) $\sum\limits_{k=1}^{10}\dfrac{1}{k(k+1)}$; (3) $\sum\limits_{n=0}^{5}2^n$.

3. 设 $f(x)=\cos x$, 试写出其在区间 $\left[-\dfrac{\pi}{2},\dfrac{\pi}{2}\right]$ 上的黎曼左和、黎曼右和及黎曼中点和, 并计算 $n=6$ 时黎曼左和与黎曼右和的值.

4. 设 $f(x)=x\sin x$, 试写出其在区间 $[0,1]$ 上的黎曼左和、黎曼右和及黎曼中点和.

5. 将下列极限表示为定积分:

(1) $\lim\limits_{n\to\infty}\sum\limits_{k=1}^{n}\dfrac{1}{n}\sin\dfrac{2k}{n}$; (2) $\lim\limits_{n\to\infty}\sum\limits_{k=1}^{n}\dfrac{1}{n}\sin\left(2+\dfrac{k}{n}\right)$.

6. 设区间 $[a,b]$ 分割为 n 个子区间, 第 k 个子区间长度为 Δx_k, $\lambda=\max\{\Delta x_k\}$, ξ_k 是第 k 个子区间内的点, 试将下列极限表示为定积分:

(1) $\lim\limits_{\lambda\to 0}\sum\limits_{k=1}^{n}\Delta x_k\sin 2\xi_k, [a,b]=[0,\pi]$;

(2) $\lim\limits_{\lambda\to 0}\sum\limits_{k=1}^{n}\Delta x_k\sin(2+\xi_k), [a,b]=[0,\pi]$;

(3) $\lim\limits_{\lambda\to 0}\sum\limits_{k=1}^{n}\left(\xi_k-2\xi_k^2\right)\Delta x_k, [a,b]=[0,3]$;

(4) $\lim\limits_{\lambda\to 0}\sum\limits_{k=1}^{n}\dfrac{1-\xi_k}{1+\xi_k}\Delta x_k, [a,b]=[0,1]$.

7. 用定积分的几何意义求下列定积分:

(1) $\int_0^2\sqrt{4-x^2}\mathrm{d}x$; (2) $\int_{-1}^1|x|\mathrm{d}x$; (3) $\int_{-1}^1 x\mathrm{d}x$;

(4) $\int_{-3}^3\sqrt{9-x^2}\mathrm{d}x$; (5) $\int_{-1}^2(x+2)\mathrm{d}x$; (6) $\int_{-\frac{1}{2}}^2(2x+1)\mathrm{d}x$.

8. 设 $\int_0^1 f(x)\mathrm{d}x=2$, $\int_1^3 f(x)\mathrm{d}x=4$, $\int_1^3 g(x)\mathrm{d}x=-1$, $\int_0^3 g(x)\mathrm{d}x=3$, 求

(1) $\int_0^3 f(x)\mathrm{d}x$; (2) $\int_0^1 g(x)\mathrm{d}x$; (3) $\int_1^3 5f(x)\mathrm{d}x$;

(4) $\int_0^3[2f(x)+g(x)]\mathrm{d}x$; (5) $\int_0^3[-f(x)+3g(x)]\mathrm{d}x$; (6) $\int_3^1 2g(x)\mathrm{d}x$.

9. 设 $\int_{-1}^1 f(x)\mathrm{d}x=2$, $\int_1^2 f(x)\mathrm{d}x=5$, 求:

(1) $\int_1^2 f(t)\mathrm{d}t$; (2) $\int_1^{-1}[-f(u)]\mathrm{d}u$; (3) $\int_2^{-1} f(z)\mathrm{d}z$.

10. 当 a 和 b 为何值时, 定积分 $\int_a^b\left(x-x^2\right)\mathrm{d}x$ 的值最大?

11. 比较 $\int_0^1\sqrt{1+x}\mathrm{d}x$ 和 $\int_0^1\sqrt{1+\sqrt{x}}\mathrm{d}x$ 的大小.

12. 比较 $\int_1^4 \sqrt{1+x}\mathrm{d}x$ 和 $\int_1^4 \sqrt{1+\sqrt{x}}\mathrm{d}x$ 的大小.

13. 估计 $\int_1^4 \left(x^2-4x+4\right)\mathrm{d}x$ 的上界和下界.

14. 设 $f(x)$ 为偶函数, 且 $\int_0^1 f(x)\mathrm{d}x=3$, 求下列定积分:

(1) $\int_{-1}^1 xf(x)\mathrm{d}x$; (2) $\int_{-1}^1 (x+f(x))\mathrm{d}x$; (3) $\int_{-1}^1 \left(\sqrt{1-x^2}+f(x)\right)\mathrm{d}x$.

4.3 积分中值定理与微积分基本定理

本节介绍积分学中两个重要的定理: 积分中值定理和微积分基本定理.

4.3.1 积分中值定理

首先介绍连续函数 $f(x)$ 在区间 $[a,b]$ 上的平均值. 为求有限个数值的平均值, 只需将它们相加除以数值的个数即可. 但是, 连续函数在闭区间上有无穷多取值, 该如何求平均值呢? 比如求物体在一段时间内的平均运动速度等问题. 从算术的思想出发, 我们可以将区间 $[a,b]$ 分成 n 个长度相同的子区间, 每个小区间长为 $\Delta x=\dfrac{b-a}{n}$, 在每个区间内任取点 ξ_k, 这 n 个点处函数值的平均值是

$$\frac{1}{n}\sum_{k=1}^n f\left(\xi_k\right)=\frac{1}{b-a}\frac{b-a}{n}\sum_{k=1}^n f\left(\xi_k\right)=\frac{1}{b-a}\sum_{k=1}^n f\left(\xi_k\right)\Delta x,$$

即平均值总是 $f(x)$ 在 $[a,b]$ 上的黎曼和的 $\dfrac{1}{b-a}$. 随着 n 趋于无穷大, 平均值必趋于

$$\frac{1}{b-a}\int_a^b f(x)\mathrm{d}x.$$

从物体运动的角度看, $\int_a^b f(x)\mathrm{d}x$ 表示物体从时刻 $x=a$ 到时刻 $x=b$ 以变速度 $f(x)$ 运动的位移, 其平均速度即为

$$\frac{\text{位移}}{\text{时间}}=\frac{\int_a^b f(x)\mathrm{d}x}{b-a}.$$

由此, 我们给出平均值的定义.

定义 4.3.1 (**平均值**) 若 $f(x)$ 在 $[a,b]$ 上可积, 则它在 $[a,b]$ 上的平均值是

$$\bar{f}=\frac{\int_a^b f(x)\mathrm{d}x}{b-a}.$$

例 1 求 $f(x)=x-x^2$ 在 $[0,1]$ 上的平均值.

解 由于 $\int_0^1 x\mathrm{d}x$ 表示的是 $y=x$ 与 x 轴所围的在 $x=0$ 到 $x=1$ 之间的三角形面积, 所

以 $\int_0^1 x\mathrm{d}x=\frac{1}{2}$. 又由 4.2 节例 5 知 $\int_0^1 x^2\mathrm{d}x=\frac{1}{3}$, 所以

$$\int_0^1 \left(x-x^2\right)\mathrm{d}x=\frac{1}{2}-\frac{1}{3}=\frac{1}{6}.$$

$f(x)=x-x^2$ 在 $[0,1]$ 上的平均值

$$\bar{f}=\frac{\int_0^1 \left(x-x^2\right)\mathrm{d}x}{1-0}=\frac{1}{6}.$$

这个平均值是 $f(x)=x-x^2$ 在 $[0,1]$ 上的平均高度, 如图 4.20 所示.

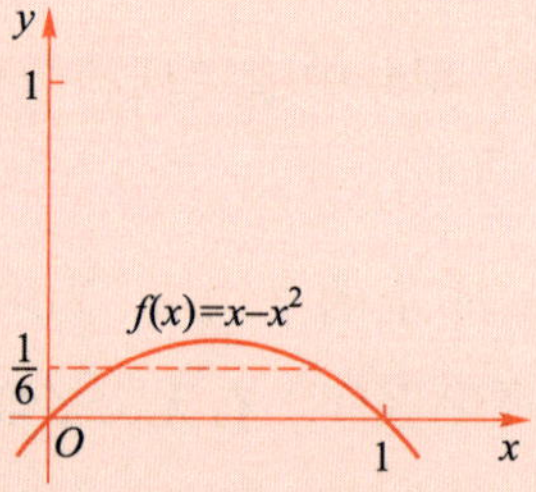

图 4.20　$f(x)=x-x^2$ 在 $[0,1]$ 上的平均高度

在例 1 中, 可以看到平均高度的水平线与 $f(x)$ 的曲线相交. 事实上, 关于平均值, 有以下定理.

定理 4.3.1 (**积分中值定理**)　若 $f(x)$ 在 $[a,b]$ 上连续, 则存在 $[a,b]$ 中的某点 c 使得

$$f(c)=\frac{1}{b-a}\int_a^b f(x)\mathrm{d}x.$$

注　积分中值定理的结论有时也写为 $\int_a^b f(x)\mathrm{d}x=f(c)(b-a)$.

积分中值定理说明, 对于闭区间 $[a,b]$ 上的连续函数 $f(x)$, 一定能在区间上的某点 c 取得平均 “高度” (可能小于 0). 以平均 “高度” 为长、以区间 $[a,b]$ 的长度 $b-a$ 为宽的矩形 “面积” 为定积分 $\int_a^b f(x)\mathrm{d}x$ 的值 (图 4.21).

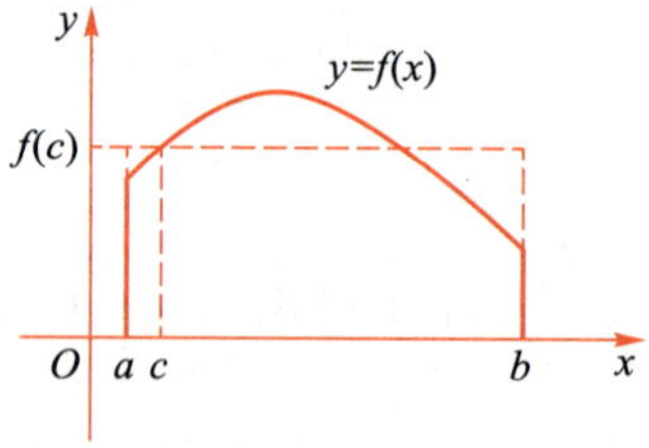

图 4.21　积分中值定理的几何解释

例 2　求 $f(x)=x+1$ 在 $[0,2]$ 上的平均值及区间内取得这个平均值的点.

解　由于 $\int_0^2 (x+1)\mathrm{d}x$ 表示的是 $f(x)=x+1$ 与 x 轴, 直线 $x=0$、直线 $x=2$ 围成的梯

形面积 (图 4.22), 所以

$$\int_0^2 (x+1)\mathrm{d}x = 4,$$

$f(x)$ 在 $[0,2]$ 上的平均值为

$$\bar{f} = \frac{\int_0^2 (x+1)\mathrm{d}x}{2-0} = 2.$$

显见, $f(x)$ 在 $c=1$ 处取得平均值 $\bar{f}$.

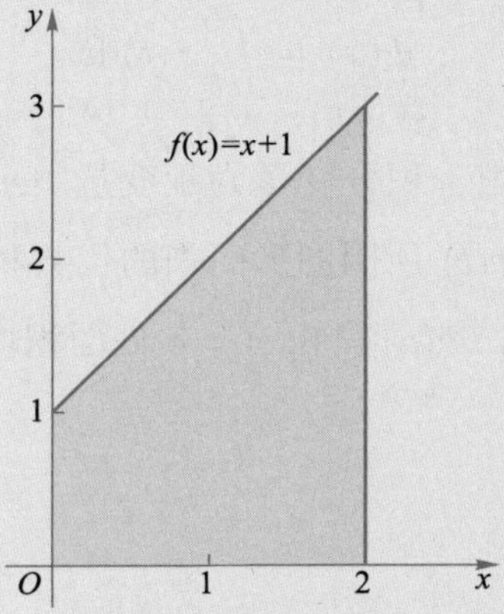

图 4.22　$f(x)=x+1$ 与 x 轴, 直线 $x=0$、直线 $x=2$ 围成的梯形

例 3　证明: 如果 $f(x)$ 是 $[a,b]$ 上的连续函数, $a \neq b$, 且

$$\int_a^b f(x)\mathrm{d}x = 0,$$

则在 $[a,b]$ 上至少有一点 c 使得 $f(c)=0$.

证　由于 $f(x)$ 是 $[a,b]$ 上的连续函数, 由积分中值定理可知存在点 $c \in [a,b]$ 使得

$$f(c) = \frac{1}{b-a}\int_a^b f(x)\mathrm{d}x.$$

又 $\int_a^b f(x)\mathrm{d}x = 0$, 所以 $f(c)=0$, 即在 $[a,b]$ 上至少有一点 c 使得 $f(c)=0$.

例 4　设一汽车在 $t=0$ s 时刻启动并以 5 m/s^2 的加速度加速行驶, 当速度达到 25 m/s 时开始匀速行驶, 试求汽车在加速行驶阶段的平均速度.

解　汽车行驶的速度 $v(t)=5t$, 当 $t=5$ s 时速度达到 25 m/s, 所以汽车在加速行驶阶段行驶的距离为

$$S = \int_0^5 v(t)\mathrm{d}t = \int_0^5 5t\mathrm{d}t = 62.5 \text{ m},$$

平均速度

$$\bar{v} = \frac{1}{5}\int_0^5 v(t)\mathrm{d}t = 12.5 \text{ m/s}.$$

4.3.2 微积分基本定理

通过黎曼和的极限来计算定积分只能解决一些极其简单的问题, 其在计算上往往不实用. 对于很多函数, 黎曼和无法用简单的表达式表示, 从而无法求出其极限. 经过长时间的探索, 牛顿和莱布尼茨发现了微分与积分的互逆关系, 从而解决了定积分的计算问题. 这是微积分中极其重要的结果, 我们称之为微积分基本定理.

首先, 我们介绍变上限积分函数. 在 $\int_a^b f(x)\mathrm{d}x$ 的定义中, 积分区间 $[a,b]$ 是固定的. 如果让积分区间发生变化, 定积分会如何变化呢? 我们考察积分下限 a 固定, 上限 b 变化的情形. 为描述方便, 将原积分变量 x 换为用 t 表示, 而积分上限用 x 表示, 记为 $\Phi(x)$, 即

$$\Phi(x)=\int_a^x f(t)\mathrm{d}t.$$

这个 $\Phi(x)$ 称为变上限积分函数. 由于积分变量为哑变量, $\Phi(x)=\int_a^x f(x)\mathrm{d}x$ 也经常被使用. 当 $x>a$ 时, $\Phi(x)$ 表示区间 $[a,x]$ 上 $f(t)$ 所围图形面积的代数和 (图 4.23). 图 4.24 展示了对应于图 4.23 中 $f(t)$ 的 $\Phi(x)$ 如何随 x 变化. $\Phi(a)=0$, $x=c$ 处面积增加最快, $x=d$ 处面积的代数和达到最大值, 随后面积的代数和变小.

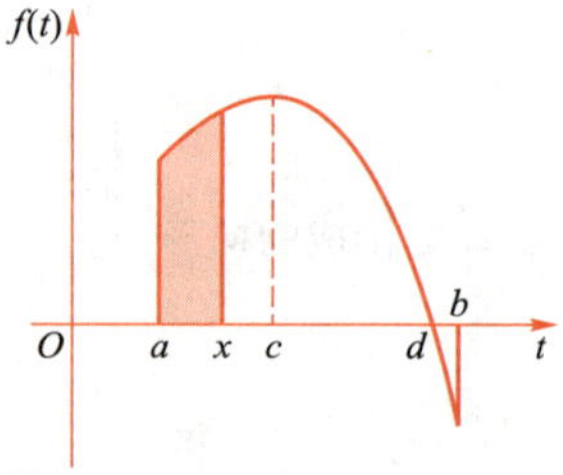

图 4.23 曲线 $f(t)$ 及所围图形

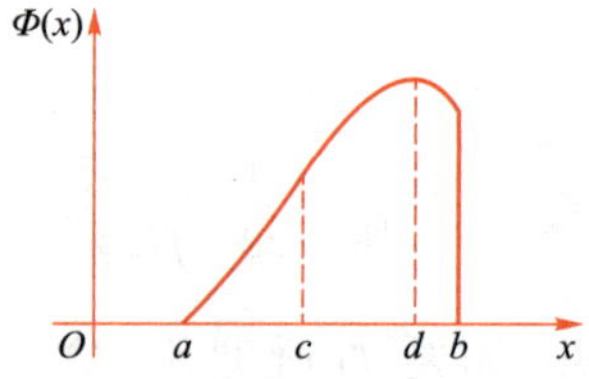

图 4.24 曲线 $\Phi(x)=\int_a^x f(t)\mathrm{d}t$

例 5 设 $f(t)$ 的图像如图 4.25 所示, 图中标示了不同区域的面积. 令 $\Phi(x)=\int_1^x f(t)\mathrm{d}t$, 试计算下列值.

(1) $\Phi(2)$; (2) $\Phi(4)$; (3) $\Phi(0)$; (4) $\Phi(-1)$.

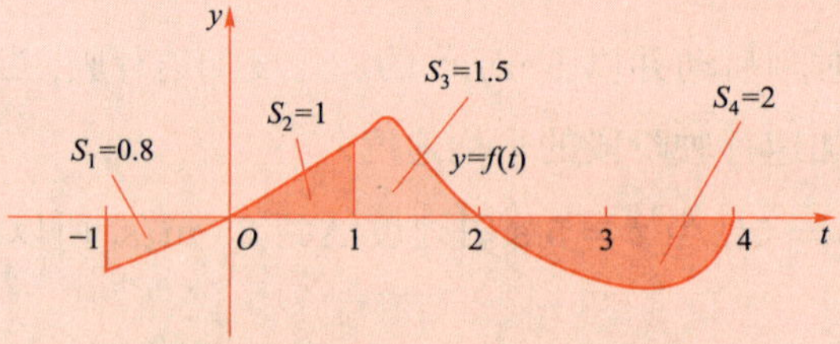

图 4.25 $f(t)$ 的图形及所围各区域的面积

解 (1) $\Phi(2)=\int_1^2 f(t)\mathrm{d}t=S_3=1.5$;

(2) $\Phi(4)=\int_1^4 f(t)\mathrm{d}t=S_3-S_4=1.5-2=-0.5$;

(3) $\Phi(0)=\int_1^0 f(t)\mathrm{d}t=-\int_0^1 f(t)\mathrm{d}t=-S_2=-1$;

(4) $\Phi(-1)=\int_1^{-1} f(t)\mathrm{d}t=-\int_{-1}^1 f(t)\mathrm{d}t=-(-S_1+S_2)=-(-0.8+1)=-0.2$.

例 6 设 $f(t)=2t-1, \Phi(x)=\int_0^x f(t)\mathrm{d}t$.

(1) 求 $x\geqslant 0$ 时 $\Phi(x)$ 的表达式并作图.

(2) 求 $\Phi(x)$ 的导数, 并与 $f(x)$ 比较.

解 (1) 如图 4.26 所示, $\int_0^x (2t-1)\mathrm{d}t$ 表示的是 $y=2t-1$ 与 t 轴所围的图形在 $t=0$ 到 $t=x$ 之间的面积代数和. 当 $0<x\leqslant \frac{1}{2}$ 时, $\int_0^x f(t)\mathrm{d}t$ 表示 $t=0$ 到 $t=x$ 之间的梯形 (当 $t=\frac{1}{2}$ 时为三角形) 面积的相反数,

$$\int_0^x (2t-1)\mathrm{d}t=\frac{(-1+2x-1)x}{2}=x^2-x.$$

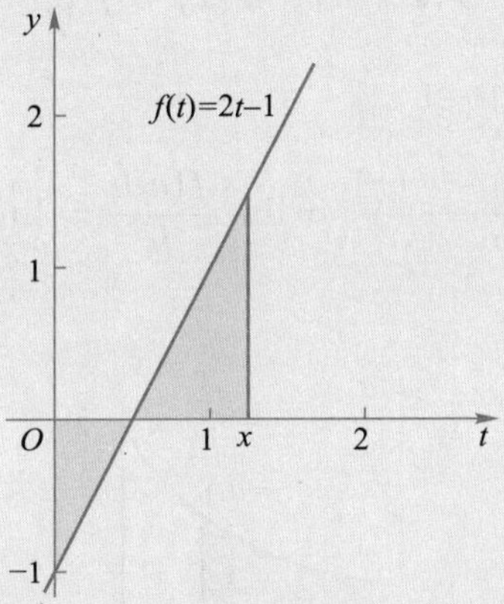

图 4.26 $f(t)=2t-1$ 及所围图形

当 $x>\frac{1}{2}$ 时, 面积的代数和为 $t=0$ 到 $t=\frac{1}{2}$ 之间的三角形面积的相反数加上 $t=\frac{1}{2}$ 到 $t=x$ 之间的三角形面积,

$$\int_0^x (2t-1)\mathrm{d}t=-\frac{1}{4}+\frac{1}{2}\left(x-\frac{1}{2}\right)(2x-1)=x^2-x.$$

综上, 当 $x\geqslant 0$ 时, $\Phi(x)=x^2-x$, 如图 4.27 所示.

(2) $\Phi(x)$ 的导数为 $\Phi'(x)=2x-1$, 与 $f(x)$ 相同.

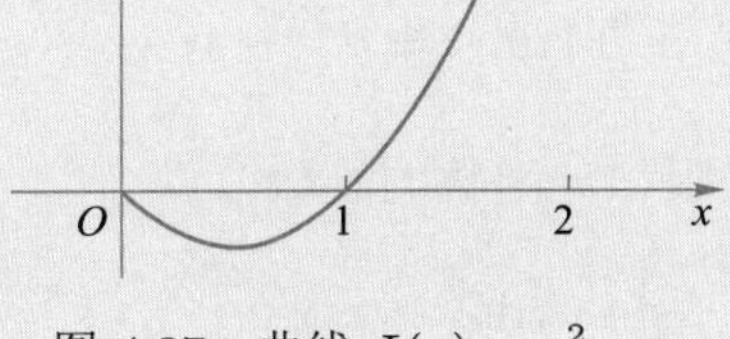

图 4.27 曲线 $\Phi(x)=x^2-x$

从以上例子中可以看到 $\varPhi(x)$ 的变化速度与 $f(t)$ 在 x 处的函数值紧密相关, 特别是从例 6 中观察到 $\varPhi'(x)=f(x)$, 这并不是偶然的. 下面我们就来介绍原函数存在定理.

定理 4.3.2 **(原函数存在定理)** 若 $f(x)$ 在 $[a,b]$ 上连续, 则变上限积分函数

$$\varPhi(x)=\int_a^x f(t)\mathrm{d}t, a\leqslant x\leqslant b,$$

在 $[a,b]$ 上连续, 在 (a,b) 上可导, 且导数为

$$\varPhi'(x)=\left(\int_a^x f(t)\mathrm{d}t\right)'=f(x),$$

即 $\varPhi(x)$ 是 $f(x)$ 的一个原函数.

证 如图 4.28 所示, 由积分区间可加性得

$$\varPhi(x+h)-\varPhi(x)=\int_a^{x+h} f(t)\mathrm{d}t-\int_a^x f(t)\mathrm{d}t=\int_x^{x+h} f(t)\mathrm{d}t.$$

又 $f(x)$ 在 $[a,b]$ 上连续, 由积分中值定理得至少存在一点 c 介于 x 和 $x+h$ 之间, 使得

$$\varPhi(x+h)-\varPhi(x)=f(c)h.$$

当 $h\to 0$ 时, $c\to x$, 又 $f(x)$ 连续, 所以

$$\lim_{h\to 0}\frac{\varPhi(x+h)-\varPhi(x)}{h}=\lim_{h\to 0}\frac{f(c)h}{h}=\lim_{c\to x}f(c)=f(x),$$

即 $\varPhi(x)$ 可导, 且 $\varPhi'(x)=f(x)$.

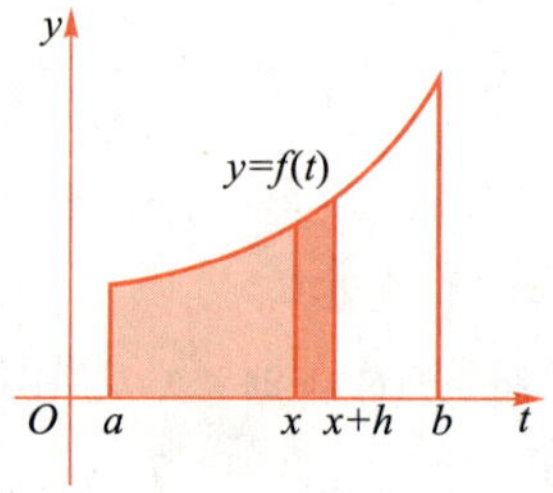

图 4.28 $\varPhi(x+h)-\varPhi(x)$ 的示意图

这个定理表明: 连续函数的原函数存在.

例 7 求下列变上限积分函数的导数:

(1) $\displaystyle\int_0^x \frac{1}{1+t^2}\mathrm{d}t$; (2) $\displaystyle\int_0^x \left(\mathrm{e}^{t^2}-1\right)\mathrm{d}t$.

解 (1) 由定理 4.3.2, $\displaystyle\left(\int_0^x \frac{1}{1+t^2}\mathrm{d}t\right)'=\frac{1}{1+x^2}$.

(2) 由定理 4.3.2, $\displaystyle\left(\int_0^x \left(\mathrm{e}^{t^2}-1\right)\mathrm{d}t\right)'=\mathrm{e}^{x^2}-1$.

例 8 结合链式法则求下列变上限积分函数的导数:

(1) $\displaystyle\int_0^{\sqrt{x}} \sin t^2\mathrm{d}t$; (2) $\displaystyle\int_0^{x^2} \sin\sqrt{t}\mathrm{d}t$.

解 (1) 记 $\varPhi(x)=\int_0^x \sin t^2\mathrm{d}t$, 则 $\int_0^{\sqrt{x}} \sin t^2\mathrm{d}t=\varPhi(\sqrt{x})$, 所以由链式法则得

$$\left(\int_0^{\sqrt{x}} \sin t^2\mathrm{d}t\right)' \xlongequal{令\ u=\sqrt{x}} \varPhi'(u)\big|_{u=\sqrt{x}}\frac{\mathrm{d}u}{\mathrm{d}x}=\sin(\sqrt{x})^2\frac{1}{2\sqrt{x}}=\frac{1}{2\sqrt{x}}\sin x.$$

(2) 记 $\varPhi(x)=\int_0^x \sin\sqrt{t}\mathrm{d}t$, 则 $\int_0^{x^2} \sin\sqrt{t}\mathrm{d}t=\varPhi\left(x^2\right)$, 所以由链式法则得

$$\left(\int_0^{x^2} \sin\sqrt{t}\mathrm{d}t\right)' \xlongequal{令\ u=x^2} \varPhi'(u)\Big|_{u=x^2}\frac{\mathrm{d}u}{\mathrm{d}x}=\sin\left(\sqrt{x^2}\right)\cdot 2x=2x\sin|x|.$$

一般地, 我们有以下变上限积分函数的求导公式:

$$\int_a^{g(x)} f(t)\mathrm{d}t=f(g(x))\cdot g'(x)$$

和

$$\int_{h(x)}^{g(x)} f(t)\mathrm{d}t=f(g(x))\cdot g'(x)-f(h(x))\cdot h'(x).$$

例 9 求下列函数的导数:

(1) $\int_x^0 \sin t\mathrm{d}t$; (2) $\int_x^{x^2} t\cos t\mathrm{d}t$.

解 (1) 由于 $\int_x^0 \sin t\mathrm{d}t=-\int_0^x \sin t\mathrm{d}t$, 所以

$$\left(\int_x^0 \sin t\mathrm{d}t\right)'=-\int_0^x \sin t\mathrm{d}t=-\sin x.$$

(2) 由公式得

$$\begin{aligned}\left(\int_x^{x^2} t\cos t\mathrm{d}t\right)' &= \left(\int_x^0 t\cos t\mathrm{d}t+\int_0^{x^2} t\cos t\mathrm{d}t\right)'\\ &=\left(-\int_0^x t\cos t\mathrm{d}t+\int_0^{x^2} t\cos t\mathrm{d}t\right)'\\ &=x^2\cos x^2\cdot 2x-x\cos x\cdot 1\\ &=2x^3\cos x^2-x\cos x.\end{aligned}$$

定理 4.3.3 (**微积分基本定理**) 如果 $f(x)$ 在 $[a,b]$ 上连续, $F(x)$ 是 $f(x)$ 的任一个原函数, 则

$$\int_a^b f(x)\mathrm{d}x=F(b)-F(a).$$

微积分基本定理也称为牛顿–莱布尼茨公式.

证 由原函数存在定理知 $f(x)$ 的原函数存在, 其中的一个是

$$\Phi(x)=\int_a^x f(t)\mathrm{d}t.$$

又 $F(x)$ 是 $f(x)$ 的任一个原函数, 由导数的性质知 $F(x)$ 与 $\Phi(x)$ 相差一个常数, 即存在常数 C 使得

$$\Phi(x)=F(x)+C.$$

从而

$$\Phi(b)=\int_a^b f(t)\mathrm{d}t=\int_a^b f(x)\mathrm{d}x=F(b)+C,$$

又 $\Phi(a)=\int_a^a f(t)\mathrm{d}t=0$, 所以由 $\Phi(a)=F(a)+C$ 可得 $C=-F(a)$. 从而

$$\int_a^b f(x)\mathrm{d}x=F(b)-F(a).$$

注 牛顿–莱布尼茨公式常记为

$$\int_a^b f(x)\mathrm{d}x=F(x)\big|_a^b=F(b)-F(a).$$

反过来看, $F'(x)=f(x), f(x)$ 是 $F(x)$ 的变化率, 变化率从 $x=a$ 到 $x=b$ 的积分等于函数在区间 $[a,b]$ 上的增量.

牛顿–莱布尼茨公式告诉我们, 在计算连续函数的定积分时, 只需先求出被积函数的一个原函数, 再将上、下限代入作差即可得定积分结果. 利用牛顿–莱布尼茨公式计算定积分使得我们在解决一些实际问题时无须再做求黎曼和、取极限等繁杂的工作.

例 10 用牛顿–莱布尼茨公式计算下列定积分:

(1) $\int_0^1 x^2\mathrm{d}x$; (2) $\int_0^{\frac{\pi}{2}}\sin x\mathrm{d}x$.

解 (1) 由于 $\left(\frac{1}{3}x^3\right)'=x^2$, 即 $\frac{1}{3}x^3$ 是 x^2 的一个原函数, 所以由牛顿–莱布尼茨公式得

$$\int_0^1 x^2\mathrm{d}x=\frac{1}{3}x^3\bigg|_0^1=\frac{1}{3}.$$

(2) 由于 $(-\cos x)'=\sin x$, 即 $-\cos x$ 是 $\sin x$ 的一个原函数, 所以由牛顿–莱布尼茨公式得

$$\int_0^{\frac{\pi}{2}}\sin x\mathrm{d}x=-\cos x\big|_0^{\frac{\pi}{2}}=-(0-1)=1.$$

将 (1) 与 4.2 节的例 2 和例 5 相比较, 此例中我们不再需要做繁杂的分割区间、近似、求和与取极限等工作, 只需借助于被积函数的一个原函数再代入上下限做差即得结果. 将 (2) 与 4.1 节的例 2 相比, 本质上是求相同的一个对象, 但是在当时, 我们费尽周折才得到一个估计的值, 直到这个

例子我们才能完全确定 $f(x)=\sin x\left(x\in\left[0,\frac{\pi}{2}\right]\right)$ 的图像与 x 轴所围区域的面积就是 1 .

例 11 设 $f(x)=\begin{cases}x^3, & 0\leqslant x<1,\\ \dfrac{1}{x}, & 1\leqslant x.\end{cases}$ 试求 $\int_0^2 f(x)\mathrm{d}x$.

解 首先由定积分区间可加性得

$$\int_0^2 f(x)\mathrm{d}x=\int_0^1 x^3\mathrm{d}x+\int_1^2\frac{1}{x}\mathrm{d}x.$$

再由牛顿–莱布尼茨公式得

$$\int_0^2 f(x)\mathrm{d}x=\frac{1}{4}x^4\bigg|_0^1+\ln x\bigg|_1^2=\frac{1}{4}+\ln 2.$$

例 12 求曲线 $y=x$ 与 $y=\sqrt{x}$ 所围的封闭图形的面积.

解 曲线 $y=x$ 与 $y=\sqrt{x}$ 的交点坐标为 $O(0,0)$ 和 $A(1,1)$, 所围的封闭图形如图 4.29 所示, 其面积 S 为大的曲边三角形面积减去小的曲边三角形面积, 即

$$S=\int_0^1\sqrt{x}\mathrm{d}x-\int_0^1 x\mathrm{d}x=\frac{2}{3}x^{\frac{3}{2}}\bigg|_0^1-\frac{1}{2}x^2\bigg|_0^1=\frac{1}{6}.$$

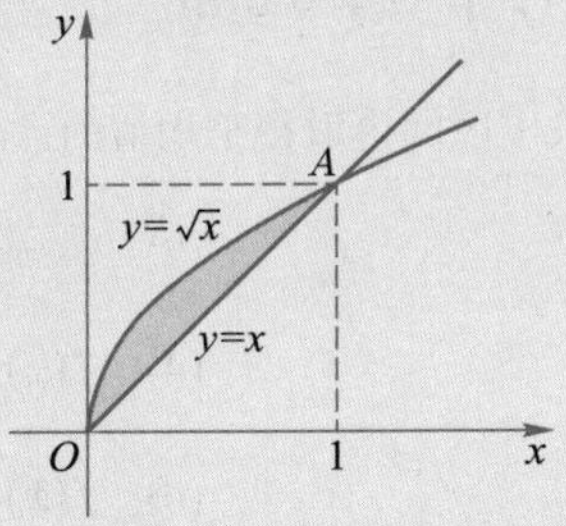

图 4.29 曲线 $y=x$ 与 $y=\sqrt{x}$ 所围图形

例 13 水从一个装满 12.5 L 水的水桶里以速度 $v(t)=0.5-0.01t$ (L/s) 流出 (图 4.30). 试求:

(1) 从 $t=0$ 到 $t=10$ s 之间有多少升的水从水桶里流出?

(2) 从开始到水桶中剩下一半的水要多长时间?

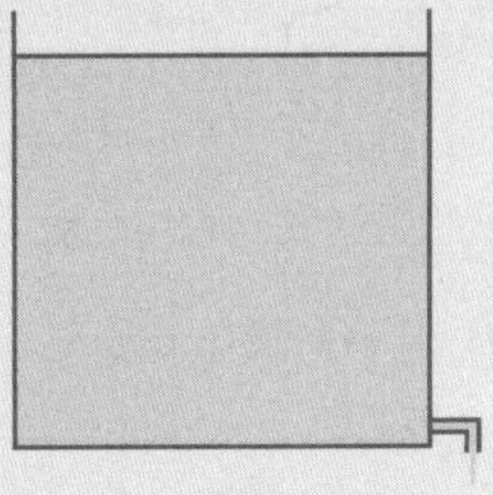

图 4.30 水从水桶里以速度 $v(t)=0.5-0.01t$(L/s) 流出

解 (1) 从 $t=0$ 到 $t=10$ s 之间从水桶里流出的水量为

$$V=\int_0^{10}(0.5-0.01t)\mathrm{d}t=\left(0.5t-0.005t^2\right)\Big|_0^{10}=4.5\ \mathrm{L}.$$

(2) 设从 $t=0$ 到 $t=x$ (s) 之间从水桶里流出一半的水量, 即

$$V=\int_0^x(0.5-0.01t)\mathrm{d}t=\left(0.5t-0.005t^2\right)\Big|_0^x=0.5x-0.005x^2=6.25\ \mathrm{L}.$$

解得 $x=(50-25\sqrt{2})\ \mathrm{s}\approx 14.6\ \mathrm{s}$, 所以从开始到水剩下一半约要 14.6 s.

同步训练 4.3

扫一扫, 看答案

1. 求下列定积分:

(1) $\displaystyle\int_1^2\frac{1}{x^2}\mathrm{d}x$;　(2) $\displaystyle\int_1^4\sqrt{x}\mathrm{d}x$;　(3) $\displaystyle\int_1^{16}\left(2x-\frac{1}{\sqrt{x}}\right)\mathrm{d}x$;

(4) $\displaystyle\int_{-1}^1 x^3\mathrm{d}x$;　(5) $\displaystyle\int_{-1}^1\left(x^3+1\right)\mathrm{d}x$;　(6) $\displaystyle\int_{-1}^1\left(\sin x+x^2\right)\mathrm{d}x$;

(7) $\displaystyle\int_0^{\frac{\pi}{4}}\frac{1}{\cos^2 x}\mathrm{d}x$;　(8) $\displaystyle\int_{-1}^1\left(|x|+x^2\right)\mathrm{d}x$;　(9) $\displaystyle\int_1^4\frac{\sqrt{x}+1}{\sqrt{x}}\mathrm{d}x$;

(10) $\displaystyle\int_{-1}^1(x+1)^2\mathrm{d}x$;　(11) $\displaystyle\int_0^1(t-\sqrt{t})^2\mathrm{d}t$;　(12) $\displaystyle\int_0^{\frac{\pi}{2}}(\sin\theta-\cos\theta)\mathrm{d}\theta$.

2. 求下列函数在给定区间上的平均值, 并求出区间内取得平均值的点:

(1) $f(x)=\sqrt{4-x^2},[0,2]$;　(2) $f(x)=|x|,[-1,1]$;

(3) $f(x)=x+2,[-1,2]$;　(4) $f(x)=2x+1,\left[-\dfrac{1}{2},2\right]$;

(5) $f(x)=-x^2+2x-3,[-2,2]$;　(6) $f(x)=\cos x,\left[0,\dfrac{\pi}{2}\right]$.

3. 求下列导数:

(1) $\displaystyle\frac{\mathrm{d}}{\mathrm{d}x}\int_1^x\frac{\sin t}{t}\mathrm{d}t$;　(2) $\displaystyle\frac{\mathrm{d}}{\mathrm{d}x}\int_1^{\sqrt{x}}t\cos t\mathrm{d}t$;　(3) $\displaystyle\frac{\mathrm{d}}{\mathrm{d}t}\int_0^{t^2}\left(\mathrm{e}^{2x}-x\right)\mathrm{d}x$;

(4) $\displaystyle\frac{\mathrm{d}}{\mathrm{d}x}\int_{\sqrt{x}}^1 t\sin t\mathrm{d}t$;　(5) $\displaystyle\frac{\mathrm{d}}{\mathrm{d}x}\int_1^{\frac{1}{x}}\frac{1}{u^2+1}\mathrm{d}u$;　(6) $\displaystyle\frac{\mathrm{d}}{\mathrm{d}t}\int_t^{t^3}\sqrt{x}\mathrm{d}x$;

(7) $\displaystyle\frac{\mathrm{d}}{\mathrm{d}x}\int_{\sin x}^1\sqrt{1-t^2}\mathrm{d}t,\quad |x|<\frac{\pi}{2}$;　(8) $\displaystyle\frac{\mathrm{d}}{\mathrm{d}x}\int_1^{\tan x}\left(1+t^2\right)\mathrm{d}t$.

4. 设 $f(t)=|1-t|$, 试求 $\varPhi(x)=\displaystyle\int_0^x f(t)\mathrm{d}t$ 的表达式, 并作图像.

5. 设曲线 $f(x)=x(x-a)(x-b),0<a<b$. 若该曲线在 $0\leqslant x\leqslant a$ 上与 x 轴所围区域的面积与在 $a\leqslant x\leqslant b$ 上与 x 轴所围区域的面积相同, 试求 a,b 的关系.

6. 一质点沿着直线运动, 假定其速度函数 v 是可导的, 如图 4.31 所示. 该质点在 t (单位: s) 时刻的位置是 $s(t)=\displaystyle\int_0^t v(x)\mathrm{d}x$. 试利用图形回答下列问题:

(1) 质点在 $t=5$ 时的速度是多少?

(2) 质点在 $t=5$ 时的加速度是正还是负?

(3) 质点在 $t=3$ 时的位置在哪里?

(4) 在前 9 s 之内的什么时刻 s 有最大值?

(5) 大约何时的加速度为零?

(6) 质点何时向着出发点运动? 何时朝远离出发点的方向运动?

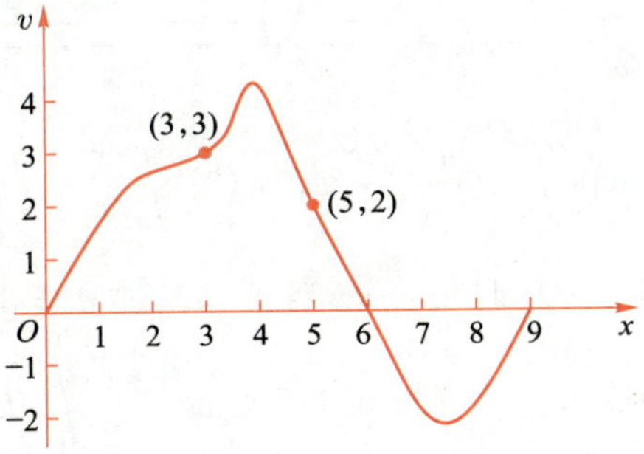

图 4.31

7. 某批发商每 30 天收到 1 500 箱饼干, 然后以稳定的速度给零售商供货. 在一批饼干到达后的第 t 天, 批发商手头上的饼干库存箱数 $I(t) = 1\,500 - 50t\ (0 \leqslant t \leqslant 30)$. 试求该批发商在一个 30 天的周期内的日平均库存.

4.4 定积分的换元法

利用牛顿–莱布尼茨公式计算定积分需要先求出被积函数的一个原函数, 即转换为求不定积分的问题. 到现在为止, 我们主要是反向使用求导基本公式得到被积函数的原函数 (见第 3 章). 在复杂一些的定积分中有一类需要通过换元 (变量替换) 进行计算, 而有些要通过分部积分法等方法计算 (见第 7 章).

通过换元求定积分有两种思路: 第一种是由换元求对应的不定积分, 再用所得的一个原函数通过牛顿–莱布尼茨公式求得定积分的值 (见第 7 章); 第二种是在定积分上直接换元.

定理 4.4.1 **(定积分的换元法)** 设函数 $u = g(x)$ 在区间 $[a,b]$ 上有连续的导数, 且 $f(u)$ 在 $u = g(x)$ 的值域上连续, 则有

$$\int_a^b f(g(x))g'(x)\mathrm{d}x = \int_{g(a)}^{g(b)} f(u)\mathrm{d}u.$$

证 记 $f(u)$ 的一个原函数是 $F(u)$. 利用复合函数求导的链式法则得

$$[F(g(x))]' = f'(g(x))g(x),$$

所以

$$\int_a^b f(g(x))g'(x)\mathrm{d}x = F(g(x))\Big|_a^b = F(g(b)) - F(g(a)) = F(u)\Big|_{g(a)}^{g(b)} = \int_{g(a)}^{g(b)} f(u)\mathrm{d}u,$$

即

$$\int_a^b f(g(x))g'(x)\mathrm{d}x = \int_{g(a)}^{g(b)} f(u)\mathrm{d}u.$$

注 (1) 改变积分变量必须对应改写上、下限: 下限 $x=a$ 对下限 $u=g(a)$, 上限 $x=b$ 对上限 $u=g(b)$, 与 $g(a)$, $g(b)$ 的大小没关系;

(2) 求出 $f(u)$ 的原函数后, 不必将 u 用 $g(x)$ 回代, 可直接用 u 的上、下限计算.

例 1 计算下列定积分:

(1) $\int_0^1(2x+1)^3\mathrm{d}x$; (2) $\int_{\frac{\pi^2}{9}}^{\frac{\pi^2}{4}}\frac{\sin\sqrt{x}}{\sqrt{x}}\mathrm{d}x$; (3) $\int_0^{\sqrt{\pi}}x\cos x^2\mathrm{d}x$.

解 (1) 令 $u=2x+1$, 当 $x=0$ 时 $u=1$, 当 $x=1$ 时 $u=3$, 所以

$$\begin{aligned}\int_0^1(2x+1)^3\mathrm{d}x&=\frac{1}{2}\int_0^1(2x+1)^3\cdot 2\mathrm{d}x=\frac{1}{2}\int_0^1(2x+1)^3\mathrm{d}(2x+1)\\&=\frac{1}{2}\int_1^3u^3\mathrm{d}u=\frac{1}{8}u^4\bigg|_1^3=\frac{1}{8}(81-1)=10.\end{aligned}$$

(2) 令 $u=\sqrt{x}$, 当 $x=\frac{\pi^2}{9}$ 时 $u=\frac{\pi}{3}$, 当 $x=\frac{\pi^2}{4}$ 时 $u=\frac{\pi}{2}$, 所以

$$\begin{aligned}\int_{\frac{\pi^2}{9}}^{\frac{\pi^2}{4}}\frac{\sin\sqrt{x}}{\sqrt{x}}\mathrm{d}x&=2\int_{\frac{\pi^2}{9}}^{\frac{\pi^2}{4}}\sin\sqrt{x}\cdot\frac{1}{2\sqrt{x}}\mathrm{d}x=2\int_{\frac{\pi^2}{9}}^{\frac{\pi^2}{4}}\sin\sqrt{x}\mathrm{d}\sqrt{x}\\&=2\int_{\frac{\pi}{3}}^{\frac{\pi}{2}}\sin u\mathrm{d}u=-2\cos u\bigg|_{\frac{\pi}{3}}^{\frac{\pi}{2}}=-2\left(0-\frac{1}{2}\right)=1.\end{aligned}$$

(3) 令 $u=x^2$, 当 $x=0$ 时 $u=0$, 当 $x=\sqrt{\pi}$ 时 $u=\pi$, 所以

$$\begin{aligned}\int_0^{\sqrt{\pi}}x\cos x^2\mathrm{d}x&=\frac{1}{2}\int_0^{\sqrt{\pi}}\cos x^2\cdot 2x\mathrm{d}x=\frac{1}{2}\int_0^{\sqrt{\pi}}\cos x^2\mathrm{d}x^2\\&=\frac{1}{2}\int_0^{\pi}\cos u\mathrm{d}u=\frac{1}{2}\sin u\bigg|_0^{\pi}=0.\end{aligned}$$

一般情况下, 积分运算比微分计算更为难求, 但是如果借助于 MATLAB 软件, 定积分计算会变得非常简单, 所用函数命令为 “int”, 常用的格式如表 4.6 所示:

表 4.6

格式	说明
r = int(s, a, b)	求符号表达式 s 对默认变量从 a 到 b 的定积分
r = int(s, x, a, b)	求符号表达式 s 对指定变量 x 从 a 到 b 的定积分

如对于例 1(1):

```
>> syms x
>> y1=int((2*x+1)^3,x,0,1)
y1 =
10
```

例 2 已知 $f(0)=1, f(1)=0$, 试求 $\int_0^1 xf'\left(x^2\right)\mathrm{d}x$.

解 令 $u=x^2$, 当 $x=0$ 时 $u=0$, 当 $x=1$ 时 $u=1$, 所以

$$\begin{aligned}\int_0^1 xf'\left(x^2\right)\mathrm{d}x &= \frac{1}{2}\int_0^1 f'\left(x^2\right)\cdot 2x\mathrm{d}x = \frac{1}{2}\int_0^1 f'\left(x^2\right)\mathrm{d}x^2 \\ &= \frac{1}{2}\int_0^1 f'(u)\mathrm{d}u = \frac{1}{2}f(u)\Big|_0^1 = \frac{1}{2}(f(1)-f(0)) = -\frac{1}{2}.\end{aligned}$$

例 3 配电室的电压可用正弦函数

$$U = U_{\max}\sin 100\pi t$$

表示, 其中正的常数 $U_{\max}$ 是峰值电压. 它把电压 (单位: V) 表示为时间 t (单位: s) 的函数. 每秒循环 50 周, 即频率为 50 赫兹 (Hz), 周期为 $\frac{1}{50}$ s . 试求 0 到 $\frac{1}{100}$ s 的平均电压.

解 0 到 $\frac{1}{100}$ s 的平均电压为

$$\begin{aligned}\overline{U} &= \frac{\int_0^{\frac{1}{100}} U_{\max}\sin 100\pi t\mathrm{d}t}{\frac{1}{100}-0} = 100U_{\max}\int_0^{\frac{1}{100}}\sin 100\pi t\mathrm{d}t \\ &= \frac{U_{\max}}{\pi}\int_0^{\frac{1}{100}}\sin 100\pi t\cdot 100\pi\mathrm{d}t \\ &= \frac{U_{\max}}{\pi}\int_0^{\pi}\sin u\mathrm{d}u \quad (\text{其中 } u=100\pi t) \\ &= -\frac{U_{\max}}{\pi}\cos u\Big|_0^{\pi} = \frac{2U_{\max}}{\pi}.\end{aligned}$$

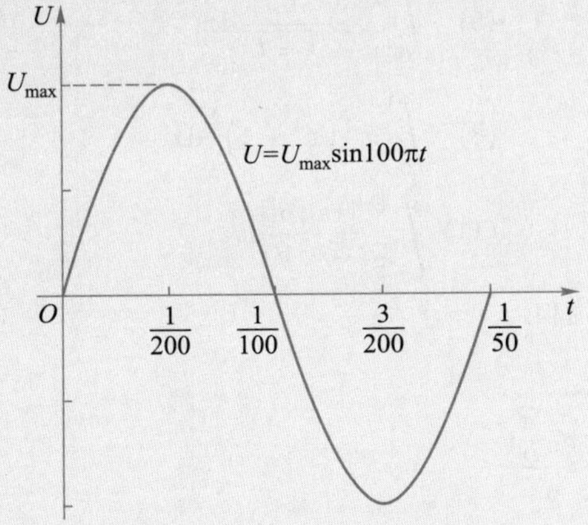

图 4.32 正弦函数图像

从图 4.32 看出, 电压在一个整周期上的平均值为 0. 如果用标准的移动线圈检流计测量电压, 仪表读数为 0. 为有效测量电压, 常使用测量电压的平方的均值的平方根

$$U_{\text{rms}} = \sqrt{\overline{U}^2}$$

的设备. 下标 "rms" 代表 "平方平均的平方根". 因为在一个周期上 $U^2 = (U_{\max})^2 \sin^2 100\pi t$ 的平均值是

$$\overline{U}^2 = \frac{\int_0^{\frac{1}{50}} (U_{\max})^2 \sin^2 100\pi t \mathrm{d}t}{\frac{1}{50} - 0} = \frac{U_{\max}^2}{2},$$

所以

$$U_{\text{rms}} = \sqrt{\frac{(U_{\max})^2}{2}} = \frac{U_{\max}}{\sqrt{2}}.$$

一般住宅用的电压表给出的值是 rms 值, "交流 220 V" 即 rms 电压是 220 V, 对应的峰值电压是

$$U_{\max} = \sqrt{2} U_{\text{rms}} \approx 311 \text{ V}.$$

同步训练 4.4

扫一扫, 看答案

1. 求下列定积分:

(1) $\displaystyle\int_{-1}^{1} (x+1)^2 \mathrm{d}x$; (2) $\displaystyle\int_0^1 y\sqrt{y^2+1}\mathrm{d}y$; (3) $\displaystyle\int_0^1 \frac{x}{1+x^2}\mathrm{d}x$;

(4) $\displaystyle\int_{\frac{\pi^2}{36}}^{\frac{\pi^2}{9}} \frac{\cos\sqrt{u}}{\sqrt{u}}\mathrm{d}u$; (5) $\displaystyle\int_0^{\frac{\sqrt{3}}{2}} \frac{t}{\sqrt{1-t^2}}\mathrm{d}x$; (6) $\displaystyle\int_0^{\pi} \cos\frac{x}{2}\mathrm{d}x$;

(7) $\displaystyle\int_0^{\frac{\pi}{4}} \cos^2\theta \mathrm{d}\theta$; (8) $\displaystyle\int_0^1 x^2\left(x^3+1\right)^2\mathrm{d}x$; (9) $\displaystyle\int_0^{\frac{\pi}{2}} \sin^2 x\cos x\mathrm{d}x$;

(10) $\displaystyle\int_{-2}^{2} \frac{r}{(4+r^2)^2}\mathrm{d}r$; (11) $\displaystyle\int_{-\frac{\pi}{4}}^{\frac{\pi}{4}} \frac{|\tan\theta|}{\cos^2\theta}\mathrm{d}\theta$; (12) $\displaystyle\int_{-\frac{\pi}{2}}^{\frac{\pi}{2}} (2+\sin x)\cos x\mathrm{d}x$.

2. 求下列曲线与 x 轴之间区域的面积:

(1) $y = |x| + x, \quad -2 \leqslant x \leqslant 3$;

(2) $y = x^2 + x - \sin x, \quad 0 \leqslant x \leqslant \frac{\pi}{2}$;

(3) $y = \max\left\{x, x^2\right\}, \quad 0 \leqslant x \leqslant 2$;

(4) $y = (x-1)(x-4), \quad 2 \leqslant x \leqslant 3$.

3. 求解初值问题: $\dfrac{\mathrm{d}y}{\mathrm{d}t} = \dfrac{1}{\sqrt{t}}\mathrm{e}^{\sqrt{t}}, y(4) = 2$.

4. 设 $f(x) = \displaystyle\int_{\sin x}^{\cos x} \frac{1}{1-t^2}\mathrm{d}t$, 求 $f'(x)$.

5. 设 $f(x) = \displaystyle\int_x^{x+2} t(3-t)\mathrm{d}t$, 求 $f(x)$ 的最大值.

第 5 章
定积分的应用

【本章导读】

定积分起源于求图形的面积和体积等实际问题. 古希腊的阿基米德用“穷竭法”, 中国的刘徽用“割圆术”, 都曾计算过一些几何图形的面积和体积, 这些均为定积分的雏形. 17 世纪中叶, 牛顿和莱布尼茨先后提出了定积分的概念, 人们发现立体的体积、曲线的长度、变力做功等都可以转化为闭区间上连续函数黎曼和的极限, 也就是定积分. 定积分成为解决有关实际问题的有力工具.

5.1 平面区域的面积

本节中, 我们把求单一曲线所围区域面积的方法推广到两条曲线所围成的区域. 假定我们想求一个区域的面积, 该区域上端由曲线 $y=f(x)$ 界定, 下端由曲线 $y=g(x)$ 界定, 左、右两端分别由直线 $x=a$ 和 $x=b$ 界定. 如何利用定积分计算该区域的面积呢?

5.1.1 两条曲线之间的区域面积

若 $f(x)$ 和 $g(x)$ 是连续函数并且在 $[a,b]$ 上满足 $f(x)\geqslant g(x)$, 则由定积分的定义, 曲线 $y=f(x)$ 和 $y=g(x)(x\in[a,b])$ 之间的区域的面积是

$$A=\int_a^b[f(x)-g(x)]\mathrm{d}x.$$

在求两条曲线之间的面积时, 通常按照以下的步骤.

步骤 1: 画出曲线的图并且画一个垂直或水平的矩形, 根据图形判断曲线的上下关系 (假设 $f(x)\geqslant g(x)$);

步骤 2: 求积分上、下限 a 和 b;

步骤 3: 写出 $f(x)-g(x)$ 的表达式;

步骤 4: 从 a 到 b 对 $f(x)-g(x)$ 求定积分, 得到的结果就是该图形的面积.

例 1 求由两条抛物线 $y=x^2$ 与 $x=y^2$ 所围成的图形的面积.

解 先作图 (如图 5.1 所示).

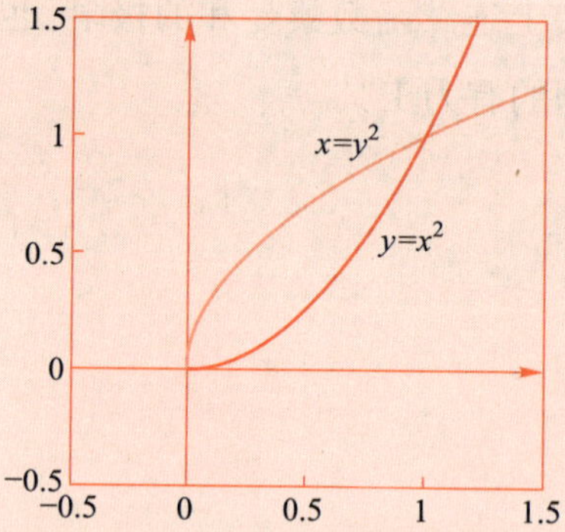

图 5.1

取 x 为积分变量. 解方程组 $\begin{cases}y=x^2,\\x=y^2\end{cases}$ 得两条抛物线的交点坐标是 $(0,0)$ 与 $(1,1)$, 从而得积分区间 $[0,1]$. 所求图形的面积为

$$A=\int_0^1\left(\sqrt{x}-x^2\right)\mathrm{d}x=\left(\frac{2}{3}x^{\frac{3}{2}}-\frac{1}{3}x^3\right)\Big|_0^1=\frac{1}{3}.$$

例 2 求 $y=x^4$ 和 $y=2x-x^2$ 所围成的图形的面积.

解 先作图 (如图 5.2 所示).

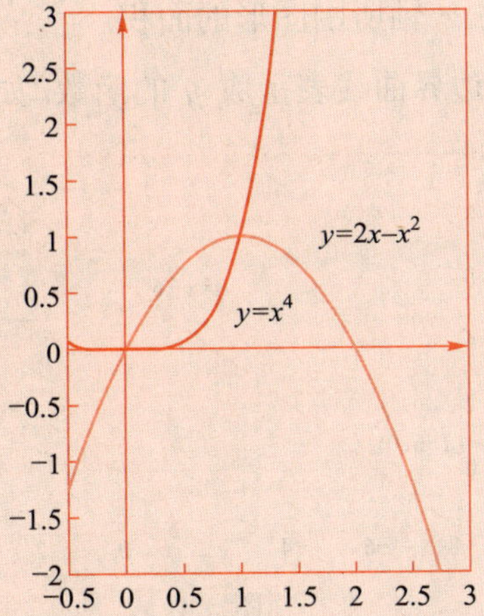

图 5.2

由方程 $x^4=2x-x^2$ 得两条曲线的交点坐标是 $(0,0)$ 与 $(1,1)$, 从而得积分区间 $[0,1]$. 所求图形的面积为

$$A=\int_0^1(2x-x^2-x^4)\,\mathrm{d}x=\left(x^2-\frac{x^3}{3}-\frac{x^5}{5}\right)\Big|_0^1=1-\frac{1}{3}-\frac{1}{5}=\frac{7}{15}.$$

5.1.2 关于 y 的两条曲线之间的面积

有些图形求面积时对 y 积分更为方便, 考虑如图 5.3 所示的由 $x=f(y)$ 和 $x=g(y)$ 的图像所围的区域, 其中 $f(y)\geqslant g(y)$, $c\leqslant y\leqslant d$ (f 的图像在 g 的图像右侧). 区域的上边界和下边界分别是 $y=d$ 和 $y=c$.

在这种情况下, 我们把 y 当做自变量并且把区间 $[c,d]$ 分成 n 个子区间, 在其中一个子区间上选择一点构造从左边曲线到右边曲线的矩形, 利用这些小矩形的面积之和去逼近区域的面积.

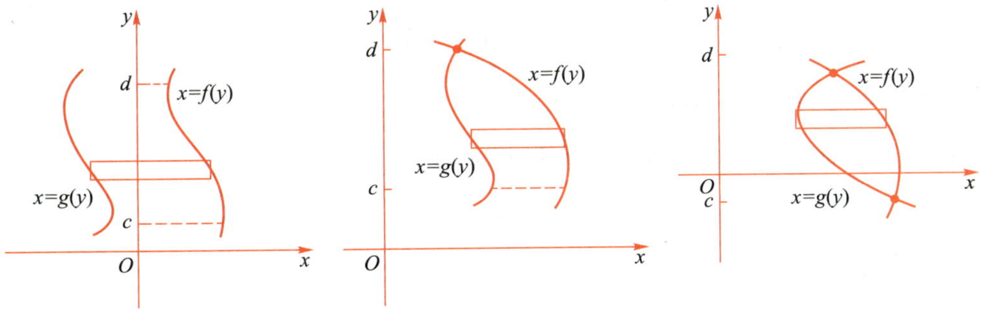

图 5.3

设 f 和 g 是在区间 $[c,d]$ 上满足 $f(y)\geqslant g(y)$ 的连续函数, 由 $x=f(y)$ 和 $x=g(y)$ 在区间 $[c,d]$ 上所围的区域面积是

$$A=\int_c^d(f(y)-g(y))\mathrm{d}y.$$

例 3 求由 $y=x^3, y=x+6$ 与 x 轴所围图形的面积.

解 我们将 y 看作自变量, 将边界曲线表示成 y 的函数, 如图 5.4 所示.

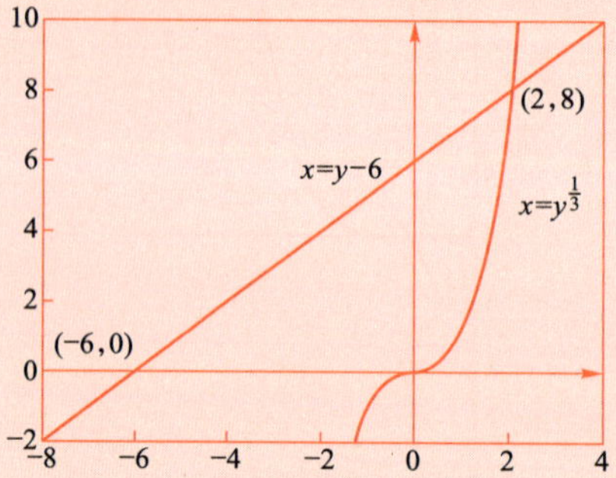

图 5.4

曲线的交点满足方程 $y=(y-6)^3$. 展开这个方程得到三次方程

$$y^3-18y^2+107y-216=(y-8)\left(y^2-10y+27\right)=0,$$

这个方程只有一个实根 $y=8$. 如图 5.4 所示, 根据关于 y 的两条曲线之间的面积公式, 我们得到此区域的面积是

$$\begin{aligned}\int_0^8\left[y^{\frac{1}{3}}-(y-6)\right]\mathrm{d}y&=\left.\left(\frac{3}{4}y^{\frac{4}{3}}-\frac{y^2}{2}+6y\right)\right|_0^8\\&=\left(\frac{3}{4}\times16-32+48\right)-0=28.\end{aligned}$$

同步训练 5.1

扫一扫, 看答案

1. 求由 $y=2(x+1)$, $y=3(x+1)$, $x=4$ 所围区域的面积.
2. 求由 $y=2x^2$, $y=x^2+4$ 所围区域的面积.
3. 求由 $y=\sin x$, $y=\cos x$ $\left(x\in\left[0,\frac{\pi}{2}\right]\right)$ 与 x 轴所围区域的面积.
4. 求图 5.5 中由 $y=x$, $y=\frac{1}{x^2}$, $y=0$, $x=2$ 所围区域的面积.

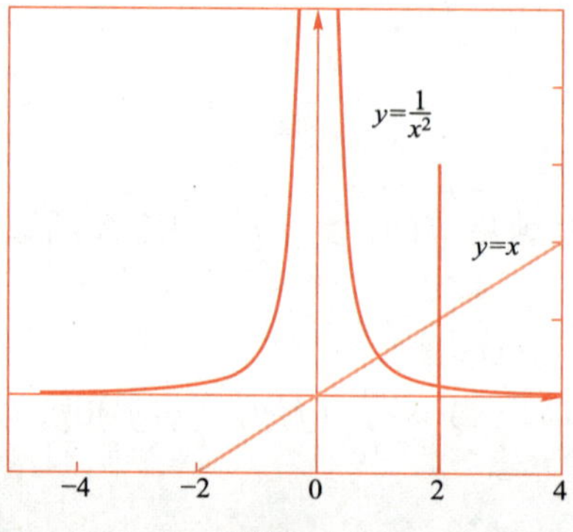

图 5.5

5. 求由 $y=x^3$ 与 $y=9x$ 所围区域的面积.

6. 求图 5.6 中由 $y=x^2(3-x)$ 与 $y=12-4x$ 所围区域的面积.

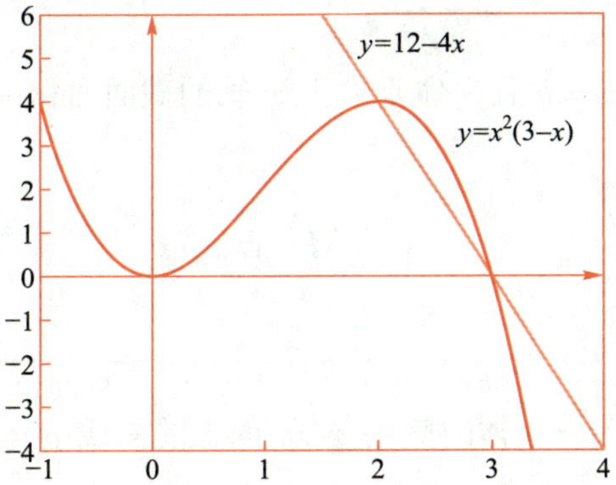

图 5.6

7. 求由 $y=\sqrt{x-1}, y=2, y=0$ 及 $x=0$ 所围区域的面积.

8. 求由 $y=4-x^2$ 与 $y=x+2$ 所围区域的面积.

9. 求由 $y=x$ 与 $x=(y-2)^2$ 所围区域的面积.

5.2 立体的体积：切片法、圆盘法与圆环法

我们已经掌握用积分计算由曲线所围成的平面图形的面积. 定积分也可以用来求三维区域的体积. 切片 – 求和方法再次成为解决这些问题的关键.

5.2.1 切片法求体积

考虑一个沿 x 轴方向从 $x=a$ 到 $x=b$ 延伸的立体. 想象在特定点 x 处垂直于 x 轴切割立体并设所得的截面面积是已知的连续函数 $A(x)$ (图 5.7).

为求这个立体的体积, 首先把 $[a,b]$ 分成 n 个长度均为 $\Delta x=\dfrac{b-a}{n}$ 的子区间. 子区间的端点是格点 $x_0=a, x_1, x_2, \cdots, x_n=b$. 现在我们在每个格点处垂直于 x 轴切割立体, 产生 n 个厚度为 Δx 的切片. 在每个子区间上任取一点 $\bar{x}_k$, 立体的第 k 个切片的厚度是 Δx. 我们用 $A(\bar{x}_k)$ 表示切片的截面积, 因此第 k 个切片的体积近似为 $A(\bar{x}_k)\Delta x$. 把这些切面的面积加起来得到立体的近似体积

$$V \approx \sum_{k=1}^{n} A(\bar{x}_k)\Delta x.$$

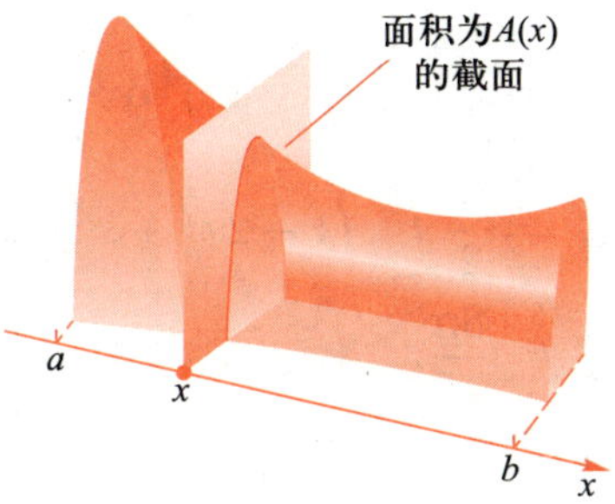

图 5.7

当切片数量增加时 ($n \to \infty$), 切片的厚度趋于零 ($\Delta x \to 0$), 得到用定积分表示的精确体积为

$$V=\lim_{n\to\infty}\sum_{k=1}^{n}A\left(\bar{x}_k\right)\Delta x=\int_a^b A(x)\mathrm{d}x.$$

设立体从 $x=a$ 延伸到 $x=b$ 且立体垂直于 x 轴的截面面积由 $[a,b]$ 上可积的函数 A 确定. 则立体的体积是

$$V=\int_a^b A(x)\mathrm{d}x.$$

例 1 (**"抛物半球" 的体积**) 立体的底由 xOy 面上的曲线 $y=x^2$ 和 $y=2-x^2$ 围成. 立体垂直 x 轴的截面是半圆. 求立体的体积.

解 因为垂直 x 轴的截面是半圆 (图 5.8), 所以截面的面积是 $\dfrac{1}{2}\pi r^2$, 其中 r 是截面的半径. 观察到这个半径是上边界曲线 $y=2-x^2$ 和下边界曲线 $y=x^2$ 之间距离的一半. 因此在点 x 处的半径是

$$r=\frac{1}{2}\left[\left(2-x^2\right)-x^2\right]=1-x^2.$$

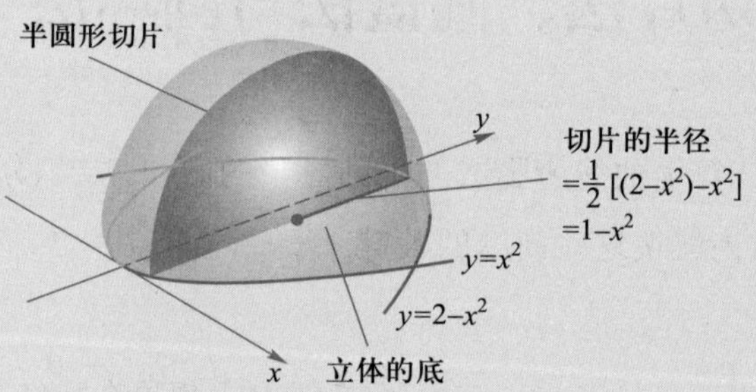

图 5.8

在点 x 处的半圆面积是

$$A(x)=\frac{1}{2}\pi r^2=\frac{\pi}{2}\left(1-x^2\right)^2.$$

两条曲线的交点满足 $2-x^2=x^2$, 解得 $x=\pm 1$. 因此, 截面介于 $x=-1$ 与 $x=1$ 之间. 对截面面积积分, 得立体体积为

$$\begin{aligned}V&=\int_{-1}^{1}A(x)\mathrm{d}x\\&=\int_{-1}^{1}\frac{\pi}{2}\left(1-x^2\right)^2\mathrm{d}x\\&=\frac{\pi}{2}\int_{-1}^{1}\left(1-2x^2+x^4\right)\mathrm{d}x\\&=\frac{8\pi}{15}.\end{aligned}$$

5.2.2 圆盘法求旋转体体积

现在我们考虑叫做旋转体的一类特殊立体. 假设 $f(x)$ 是 $[a,b]$ 上的连续函数且 $f(x) \geqslant 0$. 设 R 是曲线 $f(x)$、x 轴及直线 $x=a$ 和 $x=b$ 所围成的区域 (图 5.9). 现绕 x 轴旋转. 当 R 绕 x 轴旋转一周时 R 扫出一个三维的旋转体 (图 5.10). 由于垂直于 x 轴的所有截面都是以 $f(x)$ 为半径的圆盘 (图 5.11), 因此在点 x $(a \leqslant x \leqslant b)$ 处的面积是

$$A(x) = \pi f(x)^2.$$

由切片法求立体的体积

$$V = \int_a^b A(x)\mathrm{d}x = \int_a^b \pi f(x)^2 \mathrm{d}x.$$

因为过立体的每个切片都是圆盘, 所以这个方法叫圆盘法.

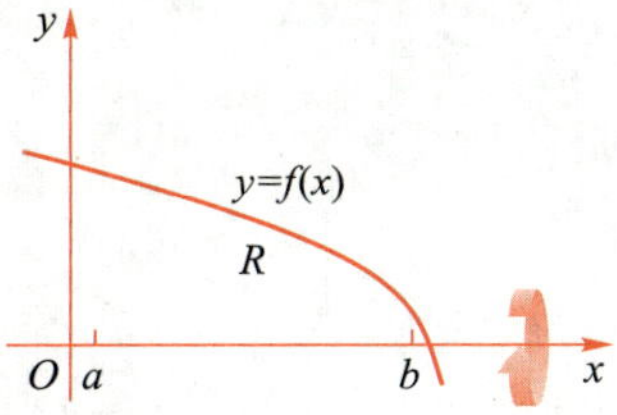

图 5.9

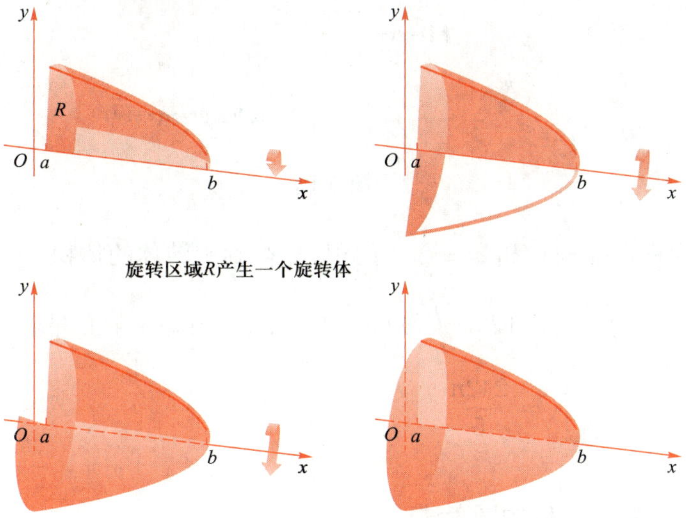

图 5.10

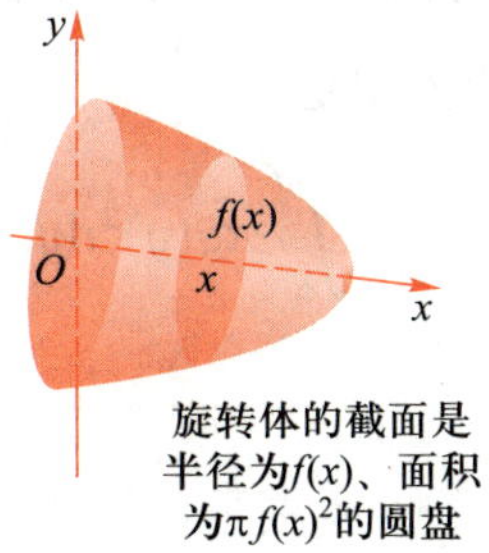

图 5.11

综上, 关于 x 轴的圆盘法:

设 $f(x)$ 是 $[a,b]$ 上的连续函数且 $f(x) \geqslant 0$. 如果由曲线 $f(x)$、x 轴及直线 $x=a$ 和 $x=b$ 所围成的区域 R 绕 x 轴旋转, 则所得的旋转体的体积是

$$V = \int_a^b \pi f(x)^2 \mathrm{d}x.$$

例 2 设 R 是由 $f(x)=(x+1)^2$、x 轴及直线 $x=0$ 和 $x=2$ 所围成的区域. 求 R 绕 x 轴旋转所得旋转体的体积.

解 R 绕 x 轴旋转得到一个旋转体 (图 5.12). 在点 $0 \leqslant x \leqslant 2$ 处垂直于 x 轴的截面是半径为 $f(x)$ 的圆盘. 因此, 截面面积是

$$A(x) = \pi f(x)^2 = \pi\left((x+1)^2\right)^2 = \pi(x+1)^4.$$

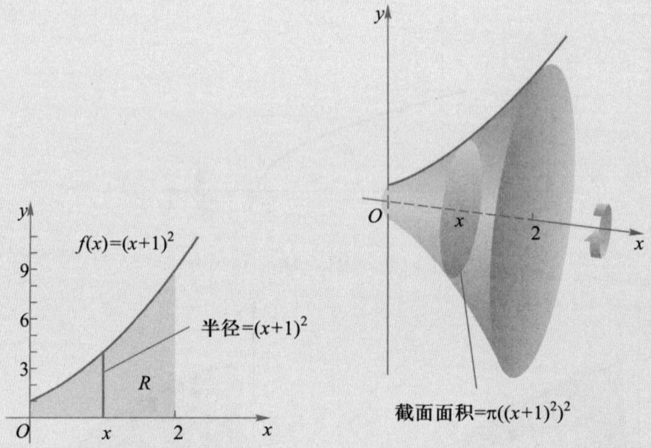

图 5.12

对这个截面面积在 $x=0$ 和 $x=2$ 之间积分, 得到旋转体的体积

$$\begin{aligned} V &= \int_0^2 A(x)\mathrm{d}x = \int_0^2 \pi(x+1)^4 \mathrm{d}x \text{ (令 } u=x+1 \text{ 并求值)} \\ &= \pi\frac{u^5}{5}\bigg|_1^3 = \frac{242\pi}{5}. \end{aligned}$$

同理, 我们可以得到**关于 y 轴的圆盘法**:

设 $g(y)$ 是 $[c,d]$ 上的连续函数且 $g(y) \geqslant 0$. 如果由曲线 $x=g(y)$ 及直线 $y=c$ 和 $y=d$ 所围成的区域 R 绕 y 轴旋转所得的旋转体的体积是

$$V = \int_c^d \pi g(y)^2 \mathrm{d}y.$$

例 3 计算由曲线 $y=x^3$ 和直线 $y=3$ 所围平面图形绕 y 轴旋转所得旋转体的体积, 如图 5.13 所示.

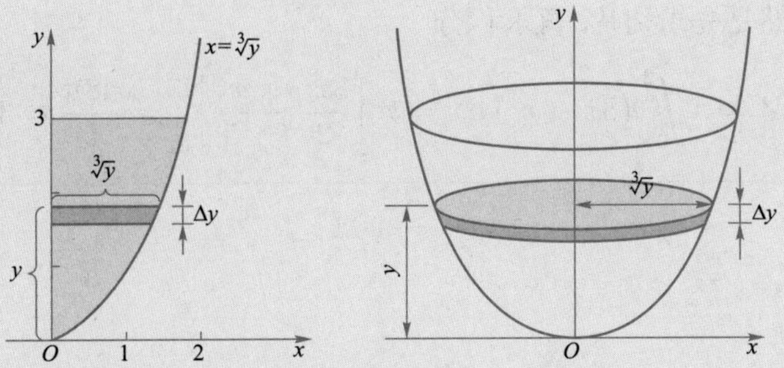

图 5.13

解 我们用水平线切割, 可以选 y 作为积分变量. 因此有 $y=x^3 \Leftrightarrow x=\sqrt[3]{y}$ 和 $\Delta V \approx \pi(\sqrt[3]{y})^2\Delta y$, 所以体积为

$$V=\pi\int_0^3 y^{\frac{2}{3}}\mathrm{d}y=\pi\left[\frac{3}{5}y^{\frac{5}{3}}\right]\Bigg|_0^3=\pi\frac{9\sqrt[3]{9}}{5}\approx 11.76.$$

5.2.3 圆环法求旋转体体积

在很多情况下, 我们切割一个旋转体得到一个中间有洞的圆盘. 从图 5.14 可以看到它们的形状和体积公式.

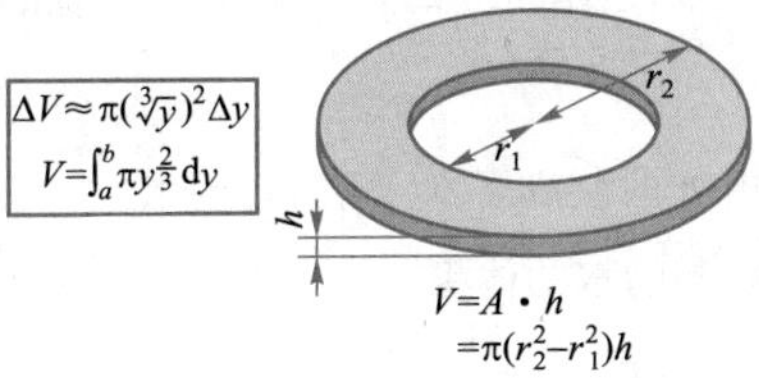

图 5.14

例 4 求抛物线 $y=x^2$ 和 $y^2=8x$ 所围图形绕 x 轴旋转所得的旋转体的体积, 如图 5.15 所示.

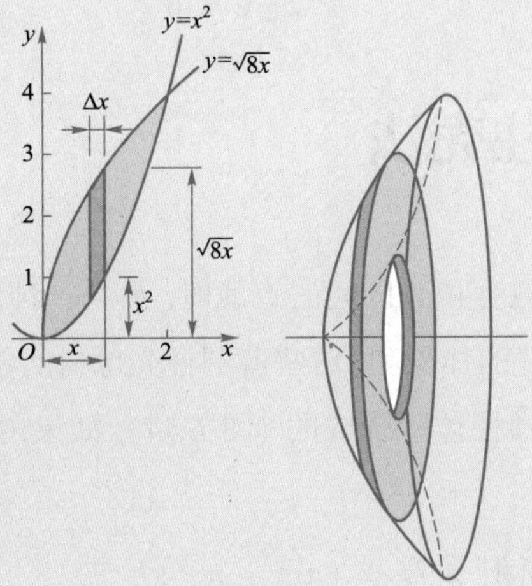

图 5.15

解 解题步骤依然是先求切片, 再求积分.

$$V=\pi\int_0^2\left(8x-x^4\right)\mathrm{d}x=\pi\left[\frac{8x^2}{2}-\frac{x^5}{5}\right]\Bigg|_0^2=\frac{48\pi}{5}\approx 30.16.$$

同步训练 5.2

扫一扫, 看答案

1. 计算 $y=x^3$, $x=3$ 和 $y=0$ 围成的区域绕 x 轴旋转所得立体的体积.
2. 计算 $y=\sqrt{9-x^2}$, $y=0$, $x=-2$ 和 $x=3$ 围成的区域绕 x 轴旋转所得立体的体积.
3. 计算 $x=y^2$, $x=0$ 和 $y=3$ 围成的区域绕 y 轴旋转所得立体的体积.
4. 计算 $x=\dfrac{2}{y}$, $y=2$, $y=6$ 和 $x=0$ 围成的区域绕 y 轴旋转所得立体的体积.
5. 计算 $x=2\sqrt{y}$, $y=4$ 和 $x=0$ 围成的区域绕 y 轴旋转所得立体的体积.
6. 计算 $x=\sqrt{4-y^2}$ 和 $x=0$ 围成的区域绕 y 轴旋转所得立体的体积.
7. 计算直线 $y=6x$ 与抛物线 $y=6x^2$ 所围区域绕 x 轴旋转所得立体的体积.
8. 计算圆 $x^2+y^2=r^2$, x 轴与直线 $x=r-h$ 在第一象限所围区域绕 x 轴旋转所得立体的体积.
9. 立体的底部区域 R 由 $y=\sqrt{x}$ 和 $y=x^2$ 所围成, 每一个垂直于 x 轴的切面都是直径经过区域 R 的半圆形. 求该立体的体积.
10. 一个半径为 r、高为 h 的无盖水桶, 开始时装满了水. 倾斜它倒水, 直到水位与桶底的直径重合, 另一端恰好碰到顶部的边缘. 计算水桶 (图 5.16) 里剩下的水的体积.

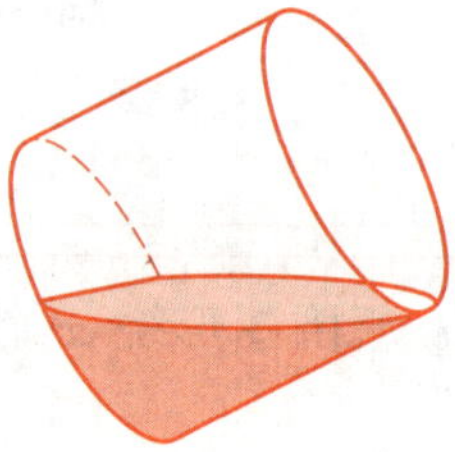

图 5.16

5.3 旋转体的体积: 柱壳法

当旋转体的旋转轴垂直于包含积分区间的直线时, 另外一种求旋转体的方法是很有用的. 我们用薄圆柱壳的体积和代替薄切片的体积和, 这些薄圆柱壳像树的年轮一样从旋转轴向外增长.

一个柱形壳是两个同心的圆柱体所绕成的 (图 5.17), 如果内径是 r_1, 外径是 r_2, 高是 h, 则体积为

$$\begin{aligned}V&=\text{底面积}\times\text{高}=\left(\pi r_2^2-\pi r_1^2\right)h\\&=\pi\left(r_2+r_1\right)\left(r_2-r_1\right)h=2\pi\left(\frac{r_2+r_1}{2}\right)h\left(r_2-r_1\right).\end{aligned}$$

表达式 $\left(\dfrac{r_2+r_1}{2}\right)$, 我们可以用 r 表示, 是 r_1 和 r_2 的平均值 (平均半径), 并且用 Δr 表示 r_2-r_1. 因此 $V=2\pi\times$ 平均半径 $\times$ 高 $\times$ 厚度 $=2\pi rh\Delta r$.

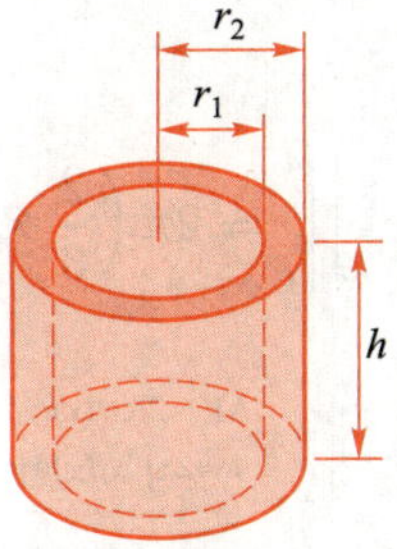

图 5.17

这里有一个记住公式的好方法: 如果把壳看成非常薄的纸筒, 我们可以把它从旁边剪开, 然后展成长方形的纸片计算它的体积, 该纸的长度近似地看成 $2\pi r$, 高度近似地看成 h, 宽为 Δr, 如图 5.18 所示.

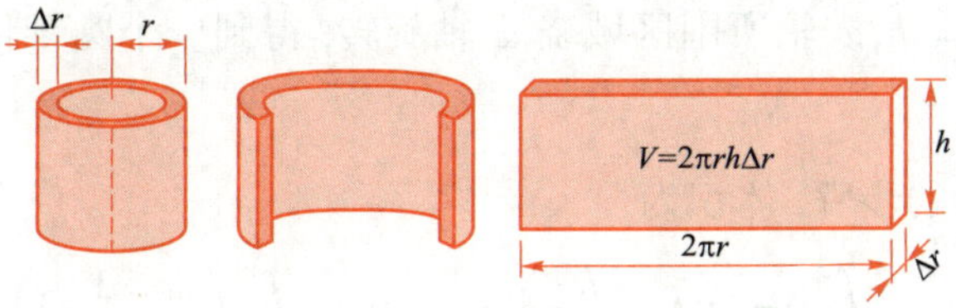

图 5.18

切壳方法

假设有一个图 5.18 所示的区域. 垂直地切割它并让它绕 y 轴旋转, 将产生一个旋转体, 每一个切片可以形成一个近似的柱形壳. 为了得到这个立体的体积我们计算每一个柱形壳的体积 ΔV 并加起来, 让壳的厚度趋近于零, 然后再积分, 策略还是: 分割、近似、求和、取极限.

柱壳法求体积

设 $f(x)$ 和 $g(x)$ 是 $[a,b]$ 上的连续函数, 且 $f(x)\geqslant g(x)$. 如果 R 是曲线 $y=f(x)$ 和 $y=g(x)$ 在直线 $x=a$ 与 $x=b$ 之间所围成的区域, 则 R 绕 y 轴旋转所得的立体体积是

$$V=\int_a^b 2\pi x(f(x)-g(x))\mathrm{d}x.$$

例 1 由 $y=\dfrac{1}{\sqrt{x}}$ 、$x=1$ 和 $x=4$ 所围成的区域绕 y 轴旋转, 求该立体的体积.

解 由图 5.19, 我们可以得到通过切割产生壳体的体积是

$$\Delta V\approx 2\pi xf(x)\Delta x.$$

因为 $f(x)=\dfrac{1}{\sqrt{x}}$, 得到 $\Delta V\approx 2\pi x\dfrac{1}{\sqrt{x}}\Delta x$.

经过积分后体积为

$$V = 2\pi \int_1^4 x \frac{1}{\sqrt{x}} \mathrm{d}x$$
$$= 2\pi \int_1^4 x^{\frac{1}{2}} \mathrm{d}x = 2\pi \left[\frac{2}{3}x^{\frac{3}{2}}\right]\Bigg|_1^4 = 2\pi\left(\frac{2}{3}\times 8 - \frac{2}{3}\times 1\right) = \frac{28\pi}{3} \approx 29.32.$$

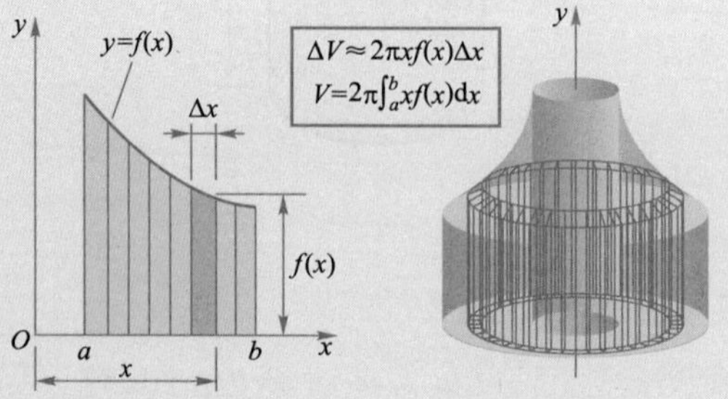

图 5.19

例 2 由 $y = \frac{r}{h}x$ 和 $x = h, x$ 轴所围区域绕 x 轴旋转, 得到一个圆锥体 (假设 $r > 0, h > 0$), 求该立体的体积.

解 根据图 5.20 所示的步骤, 体积为

$$V = \int_0^r 2\pi y\left(h - \frac{h}{r}y\right)\mathrm{d}y = 2\pi h \int_0^r \left(y - \frac{1}{r}y^2\right)\mathrm{d}y$$
$$= 2\pi h\left[\frac{y^2}{2} - \frac{y^3}{3r}\right]\Bigg|_0^r = 2\pi h\left(\frac{r^2}{2} - \frac{r^2}{3}\right) = \frac{1}{3}\pi r^2 h.$$

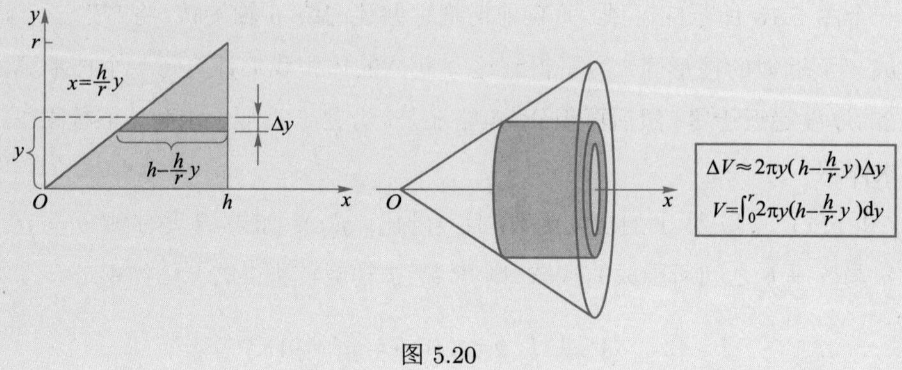

图 5.20

同步训练 5.3

1. 求所给区域绕给定的旋转轴旋转所形成的柱体的体积:

(1) $y = \frac{1}{x}$, $x = 1$, $x = 4$, $y = 0$ 所围区域; 关于 y 轴.

(2) $y = x^2$, $x = 1$, $y = 0$ 所围区域; 关于 y 轴.

(3) $x = y^2$, $y = 1$, $x = 0$ 所围区域; 关于 x 轴.

(4) $x = \sqrt{2y} + 1$, $y = 2$, $x = 0$, $y = 0$ 所围区域; 关于直线 $y = 3$.

扫一扫, 看答案

2. 设 R 是由 $x=\sqrt{y}$ 和 $x=\dfrac{y^3}{32}$ 所围的区域. 求 R 绕 x 轴旋转所形成的立体的体积.

3. 一个半径为 b 的球体被一个半径为 a 的圆柱体从其中心穿过, 求球体的剩余体积.

4. 用柱壳法建立微分方程: 求由圆 $x^2+y^2=a^2$ 绕 $x=b\ (b>a)$ 旋转所形成的圆环面的体积, 并求解该微分方程.

5. 求在第一象限里由 $x=0, y=\sin x^2$ 和 $y=\cos x^2$ 围成的区域绕 y 轴旋转所形成的旋转体体积.

5.4 平面曲线的弧长

一架航天飞机沿椭圆轨道绕地球运行, 环绕一周飞行了多远? 三分线外, 球员将篮球投进篮筐, 篮球飞行了多远? 这些问题都涉及曲线弧长的计算. 我们将看到, 它们能通过定积分进行计算.

我们已经知道, 圆内接正多边形边数无限增加时, 其周长就越逼近圆周长. 现在用类似的方法来建立平面上连续曲线弧长的概念, 从而应用定积分来计算弧长.

设 A, B 是曲线弧的两个端点. 在弧 $\widehat{AB}$ 上依次任取分点 $A=M_0, M_1, M_2, \cdots, M_{i-1}, M_i, \cdots, M_{n-1}, M_n=B$, 并依次连接相邻的分点得一折线 (图 5.21). 当分点的数目无限增加且每个小段 $\widehat{M_{i-1}M_i}$ 都几乎缩成一点时, 如果此折线的长 $\sum\limits_{i=1}^{n}|M_{i-1}M_i|$ 的极限存在, 那么称此极限为曲线弧 $\widehat{AB}$ 的弧长, 并称此曲线弧 $\widehat{AB}$ 是可求长的.

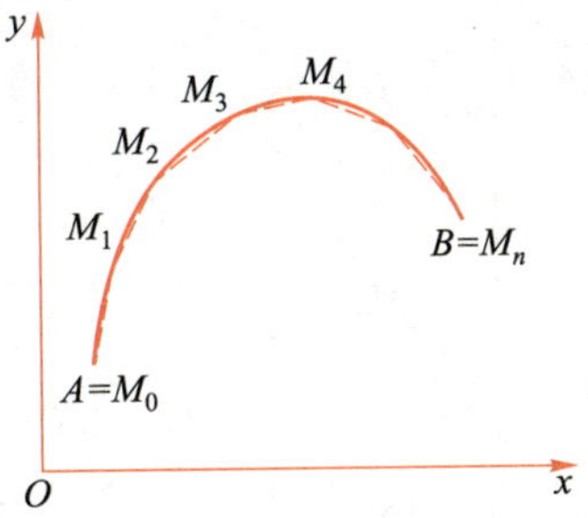

图 5.21

具有一阶连续导数的函数是光滑的, 而它的图像是光滑曲线. 对于光滑的曲线弧, 有如下结论: **光滑的曲线弧是可求长的.**

由于光滑曲线弧是可求长的, 故可应用定积分来计算弧长.

若 $f(x)$ 在 $[a,b]$ 是光滑的, 则对应 x 从 a 到 b 的曲线 $y=f(x)$ 的弧长是

$$L=\int_a^b\sqrt{1+f'(x)^2}\mathrm{d}x.$$

若 $g(y)$ 在 $[c,d]$ 是光滑的, 则对应 y 从 c 到 d 的曲线 $x=g(y)$ 的弧长是

$$L=\int_c^d\sqrt{1+g'(y)^2}\mathrm{d}y.$$

设曲线弧由参数方程

$$\begin{cases} x=\varphi(t), \\ y=\psi(t) \end{cases} \quad (\alpha\leqslant t\leqslant\beta)$$

给出, 其中 $\varphi(t),\psi(t)$ 在 $[\alpha,\beta]$ 上具有一阶连续导数, 且 $\varphi'(t),\psi'(t)$ 不同时为零. 曲线弧的弧长是

$$L=\int_{\alpha}^{\beta}\sqrt{[\varphi'(t)]^2+[\psi'(t)]^2}\mathrm{d}t.$$

当曲线弧由极坐标方程

$$\rho=\rho(\theta)\ (\alpha\leqslant\theta\leqslant\beta)$$

给出, 其中 $\rho(\theta)$ 在 $[\alpha,\beta]$ 上具有一阶连续导数, 则由直角坐标与极坐标的关系可得

$$\begin{cases}x=x(\theta)=\rho(\theta)\cos\theta,\\ y=y(\theta)=\rho(\theta)\sin\theta\end{cases}(\alpha\leqslant\theta\leqslant\beta),$$

这就是以极角 θ 为参数的曲线弧的参数方程. 于是, 所求弧长为

$$L=\int_{\alpha}^{\beta}\sqrt{\rho^2(\theta)+\rho'^2(\theta)}\mathrm{d}\theta.$$

例 1 求曲线 $y=\dfrac{4\sqrt{2}}{3}x^{\frac{3}{2}}-1\ (0\leqslant x\leqslant 1)$ 的弧长.

解 曲线如图 5.22 所示:

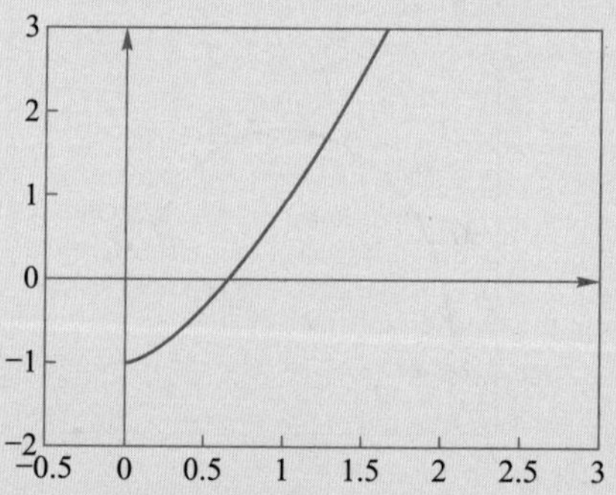

图 5.22

$\dfrac{\mathrm{d}y}{\mathrm{d}x}=\dfrac{4\sqrt{2}}{3}\cdot\dfrac{3}{2}x^{\frac{1}{2}}=2\sqrt{2}x^{\frac{1}{2}}$, 在 $[0,1]$ 上是连续的. 因此, 弧长为

$$\begin{aligned}L&=\int_0^1\sqrt{1+f'(x)^2}\mathrm{d}x=\int_0^1\sqrt{1+\left(2\sqrt{2}x^{\frac{1}{2}}\right)^2}\mathrm{d}x\\&=\int_0^1\sqrt{1+8x}\mathrm{d}x=\frac{1}{8}\int_1^9\sqrt{u}\mathrm{d}u=\frac{13}{6}.\end{aligned}$$

例 2 计算摆线 (图 5.23) $\begin{cases}x=a(\theta-\sin\theta),\\ y=a(1-\cos\theta)\end{cases}$ 的一拱 $(0\leqslant\theta\leqslant 2\pi)$ 的长度.

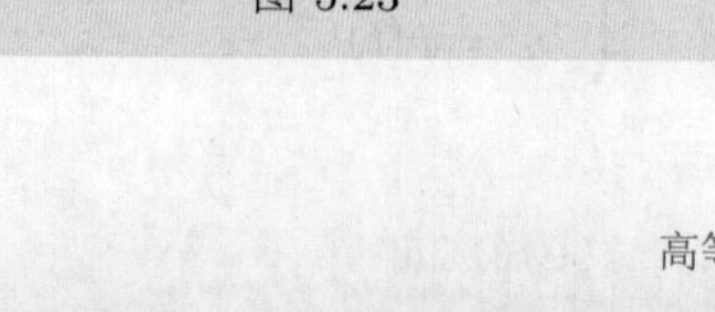

图 5.23

解 所求弧长为

$$\begin{aligned}L &= \int_{\alpha}^{\beta} \sqrt{\rho^2(\theta)+\rho'^2(\theta)}\mathrm{d}\theta \\ &= \int_{\alpha}^{\beta} \sqrt{a^2(1-\cos\theta)^2+a^2\sin^2\theta}\mathrm{d}\theta \\ &= \int_0^{2\pi} 2a\sin\frac{\theta}{2}\mathrm{d}\theta = 4a\int_0^{\pi}\sin u\mathrm{d}u = 8a.\end{aligned}$$

例 3 求心形线 $\rho = a(1+\cos\theta)$ 的弧长, 如图 5.24 所示.

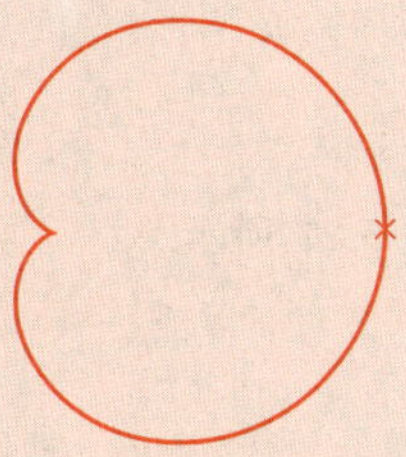

图 5.24

解 因为 $\rho = a(1+\cos\theta)$, 所以 $\rho' = -a\sin\theta$. 所求弧长为

$$\begin{aligned}L &= \int_{\alpha}^{\beta} \sqrt{\rho^2(\theta)+[\rho'(\theta)]^2}\mathrm{d}\theta = \int_0^{2\pi}\sqrt{2a^2(1+\cos\theta)}\mathrm{d}\theta \\ &= 2a\int_0^{2\pi}\left|\cos\frac{\theta}{2}\right|\mathrm{d}\theta = 2a\int_0^{\pi}\cos\frac{\theta}{2}\mathrm{d}\theta + 2a\int_{\pi}^{2\pi}\left(-\cos\frac{\theta}{2}\right)\mathrm{d}\theta \\ &= 4a\int_0^{\frac{\pi}{2}}\cos u\mathrm{d}u - 4a\int_{\frac{\pi}{2}}^{\pi}\cos u\mathrm{d}u = 8a.\end{aligned}$$

同步训练 5.4

1. 求下列曲线在指定区间上的弧长:

(1) $y = 2x+1,\quad [1,5]$;

(2) $y = \dfrac{x^3}{3}+\dfrac{1}{4x},\quad [1,5]$;

(3) $y = \dfrac{1}{3}x^{\frac{3}{2}},\quad [0,60]$;

(4) $y = \dfrac{3}{10}x^{\frac{1}{3}} - \dfrac{3}{2}x^{\frac{5}{3}},\quad [1,3]$.

2. 求下列曲线在指定区间上的弧长:

(1) $x = 2y-4,\quad -3 \leqslant y \leqslant 4$;

(2) $x = \dfrac{y^5}{5}+\dfrac{1}{12y^3},\quad 2 \leqslant y \leqslant 4$;

(3) $x = \dfrac{y^4}{4}+\dfrac{1}{8y^2},\quad 1 \leqslant y \leqslant 2$;

(4) $x = \dfrac{9}{4}y^{\frac{2}{3}} - \dfrac{1}{8}y^{\frac{4}{3}},\quad 1 \leqslant y \leqslant 2$.

扫一扫, 看答案

3. 计算抛物线 $y^2=2px$ 从顶点到该曲线上的一点 $M(x,y)$ 的弧长.

4. 计算星形线 $x=a\cos^3 t, y=a\sin^3 t$ 的弧长, 如图 5.25 所示.

5. 求对数螺线 $\rho=\mathrm{e}^{a\theta}$ $(0\leqslant\theta\leqslant\varphi)$ 的弧长, 如图 5.26 所示.

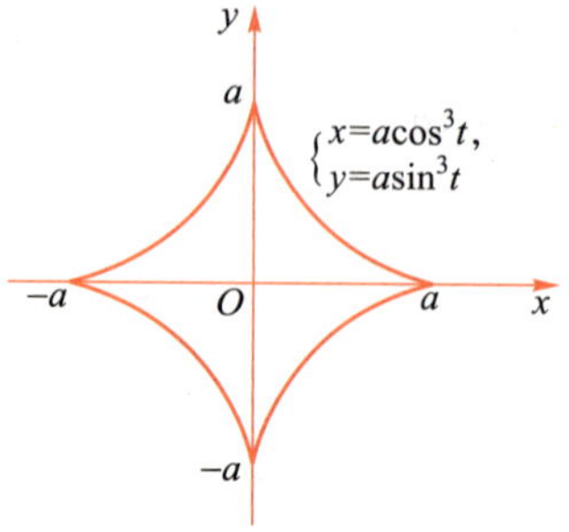

图 5.25

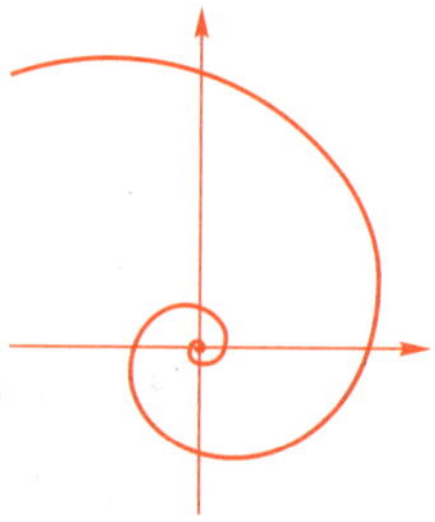

图 5.26

6. 求曲线 $\rho\theta=1$ $\left(\frac{3}{4}\leqslant\theta\leqslant\frac{4}{3}\right)$ 的弧长, 如图 5.27 所示.

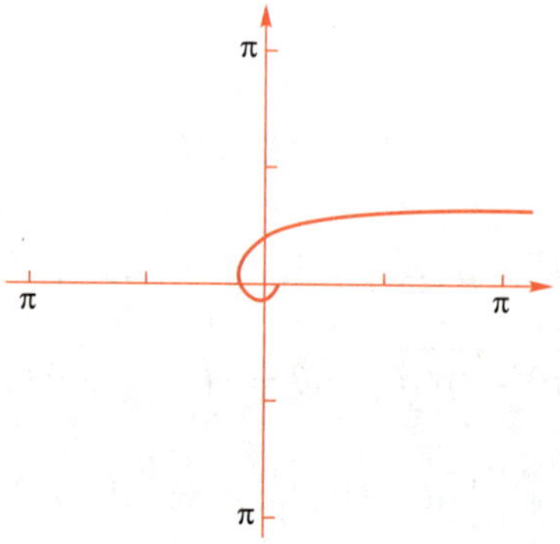

图 5.27

5.5 变力做功

如果物体在做直线运动的过程中有一个不变的力 F 作用在该物体上, 且力的方向与物体运动的方向一致, 那么, 在物体移动了距离 s 时, 力 F 对物体所做的功为

$$W=F\cdot s.$$

但在许多实际情况下, 力不是一个常量, 而是随物体的移动而改变的. 假如一个物体在一个变力的作用下沿 x 轴从 a 移动到 b, 这个变力在 x 点时的大小为 $F(x)$, 且 F 是一个连续的函数. 那么, 总共做了多少功呢? 分割、近似、求和、取极限这一方法再次帮我们寻找答案. 这里分割就是把区间 $[a,b]$ 分成小部分. 近似就是在某一特定的区间 x 到 $x+\Delta x$, 力被近似看作一个常量 $F(x)$. 如果力是一个常量, 那么将物体从 x_{i-1} 移动到 x_i 所要做的功就是 $F(x_i)(x_i-x_{i-1})$. 求和就是把这些小区间的功加起来, 然后取当这些小区间的长度趋向于零时的极限. 因此, 把物体从 a 移动到 b 所做的功是一个定积分

$$W=\lim_{\Delta x\to 0}\sum_{i=1}^{n}F(x_i)\Delta x=\int_a^b F(x)\mathrm{d}x.$$

例 1 把一个带电荷量 $+q$ 的点电荷放在 r 轴上坐标原点 O 处, 它产生一个电场. 这个电场对周围的电荷有作用力. 由物理学知道, 如果有一个单位正电荷放在这个电场中距离原点 O 为 r 的地方, 那么电场对它的作用力的大小为

$$F = k\frac{q}{r^2}\ (k \text{ 是常数}).$$

如图 5.28 所示, 当这个单位正电荷在电场中从 $r=a$ 处沿 r 轴移动到 $r=b(a<b)$ 处时, 计算电场力 F 对它所做的功.

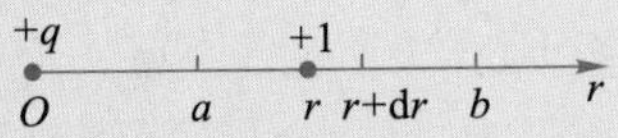

图 5.28

解 在上述移动过程中, 电场对这单位正电荷的作用力是变的. 取 r 为积分变量, 它的变化区间为 $[a,b]$. 设 $[r,r+\mathrm{d}r]$ 为 $[a,b]$ 上的任一小区间. 当单位正电荷从 r 移动到 $r+\mathrm{d}r$ 时, 电场力是 $\dfrac{kq}{r^2}$, 于是所求的功为

$$W = \int_a^b \frac{kq}{r^2}\mathrm{d}r = kq\left[-\frac{1}{r}\right]\Bigg|_a^b = kq\left(\frac{1}{a}-\frac{1}{b}\right).$$

在计算静电场中某点的电势时, 要考虑将单位正电荷从该点处 $(r=a)$ 移到无穷远处时电场力所做的功 W. 此时, 电场力对单位正电荷所做的功就是反常积分

$$W = \int_a^{+\infty} \frac{kq}{r^2}\mathrm{d}r = \left[-\frac{kq}{r}\right]\Bigg|_a^{+\infty} = \frac{kq}{a}.$$

例 2 一圆柱形的贮水桶高为 5 m, 底圆半径为 3 m, 桶内盛满了水. 试问要把桶内的水全部吸出需做多少功?

解 如图 5.29 所示. 取 x 为积分变量, 它的变化区间为 $[0,5]$. 相应于 $[0,5]$ 上任一小区间 $[x,x+\mathrm{d}x]$ 的一薄层水的高度为 $\mathrm{d}x$, 若重力加速度 g 取 9.8 m/s^2, 则这一薄层水的重力为 $88.2\pi\mathrm{d}x$ kN. 于是所求的功为

$$W = \int_0^5 88.2\pi x\mathrm{d}x = 88.2\pi\left[\frac{x^2}{2}\right]\Bigg|_0^5 = 88.2\pi\cdot\frac{25}{2} \approx 3\,462\ (\text{kJ}).$$

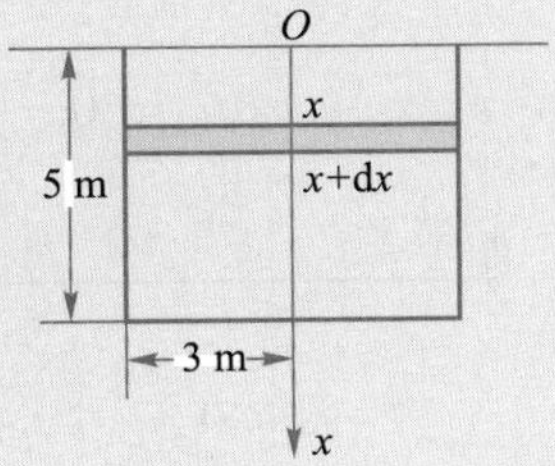

图 5.29

同步训练 5.5

1. 由胡克定律知道, 弹簧在它的自然 (不受力时的) 长度伸长或缩短 x 个长度单位所施加的力正比于 x, 需要的力 F (单位: N) 与伸长量 s (单位: cm) 成正比, 即

扫一扫, 看答案

$$F = ks\ (k \text{ 是比例常数}).$$

如果把弹簧由原长拉伸 6 cm, 计算所做的功.

2. 用 50 N 的力能把水平面上的一根弹簧从平衡位置拉伸或压缩 0.5 m.
   (1) 把弹簧从平衡位置拉伸 1.5 m 做了多少功?
   (2) 把弹簧从平衡位置拉伸 0.5 m 做了多少功?
3. 一个长方形游泳池的底长 25 m 宽 15 m 深 2.5 m. 抽空装满水的游泳池需要做多少功?
4. 一物体按规律 $x = ct^3$ 做直线运动, 介质的阻力与速度的平方成正比. 计算物体由 $x = 0$ 移至 $x = a$ 时, 物体克服介质阻力所做的功.
5. 现有一个巨大的不锈钢槽, 其内表面由曲线 $y = x^2$ $(0 \leqslant x \leqslant 4)$ 绕 y 轴旋转而得. 槽中盛满海水, 海水密度为 $1\,025\ \text{kg/m}^3$. 把水抽到槽顶使槽变空需做多少功 (容器尺寸单位: m)?

5.6 矩和质心

两个质量为 m_1 与 m_2 的物体放在一跷跷板的两侧, 两物体到支点的距离分别为 d_1 和 d_2 (图 5.30), 由杠杆原理我们知道, 当且仅当 $d_1m_1 = d_2m_2$ 时跷跷板将平衡.

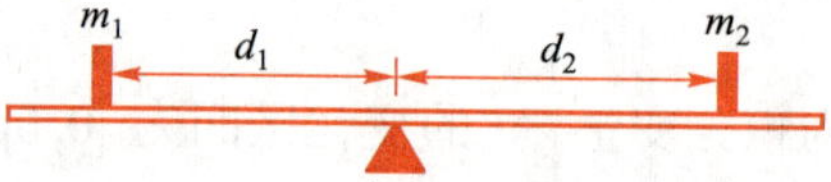

图 5.30

我们用一条原点是支点的水平坐标线代替跷跷板就得到一个很好的数学模型 (图 5.31). 那么 m_1 的坐标是 $x_1 = -d_1$, m_2 的坐标是 $x_2 = d_2$, 平衡的条件是

$$x_1m_1 + x_2m_2 = 0.$$

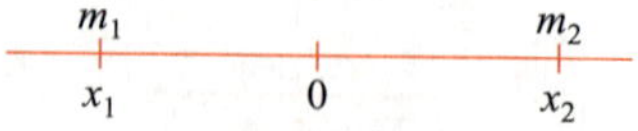

图 5.31

一个质点的质量 m 与它到某一点的直线距离的乘积叫作该质点相对于那个点的力矩的大小 (图 5.32). 它衡量了物体绕那个点转动的趋势, 两个物体在一条直线上关于某点平衡的条件是它们对于该点的力矩和为零 (从而不转动).

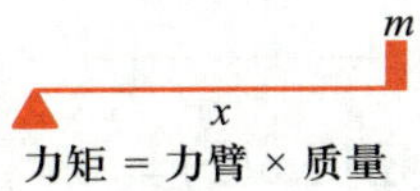

图 5.32

刚才描述的情况, 我们可以把它一般化. 一个由 n 个质量分别为 $m_1, \cdots, m_n$ 组成, 沿 x 轴分别位于 $x_1, \cdots, x_n$ 的系统的总力矩 M, 就是各分力矩之和, 即

$$M = x_1 m_1 + x_2 m_2 + \cdots + x_n m_n = \sum_{i=1}^{n} x_i m_i.$$

在原点的平衡条件是 $M = 0$. 当然, 除特殊情况, 我们不应该总是期待它在原点平衡, 但是任何一个系统总会在一点平衡. 问题是该点在哪儿. 使图 5.33 中的系统保持平衡的支点的坐标是什么?

图 5.33

把待求的坐标记为 $\bar{x}$. 相对于它的总力矩应该是零, 即

$$(x_1 - \bar{x})\, m_1 + (x_2 - \bar{x})\, m_2 + \cdots + (x_n - \bar{x})\, m_n = 0,$$

求解 $\bar{x}$, 我们可以得到

$$\bar{x} = \frac{M}{m} = \frac{\displaystyle\sum_{i=1}^{n} x_i m_i}{\displaystyle\sum_{i=1}^{n} m_i}.$$

平衡点 $\bar{x}$ 称为质心. 注意到它等于关于原点的总力矩除以总质量.

现在考虑沿一条直线的连续质量分布. 我们想知道一条线密度变化的细棒的平衡点. 我们沿棒的方向建立坐标, 然后按我们经常用到的分割、近似、求和、求极限的步骤来求解. 如果在 x 点的线密度是 $\delta(x)$, 我们首先得到总质量 m, 再得到关于原点的总力矩 M(图 5.34).

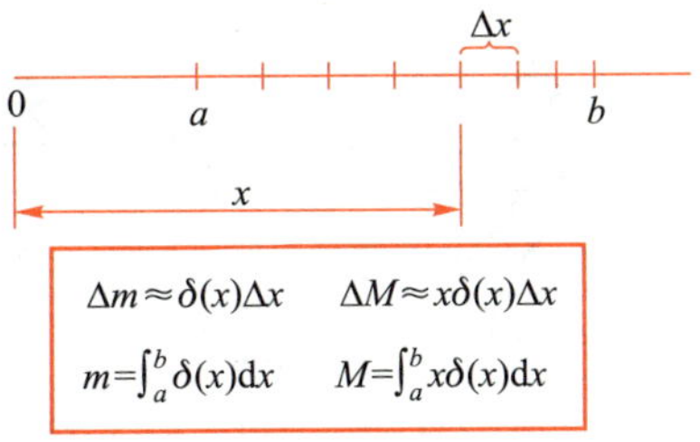

图 5.34

这样就导出了方程

$$\bar{x} = \frac{M}{m} = \frac{\displaystyle\int_a^b x\delta(x)\mathrm{d}x}{\displaystyle\int_a^b \delta(x)\mathrm{d}x}.$$

例 1　距一根细棒的一端 x cm 处的线密度 $\delta(x)=3x^2$. 求从 $x=0$ 到 $x=10$ 这一段细棒的质心位置.

解　我们期望 $\bar{x}$ 比起 0 更靠近 10 , 因为细棒越靠近右边就越重 (图 5.35).

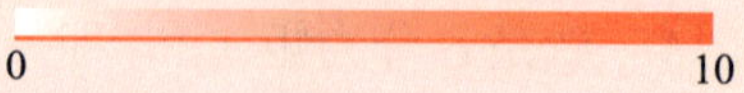

图 5.35

$$\bar{x}=\frac{\displaystyle\int_0^{10} x\cdot 3x^2\mathrm{d}x}{\displaystyle\int_0^{10} 3x^2\mathrm{d}x}=\frac{\left[\dfrac{3}{4}x^4\right]\Big|_0^{10}}{\left[x^3\right]\Big|_0^{10}}=\frac{7\,500}{1\,000}=7.5\ (\mathrm{cm}).$$

现在考虑平面上的质量分布. 即考虑由质量分别为 $m_1,\cdots,m_n$, 位于坐标 (x_1,x_2) , (x_2,y_2) , $\cdots$, (x_n,y_n) 的 n 个质点组成的平面点系 (图 5.36).

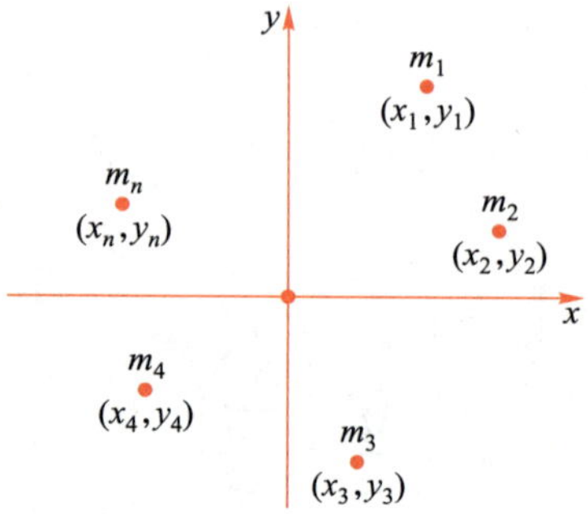

图 5.36

此点系相对于 y 轴, x 轴的总力矩分别可以表示为

$$M_y=\sum_{i=1}^{n}x_i m_i,\quad M_x=\sum_{i=1}^{n}y_i m_i.$$

质点 (平衡点) 的坐标 $(\bar{x},\bar{y})$ 是

$$\bar{x}=\frac{M_y}{m}=\frac{\displaystyle\sum_{i=1}^{n}x_i m_i}{\displaystyle\sum_{i=1}^{n}m_i},\quad \bar{y}=\frac{M_x}{m}=\frac{\displaystyle\sum_{i=1}^{n}y_i m_i}{\displaystyle\sum_{i=1}^{n}m_i}.$$

例 2　五个质点, 质量分别为 1、4、2、3 和 2 单位, 分别位于 $(6,-1),(2,3),(-4,2),(-7,4)$ 和 $(2,-2)$. 试求出它的质心.

解

$$\bar{x}=\frac{6\times 1+2\times 4+(-4)\times 2+(-7)\times 3+2\times 2}{1+4+2+3+2}=-\frac{11}{12},$$

$$\bar{y}=\frac{(-1)\times 1+3\times 4+2\times 2+4\times 3+(-2)\times 2}{1+4+2+3+2}=\frac{23}{12}.$$

接下来我们考虑平面薄板质心问题. 为简便起见, 假设薄板是均匀的, 也就是它的面密度 δ 是一个常量. 对于一个均匀长方形板, 它的质心就是它的几何中心, 如图 5.37 所示.

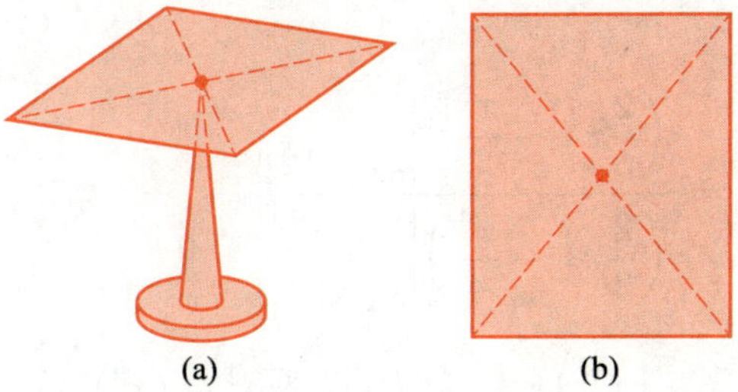

图 5.37

考虑由 $x=a$, $x=b$, $y=f(x)$, $y=g(x)$ 包围的均匀板, 其中 $g(x) \leqslant f(x)$, 把薄板分割成平行于 y 轴的窄片, 因此可以将它近似看成长方形的形状, 想象它的质量集中在窄片的几何中心上, 然后近似、积分, 如图 5.38 所示, 从而我们可以用以下公式计算质心的坐标:

$$\bar{x}=\frac{M_y}{m}, \quad \bar{y}=\frac{M_x}{m}.$$

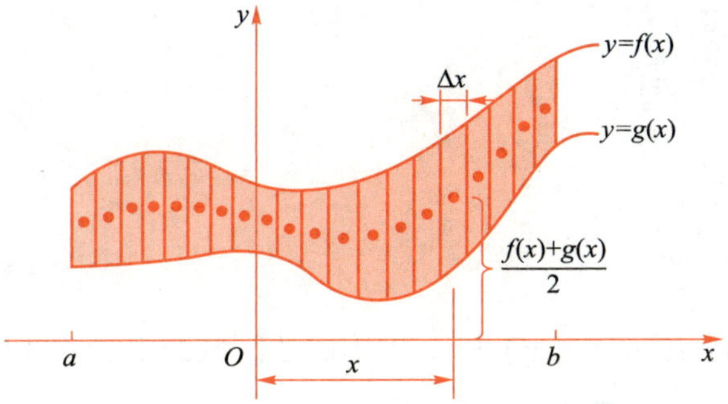

图 5.38

根据图 5.38,

$$\Delta m \approx \delta[f(x)-g(x)]\Delta x, \quad \Delta M_y \approx x\delta[f(x)-g(x)]\Delta x, \quad \Delta M_x \approx \frac{\delta}{2}[f^2(x)-g^2(x)]\Delta x,$$

从而

$$m=\delta\int_a^b[f(x)-g(x)]\mathrm{d}x, \quad M_y=\delta\int_a^b x[f(x)-g(x)]\mathrm{d}x, \quad M_x=\frac{\delta}{2}\int_a^b[f^2(x)-g^2(x)]\mathrm{d}x.$$

求质心时, 密度 δ 在分子、分母中同时出现, 故可约掉, 于是, 我们得到

$$\bar{x}=\frac{\displaystyle\int_a^b x[f(x)-g(x)]\mathrm{d}x}{\displaystyle\int_a^b[f(x)-g(x)]\mathrm{d}x},$$

$$\bar{y}=\frac{\displaystyle\int_a^b \frac{f(x)+g(x)}{2}[f(x)-g(x)]\mathrm{d}x}{\displaystyle\int_a^b[f(x)-g(x)]\mathrm{d}x}=\frac{\displaystyle\frac{1}{2}\int_a^b\left[f^2(x)-g^2(x)\right]\mathrm{d}x}{\displaystyle\int_a^b[f(x)-g(x)]\mathrm{d}x}.$$

一个均匀薄板的质心与它的密度和质量无关, 而只与它对应的平面区域的形状有关.

例 3 找出由曲线 $y=x^3$ 和 $y=\sqrt{x}$ 围成的区域的中心.

解 注意图 5.39 的图解.

$$\bar{x}=\frac{\displaystyle\int_0^1 x\left(\sqrt{x}-x^3\right)\mathrm{d}x}{\displaystyle\int_0^1\left(\sqrt{x}-x^3\right)\mathrm{d}x}=\frac{\left.\left(\dfrac{2}{5}x^{\frac{5}{2}}-\dfrac{x^5}{5}\right)\right|_0^1}{\left.\left(\dfrac{2}{3}x^{\frac{3}{2}}-\dfrac{x^4}{4}\right)\right|_0^1}=\frac{12}{25},$$

$$\bar{y}=\frac{\displaystyle\int_0^1\frac{1}{2}\left(\sqrt{x}+x^3\right)\left(\sqrt{x}-x^3\right)\mathrm{d}x}{\displaystyle\int_0^1\left(\sqrt{x}-x^3\right)\mathrm{d}x}=\frac{\dfrac{1}{2}\displaystyle\int_0^1\left[(\sqrt{x})^2-\left(x^3\right)^2\right]\mathrm{d}x}{\displaystyle\int_0^1\left(\sqrt{x}-x^3\right)\mathrm{d}x}=\frac{\left.\dfrac{1}{2}\left(\dfrac{x^2}{2}-\dfrac{x^7}{7}\right)\right|_0^1}{\left.\left(\dfrac{2}{3}x^{\frac{3}{2}}-\dfrac{x^4}{4}\right)\right|_0^1}=\frac{3}{7}.$$

所以中心为 $\left(\dfrac{12}{25},\dfrac{3}{7}\right)$, 如图 5.40 所示.

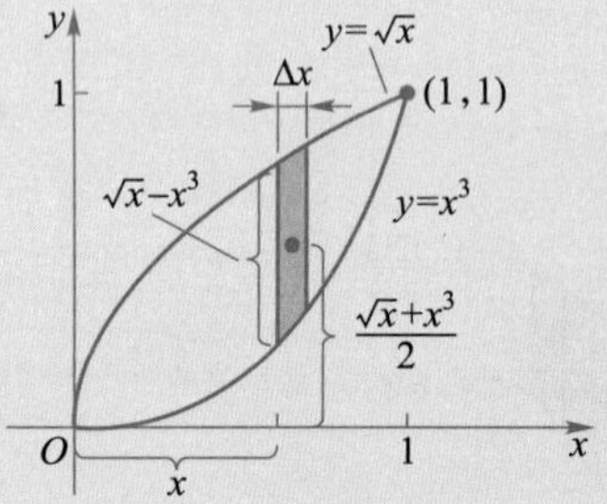

图 5.39

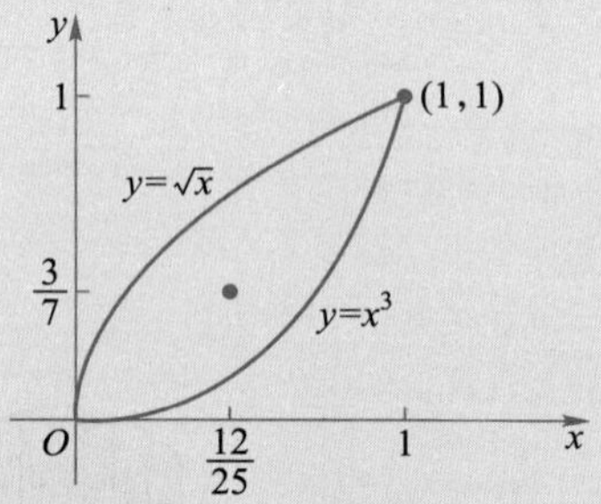

图 5.40

例 4 求由曲线 $y=\sin x\ (0\leqslant x\leqslant \pi)$ 和 x 轴围成的区域的中心 (图 5.41).

解 这个区域关于直线 $x=\dfrac{\pi}{2}$ 对称, 根据这一结论我们得出 $\bar{x}=\dfrac{\pi}{2}$ (不必用积分). 事实上, 一个区域如果由垂直或水平对称, 那么它的质量中心一定在这条直线上, 这是非常明显的.

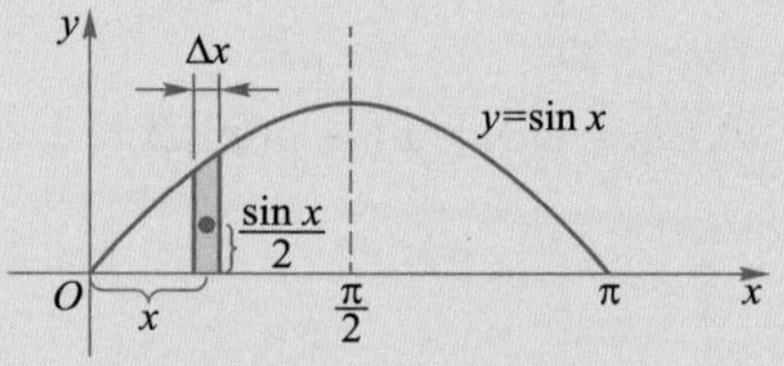

图 5.41

$$\bar{y}=\frac{\dfrac{1}{2}\displaystyle\int_0^{\pi}\sin^2 x\mathrm{d}x}{\displaystyle\int_0^{\pi}\sin x\mathrm{d}x}.$$

分母很容易计算, 其值为 2 . 为了计算分子, 我们用半角公式

$$\sin^2 x=\frac{1-\cos 2x}{2}.$$

$$\int_0^{\pi}\sin^2 x\mathrm{d}x=\frac{1}{2}\left(\int_0^{\pi}1\mathrm{d}x-\int_0^{\pi}\cos 2x\mathrm{d}x\right)=\left.\frac{1}{2}\left(x-\frac{1}{2}\sin 2x\right)\right|_0^{\pi}=\frac{\pi}{2}.$$

所以,

$$\bar{y}=\frac{\frac{1}{2}\cdot\frac{\pi}{2}}{2}=\frac{\pi}{8}.$$

即中心为 $\left(\frac{\pi}{2},\frac{\pi}{8}\right)$.

同步训练 5.6

扫一扫, 看答案

1. 质量分别为 $m_1=5, m_2=7$ 和 $m_3=9$ 的质点, 分别位于数轴上 $x_1=2, x_2=-2$ 和 $x_3=1$ 处, 求质心的位置.
2. 一长 7 个单位的细棒在距一端 x 个单位处的密度是 $\delta(x)=\sqrt{x}$. 求这一端到质心的距离.
3. 在一平面坐标内的质点系的质量和坐标给出如下: $2,(1,1)$; $3,(7,1)$; $4,(-2,-5)$; $6,(-1,0)$; $2,(4,6)$. 求该质点系关于坐标轴的力矩和它的质心.
4. 在一平面坐标内的质点系的质量和坐标给出如下: $5,(-3,2)$; $6,(-2,-2)$; $2,(3,5)$; $7,(4,3)$; $1,(7,-1)$. 求该质点系关于坐标轴的力矩和它的质心.
5. 求下列由给定曲线围成的区域的质心:

   (1) $y=2-x,\ y=0,\ x=0$;

   (2) $y=2-x^2,\ y=0$;

   (3) $y=\frac{1}{3}x^2,\ y=0,\ x=4$;

   (4) $y=x^3,\ y=0,\ x=1$.

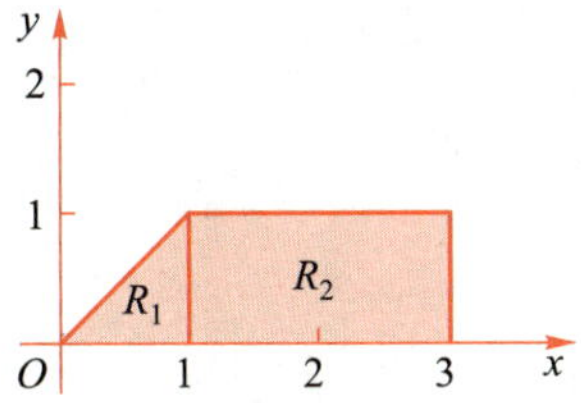

图 5.42

6. 如图 5.42 所示, 对于均质薄板 R_1 和 R_2, 求 m, M_y, M_x, $\bar{x}$ 和 $\bar{y}$.

第 6 章 超越函数与微分方程

【本章导读】

函数 $\ln x$ 和 e^x 是大家熟知的互逆函数对. 当作适当限制时, 三角函数有重要的反函数, 并且还有其他有用的对数和指数函数对. 在这一章, 我们研究这些函数的微积分并且推广到我们能够解决的问题领域.

6.1 对数函数的导数和微分

6.1.1 自然对数函数的定义

正数 x 的自然对数, 记作 $\ln x$, 可以定义为一个积分.

定义 6.1.1 我们将自然对数函数定义为

$$\ln x=\int_1^x \frac{1}{t}\mathrm{d}t,\quad x>0.$$

根据变上限积分函数的几何意义, 如果 $x>1$, 则 $\ln x$ 表示 $y=\dfrac{1}{t}, t=1, t=x$ 与 t 轴围成曲边梯形的面积 (图 6.1); 对于 $0<x<1$, 则 $\ln x$ 表示 $y=\dfrac{1}{t}, t=x, t=1$ 与 t 轴围成曲边梯形的面积的相反数. 我们还可以得到

$$\ln 1=\int_1^1 \frac{1}{t}\mathrm{d}t=0.\quad (\text{上限和下限相等, 积分为 } 0.)$$

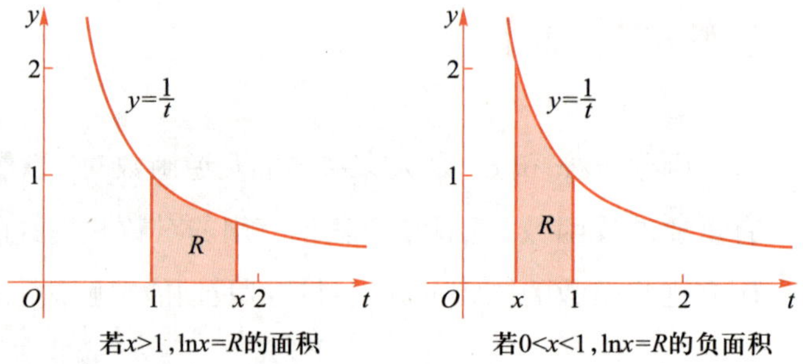

图 6.1

6.1.2 自然对数函数的导数

根据微积分基本定理, 对于每个正数 x

$$\frac{\mathrm{d}}{\mathrm{d}x}\ln x=\frac{\mathrm{d}}{\mathrm{d}x}\int_1^x \frac{1}{t}\mathrm{d}t=\frac{1}{x},$$

因此, 我们有

$$(\ln x)'=\frac{1}{x}, x>0.$$

因为 $\ln x$ 的定义域为 $x>0$, 我们看到它的导数 $\dfrac{1}{x}>0$, 因此 $\ln x$ 在其定义域内单调增加. 而 $\ln x$ 的二阶导数 $-\dfrac{1}{x^2}<0$, 于是 $\ln x$ 的图像是凸的.

如果 $u=u(x)$ 是 x 的可微函数, 且其值是正的, 则复合函数 $\ln u$ 是有定义的, 对于函数 $y=\ln u$ 应用链式法则

$$\frac{\mathrm{d}y}{\mathrm{d}x}=\frac{\mathrm{d}y}{\mathrm{d}u}\frac{\mathrm{d}u}{\mathrm{d}x},$$

得

$$\frac{\mathrm{d}}{\mathrm{d}x}\ln u=\frac{\mathrm{d}}{\mathrm{d}u}\ln u\cdot\frac{\mathrm{d}u}{\mathrm{d}x}=\frac{1}{u}\frac{\mathrm{d}u}{\mathrm{d}x}.$$

即

$$\frac{\mathrm{d}}{\mathrm{d}x}\ln u=\frac{1}{u}\frac{\mathrm{d}u}{\mathrm{d}x},\quad u>0. \tag{6.1.1}$$

例 1 求下列函数的导数.

(1) $y=\ln 3x$; (2) $y=\ln\left(2x^3+1\right)$.

解 (1) $(\ln 3x)'=\dfrac{1}{3x}(3x)'=\dfrac{1}{3x}\cdot 3=\dfrac{1}{x}$.

(2) $\left[\ln\left(2x^3+1\right)\right]'=\dfrac{1}{2x^3+1}\cdot\left(2x^3+1\right)'=\dfrac{1}{2x^3+1}\cdot 6x^2=\dfrac{6x^2}{2x^3+1}$.

在例 1 (1) 中, 函数 $y=\ln 3x$ 与函数 $y=\ln x$ 有相同的导数, 进一步, 当 a 为任何正数时, 都有:

$$(\ln ax)'=\frac{1}{ax}(ax)'=\frac{1}{ax}\cdot a=\frac{1}{x}=(\ln x)'. \tag{6.1.2}$$

对于例 1 (2), 我们可以借助 MATLAB 来求解, 具体求解命令如下:

```
>> syms x;
>> y = log(2*x^3+1);
>> diff(y,'x')
```

运行结果显示:

```
ans = 6*x^2/(2*x^3+1)
```

定理 6.1.1 (自然对数的性质) 对任何数 $a>0$ 和 $x>0$, n 为实数, 以下式子成立

(1) $\ln ax=\ln a+\ln x$;

(2) $\ln\dfrac{a}{x}=\ln a-\ln x$;

(3) $\ln x^n=n\ln x$.

证 (1) 由式 (6.1.2) 可知, $y=\ln ax$ 和 $y=\ln x$ 有相同的导数, 按照中值定理的推论 2, 两函数必只差一个常数, 这表明存在某个 C, 使

$$\ln ax=\ln x+C. \tag{6.1.3}$$

下面只需证明 $C=\ln a$.

在式 (6.1.3) 中令 $x=1$, 于是

$$\ln(a\cdot 1)=\ln 1+C,$$

$$C=\ln a.$$

把 $C=\ln a$ 代入等式 (6.1.3), 因此有

$$\ln ax = \ln a + \ln x. \tag{6.1.4}$$

(2) 我们从式 (6.1.4) 分两步得出这个定理. 在式 (6.1.4) 中用 $\dfrac{1}{x}$ 代换 a 得

$$\ln\frac{1}{x} + \ln x = \ln\left(\frac{1}{x}\cdot x\right) = \ln 1 = 0.$$

于是

$$\ln\frac{1}{x} = -\ln x.$$

将式 (6.1.4) 中的 x 代换为 $\dfrac{1}{x}$ 给出

$$\ln\frac{a}{x} = \ln\left(a\cdot\frac{1}{x}\right) = \ln a + \ln\frac{1}{x} = \ln a - \ln x.$$

(3) 由式 (6.1.1) 得

$$(\ln x^n)' = \frac{1}{x^n}(x^n)' = \frac{n}{x}$$

和

$$(n\ln x)' = \frac{n}{x}.$$

因为 $\ln x^n$ 和 $n\ln x$ 有相同的导数, 所以存在常数 C, 使得

$$\ln x^n = n\ln x + C.$$

令 $x = 1$, 得 $C = 0$. 所以

$$\ln x^n = n\ln x.$$

例 2 证明

$$(\ln|x|)' = \frac{1}{x}, \quad x \neq 0.$$

证 有两种情况需要考虑. 如果 $x > 0$, $|x| = x$, 那么

$$(\ln|x|)' = (\ln x)' = \frac{1}{x}.$$

如果 $x < 0$, $|x| = -x$, 那么

$$(\ln|x|)' = [\ln(-x)]' = \frac{1}{-x}(-x)' = \frac{1}{-x}(-1) = \frac{1}{x}.$$

根据不定积分的定义, 由例 2 可以推出以下公式

$$\int\frac{1}{x}\mathrm{d}x = \ln|x| + C, \quad x \neq 0.$$

例 3 求 $\int \frac{3}{2x+5}\mathrm{d}x$.

解 令 $u=2x+5$, 所以 $\mathrm{d}u=2\mathrm{d}x$, 则

$$\begin{aligned}\int \frac{3}{2x+5}\mathrm{d}x &= \frac{3}{2}\int \frac{1}{2x+5}2\mathrm{d}x = \frac{3}{2}\int \frac{1}{u}\mathrm{d}u \\ &= \frac{3}{2}\ln|u|+C = \frac{3}{2}\ln|2x+5|+C.\end{aligned}$$

例 4 求 $\int_{-1}^{2} \frac{x}{6-x^2}\mathrm{d}x$

解 令 $u=6-x^2$, 所以 $\mathrm{d}u=-2x\mathrm{d}x$, 则

$$\begin{aligned}\int \frac{x}{6-x^2}\mathrm{d}x &= -\frac{1}{2}\int \frac{-2x}{6-x^2}\mathrm{d}x = -\frac{1}{2}\int \frac{1}{u}\mathrm{d}u \\ &= -\frac{1}{2}\ln|u|+C = -\frac{1}{2}\ln|6-x^2|+C.\end{aligned}$$

所以, 根据微积分基本定理

$$\begin{aligned}\int_{-1}^{2} \frac{x}{6-x^2}\mathrm{d}x &= \left[-\frac{1}{2}\ln|6-x^2|\right]\Bigg|_{-1}^{2} \\ &= -\frac{1}{2}\ln 2+\frac{1}{2}\ln 5 = \frac{1}{2}\ln\frac{5}{2}.\end{aligned}$$

需要注意的是, 以上的计算都是有效的, $6-x^2$ 在 $[-1,2]$ 上不为 0 , 以上做法是正确的.

对于例 4, 我们可以借助 MATLAB 来求解, 具体求解命令如下:

```
>> syms x;
>> int(x/(6-x^2),-1,2);
```

运行结果显示:

```
ans = -1/2*log(2)+1/2*log(5)
```

例 5 求 $\int \tan x\mathrm{d}x$.

解 由于 $\tan x=\frac{\sin x}{\cos x}$, 我们可以做换元 $u=\cos x, \mathrm{d}u=-\sin x\mathrm{d}x$, 得到

$$\begin{aligned}\int \tan x\mathrm{d}x &= \int \frac{\sin x}{\cos x}\mathrm{d}x = \int \frac{-1}{\cos x}(-\sin x\mathrm{d}x) = -\int \frac{1}{u}\mathrm{d}u = -\ln|u|+C \\ &= -\ln|\cos x|+C.\end{aligned}$$

同样地, $\int \cot x\mathrm{d}x = \ln|\sin x|+C$.

6.1.3 自然对数微分法

如果一个函数中含有商数、乘数或者幂数, 我们通常会首先使用自然对数函数及其性质去简化这个表达式, 然后再求导. 这种方法叫**自然对数微分法**, 下面举例说明.

例 6 设 $y=\dfrac{(x^2+3)\sqrt{x+1}}{x-2}$, $x>2$, 求 $\dfrac{\mathrm{d}y}{\mathrm{d}x}$.

解 首先对等式两边取对数,

$$\begin{aligned}\ln y&=\ln\frac{(x^2+3)\sqrt{x+1}}{x-2}\\&=\ln\left(x^2+3\right)+\frac{1}{2}\ln(x+1)-\ln(x-2).\end{aligned}$$

然后两边同时对 x 求导数,

$$\frac{1}{y}\frac{\mathrm{d}y}{\mathrm{d}x}=\frac{2x}{x^2+3}+\frac{1}{2}\cdot\frac{1}{x+1}-\frac{1}{x-2},$$

所以

$$\begin{aligned}\frac{\mathrm{d}y}{\mathrm{d}x}&=y\left(\frac{2x}{x^2+3}+\frac{1}{2}\cdot\frac{1}{x+1}-\frac{1}{x-2}\right)\\&=\frac{(x^2+3)\sqrt{x+1}}{x-2}\left(\frac{2x}{x^2+3}+\frac{1}{2x+2}-\frac{1}{x-2}\right).\end{aligned}$$

例 6 可以不用取对数而直接求出, 我们建议读者自己尝试一下, 应该可以算出答案是一致的.

同步训练 6.1

1. 用近似值 $\ln 2\approx 0.693$ 和 $\ln 3\approx 1.099$ 以及定理 6.1.1 中性质计算以下近似值. 例如, $\ln 6=\ln(2\times 3)=\ln 2+\ln 3\approx 0.693+1.099=1.792$.

(1) $\ln 1.5$; (2) $\ln 81$; (3) $\ln\sqrt{2}$; (4) $\ln\dfrac{1}{36}$; (5) $\ln 48$.

扫一扫, 看答案

2. 求下列函数的导数:

(1) $y=\ln 4x$; (2) $y=\ln\left(t^3\right)$; (3) $y=(\ln t)^3$;

(4) $y=\ln\dfrac{2}{x}$; (5) $y=\ln(\theta+2)$; (6) $y=x\sqrt{\ln x}$;

(7) $y=\ln(\ln x)$; (8) $y=\ln(\sec\theta+\tan\theta)$; (9) $y=\dfrac{1+\ln t}{1-\ln t}$.

3. 计算下列积分:

(1) $\displaystyle\int\frac{1}{3x+2}\mathrm{d}x$; (2) $\displaystyle\int\frac{1}{2-3x}\mathrm{d}x$; (3) $\displaystyle\int\frac{2y}{y^2-9}\mathrm{d}y$;

(4) $\displaystyle\int_0^{\pi}\frac{\sin t}{2-\cos t}\mathrm{d}t$; (5) $\displaystyle\int_1^2\frac{2\ln x}{x}\mathrm{d}x$; (6) $\displaystyle\int_2^4\frac{\mathrm{d}x}{x\ln x}$;

(7) $\displaystyle\int_2^4\frac{\mathrm{d}x}{x(\ln x)^2}$; (8) $\displaystyle\int_0^{\frac{\pi}{2}}\tan\frac{t}{2}\mathrm{d}t$; (9) $\displaystyle\int_{\frac{\pi}{4}}^{\frac{\pi}{2}}\cot x\mathrm{d}x$.

4. 用自然对数微分法计算下列函数的导数:

(1) $y=\dfrac{x+7}{\sqrt{x^3-2}}$;

(2) $y=\left(x^2+2x\right)(x+1)\left(x^2-3\right)$;

(3) $y=\dfrac{\sqrt{x+2}}{(x-3)\sqrt[3]{3x+2}}$;

(4) $y=\dfrac{\left(x^2+1\right)^{\frac{2}{3}}(2x+1)^3}{\sqrt{x+2}}$.

6.2 指数函数的导数和微分

6.2.1 $\ln x$ 的反函数和数 e

函数 $y=\ln x$ 是一个单调增加函数, 其定义域为 $(0,+\infty)$ 而值域是 $(-\infty,+\infty)$, 由第 0 章定理 0.2.1, 它一定存在一个反函数 $y=\ln^{-1}x$, 反函数定义域为 $(-\infty,+\infty)$, 而值域为 $(0,+\infty)$, 并且 $y=\ln^{-1}x$ 的图像与 $y=\ln x$ 的图像关于直线 $y=x$ 对称, 如图 6.2 所示.

$$\lim_{x\to+\infty}\ln^{-1}x=+\infty \text{ 且 } \lim_{x\to-\infty}\ln^{-1}x=0.$$

这里我们用字母 e 表示数 $\ln^{-1}1$, 即

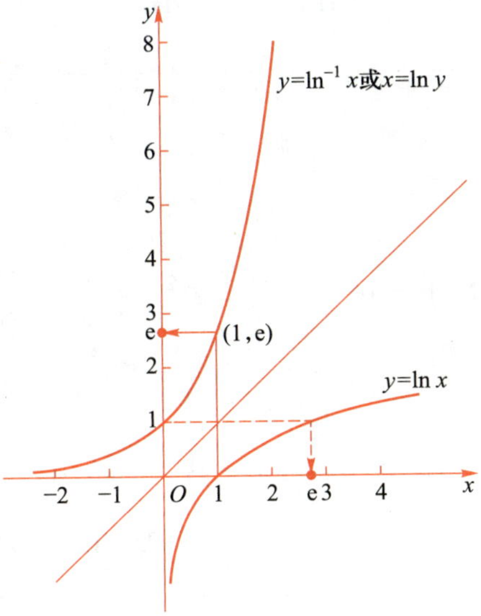

图 6.2 $y=\ln x$ 和 $y=\ln^{-1}x$ 的图像, 数 $\mathrm{e}=\ln^{-1}1$

定义 6.2.1 (数 e 的定义)

令 $\mathrm{e}=\ln^{-1}1$, 研究表明, e 不是一个有理数, 在本节后面我们会用极限来计算它.

定义 6.2.2 (指数函数)

对于任意实数 x, 令 $\mathrm{e}^x=\ln^{-1}x$, 可以证明, 这个定义与通常的指数函数是一致的.

由于 $\ln x$ 和 e^x 互为反函数, 我们有

$$\mathrm{e}^{\ln x}=x,\quad x>0,$$

$$\ln\mathrm{e}^x=x,\quad x\in\mathbf{R}.$$

6.2.2　e^x 的导数和积分

由于自然对数函数 $y=\ln x$ 是可微的, 并且其导数恒不为 0, 由第 2 章第 2.4 节反函数导数存在性可知 $y=e^x$ 也可微. 从 $y=e^x$ 出发, 我们依次有

$$\begin{aligned}&y=e^x,\\&\ln y=x,\quad \text{两边取对数},\\&\frac{1}{y}\frac{dy}{dx}=1,\quad \text{两边对 } x \text{ 求导数},\\&\frac{dy}{dx}=y,\end{aligned}$$

即

$$\frac{dy}{dx}=e^x,\quad \text{用 } e^x \text{ 替换 } y.$$

所以我们推出了一个结论: e^x 的导数是它本身, 即 $(e^x)'=e^x$.

用链式法则可以把这个结果推广到更一般的形式. 如果 $u(x)$ 是 x 的任意一个可微函数, 则

$$\frac{d}{dx}e^u=e^u\frac{du}{dx}.\tag{6.2.1}$$

例 1　求 $\left(e^{\sqrt{x}}\right)'$.

解　由式 (6.2.1) 得

$$\left(e^{\sqrt{x}}\right)'=e^{\sqrt{x}}(\sqrt{x})'=e^{\sqrt{x}}\cdot\frac{1}{2\sqrt{x}}=\frac{e^{\sqrt{x}}}{2\sqrt{x}}.$$

例 2　求 $\left(e^{x^2\sin x}\right)'$.

解

$$\begin{aligned}\left(e^{x^2\sin x}\right)'&=e^{x^2\sin x}\left(x^2\sin x\right)'\\&=e^{x^2\sin x}\left(2x\sin x+x^2\cos x\right).\end{aligned}$$

对于例 2, 我们可以借助 MATLAB 来求解, 具体求解命令如下:

```
>> syms x;
>> y = exp(x^2*sin(x));
>> diff(y,'x')
```

运行结果显示:

```
ans = (2*x*sin(x)+x^2*cos(x))*exp(x^2*sin(x))
```

与式 (6.2.1) 等价的不定积分公式是

$$\int e^x dx=e^x+C.$$

例 3 求 $\int \mathrm{e}^{-2x}\mathrm{d}x$.

解 令 $u=-2x$, 那么 $\mathrm{d}u=-2\mathrm{d}x$, 则

$$\begin{aligned}\int \mathrm{e}^{-2x}\mathrm{d}x &= -\frac{1}{2}\int \mathrm{e}^{-2x}(-2\mathrm{d}x) = -\frac{1}{2}\int \mathrm{e}^{u}\mathrm{d}u = -\frac{1}{2}\mathrm{e}^{u}+C\\ &= -\frac{1}{2}\mathrm{e}^{-2x}+C.\end{aligned}$$

对于例 3，我们可以借助 MATLAB 来求解, 具体求解命令如下:

```
>> syms x;
>> int(exp(-2*x));
```

运行结果显示:

```
ans = -1/2*exp(-2*x)
```

例 4 求 $\int_1^2 x\mathrm{e}^{2x^2}\mathrm{d}x$

解 令 $u=2x^2$, 那么 $\mathrm{d}u=4x\mathrm{d}x$, 则

$$\begin{aligned}\int x\mathrm{e}^{2x^2}\mathrm{d}x &= \frac{1}{4}\int \mathrm{e}^{2x^2}(4x\mathrm{d}x) = \frac{1}{4}\int \mathrm{e}^{u}\mathrm{d}u\\ &= \frac{1}{4}\mathrm{e}^{u}+C = \frac{1}{4}\mathrm{e}^{2x^2}+C.\end{aligned}$$

由微积分基本定理

$$\int_1^2 x\mathrm{e}^{2x^2}\mathrm{d}x = \left(\frac{1}{4}\mathrm{e}^{2x^2}\right)\Big|_1^2 = \frac{1}{4}\left(\mathrm{e}^{8}-\mathrm{e}^{2}\right).$$

6.2.3 第二个重要极限

我们曾把数 e 定义为满足 $\ln \mathrm{e}=1$ 的数, 下述定理给出了一个用极限计算 e 的方法.

定理 6.2.1 $\lim\limits_{x\to 0}(1+x)^{\frac{1}{x}}=\mathrm{e}$.

证 若 $f(x)=\ln x$, 则 $f'(x)=\dfrac{1}{x}$, 于是 $f'(1)=1$. 而由导数的定义

$$\begin{aligned}f'(1) &= \lim_{h\to 0}\frac{f(1+h)-f(1)}{h} = \lim_{x\to 0}\frac{f(1+x)-f(1)}{x}\\ &= \lim_{x\to 0}\frac{\ln(1+x)-\ln(1)}{x} = \lim_{x\to 0}\frac{1}{x}\ln(1+x)\\ &= \lim_{x\to 0}\ln(1+x)^{\frac{1}{x}} = \ln\left[\lim_{x\to 0}(1+x)^{\frac{1}{x}}\right].\end{aligned}$$

因为 $f'(1)=1$, 所以我们有

$$\ln\left[\lim_{x\to 0}(1+x)^{\frac{1}{x}}\right]=1,$$

于是

$$\lim_{x\to 0}(1+x)^{\frac{1}{x}}=\mathrm{e}.$$

在 7.6 节中, 我们还将用另外一种方法证明定理的结论. 利用计算器, 我们可以计算 e 的值如表 6.1 所示.

表 6.1　$f(x)=(1+x)^{\frac{1}{x}}$ 的数值表

x	1	0.1	0.01	0.001	0.000 1	0.000 01	0.000 001	...
$(1+x)^{\frac{1}{x}}$	2	2.593 74	2.704 81	2.716 92	2.718 15	2.718 27	2.718 28	...

因此, $\mathrm{e}=2.718\,281\,8\dots$

注意定理 6.2.1 中极限式有三个特点:

(1) 这是一个 "1^{∞}" 型的极限;

(2) 函数具有乘幂形式, 底数和指数都是变量;

(3) 底数减 1 之后与指数互为倒数.

根据这三个特点, 定理 6.2.1 还有另外的等价形式:

$$\lim_{x\to\infty}\left(1+\frac{1}{x}\right)^{x}=\mathrm{e}.$$

例 5　求 $\lim\limits_{x\to\infty}\left(1+\dfrac{1}{x}\right)^{\frac{x}{2}}$.

解　因为 $\left(1+\dfrac{1}{x}\right)^{\frac{x}{2}}=\left[\left(1+\dfrac{1}{x}\right)^{x}\right]^{\frac{1}{2}}$, 且 $\lim\limits_{x\to\infty}\left(1+\dfrac{1}{x}\right)^{x}=\mathrm{e}$, 所以, 有

$$\begin{aligned}\lim_{x\to\infty}\left(1+\frac{1}{x}\right)^{\frac{x}{2}}&=\lim_{x\to\infty}\left[\left(1+\frac{1}{x}\right)^{x}\right]^{\frac{1}{2}}\\&=\left[\lim_{x\to\infty}\left(1+\frac{1}{x}\right)^{x}\right]^{\frac{1}{2}}=\mathrm{e}^{\frac{1}{2}}.\end{aligned}$$

例 6　求 $\lim\limits_{x\to\infty}\left(\dfrac{x+3}{x+2}\right)^{2x}$.

解　因为 $\dfrac{x+3}{x+2}=\dfrac{(x+2)+1}{x+2}=1+\dfrac{1}{x+2}$, 所以令 $u=x+2, 2x=2u-4$, 当 $x\to\infty$ 时 $u\to\infty$, 因此

$$\begin{aligned}\lim_{x\to\infty}\left(\frac{x+3}{x+2}\right)^{2x}&=\lim_{u\to\infty}\left(1+\frac{1}{u}\right)^{2u-4}\\&=\lim_{u\to\infty}\left[\left(1+\frac{1}{u}\right)^{2u}\cdot\left(1+\frac{1}{u}\right)^{-4}\right]=\lim_{u\to\infty}\left[\left(1+\frac{1}{u}\right)^{u}\right]^{2}\cdot\lim_{u\to\infty}\left(1+\frac{1}{u}\right)^{-4}\\&=\mathrm{e}^{2}\cdot 1=\mathrm{e}^{2}.\end{aligned}$$

6.2.4 其他底的指数函数和对数函数

我们在本节中将建立指数函数 a^x 和对数函数 $\log_a x$ 的性质，其中 a 是正数且 $a \neq 1$.

定义 6.2.3 令 $a^x = \mathrm{e}^{x\ln a}$, $x \in \mathbf{R}$, 称 a^x 为以 a 为底的指数函数.

定理 6.2.2 (指数函数的性质)

(1) $a^x a^y = a^{x+y}$;　　(2) $\dfrac{a^x}{a^y} = a^{x-y}$;

(3) $(a^x)^y = a^{xy}$;　　(4) $(ab)^x = a^x b^x$;

(5) $\left(\dfrac{a}{b}\right)^x = \dfrac{a^x}{b^x}$.

证 我们仅证明 (2), 其余证明从略.

(2)
$$\begin{aligned}\frac{a^x}{a^y} &= \mathrm{e}^{\ln\left(\frac{a^x}{a^y}\right)} = \mathrm{e}^{\ln a^x - \ln a^y}\\ &= \mathrm{e}^{x\ln a - y\ln a} = \mathrm{e}^{(x-y)\ln a} = a^{x-y}.\end{aligned}$$

定理 6.2.3 (指数函数的导数和积分)

对于 $a>0$ 且 $a \neq 1$, $(a^x)' = a^x \ln a$,

$$\int a^x \mathrm{d}x = \frac{a^x}{\ln a} + C.$$

证 $\dfrac{\mathrm{d}}{\mathrm{d}x}a^x = \dfrac{\mathrm{d}}{\mathrm{d}x}\mathrm{e}^{x\ln a} = \mathrm{e}^{x\ln a}\dfrac{\mathrm{d}}{\mathrm{d}x}(x\ln a) = a^x \ln a.$

微分公式之后紧接着可得积分公式.

例 7 求 $\left(2^{\sin x}\right)'$.

解 由链式法则得

$$\left(2^{\sin x}\right)' = 2^{\sin x}\ln 2(\sin x)' = \ln 2 \cdot 2^{\sin x}\cos x.$$

例 8 求 $\displaystyle\int 3^{x^2} x\mathrm{d}x$.

解 令 $u = x^2$, 那么 $\mathrm{d}u = 2x\mathrm{d}x$, 则

$$\begin{aligned}\int 3^{x^2} x\mathrm{d}x &= \frac{1}{2}\int 3^{x^2}(2x\mathrm{d}x) = \frac{1}{2}\int 3^u \mathrm{d}u\\ &= \frac{1}{2}\frac{3^u}{\ln 3} + C = \frac{3^{x^2}}{2\ln 3} + C.\end{aligned}$$

由于 $(a^x)' = a^x \ln a$, 可以得到如果 $0 < a < 1$, 那么 $f(x) = a^x$ 是一个单调减少函数; 如果 $a > 1$, 它是一个单调增加函数. 于是 $f(x) = a^x$ 存在反函数, 我们把这个反函数叫作以 a 为底的对数函数.

定义 6.2.4 (对数函数) 若 $a > 0$ 且 $a \neq 1$, 那么 $y = \log_a x$ **表示** $y = a^x$ **的反函数**, 称为以 a 为底的对数函数.

最常用的底数是 10, 称为常用对数, 并把 $\log_{10} x$ 记为 $\lg x$. 但是微积分中, 最重要的底数是 e.

如果令 $a=\mathrm{e}$, 那么有

$$\log_{\mathrm{e}} x=\ln x.$$

下面求对数函数的导数. 如果 $y=\log_a x$, 那么 $x=a^y$, 于是

$$\ln x=y\ln a,$$

即

$$\log_a x=\frac{\ln x}{\ln a},$$

两端关于 x 求导

$$\frac{\mathrm{d}}{\mathrm{d}x}\log_a x=\frac{1}{x\ln a},$$

因此, 得到对数函数的求导公式

$$(\log_a x)'=\frac{1}{x\ln a}.$$

例 9 设 $y=\lg(x^6+7)$, 求 $\frac{\mathrm{d}y}{\mathrm{d}x}$.

解 令 $u=x^6+7$, 由链式法则, 得

$$\frac{\mathrm{d}y}{\mathrm{d}x}=(\lg u)'=\frac{1}{u\ln 10}u'=\frac{1}{(x^6+7)\ln 10}(x^6+7)'=\frac{6x^5}{(x^6+7)\ln 10}.$$

在第 2 章定理 2.3.2 中, 我们已经证明对于一切正整数 n, 都有 $(x^n)'=nx^{n-1}$. 下面将说明 $(x^\alpha)'=\alpha x^{\alpha-1}$ 对一切 $\alpha\in\mathbf{R}$ 都成立.

$$\begin{aligned}(x^\alpha)'&=\left(\mathrm{e}^{\alpha\ln x}\right)'=\mathrm{e}^{\alpha\ln x}\frac{\alpha}{x}\\&=x^\alpha\cdot\frac{\alpha}{x}=\alpha x^{\alpha-1}.\end{aligned}$$

因此, 还可以得到以下积分公式

$$\int x^\alpha\mathrm{d}x=\frac{x^{\alpha+1}}{\alpha+1}+C,\alpha\neq-1.$$

我们将 $f(x)=x^x$ 称为幂指函数, 现在来求它的导数.

例 10 如果 $f(x)=x^x,x>0$, 用两种方法求 $f'(x)$.

解法一 我们可以写成

$$f(x)=x^x=\mathrm{e}^{x\ln x}.$$

因此, 根据链式法则, 有

$$f'(x) = \mathrm{e}^{x \ln x}(x \ln x)' = x^x \left(x \cdot \frac{1}{x} + \ln x \right) = x^x(1 + \ln x).$$

解法二　利用自然对数微分法, 对 $f(x) = x^x$ 两边取对数得

$$\ln f(x) = x \ln x,$$

两端求导得

$$\frac{1}{f(x)} \frac{\mathrm{d}f(x)}{\mathrm{d}x} = x \cdot \frac{1}{x} + \ln x,$$

即

$$\frac{\mathrm{d}f(x)}{\mathrm{d}x} = f(x)(1 + \ln x) = x^x(1 + \ln x).$$

这里需要特别指出, 幂指函数 $f(x) = x^x$ 既不是幂函数 x^α, 也不是指数函数 a^x.

同步训练 6.2

1. 指数函数 $f(x) = a^x$ 的求导公式与 $f(x) = \mathrm{e}^x$ 的求导公式有何不同?

2. 陈述对数函数 $f(x) = \log_a x$ 的求导法则. 它与 $\ln x$ 的求导法则有何不同?

3. 利用对数函数的有关性质求 x 的值:

(1) $\log_3 27 = x$;　(2) $\log_2 x = \dfrac{3}{2}$;　(3) $\log_x 32 = 5$;

(4) $a \log_9 \dfrac{x}{3} = 1$;　(5) $\log_3 \dfrac{2}{3x} = 2$;　(6) $\log_5(x+3) - 1 = \log_5 x$.

4. 求下列导数或积分:

(1) $\dfrac{\mathrm{d}}{\mathrm{d}x} 4^{3x}$;　(2) $\dfrac{\mathrm{d}}{\mathrm{d}x} \log_{10}\left(2x^2 + 3\right)$;　(3) $\dfrac{\mathrm{d}}{\mathrm{d}z} [5^z \ln(z+3)]$;

(4) $\dfrac{\mathrm{d}}{\mathrm{d}x} \left[5^{x^2} + \left(x^2\right)^5\right]$;　(5) $\dfrac{\mathrm{d}}{\mathrm{d}x} \left[x^{\pi+1} + (\pi+1)^x\right]$;　(6) $\dfrac{\mathrm{d}}{\mathrm{d}x} \left(x^2 + 1\right)^{\ln x}$;

(7) $\displaystyle\int x^3 3^{x^4} \mathrm{d}x$;　(8) $\displaystyle\int 10^{3x+1} \mathrm{d}x$;　(9) $\displaystyle\int_0^1 \left(10^{2x} + 10^{-2x}\right) \mathrm{d}x$.

5. **(地震强度)**　一场地震的里氏强度 M 是 $M = 0.67 \log_{10}(0.37E) + 1.46$. E 是地震产生的能量 (千瓦 · 时). 求强度为里氏 7 级的地震和强度为里氏 8 级的地震所产生的能量.

6. **(诊断扫描)**　碘 – 123 是一种放射性同位素, 在医学上用于检验甲状腺的功能. 如果对病人施用 350 微居里的碘 – 123, 则 t 小时后留在身体内的量 Q 大约为 $Q = 350 \left(\dfrac{1}{2}\right)^{\frac{t}{13.1}}$. 求

(1) 碘 – 123 降到 10 微居里的水平要用多长时间;

(2) 碘 – 123 的量在 12 小时、1 天、2 天时的变化率.

扫一扫, 看答案

6.3 可分离变量的微分方程

在用隐函数求导法求导数时 (2.7 节), 我们发现导数 $\dfrac{\mathrm{d}y}{\mathrm{d}x}$ 的表达式中经常同时包含变量 x 和 y, 而不仅仅是自变量 x. 在这一节, 我们研究初值问题, 其中的导数就有形式 $\dfrac{\mathrm{d}y}{\mathrm{d}x}=f(x,y)$.

6.3.1 一阶微分方程及其解

一阶微分方程是含有未知函数 y 的等式

$$\frac{\mathrm{d}y}{\mathrm{d}x}=f(x,y), \tag{6.3.1}$$

其中 $f(x,y)$ 是定义在 xOy 平面上的二元函数. 方程 (6.3.1) 的一个解是定义在关于 x 的一个区间 (可能是无穷的) 上的可微函数 $y=y(x)$, 使得在该区间上

$$\frac{\mathrm{d}}{\mathrm{d}x}y(x)=f(x,y(x)).$$

初值条件 $y\left(x_0\right)=y_0$ 要求解的曲线 $y=y(x)$ 通过点 $\left(x_0,y_0\right)$.

例 1 验证 $y=Cx^2$ (C 为任意常数) 是微分方程 $xy'-2y=0$ 的通解, 并求满足初值条件 $y(1)=2$ 的特解.

解 由 $y=Cx^2$ 得 $y'=2Cx$, 将 y 及 y' 代入原方程, 可知函数 $y=Cx^2$ 是原方程的解, 又因为该函数含有一个任意常数, 所以 $y=Cx^2$ 是一阶微分方程 $xy'-2y=0$ 的通解. 将初值条件 $y(1)=2$ 代入通解, 得 $C=2$, 故所求特解为 $y=2x^2$.

6.3.2 可分离变量的微分方程

定义 6.3.1 形如

$$\frac{\mathrm{d}y}{\mathrm{d}x}=f(x)g(y)$$

的微分方程, 称为**可分离变量的微分方程**. 其特点是方程的右端为只含 x 的函数 $f(x)$ 与只含 y 的函数 $g(y)$.

如 $\dfrac{\mathrm{d}y}{\mathrm{d}x}=\dfrac{y}{x^2+1}$, $\sqrt{xy}\dfrac{\mathrm{d}y}{\mathrm{d}x}=1$, $xy\mathrm{d}x+\left(x^2+1\right)\mathrm{d}y=0$ 等都是可分离变量的微分方程.

可分离变量微分方程的求解方法就是**分离变量法**, 一般有如下步骤.

(1) 分离变量 $\dfrac{\mathrm{d}y}{g(y)}=f(x)\mathrm{d}x$;

(2) 两边积分 $\displaystyle\int\frac{\mathrm{d}y}{g(y)}=\int f(x)\mathrm{d}x$, 得通解 $G(y)=F(x)+C$, 其中 $G(y),F(x)$ 分别是 $\dfrac{1}{g(y)},f(x)$ 的原函数.

(3) 若方程给定初值条件, 则代入确定常数 C, 得到方程满足初值条件的特解.

例 2　求一条曲线, 使得曲线上任意点 (x, y) 处的切线斜率为 $\frac{y}{x}$, 且曲线过点 $(1,2)$.

解　设所求曲线的方程为 $y=f(x)$, 根据题设条件及导数的几何意义, 有

$$\begin{cases} y'=\dfrac{y}{x}, & (6.3.2) \\ y\Big|_{x=1}=2. & (6.3.3) \end{cases}$$

将 (6.3.2) 式改写为

$$\frac{\mathrm{d}y}{y}=\frac{1}{x}\mathrm{d}x,$$

两边积分, 得

$$\ln|y|=\ln|x|+C_1\ (C_1 \text{ 为任意常数}),$$

化简得

$$|y|=\mathrm{e}^{C_1}\cdot|x|, \text{ 即 } y=\pm\mathrm{e}^{C_1}\cdot x,$$

令 $C_2=\pm\mathrm{e}^{C_1}$, 则

$$y=C_2 x,\ C_2\neq 0.$$

此外, 易看出 $y=0$ 也是方程的解, 所以 C_2 可等于 0, 即 C_2 可为任意常数. 故而方程的通解是

$$y=Cx\ (C \text{ 为任意常数}).$$

将 (6.3.3) 式代入上式, 得 $C=2$, 故所求曲线方程为 $y=2x$.

对于积分后是对数的情形, 都需作类似于例 2 的讨论. 为避免不必要的重复, 今后对于积分后是对数的情形都可作如下简化处理 (以例 2 示范):

分离变量, 得 $\frac{\mathrm{d}y}{y}=\frac{1}{x}\mathrm{d}x$. 两边积分, 得 $\ln y=\ln x+\ln C$, 即 $\ln y=\ln Cx$, 所以方程的通解为 $y=Cx$ (C 为任意常数).

例 3　求微分方程 $\left(1-y^2\right)\mathrm{d}x+(xy-y)\mathrm{d}y=0$ 满足初值条件 $y(0)=-2$ 的特解.

解　分离变量, 得

$$\frac{y}{y^2-1}\mathrm{d}y=\frac{1}{x-1}\mathrm{d}x,$$

两边积分, 得

$$\frac{1}{2}\ln\left(y^2-1\right)=\ln(x-1)+\frac{1}{2}\ln C,\quad 即 y^2-1=C(x-1)^2.$$

所以方程的通解为

$$y^2=C(x-1)^2+1\ (C\ 为任意常数).$$

将初值条件 $y(0)=-2$ 代入, 得 $C=3$, 因此所求特解为 $y^2=3(x-1)^2+1$.

6.3.3 指数增长和衰减

在 2004 年年初, 世界人口就已达 64 亿, 有学者预言到 2030 年世界人口将达到 90 亿, 这种预测用的是什么方法? 现实中, 人们常常建立数学模型进行预测. 下面我们将建立微方方程模型来预测世界人口数量变化情况.

令 $y=f(t)$ 表示 t 时刻世界人口的数量, 其中 t 是 2004 年以后的年数. 事实上, $f(t)$ 是个整数值, 并且当一个人出生或死亡时它的图形会向上或向下跳跃 1 个单位. 然而, 对于一个极其庞大的人口数量而言, 这些跳跃对总的人口影响甚微, 于是如果我们把 f 看作一个可微的函数是合理的. 可以认为, 在一段短的时间 Δt 内人口的增长与初始时间的人口大小和那段时间成比例. 因而, $\Delta y=ky\Delta t$, 即

$$\frac{\Delta y}{\Delta t}=ky,$$

上式的极限形式为

$$\lim_{\Delta t\to 0}\frac{\Delta y}{\Delta t}=ky,$$

根据导数的定义, 可以得到微分方程

$$\frac{\mathrm{d}y}{\mathrm{d}t}=ky.$$

如果 $k>0$, 人口增长; 如果 $k<0$, 人口减少. 查阅有关资料知, $k\approx 0.0132$. 下面求解微分方程. 利用分离变量法, 得到

$$\frac{\mathrm{d}y}{y}=k\mathrm{d}t,$$

两边积分,

$$\int\frac{\mathrm{d}y}{y}=\int k\mathrm{d}t,$$

即

$$\ln y=kt+C.$$

当 $t=0$ 时 $y=y_0$, 求出 $C=\ln y_0$.

即

$$\ln y = kt + \ln y_0.$$

变为指数形式

$$y = y_0 e^{kt}.$$

当 $k > 0$ 时, 这种增长称为**指数增长**, 其本质为增长率正比于当前的量; 当 $k < 0$ 时, 称为**指数衰减**, 其本质为减少率正比于当前的量.

回到世界人口问题, 我们选择从 2004 年 1 月 1 日起测量, 记 $t = 0$, y 为以 10 亿计的人口数, 于是, $y_0 = 6.4, k = 0.013\,2$, 代入模型得

$$y = 6.4e^{0.013\,2t}.$$

到 2030 年, 即 $t = 26$ 时, 我们能预知 $y = 6.4e^{0.013\,2\times 26} \approx 90$ (亿), 即世界人口将达到 90 亿人.

例 4　按照上述假设, 经过多少年世界人口将会翻倍?

解　这个问题等价于问 "2004 年后的多少年世界人口将达到 128 亿?" 我们需要解方程

$$12.8 = 6.4e^{0.013\,2t},$$

即

$$2 = e^{0.013\,2t},$$

两边取对数得到

$$\ln 2 = 0.013\,2t,$$

所以

$$t = \frac{0.013\,2}{\ln 2} \approx 53\ (\text{年}).$$

因此世界人口在 2004 年后的第一个 53 年翻倍, 并且每过 53 年就会翻倍.

例如, 它会在 106 年后达到 4 倍. 一般地, 如果一个以指数增长的数在最初的时间 T 内从 y_0 翻倍到 $2y_0$, 它会在任意一个时段 T 内翻倍, 即

$$\frac{y(t+T)}{y(t)} = \frac{y_0 e^{k(t+T)}}{y_0 e^{kt}} = \frac{y_0 e^{kT}}{y_0} = \frac{2y_0}{y_0} = 2.$$

我们称 T 为**翻倍时间**.

假定以固定的年利率 r (用小数表示) 投资 u_0 元. 若一年内分 k 次把利息自动提取并计入本金,

则 t 年后的现金总数是

$$u(t)=u_0\left(1+\frac{r}{k}\right)^{kt}.$$

利息可以每月 ($k=12$), 每周 ($k=52$), 每日 ($k=365$), 甚至更频繁地, 每小时或每分钟计入本金 (俗称 "利滚利").

如果不是在离散的区间将利息计入本金, 而是连续地以正比于账户现金的速率把利息计入本金, 就可用以下模型描述

$$\text{微分方程:}\quad \frac{\mathrm{d}u}{\mathrm{d}t}=ru,$$
$$\text{初值条件:}\quad u(0)=u_0.$$

t 年后账目中的货币数量是

$$u(t)=u_0\mathrm{e}^{rt}.$$

按这个公式付的利息称为**连续复利**, 其中 r 是连续利率.

例 5 假定你在一个银行账户以 3.2% 的年利息存款 5 000 元. 8 年后你将有多少存款? 假定利息是

(1) 连续复利. (2) 季度复利.

解 这里 $u_0=5\,000$, $t=0.032$. 8 年后, 账户中的金额精确到 0.01 元是

(1) $u(8)=5\,000\mathrm{e}^{0.032\times8}=6\,458.76$ (元).

(2) $u(8)=5\,000\left(1+\dfrac{0.032}{4}\right)^{4\times8}=6\,452.19$ (元).

可以看出, 连续复利比季度复利多得到利息 6.58 元.

如图 6.3 所示, 随着时间的推移, 指数模型 $y=y_0\mathrm{e}^{kt}(k>0)$ 增长越来越快后会出现数量 "大爆炸". 而大多数情况下 (包括世界人口问题), 有限的空间和资源将会最终导致一个越来越小的增长速度. 对上述模型进行改进, 我们就可以得到另一个人口增长模型——**逻辑斯谛模型**.

假设增长速度与人口规模 y 和 $L-y$ 成比例, 其中 L 是地球能承载的最大人口数. 由此得出微分方程

$$\frac{\mathrm{d}y}{\mathrm{d}t}=ky(L-y).$$

当 y 值较小时, $\dfrac{\mathrm{d}y}{\mathrm{d}t}\approx kLy$, 它仍然是指数型增长. 但当 y 接近 L 时, 增长放缓, 并且 $\dfrac{\mathrm{d}y}{\mathrm{d}t}$ 越来越小, 如图 6.4 所示. 该模型的进一步求解, 我们将在 7.5 节中进行.

当然, 并不是所有的事物都是呈增长的趋势, 有些事物会随着时间的推移而减少. 例如, 放射性元素衰减, 它们的衰减速率与当前的量成正比. 因此, 它们的速率改变同样满足微分方程

$$\frac{\mathrm{d}y}{\mathrm{d}t}=ky.$$

但这里的 k 是负数, 可以验证 $y=y_0\mathrm{e}^{kt}$ 仍然是该方程的解. 图 6.5 所示曲线就是一个典型的指数衰减图.

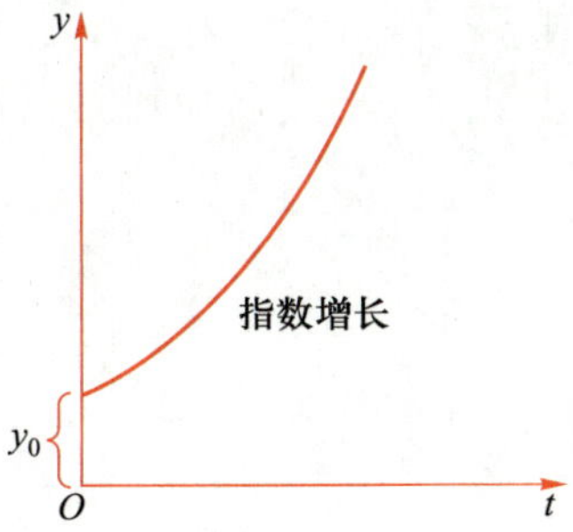

图 6.3

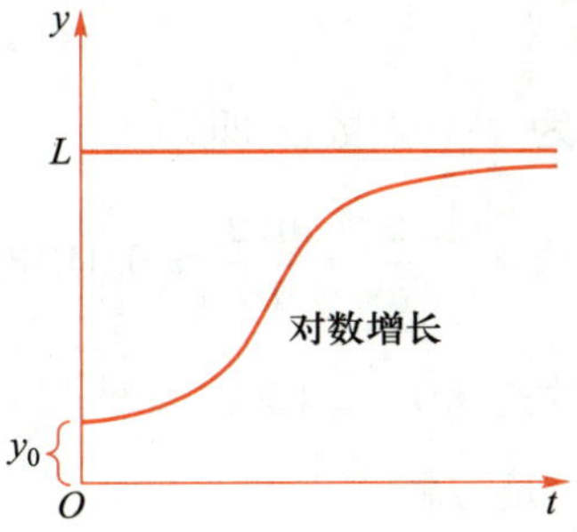

图 6.4

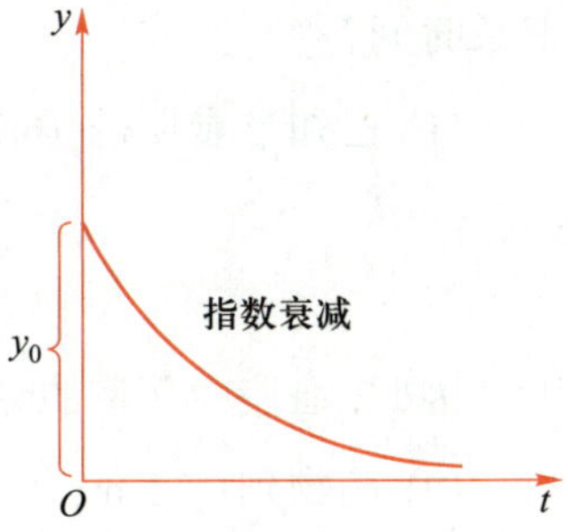

图 6.5

人们估计古代物体 (比如, 岩石、骨头、陨石和洞穴壁画) 年代的方法就是依据某些元素的放射性衰变. 当生物死亡后, 就会停止代谢碳 14, 而其体内的碳 14 的半衰期大约为 5 730 年. 这意味着碳 14 从给定的量衰减为原来一半将花费约 5 730 年. 因此, 比较活的生物与死亡样本体内的碳 14 含量, 就可以为我们提供测定年代的方法.

例 6 研究人员测定骨化石的碳 14 含量是活体骨头的 30%. 估计骨化石的年代, 已知碳 14 的半衰期是 5 730 年.

解 首先我们由半衰期 5 730 年确定 $y=y_0\mathrm{e}^{kt}$ 中的常数 k,

$$\frac{1}{2}=1\mathrm{e}^{k\cdot 5\,730}.$$

两边取对数得

$$-\ln 2=5\,730k,$$
$$k=\frac{-\ln 2}{5\,730}\approx -0.000\,121.$$

因此, 如果衰减到 30%, 即

$$0.3=\mathrm{e}^{-0.000\,121t},$$
$$t=\frac{\ln 0.3}{-0.000\,121}\approx 9\,950\ (\text{年}).$$

药物动力学 药物动力学是研究药物在体内被消化吸收的过程的学科, 大多数药物从体内排出的模型可以是已知半衰期的指数衰减模型.

例 7 用指数衰减函数 $y=y_0\mathrm{e}^{-kt}(k>0)$ 模拟施用初始剂量 $y_0=100$ mg 药物 t h 后血液中的药量. 假设已知该药物的半衰期是 16 h.

(1) 求血液中药量的指数衰减函数.

(2) 药物达到初始剂量 1%(1 mg) 需要多长时间?

(3) 如果第一剂药物施用 12 h 后施用第二剂 100 mg 的药物, 药物水平达到 1 mg 需要多长时间?

解 (1) 已知半衰期是 16 h , 记为 $T_{\frac{1}{2}}$, 常数 k 即为

$$k=\frac{\ln 2}{T_{\frac{1}{2}}}=\frac{\ln 2}{16}\approx 0.043\,3.$$

因此, 血液中药量的衰减函数是 $y(t)=100\mathrm{e}^{-0.043\,3t}$.

(2) 药物到达 1 mg 所需时间是方程

$$100\mathrm{e}^{-0.043\,3t}=1$$

的解 t, 我们得到

$$t=\frac{\ln 0.01}{-0.043\,3}\approx 106\ (\mathrm{h})\ .$$

药物减少到初始剂量的 1% 需要超过 4 天的时间.

(3) 由 (1) 知, 12 h 后血液内的药量为

$$y(12)=100\mathrm{e}^{-0.043\,3\times 12}\approx 59.5\ (\mathrm{mg}).$$

12 h 后施用第二剂 100 mg 使药量增加到 159.5 mg (假设瞬间吸收) . 这个量成为另一个指数衰减过程新的初始值 (图 6.6). 从第二剂药物施用中计算 t, 血液内的药量是

$$y(t)=159.5\mathrm{e}^{-0.043\,3t}.$$

令

$$y(t)=159.5\mathrm{e}^{-0.043\,3t}=1,$$

得

$$t=\frac{-\ln 159.5}{-0.043\,3}\approx 117.1\ (\mathrm{h}).$$

因此施用第二剂药物大约 117 h (或第一剂药物 129 h) 后, 药量达到初始剂量的 1%.

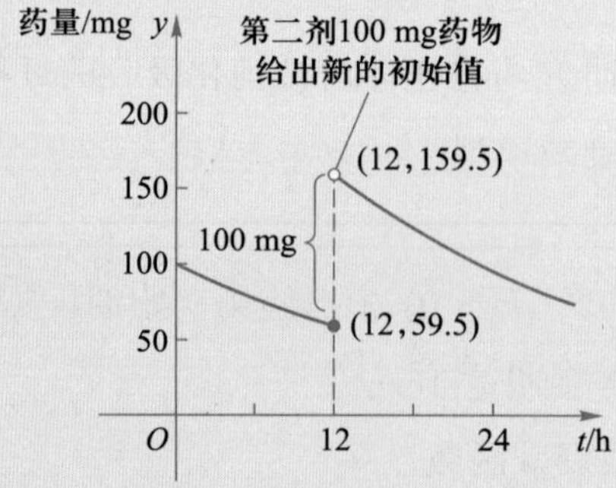

图 6.6

牛顿热传导定律 牛顿热传导定律阐明一个物体降 (升) 温的速率与这个物体与周围环境的温度差成正比. 具体而言, 假设最初温度为 T_0 的一个物体放置在一个温度恒为 T_1 的房间里, 如果 $T(t)$ 代表时间 t 时物体的温度, 那么牛顿热传导定律表达为

$$\frac{\mathrm{d}T}{\mathrm{d}t}=k\left(T-T_1\right).$$

例 8 (**物体冷却**) 将某高温物体置于空气中冷却, 假定空气温度恒为 24°C, 在时刻 $t=0$ 时, 测得其温度为 150°C, 10 min 后测得温度为 100°C. 求物体的温度与时间的函数关系, 并计算 20 min 后该物体的温度.

解 设物体的温度与时间的函数关系为 $T=T(t)$. 因为热量总是从温度高的物体向温度低的物体传导, 从而物体随时间增加而逐渐冷却, 所以冷却速率 (温度的变化速度) $T'(t)<0$, 而物体和空气的温差恒为正数. 所以, 根据牛顿冷却定律可得 $\frac{\mathrm{d}T}{\mathrm{d}t}=-k(T-24)$. 又因为在时刻 $t=0$ 时, 测得其温度为 150°C, 即有 $T(0)=150$. 从而问题转化为初值问题:

$$\begin{cases}\dfrac{\mathrm{d}T}{\mathrm{d}t}=-k(T-24)\\ T(0)=150\end{cases}, \text{其中 } k>0 \text{ 为比例常数.}$$

用分离变量法解得 $T=24+126\mathrm{e}^{-kt}$. 将 $T(10)=100$ 代入, 求得

$$k=\frac{1}{10}\ln\frac{126}{76}\approx 0.051.$$

故物体的温度与时间的函数关系为 $T=24+126\mathrm{e}^{-0.051t}$. 将 $t=20$ 代入, 得

$$T(20)=24+126\mathrm{e}^{-0.051\times 20}\approx 64\ ^\circ\mathrm{C}.$$

同步训练 6.3

1. 解初值问题: $\frac{\mathrm{d}y}{\mathrm{d}t}=-4y,\quad y(0)=6.$
2. 解初值问题: $\frac{\mathrm{d}y}{\mathrm{d}t}=4y,\quad y(0)=4.$
3. 解初值问题: $\frac{\mathrm{d}y}{\mathrm{d}t}=0.005y,\quad y(10)=2.$
4. 解初值问题: $\frac{\mathrm{d}y}{\mathrm{d}t}=-0.003y,\quad y(-2)=3.$
5. 一种细菌的增长速率与其数量成正比. 最初数量为 10 000, 10 天以后数量变成 20 000. 求 25 天以后细菌的数量.
6. 在习题 5 中, 多长时间以后细菌数量可达最初的 3 倍?
7. 在习题 5 中, 多长时间以后细菌数量可达最初的 4 倍?
8. 2020 年, 某镇人口数为 90 000 且该镇人口以 2.4% 每年的速度增长. 问哪一年的人口数将翻倍 (人口数到 180 000)?

扫一扫, 看答案

9. 某药物以每小时当前剂量的 15% 的速度从体内排出, 问多少小时后, 药量达到初始剂量的 10%?

10. 铀-238 (U-238) 的半衰期是 45 亿年. 地理学家发现一块含有 U-238 的岩石并测出剩余的 U-238 是原来的 85%. 试测定该岩石的年代.

11. 设在海洋表面下方 x m 处的光的强度 $L(x)$ 满足微分方程

$$\frac{\mathrm{d}L}{\mathrm{d}x}=-kL\ (k>0, \text{为常数}),$$

现有资料表明, 当潜水到 5.4 m 深时, 光线强度降到水面上的一半. 而当光线强度降到水面光线强度的 10% 以下时, 没有人工照明就不能工作. 试问没有人工照明的情况下, 最深多少米仍可以工作?

6.4 一阶线性微分方程

上一节, 我们得出了指数变化规律 $y=y_0\mathrm{e}^{kt}$ 就是初值问题 $\frac{\mathrm{d}y}{\mathrm{d}t}=ky, y(0)=y_0$ 的解. 它可以刻画人口变化、放射性衰变、物体冷却等许多现象. 在这一节, 我们将进一步研究以方程 $\frac{\mathrm{d}y}{\mathrm{d}x}=f(x,y)$ 为基础的初值问题, 其中要求函数 f 须为线性形式, 这一类微分方程有更广泛的应用.

定义 6.4.1 形如

$$\frac{\mathrm{d}y}{\mathrm{d}x}+P(x)y=Q(x) \tag{6.4.1}$$

的微分方程, 称为**一阶线性微分方程**, 方程 (6.4.1) 是**标准形式**. 其中 $P(x)$ 和 $Q(x)$ 都是连续函数. 当 $Q(x)\equiv 0$ 时, 方程 (6.4.1) 称为**一阶线性齐次微分方程**; 当 $Q(x)\neq 0$ 时, 方程 (6.4.1) 称为**一阶线性非齐次微分方程**.

例如, 微分方程 $y'+y\sin x=0$, $xy'+y=\cos x$, $y'\mathrm{e}^{\sin x}+\mathrm{e}^{\sin x}y\cos x-1=0$ 及 6.3 节例 2 方程都是一阶线性微分方程, 其中第 1 个和 6.3 节例 2 是一阶线性齐次微分方程, 后两个是一阶线性非齐次微分方程.

当 $Q(x)\equiv 0$ 时, 方程 (6.4.1) 是可分离变量的微分方程. 分离变量, 得 $\frac{\mathrm{d}y}{y}=-P(x)\mathrm{d}x$, 两边积分得, $\ln y=-\int P(x)\mathrm{d}x+\ln C$, 即得**一阶线性齐次微分方程的通解公式**

$$y=C\mathrm{e}^{-\int P(x)\mathrm{d}x},\quad C\ \text{为任意常数}. \tag{6.4.2}$$

其中, $\int P(x)\mathrm{d}x$ 只表示 $P(x)$ 的某一个原函数. 在以下推导中作同样规定.

例 1 求微分方程 $y'+y\sin x=0$ 的通解.

解 运用通解公式求解. $P(x)=\sin x$, 所以方程的通解为

$$y=C\mathrm{e}^{-\int \sin x\mathrm{d}x}=C\mathrm{e}^{\cos x}\quad (C\ \text{为任意常数}).$$

当 $Q(x)\neq 0$ 时, 与齐次的情形相对照, 猜想方程 (6.4.1) 的解为以下形式

$$y=C(x)\mathrm{e}^{-\int P(x)\mathrm{d}x},\quad \text{其中 } C(x) \text{ 为待定函数.}$$

两边求导, 得

$$y'=C'(x)\mathrm{e}^{-\int P(x)\mathrm{d}x}+C(x)\left[-P(x)\mathrm{e}^{-\int P(x)\mathrm{d}x}\right].$$

将 y 及 y' 代入 (6.4.1), 得

$$C'(x)\mathrm{e}^{-\int P(x)\mathrm{d}x}+C(x)\left[-P(x)\mathrm{e}^{-\int P(x)\mathrm{d}x}\right]+P(x)C(x)\mathrm{e}^{-\int P(x)\mathrm{d}x}=Q(x),$$

即

$$C'(x)=Q(x)\mathrm{e}^{\int P(x)\mathrm{d}x},$$

两边积分, 得

$$C(x)=\int Q(x)\mathrm{e}^{\int P(x)\mathrm{d}x}\mathrm{d}x+C,$$

代入 $y=C(x)\mathrm{e}^{-\int P(x)\mathrm{d}x}$, 即得**一阶线性非齐次微分方程的通解公式**

$$y=\mathrm{e}^{-\int P(x)\mathrm{d}x}\left[\int Q(x)\mathrm{e}^{\int P(x)\mathrm{d}x}\mathrm{d}x+C\right],\quad C \text{ 为任意常数.} \tag{6.4.3}$$

上述讨论中所用的方法, 是将常数 C 变为待定函数 $C(x)$, 再通过确定 $C(x)$ 而求得方程解的方法, 称为**常数变易法**.

在用一阶线性微分方程的通解公式 (6.4.2) 或 (6.4.3) 时, 一定要首先将一阶线性微分方程先化成 (6.4.1) 的标准形式.

例 2 求微分方程 $xy'+y=\cos x$ 满足初值条件 $y(\pi)=1$ 的特解.

解 运用常数变易法求解. 将所给方程改写为标准形式

$$y'+\frac{1}{x}y=\frac{1}{x}\cos x.$$

不难求出齐次方程 $y'+\frac{1}{x}y=0$ 的通解为

$$y=\frac{C}{x}.$$

设所给非齐次方程的通解为

$$y=\frac{C(x)}{x}.$$

则 $y'=\frac{C'(x)}{x}-\frac{C(x)}{x^2}$. 将 y 及 y' 代入所给方程, 得 $\frac{C'(x)}{x}=\frac{1}{x}\cos x$, 解得

$$C(x)=\int\cos x\mathrm{d}x=\sin x+C.$$

因此, 原方程的通解为

$$y=\frac{1}{x}(\sin x+C)\quad (C\text{ 为任意常数}).$$

将初值条件 $y(\pi)=1$ 代入, 得 $C=\pi$, 因此所求特解为 $y=\frac{1}{x}(\sin x+\pi)$.

对于例 2, 我们可以借助 MATLAB 来求解, 具体求解命令如下:

```
>> Dsolve('x*Dy+y=cos(x)','y(pi)=1','x') ;
```

运行结果显示:

```
ans = (sin(x)+pi)/x
```

例 3 求微分方程 $y'\mathrm{e}^{\sin x}+\mathrm{e}^{\sin x}y\cos x-1=0$ 的通解.

解 用通解公式求解. 将所给方程改写为 $y'+y\cos x=\mathrm{e}^{-\sin x}$, 则 $P(x)=\cos x$, $Q(x)=\mathrm{e}^{-\sin x}$, 所以方程的通解为

$$\begin{aligned}y&=\mathrm{e}^{-\int\cos x\mathrm{d}x}\left[\int\mathrm{e}^{-\sin x}\mathrm{e}^{\int\cos x\mathrm{d}x}\mathrm{d}x+C\right]\\&=\mathrm{e}^{-\sin x}\left[\int\mathrm{e}^{-\sin x}\mathrm{e}^{\sin x}\mathrm{d}x+C\right]=\mathrm{e}^{-\sin x}(x+C)\quad (C\text{ 为任意常数}).\end{aligned}$$

例 4 一个容器中原盛有 120 L 的盐水, 并有 75 kg 盐溶解在溶液中, 浓度为 1.2 kg/L 的盐水以 2 L/min 的速度流入容器并以相同速度流出 (图 6.7). 假若持续搅动以保持混合物均匀. 求 1 h 后容器中所剩的盐量.

解 令 $y(t)$ 为 t min 后容器中的盐量. 盐水的流入使容器每分钟得到 2.4 kg 的盐; 盐水的流出使容器每分钟失去 $\frac{2}{120}y(t)$ kg 的盐. 因此

$$\frac{\mathrm{d}y}{\mathrm{d}t}=2.4-\frac{1}{60}y.$$

由条件得, 当 $t=0$ 时 $y=75$, 得初值问题

$$\begin{cases}\frac{\mathrm{d}y}{\mathrm{d}t}+\frac{1}{60}y=2.4,\\ y(0)=75.\end{cases}$$

套用一阶线性非齐次微分方程的通解公式

$$y=\mathrm{e}^{-\int\frac{1}{60}\mathrm{d}t}\left(\int 2.4\cdot\mathrm{e}^{\int\frac{1}{60}\mathrm{d}x}\mathrm{d}x+C\right),$$

化简得

$$y = \mathrm{e}^{-\frac{t}{60}}\left(144\mathrm{e}^{\frac{t}{60}} + C\right), \quad C \text{ 为任意常数}.$$

将 $y(0)=75$ 代入得到 $C=-69$, 于是

$$y = 144 - 69\mathrm{e}^{-\frac{t}{60}}.$$

1 h 后 $(t=60)$ 容器中所剩盐量为

$$y(60) = 144 - 69\mathrm{e}^{-1} \approx 118.62\ (\mathrm{kg})\ .$$

注意当 $t \to \infty$ 时, y 的极限为 144, 表明容器最终会盛有 120 L 浓度为 1.2 kg/L 的盐水.

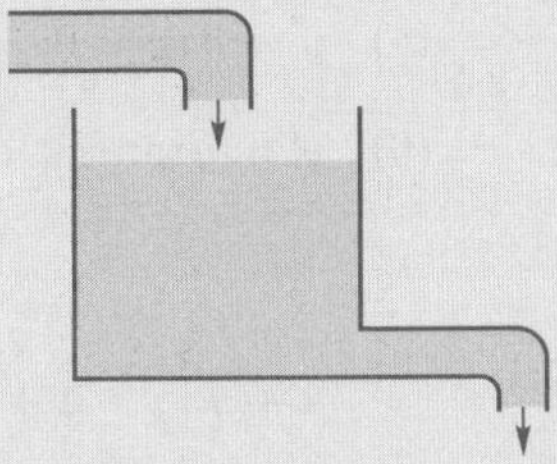

图 6.7

下面介绍一个关于电流的例子. 一个简单电路 (图 6.8) 包含电阻值为 $R\ \Omega$ 的电阻和电感值为 L H 的电感, 以及一个提供当时间为 t 时电压为 $E(t)$ V 的电源. 由基尔霍夫定律, 回路中的电流 (单位: A) I 满足

$$L\frac{\mathrm{d}I}{\mathrm{d}t} + RI = E(t).$$

这是一个一阶线性微分方程, 可用本节知识进行求解.

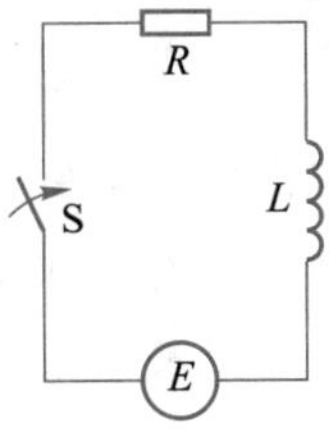

图 6.8

例 5　一个电路如图 6.8 所示, 其中 $L=2$ H, $R=6\ \Omega$, 恒定电压为 12 V. 如果当 $t=0$ (开关 S 闭合) 时 $I=0$, 求时间为 t 时的电流 $I(t)$.

解　I 满足的微分方程为

$$2\frac{\mathrm{d}I}{\mathrm{d}t} + 6I = 12 \text{ 或 } \frac{\mathrm{d}I}{\mathrm{d}t} + 3I = 6.$$

由一阶线性非齐次微分方程的通解公式

$$I = \mathrm{e}^{-3t}\left(2\mathrm{e}^{3t} + C\right) = 2 + C\mathrm{e}^{-3t}.$$

由初值条件 $I(0)=0$, 得到 $C=-2$. 因此

$$I=2-2\mathrm{e}^{-3t}.$$

这表明随着 t 的增加, 电流会接近 2 A.

同步训练 6.4

扫一扫, 看答案

1. 求下列微分方程的通解:

(1) $x^2\mathrm{d}x+y\mathrm{d}y=0$;

(2) $xy'-y\ln y=0$;

(3) $\left(xy^2+x\right)\mathrm{d}x+\left(y-x^2y\right)\mathrm{d}y=0$;

(4) $y'-3xy=0$;

(5) $2y'-y=\mathrm{e}^x$;

(6) $y'=y\tan x+\cos x$.

2. 求下列微分方程满足所给初值条件的特解:

(1) $y'=\mathrm{e}^{2x-y}, y(0)=0$;

(2) $\dfrac{x}{1+y}\mathrm{d}x-\dfrac{y}{1+x}\mathrm{d}y=0,\quad y(0)=1$;

(3) $y'-y=\cos x,\quad y(0)=0$;

(4) $y'-y\tan x=\sec x, y(0)=0$;

(5) $y'+\dfrac{y}{x}=\dfrac{\sin x}{x}, y(\pi)=1$;

(6) $x^2\mathrm{d}y+(2xy-x+1)\mathrm{d}x=0, y(1)=0$.

3. **(跳伞速度问题)** 设跳伞员开始跳伞后所受的空气阻力与其下落的速度成正比 (比例系数为常数 $k>0$), 起跳时的速度为 0 . 求跳伞员下落的速度与时间之间的函数关系.

4. **(气流交换问题)** 某车间体积为 12 000 m^3, 开始时空气中含有 0.1% 的 CO_2, 为了降低车间内空气中 CO_2 的含量, 用一台风量为 2 000 m^3/s 的鼓风机通入含 0.03% 的 CO_2 的新鲜空气, 同时以同样的风量将混合均匀的空气排出. 问鼓风机开动 6 min 后, 车间内 CO_2 的百分比降低到多少?

5. **(连续复利)** 你用 1 000 元开了一个账户, 并且计划每年存入 1 000 元. 账户中的所有资金赚得 2.0% 的年利息, 且是连续复利. 如果新存的存款也是连续地存入你的账户, 你的账户在时间 t (年) 的人民币数目将满足初值问题

$$\frac{\mathrm{d}x}{\mathrm{d}t}=1\,000+0.02x,\quad x(0)=1\,000.$$

(1) 求 $x(t)$ 的表达式.

(2) 为使你的账户中的总金额达到 10 000 元, 大约需要多少年?

6. **(肥料混合物)** 一个槽盛 100 L 的清水. 一种浓度为 1 kg/L 的可溶性肥料溶液以 1 L/min 的速率注入槽内, 混合物以 3 L/min 的速率流出槽. 求槽内肥料的最大含量和达到最大值的时间.

7. **(RL 电路中的电流)** 如果 RL 回路中的电流达到稳态值 $I=U/R$ 后开关突然拉开, 衰减的电流 (图 6.9) 满足微分方程

$$L\frac{\mathrm{d}i}{\mathrm{d}t}+Ri=0.$$

(1) 求 $i(t)$.

(2) 开关拉开后多长时间电流将减少到原来的一半?

(3) 说明当 $t=\frac{L}{R}$ 时的电流值是 $\frac{I}{\mathrm{e}}$.

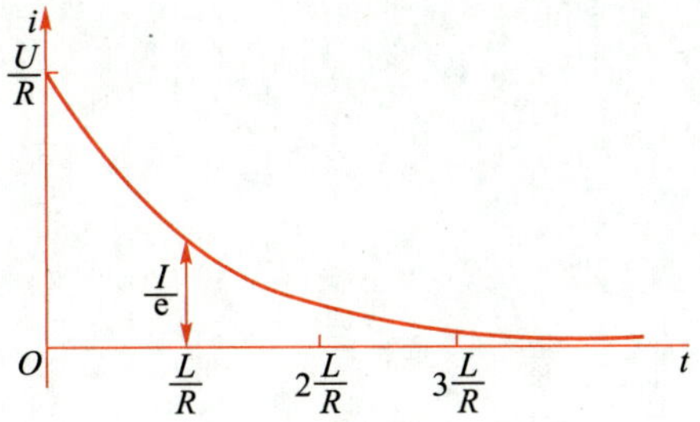

图 6.9

第 7 章

积分法、未定式极限与反常积分

【本章导读】

在 4.4 节中介绍的换元积分法是计算积分的重要方法. 然而, 并不是所有的积分都可以通过换元法来解决. 因此, 本章在换元积分法的基础上, 继续介绍一些其他的积分方法: 分部积分法、三角换元法、第二类换元积分法和有理函数积分法. 除此之外, 本章还介绍了未定式极限的计算方法, 以及在一些实际问题中, 常遇到的积分区间为无穷区间或者被积函数为无界函数的积分, 即反常积分.

7.1 基本积分表

根据 3.6 节所介绍的不定积分的定义, 再由基本导数公式, 即可得到不定积分的基本公式. 这里所列出的**基本积分表**汇集了迄今为止求过的并且十分有用的积分公式.

1. $\int k\mathrm{d}u = ku + C$;
2. $\int u^{\alpha}\mathrm{d}u = \frac{1}{\alpha+1}u^{\alpha+1} + C \quad (\alpha \neq -1)$;
3. $\int \frac{1}{u}\mathrm{d}u = \ln|u| + C$;
4. $\int a^{u}\mathrm{d}u = \frac{1}{\ln a}a^{u} + C \quad (a > 0,\ 且 a \neq 1)$;
5. $\int \mathrm{e}^{u}\mathrm{d}u = \mathrm{e}^{u} + C$;
6. $\int \cos u\mathrm{d}u = \sin u + C$;
7. $\int \sin u\mathrm{d}u = -\cos u + C$;
8. $\int \sec^2 u\mathrm{d}u = \tan u + C$;
9. $\int \csc^2 u\mathrm{d}u = -\cot u + C$;
10. $\int \sec u \tan u\mathrm{d}u = \sec u + C$;
11. $\int \csc u \cot u\mathrm{d}u = -\csc u + C$;
12. $\int \tan u\mathrm{d}u = -\ln|\cos u| + C$;
13. $\int \cot u\mathrm{d}u = \ln|\sin u| + C$;
14. $\int \frac{1}{\sqrt{a^2-u^2}}\mathrm{d}u = \arcsin\frac{u}{a} + C$;
15. $\int \frac{1}{a^2+u^2}\mathrm{d}u = \frac{1}{a}\arctan\frac{u}{a} + C$.

请读者务必熟记上面这些公式, 因为许多积分的计算最终归结为这些形式的积分. 比如 4.4 节介绍的换元积分法, 如果我们可以将积分换元为上述的积分形式, 就可以直接写出答案. 当然, 有些积分需要多次换元之后, 才可以转化为直接写出答案的积分形式. 这种计算技巧, 需要通过大量的练习才能最终掌握.

到目前为止, 我们所探讨的被积函数绝大多数都是初等函数, 即由常数函数、幂函数、对数函数、指数函数、三角函数及反三角函数经过有限次的加、减、乘、除和有限次复合所得到的函数. 尽管初等函数的不定积分运算与微分运算是互逆关系, 但是函数的微分只需要按照求导法则直接求得即可, 而函数的积分则没有那么简单, 需要大量的方法和技巧, 并且它的结果有可能不是初等函数. 比如, e^{-x^2}、$\frac{1}{\ln x}$ 和 $\frac{\sin x}{x}$ 的不定积分都不是初等函数. 在积分运算的过程中, 知道这一点非常重要.

下面, 我们一方面对换元积分法进行复习, 另一方面通过一些例题拓展这个方法的应用范围. 这里我们给出换元积分法的简单描述:

不定积分的换元积分法

令 g 为一个可导函数且函数 f 为函数 F 的导数, 若 $u = g(x)$, 则

$$\int f(g(x))g'(x)\mathrm{d}x = \int f(u)\mathrm{d}u = F(u) + C = F(g(x)) + C.$$

例 1 求 $\int (3x-2)^5\mathrm{d}x$.

解 通过观察该不定积分, 可以想到标准形式中的 $\int u^{\alpha}\mathrm{d}u$. 令 $u=3x-2$, 则 $\mathrm{d}u=3\mathrm{d}x$, 于是

$$\begin{aligned}\int(3x-2)^5\mathrm{d}x&=\int(3x-2)^5\cdot\frac{1}{3}\mathrm{d}(3x-2)=\frac{1}{3}\int u^5\mathrm{d}u\\&=\frac{1}{3}\cdot\frac{1}{6}u^6+C=\frac{1}{18}(3x-2)^6+C.\end{aligned}$$

例 2 求 $\int\frac{2\mathrm{e}^{\sqrt{x}}}{\sqrt{x}}\mathrm{d}x$.

解 通过观察该不定积分, 考虑标准形式中的 $\int\mathrm{e}^u\mathrm{d}u$. 令 $u=\sqrt{x}$, 则 $\mathrm{d}u=\frac{1}{2\sqrt{x}}\mathrm{d}x$, 于是

$$\int\frac{2\mathrm{e}^{\sqrt{x}}}{\sqrt{x}}\mathrm{d}x=4\int\mathrm{e}^{\sqrt{x}}\frac{1}{2\sqrt{x}}\mathrm{d}x=4\int\mathrm{e}^{\sqrt{x}}\mathrm{d}\sqrt{x}=4\int\mathrm{e}^u\mathrm{d}u=4\mathrm{e}^u+C=4\mathrm{e}^{\sqrt{x}}+C.$$

例 3 求 $\int\frac{3}{5+9x^2}\mathrm{d}x$.

解 首先考虑 $\int\frac{\mathrm{d}u}{a^2+u^2}$, 令 $u=3x$, 则 $\mathrm{d}u=3\mathrm{d}x$, 于是

$$\begin{aligned}\int\frac{3}{5+9x^2}\mathrm{d}x&=\int\frac{1}{5+(3x)^2}3\mathrm{d}x=\int\frac{1}{5+(3x)^2}\mathrm{d}3x\\&=\int\frac{1}{5+u^2}\mathrm{d}u=\frac{1}{\sqrt{5}}\arctan\frac{u}{\sqrt{5}}+C\\&=\frac{1}{\sqrt{5}}\arctan\frac{3}{\sqrt{5}}x+C.\end{aligned}$$

例 4 求 $\int\frac{1}{x(1+2\ln x)}\mathrm{d}x$.

解 通过观察该积分, 考虑标准形式 $\int\frac{1}{u}\mathrm{d}u$. 令 $u=1+2\ln x$, 则 $\mathrm{d}u=\frac{2}{x}\mathrm{d}x$, 于是

$$\begin{aligned}\int\frac{1}{x(1+2\ln x)}\mathrm{d}x&=\frac{1}{2}\int\frac{1}{1+2\ln x}\frac{2}{x}\mathrm{d}x=\frac{1}{2}\int\frac{1}{1+2\ln x}\mathrm{d}(1+2\ln x)\\&=\frac{1}{2}\int\frac{1}{u}\mathrm{d}u=\frac{1}{2}\ln|u|+C=\frac{1}{2}\ln|1+2\ln x|+C.\end{aligned}$$

由上面几个例题可以看出, 用换元积分法计算积分时, 关键是把被积表达式凑成两部分, 其中一部分为 $g(x)$ 的函数 $f[g(x)]$, 而另一部分凑成 $\mathrm{d}g(x)$ 的形式, 然后利用公式积分就可以了. 当然, 在熟练之后就可以省略换元和回代这两步.

例 5 求 $\int 2x\sqrt{x^2+8}\mathrm{d}x$.

解
$$\int 2x\sqrt{x^2+8}\mathrm{d}x=\int \sqrt{x^2+8}(2x\mathrm{d}x)$$
$$=\int \sqrt{x^2+8}\mathrm{d}\left(x^2+8\right)$$
$$=\frac{2}{3}\left(x^2+8\right)^{\frac{3}{2}}+C.$$

例 6　求 $\displaystyle\int \frac{2^{\tan x}}{\cos^2 x}\mathrm{d}x$.

解
$$\int \frac{2^{\tan x}}{\cos^2 x}\mathrm{d}x=\int 2^{\tan x}\sec^2 x\mathrm{d}x=\int 2^{\tan x}\mathrm{d}\tan x=\frac{2^{\tan x}}{\ln 2}+C.$$

定积分的换元积分法　我们在 4.4 节中已经涉及定积分的换元积分法, 其方法和计算不定积分一样, 但在计算的过程中, 需要注意端点处作出相应变换.

例 7　求 $\displaystyle\int_0^{\frac{\pi}{2}}\cos^5 x\sin x\mathrm{d}x$.

解　令 $u=\cos x$, 则 $\mathrm{d}u=-\sin x\mathrm{d}x$, 且当 $x=0, u=1$; 当 $x=\dfrac{\pi}{2}$ 时, $u=0$. 所以
$$\int_0^{\frac{\pi}{2}}\cos^5 x\sin x\mathrm{d}x=-\int_0^{\frac{\pi}{2}}\cos^5 x\mathrm{d}\cos x=-\int_1^0 u^5\mathrm{d}u$$
$$=\int_0^1 u^5\mathrm{d}u=\left.\frac{1}{6}u^6\right|_0^1=\frac{1}{6}.$$

例 8　求 $\displaystyle\int_0^1 x\sqrt{1-x^2}\mathrm{d}x$.

解
$$\int_0^1 x\sqrt{1-x^2}\mathrm{d}x=\int_0^1\sqrt{1-x^2}x\mathrm{d}x=-\frac{1}{2}\int_0^1\sqrt{1-x^2}\mathrm{d}\left(1-x^2\right)$$
$$=-\frac{1}{2}\times\left.\frac{2}{3}\left(1-x^2\right)^{\frac{3}{2}}\right|_0^1=\frac{1}{3}.$$

上面我们所介绍的换元积分法是选择新的积分变量 $u=\varphi(x)$, 使得
$$\int f[\varphi(x)]\varphi'(x)\mathrm{d}x=\int f(u)\mathrm{d}u.$$
但是有些积分不易直接积出, 例如 $\displaystyle\int\frac{1}{1+\sqrt{x}}\mathrm{d}x, \int\frac{1}{\sqrt{x}(1+\sqrt[3]{x})}\mathrm{d}x$ 等, 就需适当选择相反方向的换元, 即令 $x=\psi(t)$, 把 t 作为新的积分变量, 即
$$\int f(x)\mathrm{d}x=\int f[\psi(t)]\psi'(t)\mathrm{d}t=F(t)+C=F\left[\psi^{-1}(x)\right]+C,$$
其中 $t=\psi^{-1}(x)$ 是代换 $x=\psi(t)$ 的反函数. 这种方法称为第二换元积分法. 下面, 我们通过几个例子来介绍这种积分的方法.

例 9　求 $\int \frac{1}{x+\sqrt{x}}\mathrm{d}x$.

解　令 $\sqrt{x}=t$, 则 $x=t^2, \mathrm{d}x=2t\mathrm{d}t$, 则

$$\int \frac{1}{x+\sqrt{x}}\mathrm{d}x=\int \frac{1}{t^2+t}\cdot 2t\mathrm{d}t=2\int \frac{1}{1+t}\mathrm{d}t$$
$$=2\ln|t+1|+C=2\ln|\sqrt{x}+1|+C.$$

例 10　求 $\int \frac{1}{\sqrt{x}(1+\sqrt[3]{x})}\mathrm{d}x$.

解　因为被积函数中含有根式 $\sqrt{x}$ 和 $\sqrt[3]{x}$, 为了可以同时消去根号, 令 $\sqrt[6]{x}=t$, 则 $x=t^6$, $\mathrm{d}x=6t^5\mathrm{d}t$, 从而

$$\int \frac{1}{\sqrt{x}(1+\sqrt[3]{x})}\mathrm{d}x=\int \frac{1}{t^3\left(1+t^2\right)}\cdot 6t^5\mathrm{d}t=6\int \frac{t^2}{t^2+1}\mathrm{d}t$$
$$=6\int \frac{t^2+1-1}{t^2+1}\mathrm{d}t=6\int\left(1-\frac{1}{t^2+1}\right)\mathrm{d}t$$
$$=6(t-\arctan t)+C$$
$$=6(\sqrt[6]{x}-\arctan\sqrt[6]{x})+C.$$

例 11　求 $\int \frac{1}{\sqrt{1+\mathrm{e}^x}}\mathrm{d}x$.

解　令 $t=\sqrt{1+\mathrm{e}^x}$, 则 $\mathrm{e}^x=t^2-1$, $x=\ln\left(t^2-1\right)$, $\mathrm{d}x=\frac{2t}{t^2-1}\mathrm{d}t$, 从而

$$\int \frac{1}{\sqrt{1+\mathrm{e}^x}}\mathrm{d}x=\int \frac{2}{t^2-1}\mathrm{d}t=\int\left(\frac{1}{t-1}-\frac{1}{t+1}\right)\mathrm{d}t$$
$$=\ln\left|\frac{t-1}{t+1}\right|+C=2\ln\left(\sqrt{1+\mathrm{e}^x}-1\right)-x+C.$$

同步训练 7.1

1. 填空:

(1) $\int x\mathrm{e}^{x^2}\mathrm{d}x$ 用 $u=x^2$ 换元后变为 ________________;

(2) $\int \frac{x}{x^2-1}\mathrm{d}x$ 用 $u=x^2-1$ 换元后变为 ________________;

(3) $\int \frac{1}{\sqrt{1-9x^2}}\mathrm{d}x$ 用 $u=3x$ 换元后变为 ________________;

(4) $\int_0^{\frac{\pi}{2}}(1+\sin x)^2\cos x\mathrm{d}x$ 用 $u=1+\sin x$ 换元后变为 ________________.

扫一扫, 看答案

2. 求下列积分:

(1) $\int (4+x)^5 \mathrm{d}x$; (2) $\int \sqrt{1-2x}\mathrm{d}x$; (3) $\int \frac{1}{(2x-3)^3}\mathrm{d}x$;

(4) $\int_0^1 \frac{1}{1+2x}\mathrm{d}x$; (5) $\int x\cos x^2 \mathrm{d}x$; (6) $\int \frac{\sin\sqrt{t}}{\sqrt{t}}\mathrm{d}t$;

(7) $\int x\mathrm{e}^{-x^2}\mathrm{d}x$; (8) $\int \frac{1}{x^2}\cos\frac{1}{x}\mathrm{d}x$; (9) $\int \frac{1}{x\ln x}\mathrm{d}x$;

(10) $\int \frac{\sec^2(\ln x)}{2x}\mathrm{d}x$; (11) $\int_0^1 \frac{2}{\sqrt{3t+1}}\mathrm{d}t$; (12) $\int \frac{x}{\sqrt{2-3x^2}}\mathrm{d}x$;

(13) $\int \frac{\sqrt{1+\ln x}}{x}\mathrm{d}x$; (14) $\int \frac{x}{x^4+4}\mathrm{d}x$; (15) $\int \frac{x^3}{x^4+4}\mathrm{d}x$;

(16) $\int \frac{3\mathrm{e}^x}{\sqrt{1-\mathrm{e}^{2x}}}\mathrm{d}x$; (17) $\int_0^{\frac{\pi}{2}} \mathrm{e}^{\sin t}\cos t\mathrm{d}t$; (18) $\int \frac{\tan t}{\cos^2 t}\mathrm{d}t$;

(19) $\int 5t\sqrt{2+t^2}\mathrm{d}t$; (20) $\int \frac{y}{\sqrt{9-16y^4}}\mathrm{d}y$; (21) $\int \frac{2}{\sqrt{9-4x^2}}\mathrm{d}x$;

(22) $\int_0^{\frac{\pi}{4}} \frac{\cos x}{1+\sin^2 x}\mathrm{d}x$; (23) $\int \frac{1}{x^2+4x+5}\mathrm{d}x$; (24) $\int \frac{\mathrm{d}x}{4x^2+12x+13}$;

(25) $\int \frac{\sec^2 3t}{\sqrt{1+\tan 3t}}\mathrm{d}t$; (26) $\int \frac{\arctan\sqrt{x}}{(x+1)\sqrt{x}}\mathrm{d}x$; (27) $\int_0^1 x\mathrm{e}^{-\frac{x^2}{2}}\mathrm{d}x$.

3. 求下列不定积分:

(1) $\int x\sqrt{x+1}\mathrm{d}x$; (2) $\int \frac{\mathrm{d}x}{x-\sqrt{x}}$; (3) $\int x\sqrt[3]{x-4}\mathrm{d}x$; (4) $\int x\sqrt[5]{(x+1)^2}\mathrm{d}x$.

4. 设 $I_n = \int \tan^n x\mathrm{d}x$, 求证 $I_n = \frac{1}{n-1}\tan^{n-1}x - I_{n-2}$, 并求 $\int \tan^5 x\mathrm{d}x$.

7.2 分部积分法

虽然换元积分法可以解决很多积分的计算问题, 但有些积分形如 $\int x\cos x\mathrm{d}x$, $\int x^2\mathrm{e}^x\mathrm{d}x$ 和 $\int \arctan x\mathrm{d}x$ 等运用换元积分是无法求解的. 下面我们在函数乘积的求导法则基础上推导出另一种基本积分方法——**分部积分法**.

令 $u=u(x)$, $v=v(x)$, 由乘积的求导法则

$$(uv)' = u'v + uv',$$

移项可得

$$uv' = (uv)' - u'v.$$

对这个等式两边求不定积分, 得

$$\int uv'\mathrm{d}x = uv - \int u'v\mathrm{d}x, \tag{7.2.1}$$

这就是**不定积分的分部积分公式**. 因为 $\mathrm{d}v = v'(x)\mathrm{d}x, \mathrm{d}u = u'(x)\mathrm{d}x$, 上述等式还可以简化成如下形式:

$$\int u\mathrm{d}v = uv - \int v\mathrm{d}u. \tag{7.2.2}$$

相应的定积分的分部积分公式:

$$\int_a^b u(x)v'(x)\mathrm{d}x = \left[u(x)v(x)\right]_a^b - \int_a^b v(x)u'(x)\mathrm{d}x.$$

图 7.1 是定积分分部积分法的几何解释, 化简之后, 可得

定积分的分部积分法

$$\int_a^b u\mathrm{d}v = [uv]\Big|_a^b - \int_a^b v\mathrm{d}u. \tag{7.2.3}$$

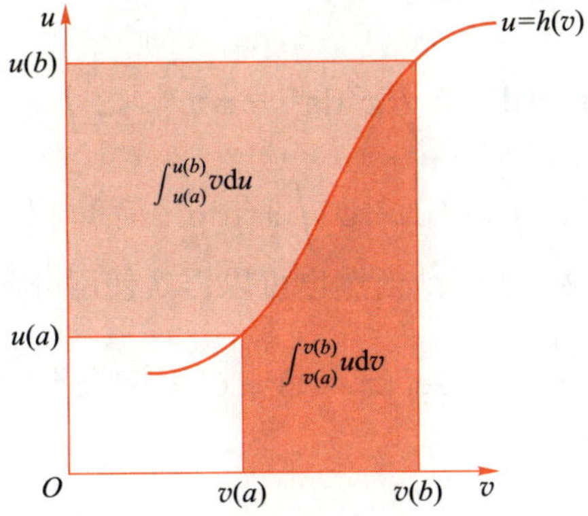

图 7.1

当我们计算 $\int u\mathrm{d}v$ 有困难的时候, 我们可以运用这些公式将积分转化为 $\int v\mathrm{d}u$. 当然, 最终是否能够求解, 关键在于对 u 和 $\mathrm{d}v$ 的选择. 读者需要注意的是, 要想掌握这个选择技巧, 需要通过大量的练习才能实现.

例 1 求 $\int x\cos x\mathrm{d}x$.

解 取 $u = x, \mathrm{d}v = \cos x\mathrm{d}x$, 那么, $\mathrm{d}u = \mathrm{d}x, v = \int \cos x\mathrm{d}x = \sin x$. 由分部积分公式 (7.2.1) 得

$$\int x\cos x\mathrm{d}x = x\sin x - \int \sin x\mathrm{d}x = x\sin x + \cos x + C.$$

注 假如改取 $u = \cos x$, $\mathrm{d}v = x\mathrm{d}x$, 那么 $\mathrm{d}u = -\sin x\mathrm{d}x$, $v = \int x\mathrm{d}x = \frac{1}{2}x^2$. 由分部积分公式得

$$\int(\cos x)x\mathrm{d}x = (\cos x)\frac{1}{2}x^2 - \int\frac{1}{2}x^2(-\sin x)\mathrm{d}x.$$

这时, 尽管上述表达式是正确的, 但是右端的积分显然比左端的更复杂了. 由此可见, 使用分部积分公式的过程中找到适当的 u 和 $\mathrm{d}v$ 是至关重要的.

例 2 求 $\int xe^x\mathrm{d}x$.

解　设 $u=x, \mathrm{d}v=\mathrm{e}^x\mathrm{d}x$, 那么 $\mathrm{d}u=\mathrm{d}x, v=\mathrm{e}^x$. 则

$$\int x\mathrm{e}^x\mathrm{d}x = x\mathrm{e}^x - \int \mathrm{e}^x\mathrm{d}x = x\mathrm{e}^x - \mathrm{e}^x + C = \mathrm{e}^x(x-1)+C.$$

有些函数的积分需要连续多次应用分部积分法.

例 3　求 $\int x^2\mathrm{e}^x\mathrm{d}x$.

解　设 $u=x^2, \mathrm{d}v=\mathrm{e}^x\mathrm{d}x=\mathrm{d}\mathrm{e}^x$, 则

$$\int x^2\mathrm{e}^x\mathrm{d}x = \int x^2\mathrm{d}\mathrm{e}^x = x^2\mathrm{e}^x - 2\int x\mathrm{e}^x\mathrm{d}x.$$

算到这里, 我们不难发现, $\int x\mathrm{e}^x\mathrm{d}x$ 比 $\int x^2\mathrm{e}^x\mathrm{d}x$ 简单了, 这是因为 x 的指数由 2 降为了 1 , 这时可以直接利用例 2 的结果, 当然也可以再次使用分部积分法, 可得

$$\int x^2\mathrm{e}^x\mathrm{d}x = x^2\mathrm{e}^x - 2\mathrm{e}^x(x-1)+C = \mathrm{e}^x\left(x^2-2x+2\right)+C.$$

例 4　求 $\int_0^{\frac{\pi}{4}} x\sin 2x\mathrm{d}x$.

解　取 $u=x, \mathrm{d}v=\sin 2x\mathrm{d}x=\mathrm{d}\left(-\frac{1}{2}\cos 2x\right)$, 则

$$\begin{aligned}\int_0^{\frac{\pi}{4}} x\sin 2x\mathrm{d}x &= \int_0^{\frac{\pi}{4}} x\mathrm{d}\left(-\frac{1}{2}\cos 2x\right)\\ &= \left[x\left(-\frac{1}{2}\cos 2x\right)\right]\Bigg|_0^{\frac{\pi}{4}} - \int_0^{\frac{\pi}{4}}\left(-\frac{1}{2}\cos 2x\right)\mathrm{d}x = \left[\frac{1}{4}\sin 2x\right]\Bigg|_0^{\frac{\pi}{4}} = \frac{1}{4}.\end{aligned}$$

由以上几个例题可见, 如果被积函数是正整数指数的幂函数和正 (余) 弦函数或指数函数的乘积, 可用分部积分法, 这时取 u 为幂函数, 这样用一次分部积分法可使幂函数的次数降低一次.

例 5　求 $\int_1^2 x^2\ln x\,\mathrm{d}x$.

解　取 $u=\ln x, \mathrm{d}v=x^2\mathrm{d}x=\mathrm{d}\left(\frac{1}{3}x^3\right)$, 则

$$\begin{aligned}\int_1^2 x^2\ln x\mathrm{d}x &= \int_1^2 \ln x\mathrm{d}\left(\frac{x^3}{3}\right) = \left(\frac{x^3}{3}\ln x\right)\Bigg|_1^2 - \int_1^2\frac{x^3}{3}\mathrm{d}(\ln x)\\ &= \frac{8}{3}\ln 2 - \frac{1}{3}\int_1^2 x^3\cdot\frac{1}{x}\mathrm{d}x = \frac{8}{3}\ln 2 - \frac{1}{3}\int_1^2 x^2\mathrm{d}x\\ &= \frac{8}{3}\ln 2 - \left(\frac{1}{9}x^3\right)\Bigg|_1^2 = \frac{8}{3}\ln 2 - \frac{7}{9}.\end{aligned}$$

例 6 求 $\int 2x\arctan x\mathrm{d}x$.

解 取 $u=\arctan x, \mathrm{d}v=2x\mathrm{d}x=\mathrm{d}\left(x^2\right)$, 则

$$\begin{aligned}\int 2x\arctan x\mathrm{d}x&=\int \arctan x\mathrm{d}\left(x^2\right)=x^2\arctan x-\int x^2\mathrm{d}(\arctan x)\\&=x^2\arctan x-\int\frac{x^2}{1+x^2}\mathrm{d}x=x^2\arctan x-x+\arctan x+C.\end{aligned}$$

例 7 求 $\int \arcsin x\mathrm{d}x$.

解 取 $u=\arcsin x, \mathrm{d}v=\mathrm{d}x$, 则

$$\begin{aligned}\int \arcsin x\mathrm{d}x&=x\arcsin x-\int x\mathrm{d}(\arcsin x)=x\arcsin x-\int\frac{x}{\sqrt{1-x^2}}\mathrm{d}x\\&=x\arcsin x+\frac{1}{2}\int\frac{\mathrm{d}\left(1-x^2\right)}{\sqrt{1-x^2}}=x\arcsin x+\sqrt{1-x^2}+C.\end{aligned}$$

由例 6、例 7 可见, 当被积函数是幂函数与对数函数或反三角函数的乘积时, 可运用分部积分法, 这时取对数函数或反三角函数为 u.

例 8 求 $\int \mathrm{e}^x\sin x\mathrm{d}x$.

解 若被积函数中不仅含有指数函数还有正弦函数, 不妨取 $u=\sin x, \mathrm{d}v=\mathrm{e}^x\mathrm{d}x=\mathrm{d}\mathrm{e}^x$, 则

$$\int \mathrm{e}^x\sin x\mathrm{d}x=\int \sin x\mathrm{d}\left(\mathrm{e}^x\right)=\mathrm{e}^x\sin x-\int \mathrm{e}^x\cos x\mathrm{d}x.$$

将积分计算到这个位置, 似乎并没有多大的进展. 但是, 对于这类积分, 此时我们需要做的是按照之前选择的初衷, 取 $u=\cos x, \mathrm{d}v=\mathrm{e}^x\mathrm{d}x=\mathrm{d}\mathrm{e}^x$, 则

$$\begin{aligned}\int \mathrm{e}^x\cos x\mathrm{d}x&=\int \cos x\mathrm{d}\mathrm{e}^x\\&=\mathrm{e}^x\cos x-\int \mathrm{e}^x\mathrm{d}\cos x\\&=\mathrm{e}^x\cos x+\int \mathrm{e}^x\sin x\mathrm{d}x.\end{aligned}$$

将上式代入到第一个表达式, 可得

$$\int \mathrm{e}^x\sin x\mathrm{d}x=\int \sin x\mathrm{d}\left(\mathrm{e}^x\right)=\mathrm{e}^x\sin x-\mathrm{e}^x\cos x-\int \mathrm{e}^x\sin x\mathrm{d}x.$$

此时, 只需要通过移项, 合并同类项可得

$$2\int \mathrm{e}^x\sin x\mathrm{d}x=\mathrm{e}^x(\sin x-\cos x)+2C.$$

故

$$\int e^x \sin x dx = \frac{1}{2}e^x(\sin x - \cos x) + C.$$

当然, 对于上面这道例题, 读者也可以尝试选取 $u = e^x, dv = \sin x dx = d(-\cos x)$ 进行积分计算. 总之, 这一类积分在两次使用分部积分公式后, 会重复出现原积分的形式, 这时把等式看成以原积分为“未知量”的方程, 解此“方程”即得所求积分.

同步训练 7.2

扫一扫, 看答案

1. 求下列积分:

(1) $\int xe^{-x}dx$; (2) $\int xe^{2x}dx$; (3) $\int t^2e^{2t+1}dt$;

(4) $\int x\sin xdx$; (5) $\int x\cos 2xdx$; (6) $\int (t+2)\cos(t+2)dt$;

(7) $\int \ln(1+x^2)dx$; (8) $\int \ln\left(4x^4\right)dx$; (9) $\int \arcsin 3xdx$;

(10) $\int_1^2 \frac{\ln x}{x^2}dx$; (11) $\int_1^e \sqrt{t}\ln tdt$; (12) $\int x^5\ln xdx$;

(13) $\int t\arctan tdt$; (14) $\int_{\frac{\pi}{6}}^{\frac{\pi}{2}} x\csc^2 xdx$; (15) $\int x3^xdx$.

2. 运用分部积分法求下列积分:

(1) $\int x^2e^{3x}dx$; (2) $\int x^2\arctan xdx$; (3) $\int \ln^2 zdz$;

(4) $\int x^2\cos xdx$; (5) $\int r^2\arcsin rdr$; (6) $\int e^{-x}\cos xdx$.

3. 求由曲线 $y = \ln x$, x 轴与直线 $x = e$ 所围成的图形的面积.

4. 求由 $y = \arcsin x$, $x = 1, y = 0$ 所围成的图形绕 x 轴旋转所生成的旋转体的体积.

5. 已知 $\frac{\sin x}{x}$ 是函数 $f(x)$ 的原函数, 求 $\int xf'(x)dx$.

6. 已知 $f(x) = \frac{e^x}{x}$, 求 $\int xf''(x)dx$.

7. $I_n = \int \frac{dx}{\sin^n x}$, 其中 $n \geqslant 2$, 证明 $I_n = \frac{1}{n-1}\cdot\frac{\cos x}{\sin^{n-1} x} + \frac{n-2}{n-1}I_{n-2}$.

7.3 三角函数的积分

本节主要探讨被积函数中含有三角函数的积分, 如 $\int \cos^n xdx$, $\int \sin^n xdx$, $\int \sin^m x\cos^n xdx$, $\int \sin mx\cos nxdx$ 和 $\int \tan^m x\sec^n xdx$ 等. 在计算这类积分的过程中, 需要将一些三角变换和换

元积分法结合起来.

一般情况下, 对于被积函数为 $\sin^m x\cos^n x$ 型的积分: 如果 m 和 n 中有一个正奇数, 则可以提取一个作积分变换 $t=\cos x$ 或 $t=\sin x$, 其余运用三角恒等式 $\sin^2 x+\cos^2 x=1$ 进行变换, 从而可以求得积分; 如果 m 和 n 都是正偶数, 此时需要运用半角公式 $\sin^2 x=\dfrac{1-\cos 2x}{2}$ 或者 $\cos^2 x=\dfrac{1+\cos 2x}{2}$ 将积分进行降阶, 然后再进行积分.

例 1 求 $\int \sin^3 x\mathrm{d}x$.

解

$$\begin{aligned}\int \sin^3 x\mathrm{d}x &= \int \sin^2 x\sin x\mathrm{d}x\\ &= -\int \left(1-\cos^2 x\right)\mathrm{d}\cos x\\ &= \int \left(\cos^2 x-1\right)\mathrm{d}\cos x\\ &= \frac{1}{3}\cos^3 x-\cos x+C.\end{aligned}$$

例 2 求 $\int \sin^2 x\mathrm{d}x$ 及 $\int \cos^4 x\mathrm{d}x$.

解 首先需要利用半角公式

$$\begin{aligned}\int \sin^2 x\mathrm{d}x &= \int \frac{1-\cos 2x}{2}\mathrm{d}x\\ &= \frac{1}{2}\int \mathrm{d}x-\frac{1}{4}\int \cos 2x\mathrm{d}2x\\ &= \frac{1}{2}x-\frac{1}{4}\sin 2x+C.\end{aligned}$$

$$\begin{aligned}\int \cos^4 x\mathrm{d}x &= \int \left(\frac{1+\cos 2x}{2}\right)^2\mathrm{d}x\\ &= \frac{1}{4}\int \left(1+2\cos 2x+\cos^2 2x\right)\mathrm{d}x\\ &= \frac{1}{4}\int \mathrm{d}x+\frac{1}{4}\int \cos 2x\mathrm{d}2x+\frac{1}{8}\int (1+\cos 4x)\mathrm{d}x\\ &= \frac{3}{8}\int \mathrm{d}x+\frac{1}{4}\int \cos 2x\mathrm{d}2x+\frac{1}{32}\int \cos 4x\mathrm{d}4x\\ &= \frac{3}{8}x+\frac{1}{4}\sin 2x+\frac{1}{32}\sin 4x+C.\end{aligned}$$

例 3 求 $\int \sin^2 x\cos^5 x\mathrm{d}x$.

解

$$\begin{aligned}\int \sin^2 x\cos^5 x\mathrm{d}x &= \int \sin^2 x\cos^4 x\cos x\mathrm{d}x\\ &= \int \sin^2 x\left(1-\sin^2 x\right)^2\mathrm{d}\sin x\\ &= \int \left(\sin^2 x-2\sin^4 x+\sin^6 x\right)\mathrm{d}\sin x\\ &= \frac{1}{3}\sin^3 x-\frac{2}{5}\sin^5 x+\frac{1}{7}\sin^7 x+C.\end{aligned}$$

例 4　求 $\int \sin^2 x \cos^4 x \mathrm{d}x$.

解

$$\begin{aligned}\int \sin^2 x \cos^4 x \mathrm{d}x &= \frac{1}{8}\int (1-\cos 2x)(1+\cos 2x)^2 \mathrm{d}x \\ &= \frac{1}{8}\int \left(1+\cos 2x-\cos^2 2x-\cos^3 2x\right)\mathrm{d}x \\ &= \frac{1}{8}\int \left[1+\cos 2x-\frac{1}{2}(1+\cos 4x)-(1-\sin^2 2x)\cos 2x\right]\mathrm{d}x \\ &= \frac{1}{8}\int \left(\frac{1}{2}-\frac{1}{2}\cos 4x+\sin^2 2x\cos 2x\right)\mathrm{d}x \\ &= \frac{1}{8}\left(\int \frac{1}{2}\mathrm{d}x-\frac{1}{8}\int \cos 4x\mathrm{d}4x+\frac{1}{2}\int \sin^2 2x\mathrm{d}\sin 2x\right) \\ &= \frac{1}{16}\left(x-\frac{1}{4}\sin 4x+\frac{1}{3}\sin^3 2x\right)+C.\end{aligned}$$

形如 $\int \sin mx \cos nx \mathrm{d}x$, $\int \sin mx \sin nx \mathrm{d}x$ 和 $\int \cos mx \cos nx \mathrm{d}x$ 的积分, 在物理和工程应用中经常遇到. 对于这类积分的计算, 我们需要利用三角函数的积化和差公式, 即

1. $\sin mx \cos nx = \frac{1}{2}[\sin(m+n)x+\sin(m-n)x]$;
2. $\sin mx \sin nx = \frac{1}{2}[\cos(m-n)x-\cos(m+n)x]$;
3. $\cos mx \cos nx = \frac{1}{2}[\cos(m+n)x+\cos(m-n)x]$.

例 5　求 $\int \sin 3x \cos 2x \mathrm{d}x$.

解　利用积化和差公式 1 可得

$$\begin{aligned}\int \sin 3x \cos 2x \mathrm{d}x &= \frac{1}{2}\int (\sin 5x+\sin x)\mathrm{d}x \\ &= \frac{1}{10}\int \sin 5x \mathrm{d}5x+\frac{1}{2}\int \sin x \mathrm{d}x \\ &= -\frac{1}{10}\cos 5x-\frac{1}{2}\cos x+C.\end{aligned}$$

例 6　求 $\int_{-\pi}^{\pi} \sin 3x \sin 2x \mathrm{d}x$.

解　利用积化和差公式 2 可得

$$\begin{aligned}\int_{-\pi}^{\pi} \sin 3x \sin 2x \mathrm{d}x &= -\frac{1}{2}\int_{-\pi}^{\pi} (\cos 5x-\cos x)\mathrm{d}x \\ &= -\frac{1}{2}\left(\frac{1}{5}\sin 5x-\sin x\right)\Big|_{-\pi}^{\pi} \\ &= 0.\end{aligned}$$

形如 $\int \tan^m x \sec^n x \mathrm{d}x$ 的积分中, 若 m 为奇数, 则可以从被积函数中提取 $\tan x \sec x$, 作积

分变换 $t=\sec x$, 剩余部分 $\tan^{m-1}x$ 则运用三角恒等式 $\tan^2 x=\sec^2 x-1$ 进行变换. 若 n 为偶数, 则可以从被积函数中提取 $\sec^2 x$, 作积分变换 $t=\tan x$, 剩余部分 $\sec^{n-2}x$ 运用三角恒等式 $\sec^2 x=\tan^2 x+1$ 进行变换.

例 7 求 $\int \tan^5 x\sec^{-3}x\mathrm{d}x$.

解

$$\begin{aligned}\int \tan^5 x\sec^{-3}x\mathrm{d}x&=\int \tan^4 x\sec^{-4}x\tan x\sec x\mathrm{d}x\\&=\int \left(\sec^2 x-1\right)^2\sec^{-4}x\mathrm{d}\sec x\\&=\int \left(1-2\sec^{-2}x+\sec^{-4}x\right)\mathrm{d}\sec x\\&=\sec x+2\sec^{-1}x-\frac{1}{3}\sec^{-3}x+C.\end{aligned}$$

例 8 求 $\int \tan x\sec^4 x\mathrm{d}x$.

解

$$\begin{aligned}\int \tan x\sec^4 x\mathrm{d}x&=\int \tan x\sec^2 x\sec^2 x\mathrm{d}x\\&=\int \tan x\left(\tan^2 x+1\right)\mathrm{d}\tan x\\&=\frac{1}{4}\tan^4 x+\frac{1}{2}\tan^2 x+C.\end{aligned}$$

特别地, 我们介绍一下 $\int \sec x\mathrm{d}x$ 和 $\int \csc x\mathrm{d}x$ 的计算, 方法不唯一, 在这里主要运用三角恒等式进行计算.

例 9 求 $\int \sec x\mathrm{d}x$ 及 $\int \csc x\mathrm{d}x$.

解

$$\begin{aligned}\int \sec x\mathrm{d}x&=\int \frac{1}{\cos x}\mathrm{d}x\\&=\int \frac{\cos x}{\cos^2 x}\mathrm{d}x\\&=\int \frac{1}{1-\sin^2 x}\mathrm{d}\sin x\\&=-\frac{1}{2}\int \left(\frac{1}{\sin x-1}-\frac{1}{\sin x+1}\right)\mathrm{d}\sin x\\&=-\frac{1}{2}\ln|\sin x-1|+\frac{1}{2}\ln|\sin x+1|+C\\&=\frac{1}{2}\ln\left|\frac{\sin x+1}{\sin x-1}\right|+C.\end{aligned}$$

也可以将上述结果进一步化简

$$\frac{1}{2}\ln\left|\frac{\sin x+1}{\sin x-1}\right|+C=\frac{1}{2}\ln\left|\frac{(\sin x+1)^2}{\cos^2 x}\right|+C=\ln\left|\frac{\sin x+1}{\cos x}\right|+C=\ln|\tan x+\sec x|+C.$$

即, $\int \sec x\mathrm{d}x=\ln|\tan x+\sec x|+C$.

请读者试试看，自行验证 $\int \csc x\mathrm{d}x = \ln|\csc x - \cot x| + C$.

同步训练 7.3

扫一扫，看答案

1. 求下列积分:

(1) $\int \cos^2 x\mathrm{d}x$;　(2) $\int \sin^4 3x\mathrm{d}x$;　(3) $\int \cos^3 x\mathrm{d}x$;

(4) $\int_0^{\frac{\pi}{2}} \sin^5 \theta\mathrm{d}\theta$;　(5) $\int_0^{\frac{\pi}{2}} \cos^6 \theta\mathrm{d}\theta$;　(6) $\int \sin^4 3x\cos^2 3x\mathrm{d}x$;

(7) $\int \sin^3 t\cos^{\frac{3}{2}} t\mathrm{d}t$;　(8) $\int \cos^3 5\theta\sin^{-2} 5\theta\mathrm{d}\theta$;　(9) $\int \sin 4t\cos 3t\mathrm{d}t$;

(10) $\int \cos t\cos 5t\mathrm{d}t$;　(11) $\int \tan^4 x\mathrm{d}x$;　(12) $\int \cos^3 2t\mathrm{d}t$;

(13) $\int \tan^3 x\sec^2 x\mathrm{d}x$;　(14) $\int \tan^3 x\sec^{-\frac{1}{2}} x\mathrm{d}x$;　(15) $\int \tan^{-\frac{3}{2}} x\sec^4 x\mathrm{d}x$.

2. 求由下列曲线围成图形的面积:

(1) $\rho = 2a\cos\theta$;　(2) $\begin{cases} x = a\cos^3 t, \\ y = a\sin^3 t. \end{cases}$

3. 求心形线 $\rho = a(1+\cos\theta)$ 的弧长.

7.4 三角换元积分法

如果被积函数中包含根式 $\sqrt[n]{ax+b}$, 通常令 $t=\sqrt[n]{ax+b}$, 则可以消去根号, 从而可以求得积分.

如果被积函数含有 $\sqrt{a^2-x^2}, \sqrt{a^2+x^2}$ 和 $\sqrt{x^2-a^2}$, 其中 $a>0$ 时, 一般可作如下**三角换元**:

① 含有 $\sqrt{a^2-x^2}$ 时, 令 $x=a\sin t, -\dfrac{\pi}{2}<t<\dfrac{\pi}{2}$;

② 含有 $\sqrt{x^2+a^2}$ 时, 令 $x=a\tan t, -\dfrac{\pi}{2}<t<\dfrac{\pi}{2}$;

③ 含有 $\sqrt{x^2-a^2}$ 时, 令 $x=\pm a\sec t, 0<t<\dfrac{\pi}{2}$.

例 1　求 $\int \sqrt{a^2-x^2}\mathrm{d}x\ (a>0)$.

解　若要去掉 $\sqrt{a^2-x^2}$ 中的根号, 需要运用三角恒等式 $(a\cos t)^2 = a^2-(a\sin t)^2$. 作变换 $x=a\sin t, -\dfrac{\pi}{2}<t<\dfrac{\pi}{2}$, 如图 7.2 所示, 则

$$\sqrt{a^2-x^2}=\sqrt{a^2-a^2\sin^2 t}=\sqrt{a^2\cos^2 t}=|a\cos t|=a\cos t,$$

$$\mathrm{d}x = a\cos t\mathrm{d}t.$$

从而

$$\begin{aligned}\int\sqrt{a^2-x^2}\mathrm{d}x&=\int a\cos t\cdot a\cos t\mathrm{d}t=a^2\int\cos^2 t\mathrm{d}t\\&=\frac{a^2}{2}\int(1+\cos 2t)\mathrm{d}t=\frac{a^2}{2}\left(t+\frac{1}{2}\sin 2t\right)+C\\&=\frac{a^2}{2}(t+\sin t\cos t)+C.\end{aligned}$$

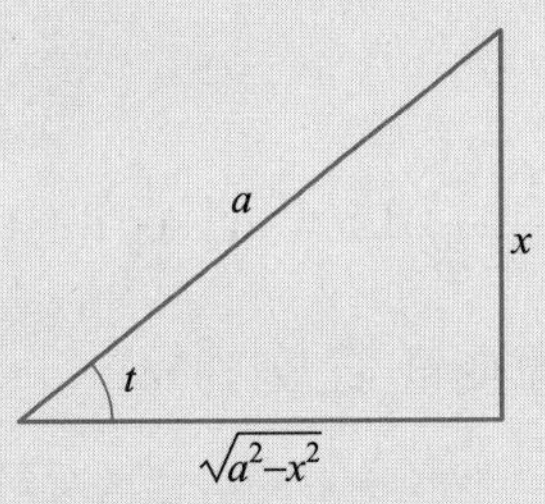

图 7.2

现在还需要把新变量 t 变换成原变量 x: 因为 $x=a\sin t,\sqrt{a^2-x^2}=a\cos t$, 所以

$$t=\arcsin\frac{x}{a},\cos t=\frac{\sqrt{a^2-x^2}}{a}.$$

代入上式, 可得

$$\int\sqrt{a^2-x^2}\mathrm{d}x=\frac{a^2}{2}\arcsin\frac{x}{a}+\frac{x}{2}\sqrt{a^2-x^2}+C.$$

下面我们可以利用定积分的几何意义和例 1 的结果直接计算出如图 7.3 所示的半圆形面积, 即

$$\int_{-2}^{2}\sqrt{4-x^2}\mathrm{d}x=\left(2\arcsin\frac{x}{2}+\frac{x}{2}\sqrt{4-x^2}\right)\Big|_{-2}^{2}=2\left(\frac{\pi}{2}+\frac{\pi}{2}\right)=2\pi.$$

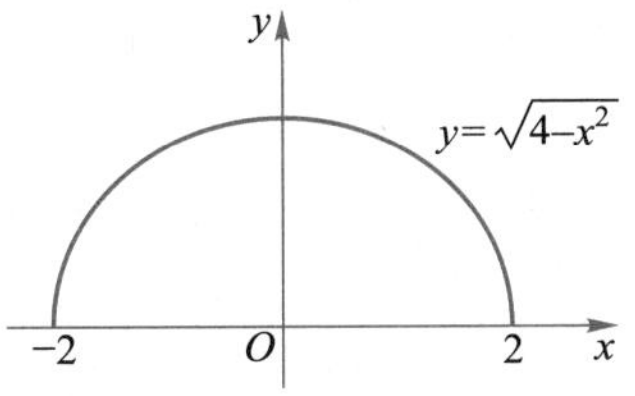

图 7.3

例 2 求 $\int\frac{1}{\sqrt{x^2+a^2}}\mathrm{d}x\ (a>0)$.

解 若要去掉 $\sqrt{x^2+a^2}$ 中的根号, 需要运用三角恒等式 $(a\sec t)^2=(a\tan t)^2+a^2$. 作变换 $x=a\tan t,-\frac{\pi}{2}<t<\frac{\pi}{2}$, 如图 7.4 所示, 则

$$\sqrt{x^2+a^2}=\sqrt{a^2\tan^2 t+a^2}=\sqrt{a^2\sec^2 t}=|a\sec t|=a\sec t,$$

$$\mathrm{d}x=\mathrm{d}a\tan t=a\sec^2 t\mathrm{d}t.$$

从而

$$\int\frac{1}{\sqrt{x^2+a^2}}\mathrm{d}x=\int\frac{1}{a\sec t}\cdot a\sec^2 t\mathrm{d}t=\int\sec t\mathrm{d}t.$$

利用 7.3 节例 9 的结论可得

$$\int\frac{1}{\sqrt{x^2+a^2}}\mathrm{d}x=\ln|\sec t+\tan t|+C.$$

现在需要把新变量 t 变换成原变量 x: 因为 $x=a\tan t, \sqrt{x^2+a^2}=a\sec t$, 所以

$$\tan t=\frac{x}{a},\quad \sec t=\frac{\sqrt{x^2+a^2}}{a}.$$

代入上式可得

$$\int\frac{1}{\sqrt{x^2+a^2}}\mathrm{d}x=\ln\left|\frac{\sqrt{x^2+a^2}}{a}+\frac{x}{a}\right|+C_1=\ln\left(\sqrt{x^2+a^2}+x\right)+C,$$

其中 $C=C_1-\ln a$.

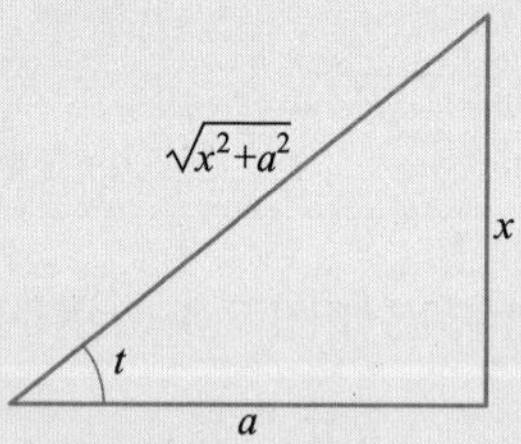

图 7.4

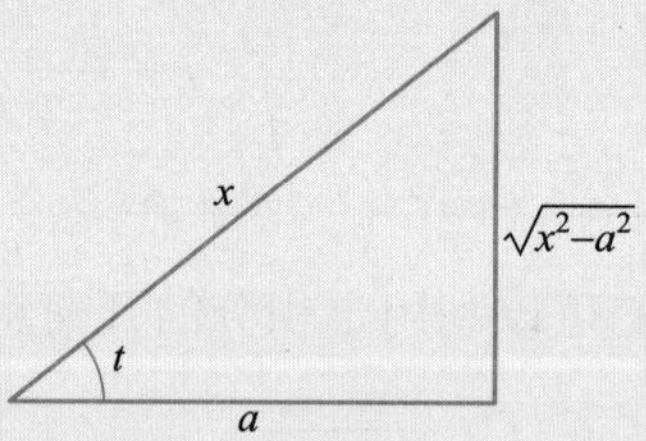

图 7.5

例 3 求 $\int\frac{1}{\sqrt{x^2-a^2}}(a>0)$.

解 若要去掉 $\sqrt{x^2-a^2}$ 中的根号, 需要运用三角恒等式 $(a\tan t)^2=(a\sec t)^2-a^2$. 另外被积函数的定义域为 $|x|>a$.

当 $x>a$ 时, 作变换 $x=a\sec t, 0<t<\frac{\pi}{2}$, 如图 7.5 所示, 则

$$\sqrt{x^2-a^2}=\sqrt{a^2\sec^2 t-a^2}=\sqrt{a^2\tan^2 t}=|a\tan t|=a\tan t,$$

$$\mathrm{d}x=\mathrm{d}a\sec t=a\sec t\tan t\mathrm{d}t,$$

从而

$$\int\frac{1}{\sqrt{x^2-a^2}}\mathrm{d}x=\int\frac{1}{a\tan t}\cdot a\sec t\tan t\mathrm{d}t=\int\sec t\mathrm{d}t.$$

利用 7.3 节例 9 的结论可得

$$\int \frac{1}{\sqrt{x^2-a^2}}\mathrm{d}x = \ln|\sec t + \tan t| + C.$$

现在需要把新变量 t 变换成原变量 x: 因为 $x = a\sec t, \sqrt{x^2-a^2} = a\tan t$, 所以

$$\sec t = \frac{x}{a}, \quad \tan t = \frac{\sqrt{x^2-a^2}}{a}.$$

代入上式可得

$$\int \frac{1}{\sqrt{x^2-a^2}}\mathrm{d}x = \ln\left|\frac{x}{a} + \frac{\sqrt{x^2-a^2}}{a}\right| + C_1 = \ln\left(x + \sqrt{x^2-a^2}\right) + C,$$

其中 $C = C_1 - \ln a$.

当 $x < -a$ 时, 令 $x = -u$, 则 $u > a$. 由上面推导的结论可得

$$\begin{aligned}
\int \frac{1}{\sqrt{x^2-a^2}}\mathrm{d}x &= -\int \frac{1}{\sqrt{u^2-a^2}}\mathrm{d}u = -\ln\left(u + \sqrt{u^2-a^2}\right) + C \\
&= -\ln\left(-x + \sqrt{x^2-a^2}\right) + C_1 = \ln\left(\frac{1}{-x + \sqrt{x^2-a^2}}\right) + C_1 \\
&= \ln\left(\frac{-x - \sqrt{x^2-a^2}}{a^2}\right) + C_1 \\
&= \ln\left(-x - \sqrt{x^2-a^2}\right) + C,
\end{aligned}$$

其中 $C = C_1 - 2\ln a$.

总之, 将 $x > a$ 和 $x < -a$ 两个结果结合起来, 可以写成一个统一的表达式, 即

$$\int \frac{1}{\sqrt{x^2-a^2}}\mathrm{d}x = \ln\left|x + \sqrt{x^2-a^2}\right| + C.$$

例 4 求 $\displaystyle\int_2^4 \frac{\sqrt{x^2-4}}{x}\mathrm{d}x$.

解 首先 x 的取值范围为 $2 \leqslant x \leqslant 4$, 根据例 3, 可令 $x = 2\sec t, 0 \leqslant t < \dfrac{\pi}{2}$, 则

$$\sqrt{x^2-4} = 2\tan t, \mathrm{d}x = 2\sec t\tan t\mathrm{d}t.$$

同时, 积分上下限也要随之发生变化: 当 $x = 2$ 时, $t = 0$; 当 $x = 4$ 时, $t = \dfrac{\pi}{3}$. 于是

$$\begin{aligned}
\int_2^4 \frac{\sqrt{x^2-4}}{x}\mathrm{d}x &= \int_0^{\frac{\pi}{3}} \frac{2\tan t}{2\sec t}\cdot 2\sec t\tan t\mathrm{d}t \\
&= \int_0^{\frac{\pi}{3}} 2\tan^2 t\mathrm{d}t = 2\int_0^{\frac{\pi}{3}} \left(\sec^2 t - 1\right)\mathrm{d}t \\
&= 2(\tan t - t)\Big|_0^{\frac{\pi}{3}} = 2\sqrt{3} - \frac{2\pi}{3}.
\end{aligned}$$

同步训练 7.4

扫一扫, 看答案

1. 求下列积分:

(1) $\int \sqrt{1-x^2}\mathrm{d}x$;　(2) $\int \frac{1}{x\sqrt{x^2-1}}\mathrm{d}x$;　(3) $\int \frac{\sqrt{4-x^2}}{x^2}\mathrm{d}x$;

(4) $\int \frac{\sqrt{x^2-9}}{x}\mathrm{d}x$;　(5) $\int \frac{1}{x\sqrt{1+x^2}}\mathrm{d}x$;　(6) $\int \frac{1}{(x^2+1)^2}\mathrm{d}x$;

(7) $\int \frac{1}{\sqrt{x^2+2x+5}}\mathrm{d}x$;　(8) $\int \frac{1}{\sqrt{4x-x^2}}\mathrm{d}x$;　(9) $\int \frac{3x}{\sqrt{x^2+2x+5}}\mathrm{d}x$.

2. 计算曲线 $y=\ln x$ 相应于 $\sqrt{3}\leqslant x\leqslant\sqrt{8}$ 的弧长.

3. 求由曲线 $x^2+(y-5)^2=16$ 所围的图形绕 x 轴旋转而成的旋转体的体积.

7.5 有理函数的积分

有理函数指的是两个多项式的商, 比如

$$f(x)=\frac{1}{(x-1)^2},\quad g(x)=\frac{x+1}{x^2+x+1},\quad h(x)=\frac{x^4+x+1}{x^2+1}$$

其中, 总假设分子多项式和分母多项式之间没有公因式. 若分子多项式的次数小于分母多项式的次数时, 称这种有理函数为真分式, 比如 $f(x), g(x)$; 否则称为假分式, 比如 $h(x)$. 但是, 当有理函数是假分式时, 总可以利用多项式的除法, 将其化为一个多项式与一个真分式之和的形式, 比如

$$h(x)=\frac{x^4+x+1}{x^2+1}=x^2-1+\frac{x+2}{x^2+1}.$$

因此, 有理函数的积分问题可归结为求真分式的积分问题.

下面我们对 $f(x), g(x)$ 进行积分.

例 1　求 $\int \frac{1}{(x-1)^2}\mathrm{d}x$.

解　令 $u=x-1$, 可得

$$\int \frac{1}{(x-1)^2}\mathrm{d}x=\int \frac{1}{(x-1)^2}\mathrm{d}(x-1)=\int \frac{1}{u^2}\mathrm{d}u=-\frac{1}{u}+C=-\frac{1}{x-1}+C.$$

例 2　求 $\int \frac{x+1}{x^2+x+1}\mathrm{d}x$.

解

$$\begin{aligned}\int \frac{x+1}{x^2+x+1}\mathrm{d}x&=\frac{1}{2}\int \frac{2x+1+1}{x^2+x+1}\mathrm{d}x\\&=\frac{1}{2}\int \frac{2x+1}{x^2+x+1}\mathrm{d}x+\frac{1}{2}\int \frac{1}{x^2+x+1}\mathrm{d}x\end{aligned}$$

$$= \frac{1}{2}\int \frac{\mathrm{d}\left(x^2+x+1\right)}{x^2+x+1} + \frac{1}{2}\int \frac{1}{\left(x+\frac{1}{2}\right)^2+\frac{3}{4}}\mathrm{d}\left(x+\frac{1}{2}\right)$$

$$= \frac{1}{2}\ln\left(x^2+x+1\right) + \frac{1}{\sqrt{3}}\arctan\frac{2x+1}{\sqrt{3}} + C.$$

显然, 若真分式都可以写成类似于 $f(x), g(x)$ 等简单真分式的和, 那么积分问题就可以迎刃而解. 比如不定积分 $\int \frac{1}{x^2-4}\mathrm{d}x$, 若将 $\frac{1}{x^2-4}$ 按照其分母的因式拆成两个简单分式之和, 即

$$\frac{1}{x^2-4} = \frac{1}{(x-2)(x+2)} = \frac{1}{4}\left(\frac{1}{x-2} - \frac{1}{x+2}\right).$$

然后再对这两个简单分式进行积分即可. 按照这个思路, 对于任何真分式的积分, 首先将分母分解为一次因式和二次质因式乘积的形式 (这个结论由代数基本定理得到), 再运用待定系数法将该分式按照分母的因式分解成若干简单分式之和, 再进行积分.

下面通过几个例子来进一步说明真分式的积分方法.

例 3 求 $\int \frac{3x-4}{x^2-3x+2}\mathrm{d}x$.

解 被积函数的分母可以分解成 $(x-1)(x-2)$, 于是可得

$$\frac{3x-4}{x^2-3x+2} = \frac{A}{x-1} + \frac{B}{x-2}.$$

等式两边同乘以 $(x-1)(x-2)$, 得

$$3x-4 = A(x-2) + B(x-1),$$

即

$$3x-4 = (A+B)x - 2A - B.$$

比较上式两端的系数可得

$$\begin{cases} A+B=3, \\ -2A-B=-4. \end{cases}$$

解得 $A=1, B=2$. 因此可得

$$\int \frac{3x-4}{x^2-3x+2}\mathrm{d}x = \int \frac{1}{x-1}\mathrm{d}x + \int \frac{2}{x-2}\mathrm{d}x$$
$$= \ln|x-1| + 2\ln|x-2| + C.$$

例 4 求 $\int \frac{-x+3}{(x+1)(x-1)^2}\mathrm{d}x$.

解　首先将被积函数分解成

$$\frac{-x+3}{(x+1)(x-1)^2}=\frac{A}{x+1}+\frac{B}{x-1}+\frac{C}{(x-1)^2},$$

等式两边同乘以 $(x+1)(x-1)^2$, 可得

$$-x+3=A(x-1)^2+B(x+1)(x-1)+C(x+1),$$

即

$$-x+3=(A+B)x^2+(-2A+C)x+A-B+C.$$

比较上式两端的系数可得

$$\begin{cases}A+B=0,\\-2A+C=-1,\\A-B+C=3,\end{cases}$$

解之得 $A=1,B=-1,C=1$. 于是

$$\begin{aligned}\int\frac{-x+3}{(x+1)(x-1)^2}\mathrm{d}x&=\int\left[\frac{1}{x+1}-\frac{1}{x-1}+\frac{1}{(x-1)^2}\right]\mathrm{d}x\\&=\int\frac{1}{x+1}\mathrm{d}x-\int\frac{1}{x-1}\mathrm{d}x+\int\frac{1}{(x-1)^2}\mathrm{d}x\\&=\ln|x+1|-\ln|x-1|-\frac{1}{x-1}+C\\&=\ln\left|\frac{x+1}{x-1}\right|+\frac{1}{1-x}+C.\end{aligned}$$

例 5　求 $\int\frac{2x+1}{(x+2)\left(x^2+x+1\right)}\mathrm{d}x$

解　首先将被积函数分解成

$$\frac{2x+1}{(x+2)\left(x^2+x+1\right)}=\frac{A}{x+2}+\frac{Bx+C}{x^2+x+1}.$$

等式两边同乘以 $(x+2)\left(x^2+x+1\right)$, 可得

$$2x+1=A\left(x^2+x+1\right)+(Bx+C)(x+2),$$

即

$$2x+1=(A+B)x^2+(A+2B+C)x+A+2C.$$

比较上式两端的系数可得

$$\begin{cases} A+B=0, \\ A+2B+C=2, \\ A+2C=1, \end{cases}$$

解之得 $A=-1, B=1, C=1$. 于是由上面的因式分解和例 2 的结论可得

$$\begin{aligned}\int \frac{2x+1}{(x+2)\left(x^2+x+1\right)}\mathrm{d}x &= \int\left(\frac{-1}{x+2}+\frac{x+1}{x^2+x+1}\right)\mathrm{d}x \\ &= -\int \frac{1}{x+2}\mathrm{d}x+\int \frac{x+1}{x^2+x+1}\mathrm{d}x \\ &= -\ln|x+2|+\frac{1}{2}\ln\left(x^2+x+1\right)+\frac{1}{\sqrt{3}}\arctan\frac{2x+1}{\sqrt{3}}+C.\end{aligned}$$

例 6 求 $\int \frac{x^3-4x}{\left(x^2+1\right)^2}\mathrm{d}x$.

解 首先将被积函数分解成

$$\frac{x^3-4x}{\left(x^2+1\right)^2}=\frac{Ax+B}{x^2+1}+\frac{Cx+D}{\left(x^2+1\right)^2}.$$

等式两边同乘以 $\left(x^2+1\right)^2$, 可得

$$x^3-4x=Ax^3+Bx^2+(A+C)x+B+D,$$

比较上式两端的系数可得

$$\begin{cases} A=1, \\ B=0, \\ A+C=-4, \\ B+D=0, \end{cases}$$

解之得 $A=1, B=0, C=-5, D=0$. 于是

$$\begin{aligned}\int \frac{x^3-4x}{\left(x^2+1\right)^2}\mathrm{d}x &= \int\left[\frac{x}{x^2+1}+\frac{-5x}{\left(x^2+1\right)^2}\right]\mathrm{d}x \\ &= \frac{1}{2}\int \frac{1}{x^2+1}\mathrm{d}\left(x^2+1\right)-\frac{5}{2}\int \frac{1}{\left(x^2+1\right)^2}\mathrm{d}\left(x^2+1\right) \\ &= \frac{1}{2}\ln\left(x^2+1\right)+\frac{5}{2\left(x^2+1\right)}+C.\end{aligned}$$

根据例 1—例 6, 在分解真分式为部分分式之和时, 若分母的因式中含有 $(ax+b)^m$ 时, 可以分解成

$$\frac{A_1}{ax+b}+\frac{A_2}{(ax+b)^2}+\cdots+\frac{A_m}{(ax+b)^m};$$

若分母的因式中含有 $\left(ax^2+bx+c\right)^n$ 时, 可以分解成

$$\frac{B_1x+C_1}{ax^2+bx+c}+\frac{B_2x+C_2}{\left(ax^2+bx+c\right)^2}+\cdots+\frac{B_nx+C_n}{\left(ax^2+bx+c\right)^n}.$$

下面我们运用有理函数的积分技巧来求解上一章建立的人口增长模型—Logistic 模型 (逻辑斯谛模型):

$$\frac{\mathrm{d}y}{\mathrm{d}t}=ky(L-y),$$

其中 $y(t)$ 表示 t 时刻某地区的人口数量, $k>0$ 是比例系数, L 指在一定的自然资源和环境条件下所能容纳的最大人口数量, 即人口的增长率 $\frac{\mathrm{d}y}{\mathrm{d}t}$ 与人口总数 y 、人口可增长数 $L-y$ 成正比. 具体求解如下:

首先分离变量并积分可得

$$\int\frac{1}{y(L-y)}\mathrm{d}y=\int k\mathrm{d}t,$$

上式左边的积分为有理函数的积分, 计算可得

$$\frac{1}{y(L-y)}=\frac{1}{L}\left(\frac{1}{y}+\frac{1}{L-y}\right),$$

从而

$$\begin{aligned}\int\frac{1}{y(L-y)}\mathrm{d}y&=\int\frac{1}{L}\left(\frac{1}{y}+\frac{1}{L-y}\right)\mathrm{d}y\\&=\frac{1}{L}\int\frac{1}{y}\mathrm{d}y+\frac{1}{L}\int\frac{1}{L-y}\mathrm{d}y\\&=\frac{1}{L}\ln y-\frac{1}{L}\ln(L-y)+C_1=\frac{1}{L}\ln\frac{y}{L-y}+C_1.\end{aligned}$$

再由 $\int k\mathrm{d}t=kt+C_2$, 可得

$$\frac{1}{L}\ln\frac{y}{L-y}=kt+C_3,$$

其中 $C_3=C_2-C_1$, 化简得

$$\frac{y}{L-y}=\mathrm{e}^{L(kt+C_3)},$$

解之得

$$y=\frac{L\mathrm{e}^{L(kt+C_3)}}{1+\mathrm{e}^{L(kt+C_3)}}=\frac{C_4L\mathrm{e}^{Lkt}}{1+C_4\mathrm{e}^{Lkt}}=\frac{L}{1+C\mathrm{e}^{-Lkt}},$$

其中 $C=\frac{1}{C_4}=\mathrm{e}^{-LC_3}$ 是正常数.

函数 $y(t)$ 的图形称为逻辑斯谛曲线, 如图 7.6 所示, 它的形状像 S, 一般称之为 S 曲线. 从曲线的变化趋势可以看出, 当人口数量较少的时候, 增长较快; 当人口数量达到一定数量时, 增长就会慢下来. 除此之外, 也可以算出

$$\lim_{t \to +\infty} y(t) = L.$$

这说明人口数量并不能无限制地增长下去, 因此该模型也称为阻滞增长模型.

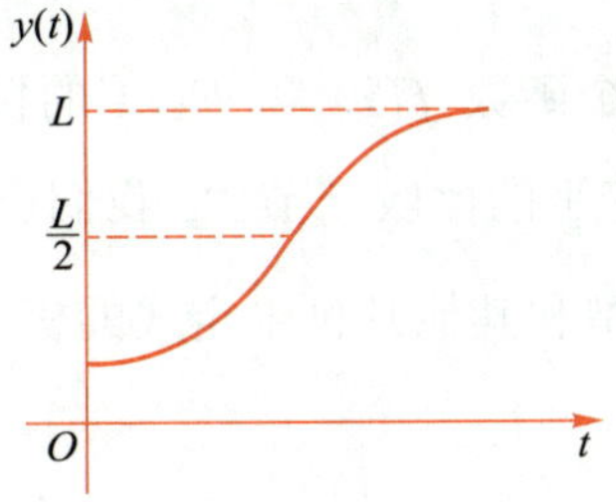

图 7.6

事实上, 这个模型不仅能够刻画人口及许多其他生物种群 (树木、鱼群等) 的变化规律, 而且在信息传播、新技术的推广、传染病的扩散以及某些商品的销量等方面也有着广泛的应用.

同步训练 7.5

1. 求下列积分:

(1) $\int \frac{1}{(x+1)(x+3)} \mathrm{d}x$; (2) $\int \frac{4}{x^2+3x} \mathrm{d}x$; (3) $\int \frac{x+3}{x^2-5x+6} \mathrm{d}x$;

(4) $\int \frac{x-7}{x^2-x-12} \mathrm{d}x$; (5) $\int \frac{1}{(1+2x)(1+x^2)} \mathrm{d}x$; (6) $\int \frac{1}{x(x-1)^2} \mathrm{d}x$;

(7) $\int \frac{x^2-1}{x^3+x} \mathrm{d}x$; (8) $\int \frac{\mathrm{d}x}{(x^2+1)(x^2+x)}$; (9) $\int \frac{1}{x^4-1} \mathrm{d}x$;

(10) $\int \frac{1}{(x^2+1)(x^2+x+1)} \mathrm{d}x$; (11) $\int \frac{x^3}{x+3} \mathrm{d}x$; (12) $\int \frac{x^3}{x^2+x-2} \mathrm{d}x$.

扫一扫, 看答案

2. 求下列具有初值条件的人口增长方程, 并预测 $t=3$ 时的人口数量:

(1) $y' = y(1-y)$, $y(0) = 0.5$;

(2) $y' = \frac{1}{10} y(12-y)$, $y(0) = 2$;

(3) $y' = 0.000\,3y(8\,000-y)$, $y(0) = 1\,000$;

(4) $y' = 0.001y(4\,000-y)$, $y(0) = 100$.

3. 假设地球上最多能承载 104 亿人, 1975 年世界人口约为 40 亿, 2023 年约为 80 亿, 令 y 是 1975 年开始 t 年后的人口数量, 满足如下人口增长模型

$$\frac{\mathrm{d}y}{\mathrm{d}t} = ky(16-y).$$

(1) 解上述微分方程;

(2) 预测 2035 年的世界人口数量;

(3) 预测哪一年世界人口将达到 97 亿.

7.6 未定式的极限

在学习了极限之后，如果遇到两个函数 $f(x)$ 和 $F(x)$ 的极限同时趋于 0 或者同时趋于无穷时，如何判别两者比值的极限呢？在无穷小的比较一节中，我们已经看到 $\frac{0}{0}$ 型比值的极限是一个未定式. 这一节我们将要讨论 $\frac{0}{0}$ 型、$\frac{\infty}{\infty}$ 型和其他几种未定式的极限.

7.6.1 $\frac{0}{0}$ 型和 $\frac{\infty}{\infty}$ 型未定式

定义 7.6.1 若当 $x \to a$ (或 $x \to \infty$) 时，函数 $f(x)$ 和 $F(x)$ 都趋于零 (或无穷大)，则极限 $\lim\limits_{\substack{x\to a\\(x\to\infty)}} \frac{f(x)}{F(x)}$ 可能存在、也可能不存在，称为 $\frac{0}{0}$ 型 (或 $\frac{\infty}{\infty}$ 型) 未定式. 例如 $\lim\limits_{x\to 0} \frac{\sin x}{x}$ 就是一个 $\frac{0}{0}$ 型未定式，$\lim\limits_{x\to\frac{\pi}{2}} \frac{\tan x}{\tan 3x}$ 是一个 $\frac{\infty}{\infty}$ 型的未定式.

定理 7.6.1 **(洛必达法则)** 设

(1) $\lim\limits_{x\to a} f(x)$ 和 $\lim\limits_{x\to a} F(x)$ 都趋于零;

(2) 在点 a 的某去心邻域内，$f'(x)$ 和 $F'(x)$ 都存在且 $F'(x) \neq 0$;

(3) $\lim\limits_{x\to a} \frac{f(x)}{F(x)}$ 存在 (或无穷大),

则

$$\lim_{x\to a} \frac{f(x)}{F(x)} = \lim_{x\to a} \frac{f'(x)}{F'(x)}.$$

我们把满足上面条件的，通过分子分母分别求导再求极限来研究 $\frac{0}{0}$ 型未定式的方法称为**洛必达 (L'Hospital) 法则**.

证 做辅助函数

$$f_1(x) = \begin{cases} f(x), & x \neq a, \\ 0, & x = a, \end{cases} \qquad F_1(x) = \begin{cases} F(x), & x \neq a, \\ 0, & x = a. \end{cases}$$

在 $\mathring{U}(a,\delta)$ 内任取一点 x，在以 a 和 x 为端点的区间上函数 $f_1(x)$ 和 $F_1(x)$ 满足柯西中值定理的条件，则有

$$\frac{f(x)}{F(x)} = \frac{f(x)-f(a)}{F(x)-F(a)} = \frac{f'(\xi)}{F'(\xi)}, \quad \xi \text{ 在 } a \text{ 与 } x \text{ 之间}.$$

当 $x \to 0$ 时，有 $\xi \to a$，所以当 $\lim\limits_{x\to a} \frac{f'(x)}{F'(x)} = A$，有 $\lim\limits_{\xi\to a} \frac{f'(\xi)}{F'(\xi)} = A$，故

$$\lim_{x\to a} \frac{f(x)}{F(x)} = \lim_{\xi\to a} \frac{f'(\xi)}{F'(\xi)} = A.$$

说明:

1. 如果 $\lim\limits_{x\to a} \frac{f'(x)}{F'(x)}$ 仍属于 $\frac{0}{0}$ 型，且 $f'(x)$ 和 $F'(x)$ 满足洛必达法则的条件，可继续使用洛必达

法则, 即 $\lim\limits_{x \to a} \dfrac{f(x)}{F(x)} = \lim\limits_{x \to a} \dfrac{f'(x)}{F'(x)} = \lim\limits_{x \to a} \dfrac{f''(x)}{F''(x)} = \cdots$;

2. 当 $x \to \infty$ 时, 该法则仍然成立, 有 $\lim\limits_{x \to \infty} \dfrac{f(x)}{F(x)} = \lim\limits_{x \to \infty} \dfrac{f'(x)}{F'(x)}$;

3. 对 $x \to a$ (或 $x \to \infty$) 时的未定式 $\dfrac{\infty}{\infty}$, 也有相应的洛必达法则;

4. 洛必达法则是充分条件;

5. 如果数列极限也属于未定式的极限问题, 需先将其转换为函数极限, 然后使用洛必达法则, 从而求出数列极限.

例 1 求 $\lim\limits_{x \to 0} \dfrac{\tan x}{x}$. $\left(\dfrac{0}{0}\text{型}\right)$

解 原式 $= \lim\limits_{x \to 0} \dfrac{(\tan x)'}{(x)'} = \lim\limits_{x \to 0} \dfrac{\sec^2 x}{1} = 1.$

例 2 求 $\lim\limits_{x \to 1} \dfrac{x^3 - 6x + 5}{x^3 - x^2 - 2x + 2}$. $\left(\dfrac{0}{0}\text{型}\right)$

解 原式 $= \lim\limits_{x \to 1} \dfrac{3x^2 - 6}{3x^2 - 2x - 2} = \lim\limits_{x \to 1} \dfrac{6x}{6x - 2} = \dfrac{3}{2}.$

例 3 求 $\lim\limits_{x \to +\infty} \dfrac{\ln x}{x^\alpha}(\alpha > 0)$. $\left(\dfrac{\infty}{\infty}\text{型}\right)$

解 原式 $= \lim\limits_{x \to +\infty} \dfrac{\frac{1}{x}}{\alpha x^{\alpha - 1}} = \lim\limits_{x \to +\infty} \dfrac{1}{\alpha x^\alpha} = 0.$

例 4 求 $\lim\limits_{x \to 0} \dfrac{\ln \sin 2x}{\ln \sin 3x}$. $\left(\dfrac{\infty}{\infty}\text{型}\right)$

解 原式 $= \lim\limits_{x \to 0} \dfrac{2\cos 2x \cdot \sin 3x}{3\cos 3x \cdot \sin 2x} = \lim\limits_{x \to 0} \dfrac{2\cos 2x \cdot 3x}{3\cos 3x \cdot 2x} = \lim\limits_{x \to 0} \dfrac{\cos 2x}{\cos 3x} = 1.$

例 5 求 $\lim\limits_{x \to \frac{\pi}{2}} \dfrac{\tan x}{\tan 3x}$. $\left(\dfrac{\infty}{\infty}\text{型}\right)$

解 原式 $= \lim\limits_{x \to \frac{\pi}{2}} \dfrac{\sec^2 x}{3\sec^2 3x} = \dfrac{1}{3} \lim\limits_{x \to \frac{\pi}{2}} \dfrac{\cos^2 3x}{\cos^2 x} = \dfrac{1}{3} \lim\limits_{x \to \frac{\pi}{2}} \dfrac{-6\cos 3x \sin 3x}{-2\cos x \sin x}$

$= \lim\limits_{x \to \frac{\pi}{2}} -\dfrac{\cos 3x}{\cos x} = 3.$

对于 $\dfrac{0}{0}$ 型未定式, 可以使用洛必达法则和等价无穷小代换相结合的方法来计算.

例 6 求 $\lim\limits_{x \to 0} \dfrac{\tan x - x}{x - \sin x}$. $\left(\dfrac{0}{0}\text{型}\right)$

解 原式 $= \lim\limits_{x \to 0} \dfrac{\sec^2 x - 1}{1 - \cos x} = \lim\limits_{x \to 0} \dfrac{\tan^2 x}{1 - \cos x} = \lim\limits_{x \to 0} \dfrac{x^2}{\frac{1}{2}x^2} = 2.$

(这里 $\tan x \sim x$, $1 - \cos x \sim \dfrac{1}{2}x^2$, $x \to 0$.)

7.6.2 其他未定式

7.6.2.1 $0 \cdot \infty$ 型未定式

在 $A(x)B(x)$ 中, $A(x) \to 0, B(x) \to \infty$, $A(x)B(x)$ 的极限会怎样变化呢? 两个函数在同时向两种不同方向拉动, 极限就会随着变化强的函数变化, 所以 $0 \cdot \infty$ 型是一种未定式的极限.

我们可以把 $0 \cdot \infty$ 型未定式化为比值形式 (即 $\frac{0}{0}$ 或 $\frac{\infty}{\infty}$ 型) 的未定式来计算.

例 7　求 $\lim\limits_{x \to +\infty} x \sin \frac{1}{x}$. ($0 \cdot \infty$型)

解　令 $\frac{1}{x} = t$, 则有

$$\lim_{x \to +\infty} x \sin \frac{1}{x} = \lim_{t \to 0^+} \frac{1}{t} \sin t = 1.$$

例 8　求 $\lim\limits_{x \to 0^+} x^2 \ln x$.

解　$$\lim_{x \to 0^+} x^2 \ln x = \lim_{x \to 0^+} \frac{\ln x}{x^{-2}} = \lim_{x \to 0^+} \frac{\frac{1}{x}}{-2x^{-3}} = -\lim_{x \to 0^+} \frac{1}{2} x^2 = 0.$$

7.6.2.2 $\infty - \infty$ 型未定式

同样地, 在 $A(x) - B(x)$ 中, $A(x) \to \infty, B(x) \to \infty$, 两个函数在同时向两种不同方向拉动, $A(x) - B(x)$ 的极限也会随着变化强的函数变化, 因此 $\infty - \infty$ 型的极限也是未定式.

对于 $\infty - \infty$ 型未定式的极限, 可以用通分等方法化为 $\frac{0}{0}$ 型的未定式来计算.

例 9　求 $\lim\limits_{x \to 0} \left(\frac{1}{\sin x} - \frac{1}{x} \right)$. ($\infty - \infty$ 型)

解　当 $x \to 0^+$ 时, $\sin x \to 0^+$, $\frac{1}{\sin x} - \frac{1}{x}$ 是 $\infty - \infty$ 型的未定式,

当 $x \to 0^-$ 时, $\sin x \to 0^-$, $\frac{1}{\sin x} - \frac{1}{x}$ 也是 $\infty - \infty$ 型的未定式, 则

$$原式 = \lim_{x \to 0} \frac{x - \sin x}{x \sin x} = \lim_{x \to 0} \frac{1 - \cos x}{\sin x + x \cos x} = \lim_{x \to 0} \frac{\sin x}{2 \cos x - x \sin x} = \frac{0}{2} = 0.$$

例 10　求 $\lim\limits_{x \to \frac{\pi}{2}^+} (\sec x - \tan x)$. ($\infty - \infty$ 型)

解　$$原式 = \lim_{x \to \frac{\pi}{2}^+} (\sec x - \tan x) = \lim_{x \to \frac{\pi}{2}^+} \frac{1 - \sin x}{\cos x} = \lim_{x \to \frac{\pi}{2}^+} \frac{-\cos x}{-\sin x} = 0.$$

7.6.2.3 $1^{\infty}, 0^0, \infty^0$ 型未定式

除了 $0\cdot\infty$, $\infty-\infty$ 两种未定式外, 还有 1^{∞}, 0^0, ∞^0 型的未定式, 我们可以用 $\mathrm{e}^{\ln}$ 作用于 1^{∞}, 0^0, ∞^0 型的未定式, 化为 $\dfrac{0}{0}$ 或 $\dfrac{\infty}{\infty}$ 型的未定式来计算, 再利用指数函数的连续性, 求指数函数的极限. 例如:

$\lim\limits_{x\to a} f(x)=\lim\limits_{x\to a}\mathrm{e}^{\ln f(x)}=\mathrm{e}^{\lim\limits_{x\to a}\ln f(x)}=\mathrm{e}^{A}$, 这里 a 为有限数或 ∞.

例 11 证明: $\lim\limits_{x\to\infty}\left(1+\dfrac{1}{x}\right)^x=\mathrm{e}$.(1^{∞} 型)

证 $\lim\limits_{x\to\infty}\left(1+\dfrac{1}{x}\right)^x$ 为 1^{∞} 型未定式, 因此

$$原式=\lim_{x\to\infty}\mathrm{e}^{\ln\left(1+\frac{1}{x}\right)^x}=\mathrm{e}^{\lim\limits_{x\to\infty}x\ln\left(1+\frac{1}{x}\right)}.$$

又由于

$$\lim_{x\to\infty}x\ln\left(1+\frac{1}{x}\right)=\lim_{x\to\infty}\frac{\ln\left(1+\dfrac{1}{x}\right)}{\dfrac{1}{x}}=\lim_{x\to\infty}\frac{\dfrac{1}{x}}{\dfrac{1}{x}}=1,$$

所以有

$$\lim_{x\to\infty}\left(1+\frac{1}{x}\right)^x=\mathrm{e}.$$

例 12 求 $\lim\limits_{x\to0^+}x^x$. (0^0 型)

解 $\lim\limits_{x\to0^+}x^x$ 为 0^0 型的未定式, 则

$$\lim_{x\to0^+}x^x=\lim_{x\to0^+}\mathrm{e}^{\ln x^x}=\lim_{x\to0^+}\mathrm{e}^{\frac{\ln x}{\frac{1}{x}}}=\mathrm{e}^{\lim\limits_{x\to0^+}\frac{\ln x}{\frac{1}{x}}}=\mathrm{e}^{\lim\limits_{x\to0^+}\frac{\frac{1}{x}}{-\frac{1}{x^2}}}=\mathrm{e}^{\lim\limits_{x\to0^+}(-x)}=\mathrm{e}^0=1.$$

例 13 求 $\lim\limits_{x\to0^+}\left(\dfrac{1}{x}\right)^{\tan x}$. ($\infty^0$ 型)

解 $\lim\limits_{x\to0^+}\left(\dfrac{1}{x}\right)^{\tan x}$ 为 ∞^0 型未定式, 则

$$\begin{aligned}\lim_{x\to0^+}\left(\frac{1}{x}\right)^{\tan x}&=\lim_{x\to0^+}\mathrm{e}^{-\tan x\ln x}=\mathrm{e}^{\lim\limits_{x\to0^+}-\frac{\ln x}{\cot x}}\\&=\mathrm{e}^{\lim\limits_{x\to0^+}\frac{\frac{1}{x}}{\csc^2 x}}=\mathrm{e}^{\lim\limits_{x\to0^+}\frac{\sin^2 x}{x}}=\mathrm{e}^{\lim\limits_{x\to0^+}\sin x}=\mathrm{e}^0=1.\end{aligned}$$

同步训练 7.6

扫一扫，看答案

1. 求下列未定式的极限:

(1) $\lim\limits_{x\to 0}\dfrac{\ln(1+x^2)}{x\sin x}$;

(2) $\lim\limits_{x\to 0}\dfrac{e^x-e^{-x}}{\tan x}$;

(3) $\lim\limits_{x\to \pi}\dfrac{\sin 5x}{\tan 3x}$;

(4) $\lim\limits_{x\to 2}\dfrac{x^a-2^a}{x^b-2^b}$;

(5) $\lim\limits_{x\to 0^+}\dfrac{\ln\tan x}{\ln\tan 3x}$;

(6) $\lim\limits_{x\to 0}\dfrac{\tan x-x}{x^2\tan x}$;

(7) $\lim\limits_{x\to \frac{\pi}{2}^-}\left(\dfrac{\pi}{2}-x\right)\tan x$;

(8) $\lim\limits_{x\to 0^+}x\ln x$;

(9) $\lim\limits_{x\to 0^+}\left(\dfrac{1}{x}-\dfrac{1}{\sqrt{x}}\right)$;

(10) $\lim\limits_{x\to 0^+}(\ln x-\ln\sin x)$;

(11) $\lim\limits_{x\to 0^+}(\sin x)^x$;

(12) $\lim\limits_{x\to 0^+}(\sin x)^{\tan x}$;

(13) $\lim\limits_{x\to 1^+}x^{\frac{1}{x-1}}$;

(14) $\lim\limits_{x\to 0^+}x^{\sin x}$;

(15) $\lim\limits_{x\to +\infty}x^2e^{-x}$;

(16) $\lim\limits_{t\to +\infty}\dfrac{e^t-t^2}{e^t-t}$.

2. 利用恒等式 $a^x=e^{x\ln a}$,

(1) 求 $f(x)=\left(1+\dfrac{1}{x}\right)^x$ 的定义域;

(2) 求 $\lim\limits_{x\to -1^-}f(x)$;

(3) 求 $\lim\limits_{x\to -\infty}f(x)$.

3. 证明连续复利公式: $\lim\limits_{n\to +\infty}A_0\left(1+\dfrac{r}{n}\right)^{nt}=A_0e^{rt}$ 成立.

7.7 反常积分

在我国，古人有“嫦娥奔月”“万户飞天”的故事，现代有“人造卫星升天”“神舟载人飞船太空飞行”“天问一号火星探索”“赴九天，问苍穹”……我国的航天人一直都在挑战地球的引力，努力探索太空的奥秘.

航天器为了克服地球的引力，顺利飞入太空，需要达到第二宇宙速度. 然而在计算第二宇宙速度时，要打破定积分的定义，把积分区间变成无穷区间. 事实上，许多实际问题中的函数均无法满足定积分定义的要求，做到在有限区域上对有界函数的积分. 例如: 求函数 $y=\dfrac{\ln x}{x^3}$ 在 x从1趋于 $+\infty$ 的面积，或者求函数 $y=\dfrac{1}{\sqrt{x}}$ 在 $x=0$ 到 $x=1$ 之间的面积，这些都不可以用定积分来计算. 因为函数 $y=\dfrac{\ln x}{x^3}$ 的积分上限为无穷大，而函数 $y=\dfrac{1}{\sqrt{x}}$ 在 $(0,1]$ 上是无界的. 但实际上，这两个函数的图形所围的面积却是一定的. 对于这两类函数，我们可以采用定积分的极限来考虑，先固定积分限，再取极限进行计算.

7.7.1 无穷限反常积分

首先，我们来讨论积分区域是无穷区间的反常积分. 图 7.7 (a) 为曲线 $y=\mathrm{e}^{-\frac{x}{2}}$ 在第一象限的图形与坐标轴所围的区域，那么，这个区域的面积是无限的还是有限的呢？我们采用下面的方法来计算一下.

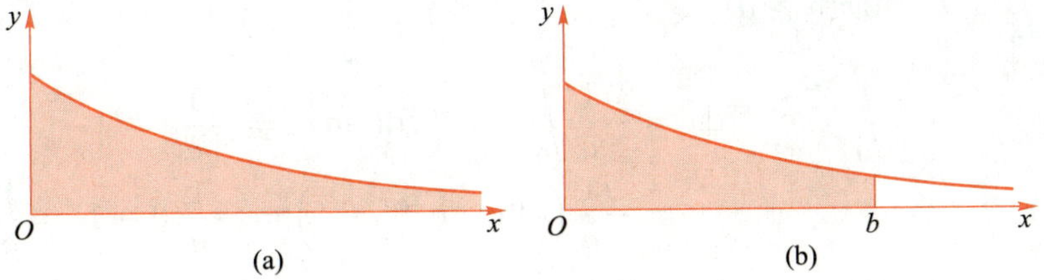

图 7.7

先求右边有限区域的图形的面积 $A(b)$

$$A(b)=\int_0^b \mathrm{e}^{-\frac{x}{2}}\mathrm{d}x=-2\mathrm{e}^{-\frac{x}{2}}\Big|_0^b=-2\mathrm{e}^{-\frac{b}{2}}+2,$$

再让 $b\to+\infty$，求 $A(b)$ 的极限

$$\lim_{b\to+\infty}A(b)=\lim_{b\to+\infty}\left(-2\mathrm{e}^{-\frac{b}{2}}+2\right)=2,$$

则函数 $y=\mathrm{e}^{-\frac{x}{2}}$ 从 0 到 $+\infty$ 的面积为

$$\int_0^{+\infty}\mathrm{e}^{-\frac{x}{2}}\mathrm{d}x=\lim_{b\to+\infty}\int_0^b \mathrm{e}^{-\frac{x}{2}}\mathrm{d}x=2.$$

因此，这个面积的确是有限值.

采用这种方法我们可以定义无穷限反常积分.

定义 7.7.1 (无穷限反常积分)

设函数 $f(x)$ 在 $[a,+\infty)$ 上连续，如果 $\lim\limits_{b\to+\infty}\int_a^b f(x)\mathrm{d}x$ 存在，则称此极限为函数 $f(x)$ 在 $[a,+\infty)$ 上的**无穷限反常积分 (广义积分)**，记作 $\int_a^{+\infty}f(x)\mathrm{d}x$. 即

$$\int_a^{+\infty}f(x)\mathrm{d}x=\lim_{b\to+\infty}\int_a^b f(x)\mathrm{d}x.$$

设函数 $f(x)$ 在 $(-\infty,b]$ 上连续，如果 $\lim\limits_{a\to-\infty}\int_a^b f(x)\mathrm{d}x$ 存在，则称此极限为函数 $f(x)$ 在 $(-\infty,b]$ 上的**无穷限反常积分 (广义积分)**，记作 $\int_{-\infty}^b f(x)\mathrm{d}x$. 即

$$\int_{-\infty}^b f(x)\mathrm{d}x=\lim_{a\to-\infty}\int_a^b f(x)\mathrm{d}x.$$

如果 $f(x)$ 在 $(-\infty,+\infty)$ 上是连续的，则

$$\int_{-\infty}^{+\infty}f(x)\mathrm{d}x=\int_{-\infty}^{c}f(x)\mathrm{d}x+\int_c^{+\infty}f(x)\mathrm{d}x,$$

c 是任意实数.

在无穷限反常积分的定义中, 如果极限存在, 我们称反常积分是收敛的; 如果极限不存在, 就称反常积分发散. 特别要注意的是, 如果上面等式右端两个积分同时收敛, $\int_{-\infty}^{+\infty} f(x)\mathrm{d}x$ 才收敛, 否则发散.

例 1 求积分 $\int_0^{+\infty} \mathrm{e}^{-ax}\mathrm{d}x(a>0)$.

解

$$\begin{aligned}\int_0^{+\infty} \mathrm{e}^{-ax}\mathrm{d}x &= -\frac{1}{a}\int_0^{+\infty} \mathrm{e}^{-ax}\mathrm{d}(-ax) = -\frac{1}{a}\mathrm{e}^{-ax}\Big|_0^{+\infty}\\ &= -\frac{1}{a}\left(\lim_{x\to+\infty}\mathrm{e}^{-ax}-1\right) = -\frac{1}{a}(0-1) = \frac{1}{a}.\end{aligned}$$

例 2 求曲线 $y=\dfrac{\ln x}{x^3}$ 在 x 从 1 到 $+\infty$ 的面积 (图 7.8).

解 当 $b\to+\infty$ 时,

$$\begin{aligned}\lim_{b\to+\infty}\int_1^b \frac{\ln x}{x^3}\mathrm{d}x &= -\frac{1}{2}\lim_{b\to+\infty}\int_1^b \ln x\mathrm{d}\left(\frac{1}{x^2}\right) = -\frac{1}{2}\lim_{b\to+\infty}\left(\frac{\ln x}{x^2}\Big|_1^b - \int_1^b\left(\frac{1}{x}\right)\cdot\frac{1}{x^2}\mathrm{d}x\right)\\ &= -\frac{1}{2}\lim_{b\to+\infty}\left(\frac{\ln b}{b^2}+\frac{1}{2x^2}\Big|_1^b\right) = -\frac{1}{2}\lim_{b\to+\infty}\left(\frac{\ln b}{b^2}+\frac{1}{2b^2}-\frac{1}{2}\right)\\ &= -\frac{1}{2}\left(\lim_{b\to+\infty}\frac{\ln b}{b^2}+0-\frac{1}{2}\right) = -\frac{1}{2}\lim_{b\to+\infty}\left(\frac{\frac{1}{b}}{2b}-\frac{1}{2}\right) = \frac{1}{4}.\end{aligned}$$

因此, 曲线 $y=\dfrac{\ln x}{x^3}$ 在 x 从 1 到 $+\infty$ 的面积为 $\dfrac{1}{4}$.

注 $\lim\limits_{b\to+\infty}\dfrac{\ln b}{b^2}$ 为未定式, 用洛必达法则确定.

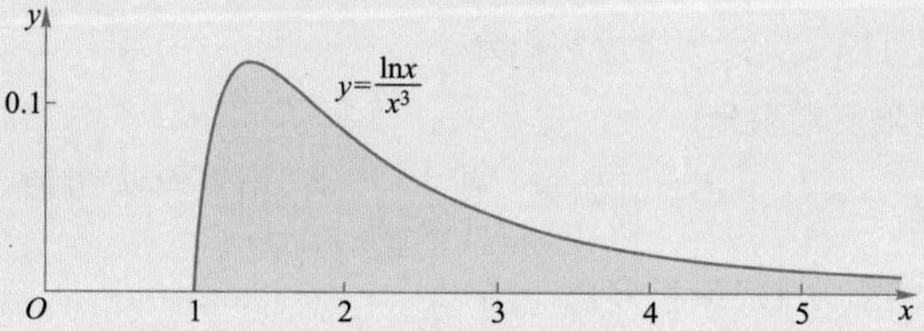

图 7.8

例 3 求积分 $\int_{-\infty}^{+\infty}\dfrac{1}{1+x^2}\mathrm{d}x$.

解 由定义 $\int_{-\infty}^{+\infty}\dfrac{1}{1+x^2}\mathrm{d}x = \int_{-\infty}^{0}\dfrac{1}{1+x^2}\mathrm{d}x + \int_{0}^{+\infty}\dfrac{1}{1+x^2}\mathrm{d}x$.

$$\begin{aligned}\int_{-\infty}^{0}\frac{1}{1+x^2}\mathrm{d}x &= \lim_{a\to-\infty}\int_a^0\frac{1}{1+x^2}\mathrm{d}x = \lim_{a\to-\infty}\arctan x\Big|_a^0\\ &= \lim_{a\to-\infty}(\arctan 0-\arctan a) = 0-\left(-\frac{\pi}{2}\right) = \frac{\pi}{2},\\ \int_{0}^{+\infty}\frac{1}{1+x^2}\mathrm{d}x &= \lim_{b\to+\infty}\int_0^b\frac{1}{1+x^2}\mathrm{d}x = \lim_{b\to+\infty}\arctan x\Big|_0^b\\ &= \lim_{b\to+\infty}(\arctan b-\arctan 0) = \frac{\pi}{2}-0 = \frac{\pi}{2}.\end{aligned}$$

于是

$$\int_{-\infty}^{+\infty}\frac{1}{1+x^2}\mathrm{d}x=\int_{-\infty}^{0}\frac{1}{1+x^2}\mathrm{d}x+\int_{0}^{+\infty}\frac{1}{1+x^2}\mathrm{d}x=\frac{\pi}{2}+\frac{\pi}{2}=\pi.$$

例 4 求 p 取何值时, 反常积分 $\int_{1}^{+\infty}\frac{1}{x^p}\mathrm{d}x$ 收敛, 并求其值.

解 当 $p=1$ 时, $\int_{1}^{+\infty}\frac{1}{x}\mathrm{d}x=\ln x\Big|_{1}^{+\infty}=+\infty$.

当 $p\neq 1$ 时,

$$\int_{1}^{b}\frac{1}{x^p}\mathrm{d}x=\frac{x^{-p+1}}{-p+1}\Bigg|_{1}^{b}=\frac{1}{1-p}\left(b^{-p+1}-1\right)=\frac{1}{1-p}\left(\frac{1}{b^{p-1}}-1\right).$$

则有

$$\int_{1}^{+\infty}\frac{1}{x^p}\mathrm{d}x=\lim_{b\to+\infty}\int_{1}^{b}\frac{1}{x^p}\mathrm{d}x=\lim_{b\to+\infty}\left[\frac{1}{1-p}\left(\frac{1}{b^{p-1}}-1\right)\right]=\begin{cases}\dfrac{1}{p-1}, & p>1,\\ +\infty, & p<1.\end{cases}$$

因此, 当 $p>1$ 时, 反常积分 $\int_{1}^{+\infty}\frac{1}{x^p}\mathrm{d}x$ 收敛于 $\frac{1}{p-1}$, 当 $p\leqslant 1$ 时, $\int_{1}^{+\infty}\frac{1}{x^p}\mathrm{d}x$ 发散.

备忘:

$$\int_{1}^{+\infty}\frac{1}{x^p}\mathrm{d}x=\begin{cases}\dfrac{1}{p-1}, & p>1,\ \text{收敛}.\\ +\infty, & p\leqslant 1,\ \text{发散}.\end{cases}$$

7.7.2 无界函数的反常积分

接下来, 我们讨论被积函数在 $[a,b]$ 上是无界的反常积分.

如果函数 $f(x)$ 在点 a 的任一邻域都无界, 那么称点 a 为函数 $f(x)$ 的**瑕点**, 无界的反常积分又称为**瑕积分**.

下面讨论函数 $y=\frac{1}{\sqrt{x}}$ 在 $x=0$ 到 $x=1$ 之间图形的面积, 如图 7.9 所示.

首先计算 a 到 1 的面积

$$\int_{a}^{1}\frac{1}{\sqrt{x}}\mathrm{d}x=2\sqrt{x}\Big|_{a}^{1}=2-2\sqrt{a},$$

再求当 $a\to 0^+$ 时积分的极限

$$\lim_{a\to 0^+}\int_{a}^{1}\frac{1}{\sqrt{x}}\mathrm{d}x=\lim_{a\to 0^+}(2-2\sqrt{a})=2.$$

这样, 函数 $y=\frac{1}{\sqrt{x}}$ 在 $x=0$ 到 $x=1$ 之间的图形的面积就可以表示为

$$\int_{0}^{1}\frac{1}{\sqrt{x}}\mathrm{d}x=\lim_{a\to 0^+}\int_{a}^{1}\frac{1}{\sqrt{x}}\mathrm{d}x=2.$$

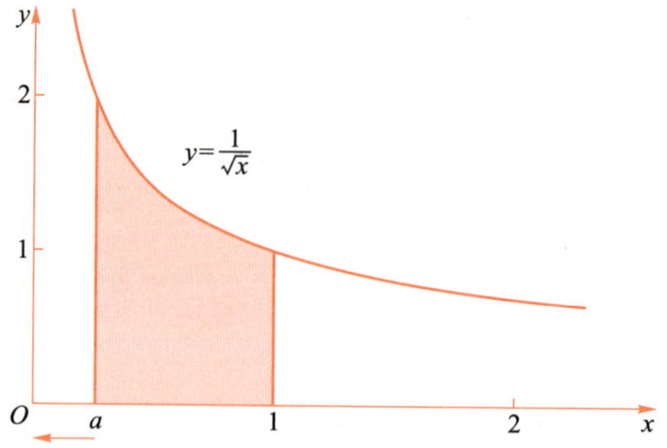

图 7.9

按照这种方法, 我们可以定义无界函数的反常积分.

定义 7.7.2 (**无界函数的反常积分**)

设函数 $f(x)$ 在 $(a,b]$ 上连续, a 为瑕点, 称 $\lim\limits_{c\to a^+}\int_c^b f(x)\mathrm{d}x$ 为函数 $f(x)$ 在 $(a,b]$ 上的**反常积分** (**瑕积分**), 即

$$\int_a^b f(x)\mathrm{d}x=\lim_{c\to a^+}\int_c^b f(x)\mathrm{d}x.$$

设函数 $f(x)$ 在 $[a,b)$ 连续, b 为瑕点, 称 $\lim\limits_{c\to b^-}\int_a^c f(x)\mathrm{d}x$ 为函数 $f(x)$ 在 $[a,b)$ 上的**反常积分** (**瑕积分**), 即

$$\int_a^b f(x)\mathrm{d}x=\lim_{c\to b^-}\int_a^c f(x)\mathrm{d}x.$$

如果函数 $f(x)$ 在 $[a,c)$ 及 $(c,b]$ 上是连续的, c 为瑕点, 称 $\int_a^c f(x)\mathrm{d}x+\int_c^b f(x)\mathrm{d}x$ 为函数 $f(x)$ 在 $[a,c)\cup(c,b]$ 上的**反常积分** (**瑕积分**), 即

$$\int_a^b f(x)\mathrm{d}x=\int_a^c f(x)\mathrm{d}x+\int_c^b f(x)\mathrm{d}x.$$

同样地, 如果上面极限是存在的, 则称此无界函数的反常积分收敛; 如果极限不存在, 则此无界函数的反常积分发散. 对于 c 为瑕点的情况中, 如果等式右端的两个积分均收敛, 则反常积分 $\int_a^b f(x)\mathrm{d}x$ 收敛, 否则发散.

例 5 讨论反常积分 $\int_0^1\frac{1}{\sqrt{1-x^2}}\mathrm{d}x$ 的收敛性.

解 由于被积函数在 $[0,1)$ 上连续, 当 $x\to1^-$ 时,

$$\lim_{x\to1^-}\frac{1}{\sqrt{1-x^2}}=+\infty,$$

所以 1 为瑕点. 于是

$$\int_0^1\frac{1}{\sqrt{1-x^2}}\mathrm{d}x=\lim_{b\to1^-}\arcsin x\Big|_0^b=\lim_{b\to1^-}\arcsin b=\frac{\pi}{2}.$$

因此 $\int_0^1 \frac{1}{\sqrt{1-x^2}}\mathrm{d}x$ 收敛 (图 7.10).

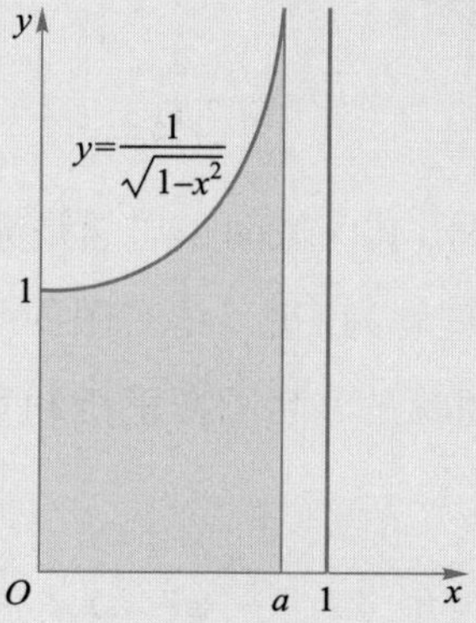

图 7.10

例 6　讨论反常积分 $\int_a^b \frac{1}{(x-a)^q}\mathrm{d}x$ 敛散性.

解　a 为瑕点, 当 $q=1$ 时,

$$\int_a^b \frac{1}{(x-a)^q}\mathrm{d}x = \lim_{c\to a^+}\int_c^b \frac{1}{x-a}\mathrm{d}x = \lim_{c\to a^+}\ln(x-a)\Big|_c^b = \ln(b-a) - \lim_{c\to a^+}\ln(c-a) = +\infty.$$

当 $q\neq 1$ 时,

$$\begin{aligned}\int_a^b \frac{1}{(x-a)^q}\mathrm{d}x &= \lim_{c\to a^+}\int_c^b \frac{1}{(x-a)^q}\mathrm{d}x \\ &= \lim_{c\to a^+}\left[\frac{(x-a)^{1-q}}{1-q}\right]\Bigg|_a^b = \begin{cases}\dfrac{(b-a)^{1-q}}{1-q}, & 0<q<1,\\ +\infty, & q>1.\end{cases}\end{aligned}$$

因此, 当 $0<q<1$ 时, $\int_a^b \frac{1}{(x-a)^q}\mathrm{d}x$ 收敛于 $\frac{(b-a)^{1-q}}{1-q}$; 当 $q\geqslant 1$ 时, $\int_a^b \frac{1}{(x-a)^q}\mathrm{d}x$ 发散.

备忘:

$$\int_a^b \frac{1}{(x-a)^q}\mathrm{d}x = \begin{cases}\dfrac{(b-a)^{1-q}}{1-q}, & 0<q<1,\\ +\infty, & q\geqslant 1.\end{cases}$$

接下来, 我们来讨论一下在数学历史上引起争论的一个反常积分问题——加百利的号角.

例 7　(**矛盾的托里拆利号角**)　托里拆利号角是由曲线 $y=\frac{1}{x}, x\geqslant 1$ 绕 x 轴旋转而成的 (图 7.11), 证明有如下结论成立:

(1) 其体积是有限的;

(2) 其表面积是无限的.

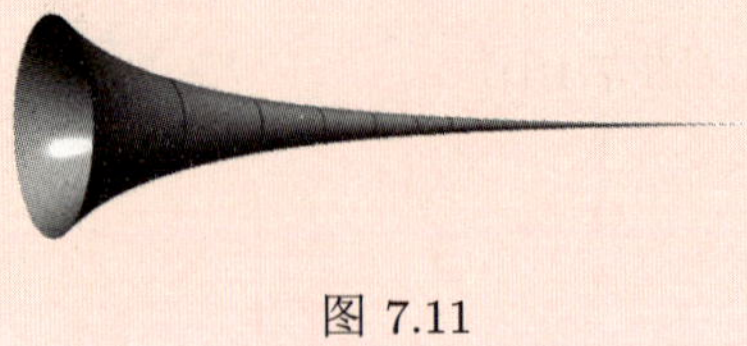

图 7.11

如何理解一个体积有限的小号, 其内表面积居然是无限的呢?

如果把这个号角的两个问题理解为, 可以用有限的颜料填满号角, 但是却不能用有限的颜料来粉刷它的内表面, 这个问题就是著名的**托里拆利号角悖论问题**. 我们先求出它的体积和表面积.

证　体积 $V=\int_1^{+\infty}\pi\left(\frac{1}{x}\right)^2\mathrm{d}x=\pi\lim\limits_{b\to+\infty}\int_1^b x^{-2}\mathrm{d}x=-\pi\lim\limits_{b\to+\infty}\left.\frac{1}{x}\right|_1^b=\pi.$

表面积 $A=\int_1^{+\infty}2\pi y\mathrm{d}x=\int_1^{+\infty}2\pi\frac{1}{x}\mathrm{d}x=2\pi\ln x\Big|_1^{+\infty}=+\infty.$

于是其体积是有限的, 其表面积是无限的.

那么矛盾出现在哪里呢? 请大家思考一下.

其实在现实中, 油漆总是有厚度的, 在小号的窄嘴处, 其直径越来越小, 当直径小于油漆厚度的 2 倍时, 油漆就无法涂在号角的内表面了. 而我们在计算表面积的时候, 假定油漆是没有厚度的, 可以要多薄有多薄, 所以可以无限地涂下去, 因此产生了与我们实际理解的矛盾.

同步训练 7.7

扫一扫, 看答案

1. 计算反常积分:

(1) $\int_1^{+\infty}\frac{1}{x^{1.01}}\mathrm{d}x$;　　(2) $\int_{-1}^0\frac{1}{x^{\frac{4}{3}}}\mathrm{d}x$;

(3) $\int_0^1\frac{1}{1-x^2}\mathrm{d}x$;　　(4) $\int_{-\infty}^2\frac{1}{x^2-1}\mathrm{d}x$;

(5) $\int_0^{+\infty}x\mathrm{e}^{-x}\mathrm{d}x$;　　(6) $\int_0^{+\infty}\mathrm{e}^{-x}\sin x\mathrm{d}x$;

(7) $\int_0^1\ln x\mathrm{d}x$;　　(8) $\int_0^1 x\ln x\mathrm{d}x$;

(9) $\int_0^{+\infty}\frac{\arctan x}{1+x^2}\mathrm{d}x$;　　(10) $\int_{-1}^4\frac{1}{|x|}\mathrm{d}x$.

2. 判别下列反常积分是收敛的还是发散的:

(1) $\int_0^{\frac{\pi}{2}}\cot x\mathrm{d}x$;　　(2) $\int_0^{\pi}\frac{\sin\theta}{\sqrt{\pi-\theta}}\mathrm{d}\theta$;

(3) $\int_{-1}^1\ln|x|\mathrm{d}x$;　　(4) $\int_0^{\pi}\frac{1}{\sqrt{x}+\sin x}\mathrm{d}x$;

(5) $\int_{1}^{+\infty} \frac{1}{1+x^3}\mathrm{d}x$;　　(6) $\int_{1}^{+\infty} \frac{1}{\sqrt{1+x^6}}\mathrm{d}x$;

(7) $\int_{1}^{+\infty} \frac{\sqrt{1+x}}{x^2}\mathrm{d}x$;　　(8) $\int_{1}^{2} \frac{x}{\sqrt{x-1}}\mathrm{d}x$.

3. **正弦—积分函数** 在光学中, 变上限积分函数

$$\mathrm{Si}(x)=\int_0^x \frac{\sin t}{t}\mathrm{d}t$$

称为正弦—积分函数.

(1) 画出 $t>0$ 时被积函数 $\frac{\sin t}{t}$ 的图像, $\mathrm{Si}(x)$ 是处处增加还是处处减少的? 当 $x>0$ 时, $\mathrm{Si}(x)=0$ 是否正确? 画出 $\mathrm{Si}(x), 0\leqslant x\leqslant 25$ 的图像来检验你的结论.

(2) 研究 $\mathrm{Si}(x)=\int_0^{+\infty}\frac{\sin t}{t}\mathrm{d}t$ 的敛散性, 若收敛, 求其值.

4. 图 7.12 中的长喇叭形状立体垂直于 x 轴的截面均是圆, 侧面曲线为

$$y=\mathrm{e}^x,\quad -\infty<x<\ln 2.$$

求其体积.

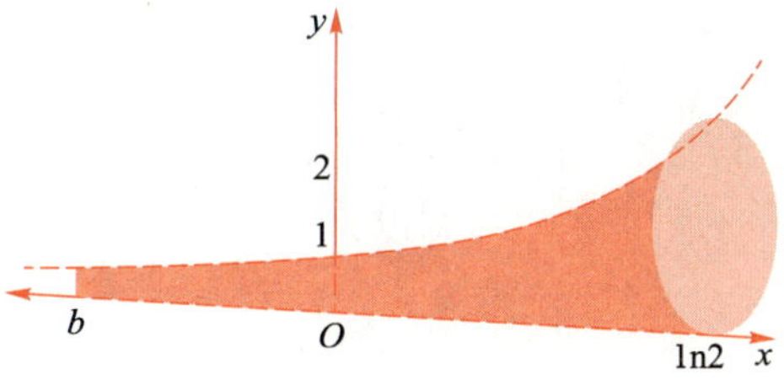

图 7.12

5. 正态概率分布函数

$$f(x)=\frac{1}{\sqrt{2\pi}\sigma}\mathrm{e}^{-\frac{(x-\mu)^2}{2\sigma^2}}$$

称为正态分布的概率密度函数, 其数学期望为 μ, 方差为 σ^2, 如图 7.13 所示. μ 表示分布集中的地方, 也是对称轴; σ 表示与数学期望的偏离程度. 由概率论知识可知

$$\int_{-\infty}^{+\infty} f(x)\mathrm{d}x=1.$$

(1) 当 $\mu=0,\sigma=1$ 时, 画出草图, 观察其单调区间、极值, 并与图作比较;

(2) 通过 n 的不同取值, 估计 $\int_{-n}^{+n} f(x)\mathrm{d}x$ 的值, 并说明正态分布的特点.

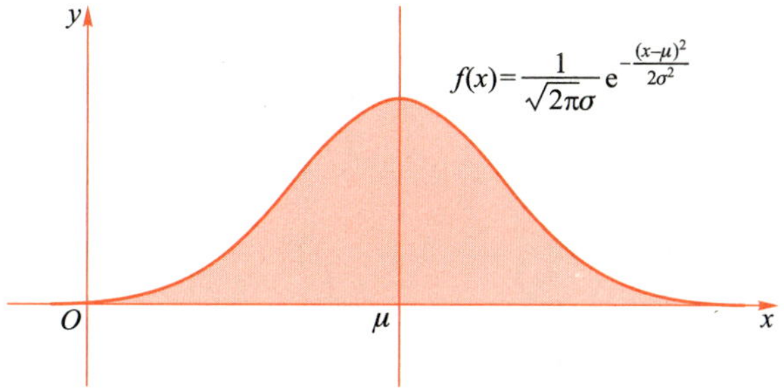

图 7.13

参考文献

[1] FINNEY, WEIR, GIORDANO. 托马斯微积分. 10 版. 叶其孝, 王耀东, 唐兢, 译. 北京: 高等教育出版社, 2003.

[2] DALE VARBERG, EDWIN J. PURCELL, STEVEN E. RIGVON. 微积分. 9 版. 刘深泉, 张万芹, 张同斌, 等译. 北京: 机械工业出版社, 2011.

[3] WILLIAM BRIGGS, LYLE COCHRAN, BERNARD GILLETT. 微积分: 上册. 阳庆节, 黄志勇, 译. 北京: 中国人民大学出版社, 2014.

[4] 金跃强, 蔡承文. 高等数学. 2 版. 北京: 高等教育出版社, 2019.

[5] 同济大学数学系. 高等数学. 7 版. 北京: 高等教育出版社, 2014.

[6] 李继成, 朱晓平. 高等数学. 北京: 高等教育出版社, 2021.

[7] 方鸿珠, 蔡承文. 应用数学. 北京: 高等教育出版社, 2021.

[8] 朱建国. 计算机应用数学. 北京: 高等教育出版社, 2008.

[9] 陈笑缘. 经济数学. 2 版. 北京: 高等教育出版社, 2014.

[10] 魏鑫. MATLAB R2014a 从入门到精通. 北京: 电子工业出版社, 2015.

[11] 朱培勇. 混沌数学基础. 北京: 科学出版社, 2016.

[12] 姜启源, 谢金星, 叶俊. 数学模型. 5 版. 北京: 高等教育出版社, 2018.

[13] 程信绪. 大学物理. 北京: 高等教育出版社, 2022.